식육처리
기능사
이론·실기
완전 정복

식육처리기능사
이론·실기 완전 정복

임치호 **지음** | 김천제 **감수**

pan'n'pen

Intro

인류 최초의 직업 그리고 마지막 직업 "식육처리기능사"

우리들의 주거공간 100m 반경 안에 정육점 한 곳은 꼭 있습니다. 여기에 대형마트와 백화점, 고깃집 그리고 다양한 형태의 육가공장까지 포함하면 생각보다 우리 주변의 많은 사람들이 '육류(meat)' 관련 업계에서 일을 하고 있습니다. 육류 관련 업무 중 가장 핵심을 고르라면 역시 '식육처리'가 아닐까 싶습니다.

'식육처리기능사'는 식육 원료에 관한 전문지식을 바탕으로 식육가공을 원활하고도 위생적으로 할 수 있는 숙련된 기능을 갖춘 전문가를 말합니다. 식육의 분할, 발골, 정형 작업과 관련된 업무를 위생적으로 처리하며, 더불어 그 원료육으로 육가공제품의 제조, 유통, 판매에 이르는 일련의 과정에서 부가가치를 창출하는 직무까지 수행하는 것이 업무의 영역이라고 볼 수 있습니다. 그러나 안타깝게도 '식육처리기능사'라는 직업에 대한 사회적 인식은 크게 달라지지도, 향상되지도 않고 있는 것이 현실입니다.

다행히 요리사, 제빵사, 제과사, 바리스타, 조주사 등 음식을 다루는 여러 직업들의 사회적 인식이 서서히 좋아짐에 따라 식육처리에 대한 관심과 전망도 함께 높아지는 중입니다. 또한, 생각보다 어려운 문턱을 넘어야 식육처리기능사라는 자격을 취득하게 되므로 그 전문성과 희소성에서도 높은 평가를 받고 있습니다.

자격 취득 후에는 취업과 직업 안정에 대한 전망도 매우 밝습니다. 자신만의 평생 직업을 꿈꾸는 젊은이들뿐 아니라 생의 터닝포인트를 마련하기 위한 중장년층에게도 선망의 직업으로 자리잡아 가는 중입니다.

저는 아버지의 뒤를 이어 오랫동안 식육처리 관련 업무를 해왔고, 당연히 식육처리기능사 자격을 취득하였습니다. 제 오랜 현장 경력과 시험 응시 경험을 살려 식육처리기능사 자격시험에 효과적으로 대비할 수 있는 내용을 모아 드디어 책으로 펴내게 되었습니다.

〈식육처리기능사 이론·실기 완전 정복〉는 다음과 같은 특징을 가진 교재입니다.

1. 기존 도서는 필기시험과 기출문제 위주의 내용이지만 이 책은 실기시험을 대비할 수 있는 내용을 상세하게 수록하고 있습니다.
2. 시험에 가장 필요한 핵심이론과 요점정리를 통해, 시간이 촉박한 응시자의 편의를 도모하였습니다.
3. 실기시험 대비 자료를 사진과 그림을 통해 순서대로 정밀하게 표현하고 있어 응시자는 본 교재를 참고하여 실기시험에 효과적으로 대응할 수 있습니다.
4. 실기 영상(QR코드)을 책에 수록하여 응시자는 영상을 통해 시험 대비를 할 수 있습니다. 초보자 입장에서 쉽게 따라 할 수 있도록 개정하였습니다.
5. 각 파트별 요점정리와 기출문제 역시 QR코드를 통해 상세히 확인할 수 있어 식육처리기능사의 핵심 키워드의 이해를 돕도록 개정하였습니다.

〈식육처리기능사 이론·실기 완전 정복〉은 축산 관련 20년 동안의 실무경험을 통해 축적한 노하우와 기술을 바탕으로 만들어졌습니다. 식육처리기능사에 도전하는 입문자 및 중급자 그리고 고급 기술자들을 막론하고 응시자에게 꼭 필요한 정보를 제공하기 위해 편찬하였습니다.

끝으로 식육처리기능사에 도전하는 모든 응시생 여러분들의 합격을 기원합니다!

2025년 1월 미트마스터 임치호

Contents

머리말		004
지은이·감수자 소개		293

01 식육처리기능사 시험 개요 및 자료

1	식육처리기능사 자격과 취득	009
2	소고기의 명칭	012
3	축산물 등급판정	014
4	축산물 유통과정	016
5	축산물 가공시설 및 과정	020

02 식육처리기능사 이론편

1	식육학개론	025
2	식육의 성상	033
3	원료육의 생산	036
4	식육의 사후변화	041
5	식육유통	043
6	식육위생학	064
7	식육가공 및 저장	091
8	식육가공 제품과 판매	115

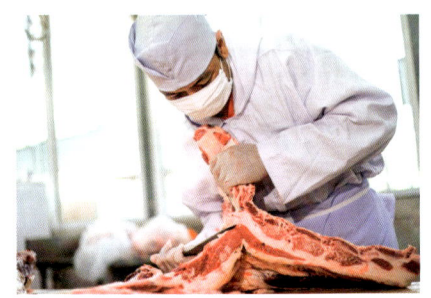

03 식육처리기능사 실기편

1	식육처리기능사 실기 시험 개요	129
2	식육처리기능사 실기 시험 시 알아둘 것	132
3	식육처리기능사 실기 시험 준비 사항	133
4	소고기·돼지고기 소분할 부위명 및 세절육 알기	144
5	돼지 2도체 3분할하기	156
6	돈지육 골격도	158
7	대분할 부위도	159
8	돼지 앞다리(오른쪽) 발골·정형	160
9	돼지 앞다리(왼쪽) 발골·정형	204
10	돼지 몸통 발골·정형	226
11	돼지 뒷다리(오른쪽) 발골·정형	252
12	돼지 뒷다리(왼쪽) 발골·정형	278

참고문헌 292

식육처리기능사

시험개요 및 자료

01 식육처리기능사 자격과 취득

- **개요** 축산물 시장의 개방으로 인한 국제가격경쟁력 강화와 축산물 유통구조 개선의 일환으로 통일된 지육의 발골, 정형의 업무를 수행할 식육처리 인력을 양성하기 위하여 자격제도 제정. 1995년 식육처리기능사로 신설되었다.

- **수행직무** 식육처리에 관한 숙련기능을 가지고 식육의 분할, 발골, 정형작업과 관련된 업무를 신속, 정확, 안전하고 위생적으로 처리하는 직무수행.

- **진로 및 전망**
  ① 식육처리에 관련된 도축, 가공, 판매업체 및 육가공공장, 백화점이나 수퍼마켓 등의 유통업체에 진출할 수 있으며 자영업을 하기도 한다.
  ② 국민소득이 증대됨에 따라 축산물 소비량도 점차 증가하고 있다. 이에 따라 최근 응시자수와 합격자수도 증가하는 추세이다.

- **시험일정**

구분	필기원서접수 (인터넷)	필기시험	필기 합격 예정자 발표	실기시험 원서접수	실기시험	최종 합격자 발표
1회	1월 초	1월 중	2월 중	2월 중	3월 초~4월 초	4월 중
2회	3월 초	4월 초	4월 중	4월 말	5월 말~6월 초	6월 중
4회	8월 중	9월 말	10월 중	10월 중	11월 중~12월 초	12월 중

*상기 시험일정은 시행처의 사정에 따라 변경될 수 있으니 한국산업인력공단 사이트(www.q-net.or.kr)에서 확인하시기 바랍니다.

- **실기기관** 한국산업인력공단(http;//www.q-net.or.kr)

- **시험수수료** **필기** 14,500원
  실기 87,100원
  *위 금액은 변경될 수 있습니다.

한국산업인력공단
바로가기

- **출제경향** 식육 부위별로 정확하게 분할, 발골, 정형하는 작업

- **취득방법**
  ① **훈련기관** 축산업 협동조합중앙회의 식육처리기술교육 1개월 과정
  ② **시험과목** 필기 : 식육학개론, 식육위생학, 식육가공 및 저장
  　　　　　　　 실기 : 식육의 부위별 골발 및 정형작업
  ③ **검정방법** 필기 : 객관식 4지 택일형, 60문항(60분)
  　　　　　　　 실기 : 작업형(1시간 정도)
  ④ **합격기준** 100점 만점에 60점 이상 득점자

● 필기시험 출제기준

시험과목	주요항목	세부항목
식육학개론(20문)	식육자원	1 소, 돼지, 닭의 품종 2 식육 이용 현황
	식육의 성상	1 근육조직 2 근육의 구성성분 및 식육의 영양적 특성
	원료육의 생산	1 생축의 도축 전 취급 2 도축공정 및 품질관리 3 지육의 관리 4 지육의 분할 5 지육의 품질 6 식육의 부위별 수율 및 용도
	식육의 사후변화	1 사후경직과 숙성 2 육색 및 보수력 3 비정상육
	식육유통	1 식육의 구매 2 국산 및 수입식육의 유통 3 부산물의 유통
식육위생학(20문)	식육 및 육가공품 관련 미생물	1 식육 및 육가공품 관련 미생물
	식육의 품질변화	1 식육의 품질변화
	식육 관련 식중독과 기생충	1 식중독 2 기생충
	식육생산 공장 및 공정의 안전·위생관리	1 생축의 위생관리 2 식육의 위생관리 3 작업장 및 작업자의 안전·위생관리 4 축산물위생 관련 법규
식육가공 및 저장(20문)	원료육의 가공특성	1 원료육의 이화학적 특성
	식육가공	1 세절·혼합 및 유화 2 건조와 훈연 3 가열 4 식육 및 육제품의 포장 5 육가공 부재료
	식육가공제품	1 포장육 2 양념육류 3 분쇄가공품 4 건조저장육류 5 햄류 6 소시지류 7 베이컨 8 식육부산물
	식육의 저장 및 품질관리	1 원료육 및 식육제품의 저장 2 품질관리의 개요
	판매	1 판매

● 실기시험 출제기준

실기과목	주요항목	세부항목
부위별 발골 및 정형작업	식육가공원료	1 1차 분할하기 2 2차 분할하기 3 발골하기 4 부위별 정형하기 5 육분류하기 6 식육의 부위별 특성 파악하기 7 부분육 냉장·냉동 저장하기
	식육 및 부분육 판정하기	1 식육 식별하기
	육제품 가공	1 원료육의 이화학적 특성 파악하기
	양념육류 가공	1 양념육류 원·부재료 준비하기 2 양념육류 원·부재료 양념 제조하기 3 양념육류 원·부재료 양념 배합·숙성하기 4 양념육류 열처리·냉각하기 5 양념육류 검사·포장하기
	분쇄 성형육 가공	1 분쇄 성형육제품 원료육 준비하기 2 분쇄 성형육제품 원료육 분쇄하기 3 분쇄 성형육제품 원료육 혼합하기 4 분쇄 성형육제품 성형하기 5 분쇄 성형육제품 열처리·냉동하기 6 분쇄 성형육제품 검사·포장하기
	포장육 가공	1 포장육 해체·발골하기 2 포장육 정형하기 3 포장육 소분하기 4 포장육 검사·포장하기
	위생관리	1 작업자 개인위생관리 2 식육의 위생적인 취급 3 작업장 및 작업도구의 위생적인 관리
	처리의 안전성	1 안전보호창구 착용 2 안전한 작업자세 및 작업도구의 사용 3 작업도구 및 작업장의 안전관리

02 소고기의 명칭

• 자료출처: 축산물품질평가원

● 소·송아지 부위별 명칭

목심
근육결이 굵고 지방이 적다. 등심보다 질긴 편이다. 샤브샤브, 불고기, 국거리 용도.

등심
고기 속에 대리석상의 지방이 박혀 있다. 풍미가 좋으며 고기결이 가늘고 부드러워 소고기의 최고급 부위로 꼽힌다. 스테이크, 로스구이 용도.

안심
등심 안쪽에 위치한 부위로 소고기 부위 가운데 가장 연하다. 스테이크, 로스구이 용도.

채끝
허리 부분의 채끝 뼈를 감싸고 있는 부위로 등심보다 지방이 적고 살코기가 많다. 등심과 안심보다 가격이 약간 낮다. 스테이크, 로스구이 용도.

우둔
둥근 모양의 살덩이, 고기의 결이 약간 거친 편이나 근육막이 적어 육질은 연한 편이다. 좋은 품질의 우둔은 로스구이나 주물럭으로 이용하기도 한다. 산적, 육포, 불고기 용도.

설도
고기질은 우둔과 흡사해 같은 용도로 많이 쓰인다. 산적, 장조림, 육포, 불고기 용도.

앞다리
힘줄이나 막이 많아 부분적으로 질긴 곳이 있다. 꾸리살이나 부채살도 앞다리 부위이다. 육회, 탕, 장조림 용도.

갈비
옆구리 늑골을 감싸고 있는 부위로 늑골은 양쪽으로 13대씩 있다. 안창살, 도시살, 제비추리 등 특수 부위도 갈빗살에 속한다. 구이, 찜, 탕 용도.

양지
목에서 가슴에 이르는 부위로 결합조직이 많아 질긴 편이나 오래 끓이면 국물 맛이 좋다. 차돌박이도 양지 부위이다. 국거리, 분쇄육 용도.

사태
다리에 붙은 고기로 근막이 발달해 질기긴 하지만 고기의 결이 고우며 풍미가 좋다. 가장 큰 근육인 아롱사태는 육회용으로 좋다. 육회, 탕, 찜 용도.

● 외국의 소고기 부위별 명칭

한국		일본		미국·캐나다	호주·뉴질랜드
대분할	소분할	대분할	소분할		
안심	안심살	히레	히레	Tenderloin	Tenderloin
등심 (제1흉추-제13흉추)	윗등심살 (제1흉추-제5흉추)	가따로스 (제7경추-제6흉추)	가따로스 (제7경추-제6흉추)	Chuck Eye Roll (제6경추-제5흉추)	Chuck Roll (제6경추-제5흉추)
	꽃등심살 (제6흉추-제9흉추)	로스 (제7흉추-요추끝)	리브로스 (제7흉추-제10흉추)	Ribeye Roll (제6흉추-제12흉추) (살치살=Chuck Flap)	Cube Roll, Spencer Roll (제6흉추-제10흉추)
	아래등심살 (제3흉추-제10흉추)				
	살치살 (배최장근 제외한 복거근)		가부리		
채끝	채끝살 (제1요추-제7경추)		써로인 (제11흉추-요추끝)	Strip Loin (제13흉추-제5경추)	Strip Loin (제13흉추-제5경추)
목심	목심살 (제1경추-제7경추)	네크 (제1경추-제6경추)	네크	Neck Meat (제1경추-제5경추)	Neck
앞다리	꾸리살	우데	도우가라시	Chuck Tender	Chuck Tender
	부채덮개살		우와미스지	Shoulder Clod (부채살=Flat Iron)	Clod
	부채살		시따미스지		
	갈비덧살		가따고산가꾸		
	앞다리살		니노우데		
양지	양지머리 (제1경추-제7늑골하단부)	가따바라	가따바라 (제4경추-제6늑골하단부)	Brisket (무릎관절-제5늑골하단부)	Point and Brisket (무릎관절-제5늑골하단부)
	차돌박이 (제1늑골-제7늑골하단부)		산가꾸바라	Brisket Point Cut	Brisket Point
	업진살 (제8늑골-뒷다리중하단부)	나까바라	나까바라	Short Plate (제6늑골-제12늑골하단부)	Nevel End Brisket (제6늑골-제10늑골하단부)
	치마양지 (제1요추-제6요추)	소또바라	소또바라 (제7늑골-뒷다리중하단부)	Short Plate	Thin Flank
	업진안살			Inside Skirt	Beef Skirt Plate
	치마살		가이노미(치마)	Flap Meat	Flap Meat
	앞치마살		사사니꾸	Flank Steak	Flank Steak

● 등급판정 등 반도체 2분할 시 절개 위치

국가	한국	일본	미국	캐나다	호주	뉴질랜드
절개 위치	흉추13번	흉추6번	흉추12번	흉추5, 12번	흉추10번	흉추5, 13번

03 축산물 등급판정

• 자료출처: 축산물품질평가원

● 소고기 등급판정 기준

- **근내지방도**: 배최장근단면에 나타난 지방분포 정도.
- **소도체의 근내지방도 기준**(제5조 제2항 제1호 관련)

※각 번호별 근내지방도는 최소 기준에 해당된다.

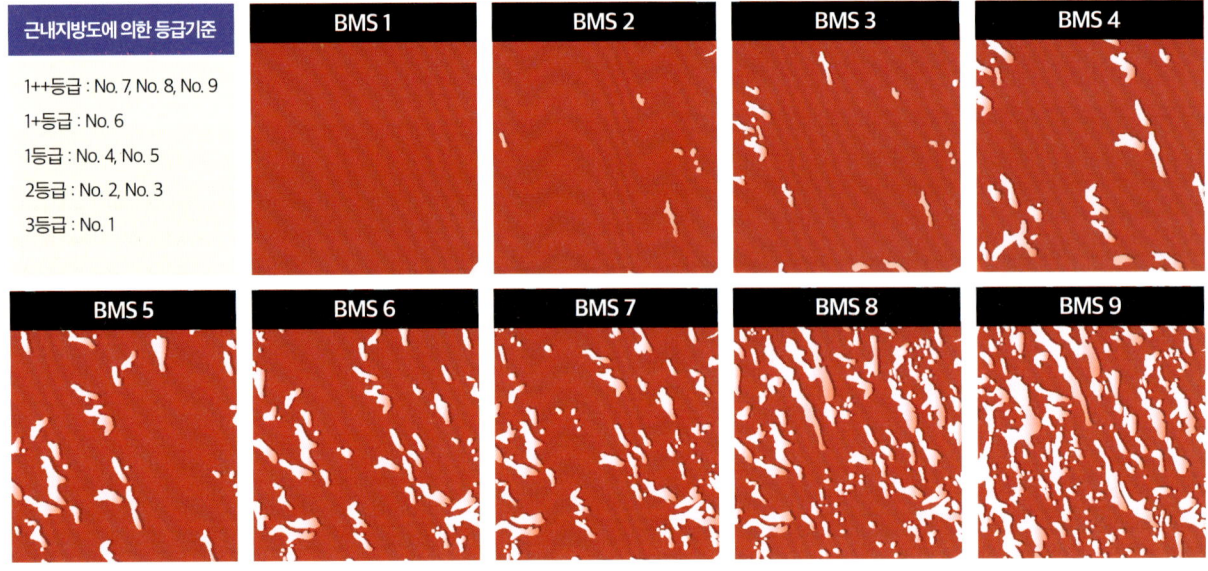

근내지방도에 의한 등급기준
- 1++등급 : No. 7, No. 8, No. 9
- 1+등급 : No. 6
- 1등급 : No. 4, No. 5
- 2등급 : No. 2, No. 3
- 3등급 : No. 1

- **육색**: 배최장근단면의 고기 색깔(정상 : No.2~No.6).

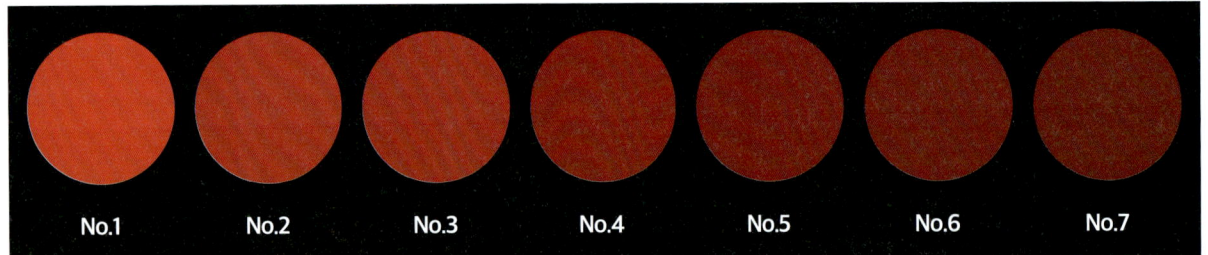

- **지방색**: 배최장근단면의 근내지방, 주위의 근간지방과 등지방의 색깔(정상 : No.1~No.6).

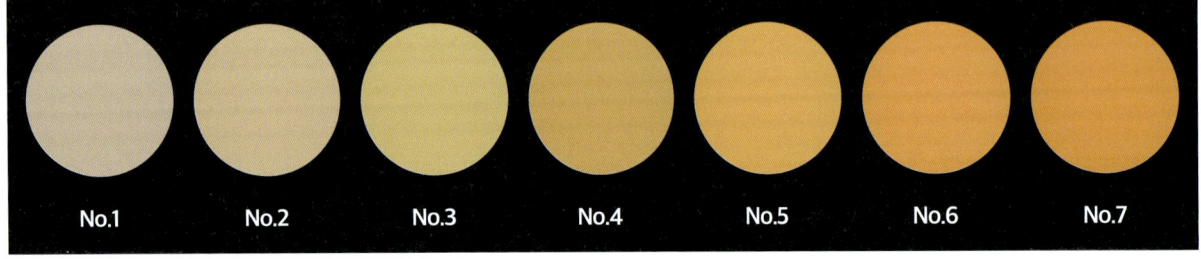

- **조직감**: 등급판정부위에서 배최장근단면의 보수력과 탄력성.
- **성숙도**: 왼쪽 반도체 척추 기사돌기에서 연골의 골화정도.

● 돼지고기 등급판정 기준

• 돼지도체 근내지방도 기준(제10조 제1항 제1호 및 제11조 제2항 제1호 관련)

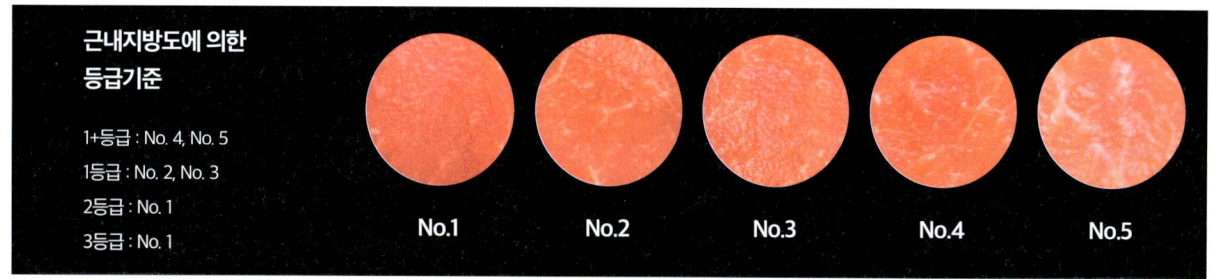

근내지방도에 의한 등급기준
- 1+등급 : No. 4, No. 5
- 1등급 : No. 2, No. 3
- 2등급 : No. 1
- 3등급 : No. 1

• 돼지도체의 육색기준(제10조 제1항 제2호 및 제11조 제1항 제2호 관련)

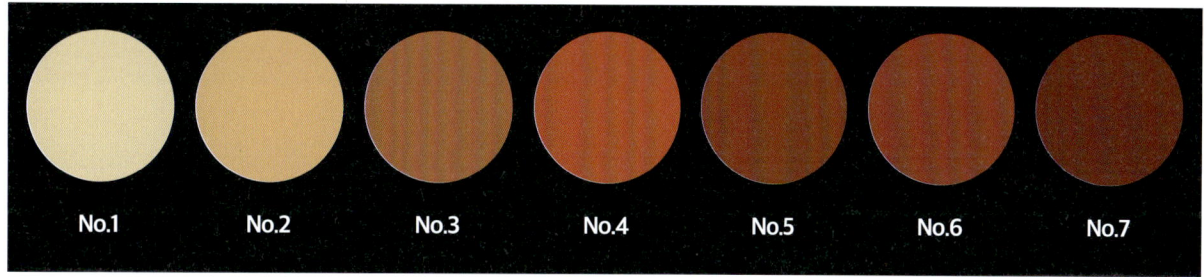

• 돼지도체 1차 등급판정 기준

| 1차 등급 | 인력 판정 ||||
| | 박피도체 || 탕박도체 ||
	도체중 (kg)	등지방두께 (mm)	도체중 (kg)	등지방두께 (mm)
	이상 미만	이상 미만	이상 미만	이상 미만
1+등급	74-83	12-20	83-93	17-25
1등급	71-74	10-23	80-83	15-28
	74-83	10-12	83-93	15-17
	74-83	20-23	83-93	25-28
	83-88	10-23	83-98	15-28
2등급	1+, 1등급에 속하지 않는 것		1+, 1등급에 속하지 않는 것	

• 자료출처: 축산물품질평가원

04 축산물 유통과정

● 소도체 유통과정

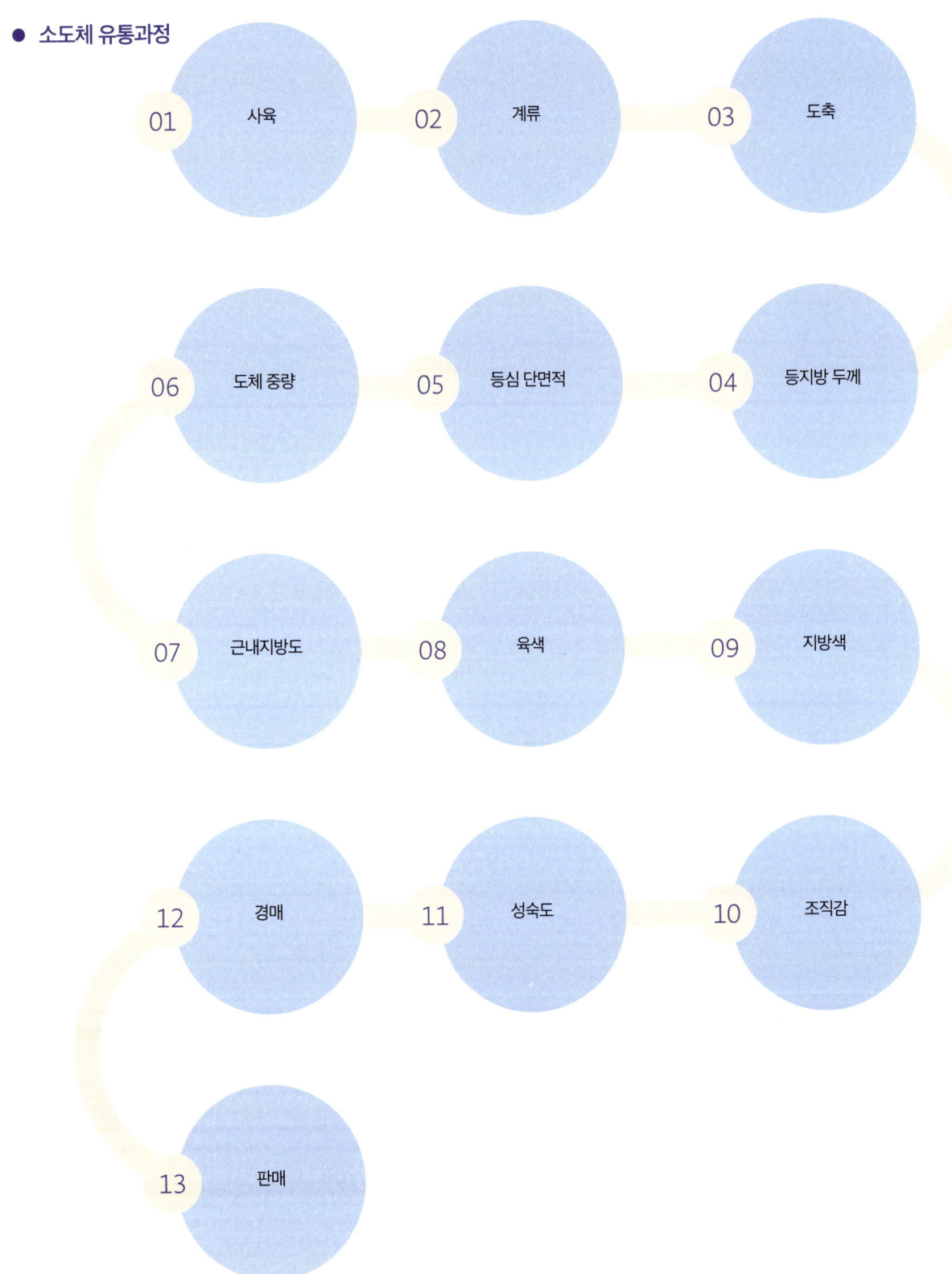

01 사육 → 02 계류 → 03 도축 → 04 등지방 두께 → 05 등심 단면적 → 06 도체 중량 → 07 근내지방도 → 08 육색 → 09 지방색 → 10 조직감 → 11 성숙도 → 12 경매 → 13 판매

● 돼지도체 유통과정

● 닭고기 유통과정

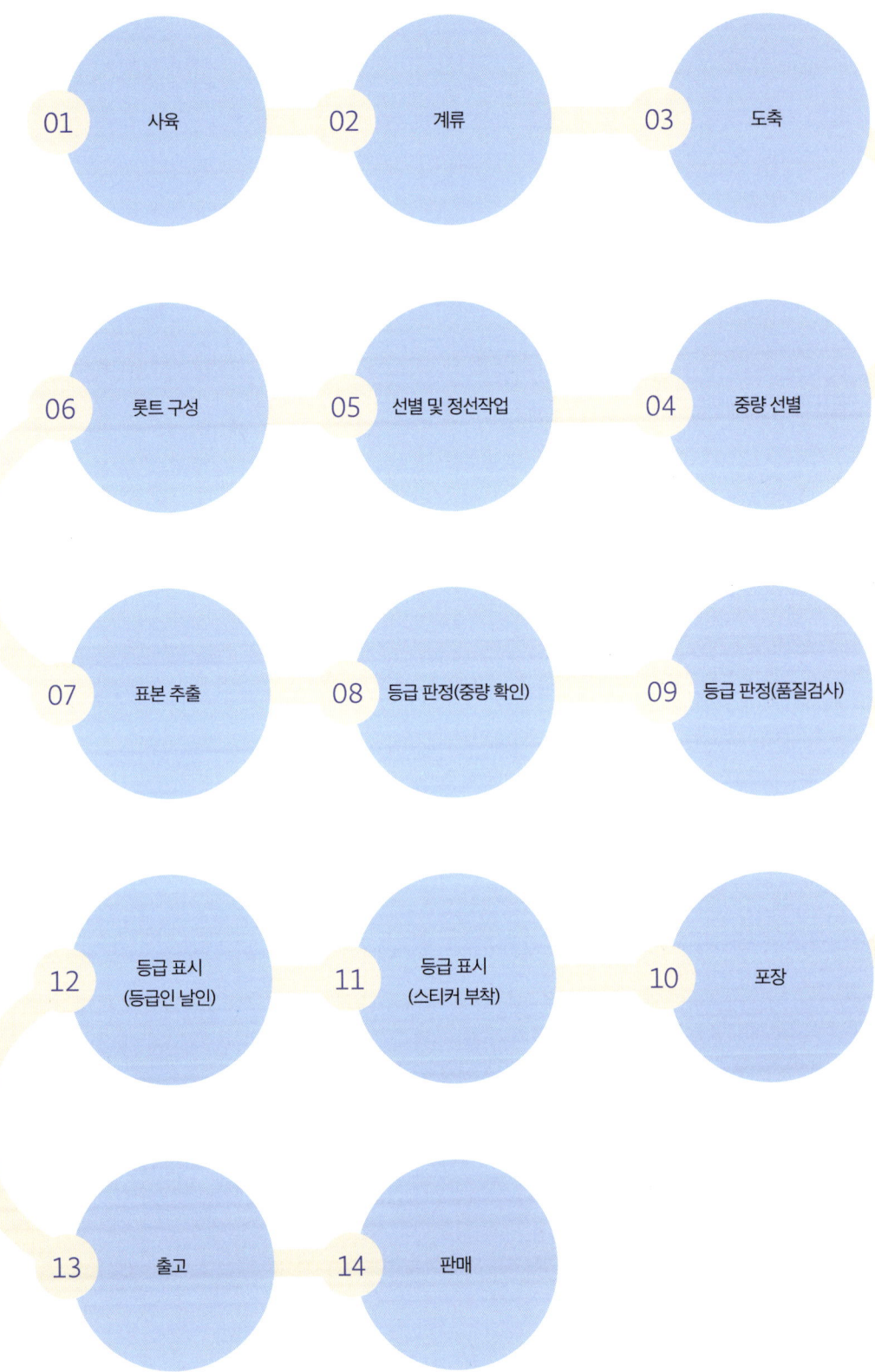

● 계란 유통과정

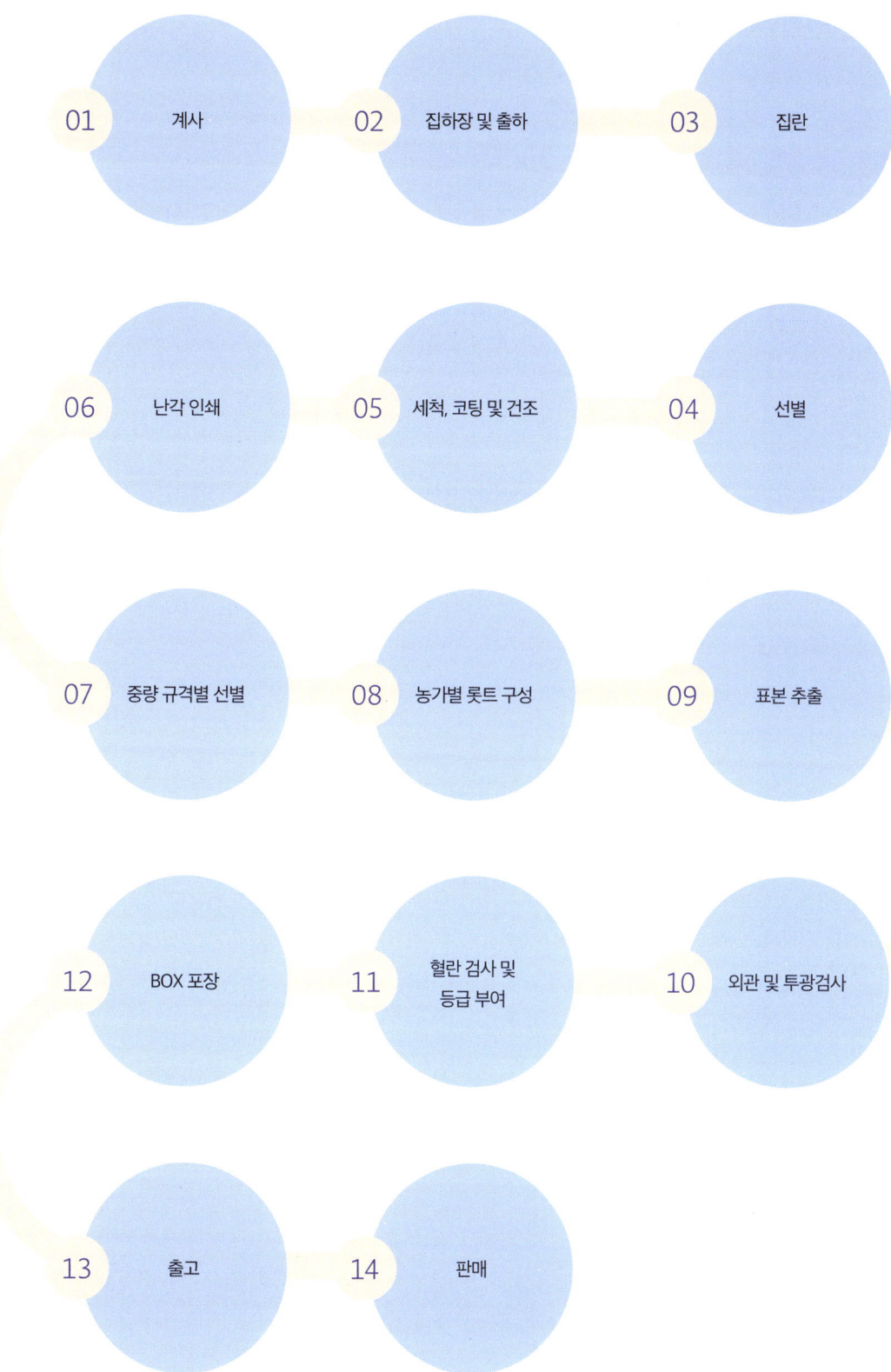

식육처리기능사 시험 개요

05 축산물 가공시설 및 과정

• 자료출처: 축산물품질평가원

● 소 부분육 가공시설 및 과정

01 예냉지육
예냉실에서 지육 출하
· 지육 심부온도 : 5℃ 이하
· 가공장 온도 : 15℃ 이하
· 지육 미생물 검사 실시

02 발골
지육을 3분할하여 전구, 중구, 후구 발골
· 정육 심부온도 : 5℃ 이하
· 소독수 사용 습관화
· 작업도구 미생물 검사 실시

03 정형
예냉실에서 지육 출하
· 지육 심부온도 : 5℃ 이하
· 가공장 온도 : 15℃ 이하
· 지육 미생물 검사 실시

04 1차 포장
최종 제품 1차 포장
· 제품 심부온도 : 5℃ 이하
· 최종제품 미생물 검사 실시

05 냉각 터널
예냉실에서 지육 출하
· 냉각 터널 온도 : -20~-16℃ 이하

06 금속 검출
신호음 발생 시 3회 이상 반복 통과 확인
· 제품 심부온도 : 5℃ 이하
· 포장실 온도 : 18℃ 이하

07 냉각 수조
냉각수조 온도 2℃ 이하
· 제품 심부온도 : 5℃ 이하
· 제품 심부온도 5℃ 이하 유지

08 금속검출
신호음 발생 시 3회 이상 반복 통과 확인
· 제품 심부온도 : 5℃ 이하
· 가공실 온도 : 15℃ 이하

09 2차 포장 및 계량
박스 포장 후 계량
· 제품 심부온도 : 5℃ 이하
· 박스 포장 전 이물질 검사 실시
· 계량 후 라벨 테이프 부착

10 보관창고 입고
냉장, 냉동 보관창고에 최종제품 입고
· 냉장창고 온도 : -2~-5℃
· 냉동창고 온도 : -18℃ 이하

11 출하
운송 차량에 제품 상차
· 냉장, 냉동 설비된 운송 차량 제품 운송
· 운송 차량 온도관리 유지

● 돼지 부분육 가공시설 및 과정

각 파트별 기출문제를 풀어볼 수 있는 QR코드입니다.

각 파트별 기출문제를 풀어볼 수 있는 QR코드입니다.
지은이를 포함하여 이미 자격시험을 통과한 여러 미트마스터 분들이 각 파트별 중요 키포인트를 선정했습니다. 최신 기출문제 동향을 파악해 합격율을 높여보세요.
· 카메라로 QR을 스캔하면 기출문제를 바로 풀어볼 수 있습니다.
· 각 파트별로 총 50문제로 되어 있습니다.
· 모든 문제를 푼 후 '제출'을 누르면 점수 및 오류답안을 확인할 수 있습니다.

식육학개론 기출문제

식육위생학 기출문제 1

식육위생학 기출문제 2

식육가공 및 저장 기출문제 1

식육가공 및 저장 기출문제 2

식육처리기능사
이론편

식육처리기능사 필기 시험 자료 요약

1

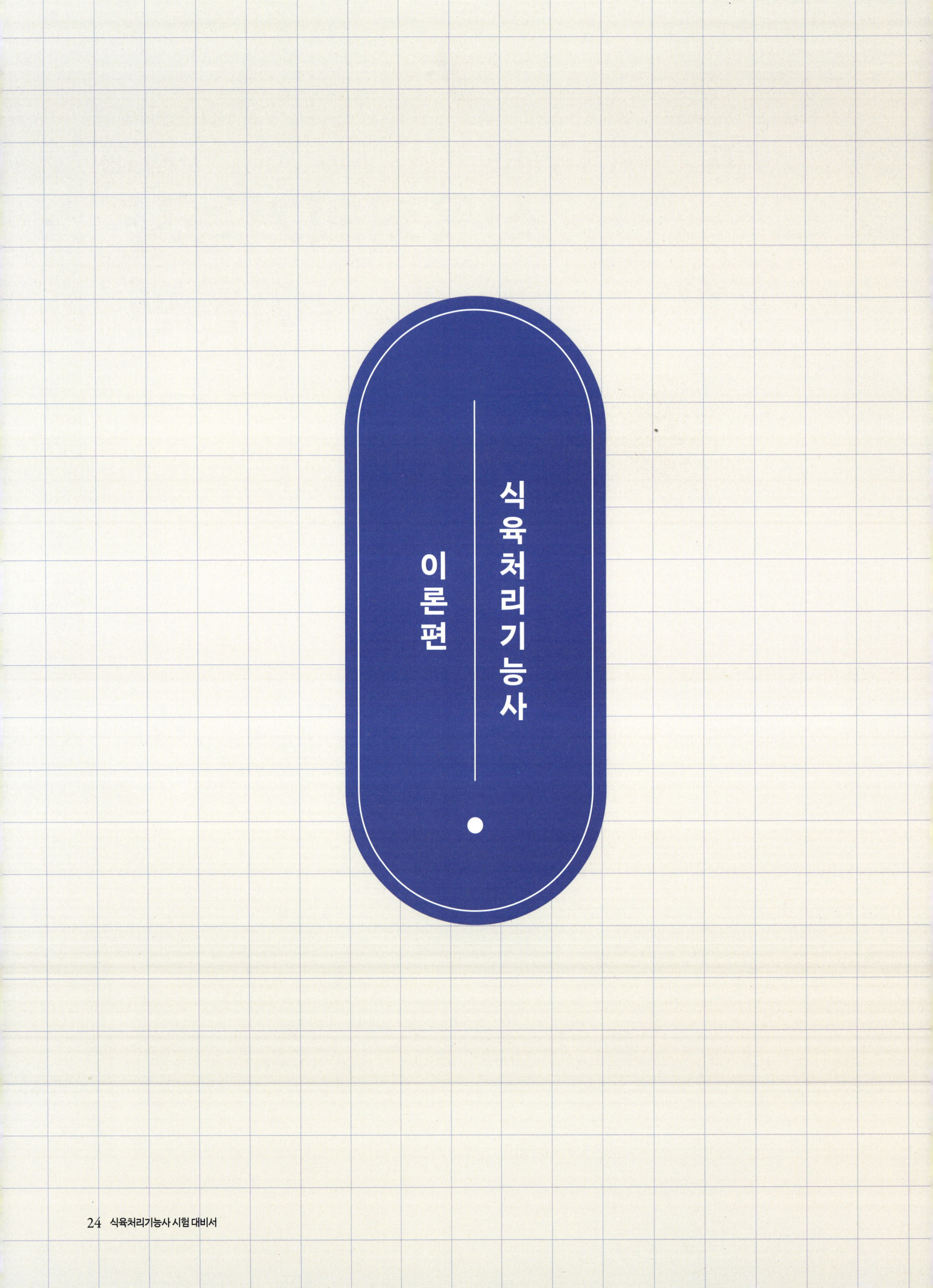

01 식육학개론

1. 식육자원

(1) 식육의 정의

식육(meat)이란 식품으로 이용될 수 있는 모든 동물의 조직(animal tissues)이라고 정의를 내린다. 따라서 넓은 의미의 식육은 근육조직(muscle tissue)뿐만 아니라 간, 심장, 신장, 뇌 등의 가식부위 부산물도 포함한다. 뿐만 아니라 소고기에 있어서 갈비, 사골, 꼬리뼈 등이나 돼지고기의 갈비나 족발 등에 존재하는 뼈도 식육의 일부분으로 유통되고 있어 넓게 말하면 식육의 범주에 포함된다. 또한 이러한 조직들을 이용한 모든 가공제품들도 식육 정의의 범주에 포함된다.

(2) 소의 품종
① 육용종 소의 종류와 특성

구분			
육용종 (고기소)	(사진)	(사진)	(사진)
품종	한우	헤리퍼드종 (Hereford)	앵거스종 (Angus)
원산지	대한민국	영국	영국
특징	• 기후 적응력이 우수 • 비육 시 일당 증체량 (암소 0.8~1.1 kg) (수소 1.0~1.2 kg)	• 비육성/성장률 좋음 • 넓은 초원 방목에 적합. • 비육 시 일당 증체량(0.83~1.1 kg) • 도체율 62~65% 내외	• 성장이 빠르고 성숙일령에 도달하는 기간이 짧다. • 도체의 지방발달이 다른 품종에 비해 월등히 높다. • 비육 시 일당 증체량(0.8 kg) • 도체율 65~72% • 뼈가 적어서 정육률이 높다.
육용종 (고기소)	(사진)	(사진)	(사진)
품종	샤롤레종 (Charolais)	쇼트혼종 (Shorthorn)	리무진종 (Limousin)
원산지	프랑스	영국	프랑스
특징	• 도체율 66~69%로 우수하며, 육량이 풍부하다. • 다른 품종에 비해 난산의 빈도가 높다. • 종모우는 성장률과 산육성이 좋아 실용축산에 많이 이용되고 있다.	• 성질이 온순하다. • 어미로서 자질이 우수하다. • 암소는 송아지 생산에 이용되고 수소는 교잡종생산에 많이 이용된다.	• 고기소 중에서 산육성이 가장 높다. • 도체율이 69~71%이며 뼈가 굵지 않아 정육률도 매우 높다. • 연간 1,200~1,400kg의 우유를 생산하며 송아지가 크지 않아 번식 시 난산이 별로 없다. • 우유과 고기를 같이 생산하는 겸용종이다.
육용종 (고기소)	(사진)	(사진)	
품종	브라만종 (Braman)	화우/와규	
원산지	인도	일본	
특징	• 인도가 원산지이나 미국에서 수입하여 개량 보급된 품종이다. • 기생충과 더위에 잘 견딘다. • 성질이 거친 편이다. • 도체율과 정육률이 높고 육질이 좋다.	• 근내지방도가 높아 고기가 연하다. • 불포화지방산이 풍부하다.	

② 유용종 소의 종류와 특성

유용종(젖소)			
품종	홀스타인종 (Holstein)	저지종 (Jersey)	건지종 (Guernsey)
원산지	네덜란드/독일	영국	영국
특징	• 국내 젖소의 99%를 차지하고 있다. • 임신기간은 279일. • 수소는 주로 고기소로 사용된다.	• 유량보다 유질이 우수하다. • 유지율은 4.5~6.5%로 젖소 중 가장 높다. • 비유능력은 적은 편이다. (초산유기 연간 3,000kg) (성년기 3,500~4,000kg)	• 산유량은 많은 편이 아니다. (연간 4,00~4,500kg) • 유지율은 평균 5.0% 내외로 높은 편이며 지방의 빛깔이 황색이다.

유용종(젖소)		
품종	브라운 스위스종 (Brown Swiss)	에어셔종 (Ayreshire)
원산지	스위스	영국
특징	• 우유·고기·일의 3가지를 겸용하는 품종이다. • 성질이 온순하다. • 기후풍토에 대한 적응성이 강해 원산지 이외에도 널리 사육된다.	• 추위에 강해 북유럽이나 캐나다에서 많이 사육된다. • 고기의 질은 젖소 품종 중 가장 좋으며 근육 사이에 지방이 잘 축적 된다. • 우유의 농도가 짙어서 연유 또는 치즈의 원료로 이용된다.

▶ 산유량
: 원유가 생산되는 양

▶ 비유능력
: 우유를 분비할 수 있는 능력

▶ 유지율
: 젖, 특히 우유에 들어 있는 지방의 비율

③ 소의 분류
- **황소(Bull)**: 성숙한 수소
- **암소(Cow)**: 임신 경험이 있는 성숙한 암소
- **젊은 황소(Bullock)**: 거세하지 않은 젊은 수소
- **성숙거세우(Stag)**: 성숙한 수소를 거세한 것
- **거세비육우(Steer)**: 어릴 때 거세한 수소
- **미경산우(Heifer)**: 임신 경험이 없는 암소
- **송아지(Calf)**: 3~8개월령의 송아지
- **어린송아지(Vealer)**: 3개월 미만의 송아지도 사육되고 있다.

(3) 돼지의 품종
① 돼지의 종류와 특성

품종	랜드레이스종 (Land Race)	대요크셔종 (Large Yorkshire)	버크셔종 (Berkshire)
원산지	덴마크	영국	영국
품종의 분류	가공형	고기형	지방형
특징	• 요크셔종을 도입하여 베이컨형으로 개량. • 번식능력/비유능력이 우수하여 어미돼지로 널리 이용.	• 유럽, 미국, 아시아 등 세계 각국에서 널리 사육.	• 체중은 250~300kg 정도로 중간 정도. • 체질은 강건함. • 조사료의 이용성도 비교적 양호하다.
품종	듀록종 (Duroc)	햄프셔종 (Hampshire)	폴란드차이나종 (Poland China)
원산지	미국	미국	미국
품종의 분류	고기형	고기형	지방형
특징	• 기후풍토에 대한 적응성이 강하고 더운 기후에도 잘 견딘다. • 일당 증체량과 사료 이용성이 양호 • 1대 잡종이나 3대 교잡종의 생산을 위한 부돈으로 널리 이용되고 있다.	• 체질이 강건함.	• 근년에 육용형으로 개량하고 있음.

품종	탬워스종 (Tamworth)
원산지	영국
품종의 분류	가공형
특징	• 세계에서 가장 오래된 품종의 하나이다. • 체질이 강건하고 성질이 온순하다. • 야산 방목에 알맞은 품종이다.

※ 품종의 분류
① 고기형(Meat Type)
: 뒷다리가 올라붙어 고기양이 많고 결이 곱고 맛이 좋다.
② 가공형(Bacon Type)
: 삼겹살 부분이 길어 육량이 많은 반면 지방 비율이 적어 베이컨, 햄 등 가공용에 적합.
③ 지방형(Lard Type)
: 지방 축적이 활발해 다른 에 비해 성장이 빠른 대형 돼지들이 여기에 속한다.

※ 기타 돼지품종
① 스포티드종(Spotted)
: 생존수와 비유능력 양호.
② 체스터화이트종(Chester White)
: 미국이 원산지, 어미품종으로 이용.

② 돼지의 분류
- **수퇘지(Boar)**: 성숙한 수퇘지
- **암퇘지(Sow)**: 임신 경험이 있는 성숙한 암퇘지
- **성숙거세돈(Stag)**: 성숙한 수퇘지를 거세한 것
- **거세비육돈(Barrow)**: 어려서 거세한 수퇘지
- **미경산돈(Gilt)**: 임신 경험이 없는 처녀돈

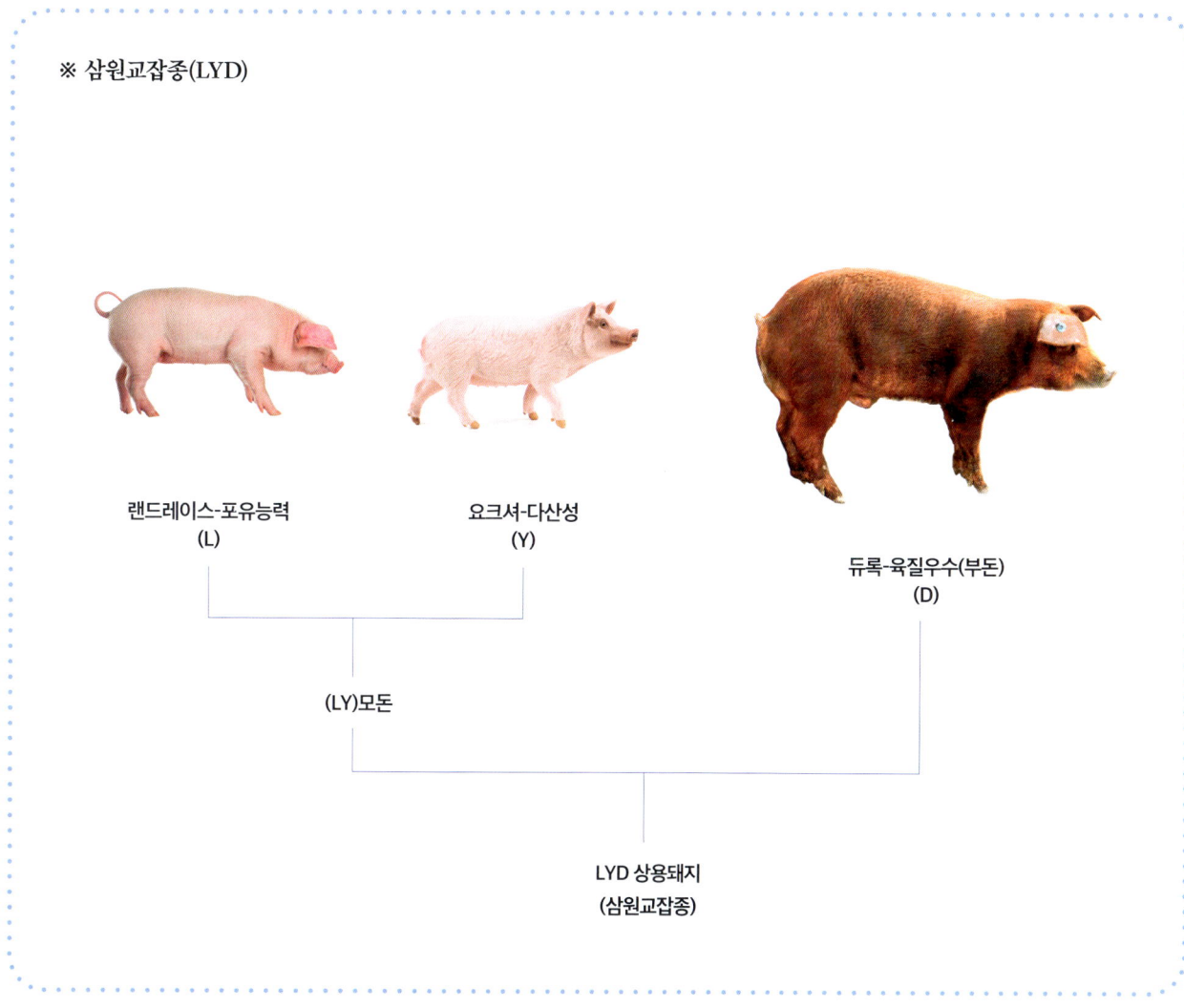

※ 삼원교잡종(LYD)

랜드레이스-포유능력 (L)   요크셔-다산성 (Y)   듀록-육질우수(부돈) (D)

(LY)모돈

LYD 상용돼지 (삼원교잡종)

(4) 닭의 품종

① 닭의 종류와 특성

품종	레그혼종 (Leghorn)	코니시종 (Cornish)	플리머스록종 (Plymouth Rock)
원산지	이탈리아	영국	미국
용도별 분류	난용종	육용종	난육겸용종
특징	• 백색 레그혼종이 가장 널리 사육. • 동작이 활발하고 체질이 강건하지만, 취소성은 없다. • 연간 산란수는 평균 250개. • 알무게는 평균 60g 정도.	• 발육이 잘되며, 육질이 매우 좋음. • 연간 산란수는 평균 100개 정도. • 알무게는 평균 55~60g 정도.	• 성질이 온순하고 체질이 강건함. • 연간 산란수는 평균 200개 정도.

품종	뉴햄프셔종 (New Hampshire)
원산지	미국
용도별 분류	난육겸용종
특징	• 알껍데기 색깔은 갈색이며, 취소성은 없다. • 연간 산란수는 평균 200개 정도. • 알무게는 55~60g 정도.

※ 원산지별 가금의 분류
① 동양종 : 브라마종, 코친종, 말레이종, 오골계종, 랑샨종, 장미계종 등
② 미국종 : 로드아일랜드레드종, 뉴햄프셔종, 플리머스록종, 와이안도트종 등
③ 영국종 : 오르트랄로프종, 잉글리시게임종, 코니시종, 도킹종, 오핑톤종, 서세스종, 햄버그종 등
④ 지중해연안종 : 레그혼종, 미노르카종, 안코나종, 안달루시안종, 스페니시종 등

※ 용도별 가금의 분류
① 난용종 : 레그혼, 미노르카, 안달루시안, 햄버그, 캠파인, 안코나 등
② 육용종 : 브라마, 코친, 도킹, 코니시 등
③ 난육겸용종 : 플리머스록, 뉴햄프셔, 오핑톤, 로드아일랜드레드, 와이안도트, 오스트랄로프 등
④ 애완용종 : 폴리시, 장미계, 오골계, 반탐 등

▶ 취소성
: 조류가 번식기에 알을 부화하기 위하여 보금자리로 들려는 성질.

(5) 식육이용 현황(출처 : 축산물품질평가원)

① 식육생산의 특징

한/육우 사육 현황

	구분	단위	2019년	2020년	2021년	2022년	2023년
소	사육두수	천 두	3,237	3,395	3,589	3,727	3,648
	농장수	개소	94,007	93,178	93,845	91,592	87,145

연도별 등급판정결과 추세
· 한/육우 등급판정 두수는 2023년 기준 전년 대비 0.6% 증가한 1,010,414두.
· 한우의 1+등급 이상 출현율은 전년 대비 0.6%p 증가한 74.6%

돼지 사육 현황

	구분	단위	2019년	2020년	2021년	2022년	2023년
돼지	사육두수	천 두	11,280	11,078	11,217	11,124	11,089
	농장수	개소	6,133	6,078	5,942	5,695	5,634

연도별 등급판정결과 추세
· 돼지도체 등급판정 두수는 2023년 기준 전년 대비 1.2% 증가한 18,758,976 두.
· 2023년도 돼지도체 1등급 이상 출현율은 67.5%로 전년(67.6%) 대비 0.1% 감소.

닭 사육 현황

용도별	구분	단위	2019년	2020년	2021년	2022년	2023년
산란계(계란생산)	사육두수	천 두	75,494	77,542	76,757	79,176	81,782
육용계(고기생산)			58,845	59,383	59,093	61,013	60,877

계란생산량 및 등급판정 비율
· 계란생산량은 2023년 기준 전년 대비 6.9% 증가한 17,143,323,214개.
· 2023년 계란 품질등급별 출현율은 1+등급(88.1%), 1등급(11.9%), 2등급(0.0)으로 나타남.

도계수수 및 등급판정 비율
· 도계수수는 2023년 기준 전년 대비 6.2% 감소한 18,945,753 수.
· 전체 등급판정수수 중 43.6%(45,352,249수)가 통닭으로 판정(부분육 56.4%).
· 규격(호수)별 비율: 12호(19.0%) > 13호(18.6%) > 11호(14.5%).
· 2023년 닭고기 품질등급별 출현율은 1+등급(1.1%), 1등급(98.9%), 2등급(0.0%)으로 나타남.

② 축산물 소비량 및 수입 비율

(단위 : kg, 개, 천 톤, %)

구분			2019년	2020년	2021년	2022년	2023년
1인당 소비량	육류(kg)		54.6	52.5	56.1	59.8	60.5
		소고기	13	12.9	13.9	14.9	14.7
		돼지고기	26.8	27.1	27.6	30.1	30.1
		닭고기	14.8	12.5	14.6	14.8	15.7
		계란(kg)	12.8	12.9	14	14.2	14.3
		(개)	282	281	281	278	-
총 소비량	소고기(천 톤)		672	668	716	767	757
		국내산	245	249	264	290	303
		수입산	426	420	453	477	454
		(자급률, %)	36.5	37.2	36.8	37.8	40
	돼지고기		1390	1302	1430	1655	1642
		국내산	969	1097	1097	1107	1157
		수입산	421	311	333	442	485
		(자급률, %)	69.7	74.1	75.1	72.5	73.2
	닭고기		815	781	765	830	838
		국내산	637	642	622	614	607
		수입산	178	139	176	216	231
		(자급률, %)	78.4	88	87.4	82.8	77
	계란(국내산)		658.9	722.3	684.9	706.9	735.9

자료) '17 ~'22년 : 농림축산식품부, '23년 : 한국농촌경제연구원92024 농업전망) 추정치

02 식육의 성상

1. 근육의 조직

(1) 근육조직의 구조

구분	상피조직	결합조직(결체조직)	근육조직	신경조직
특징	동물체 표면이나 체내 소화기, 허파 등의 표면을 덮고 있는 얇은 세포층.	콜라겐이라는 불용성단백질이 주성분이고 고기를 질기게 함.	가늘고 긴 세포로 이루어져 있음.	고기중 1%이내의 소량으로 뇌와 척수로 구성되어 있음.
작용	보호, 방어, 분비, 흡수, 감각 등의 기능을 함.	체내의 여러 조직과 기관 사이를 메우며 그들을 연결하고 몸을 지탱하는 역할을 함.	운동을 책임진다.	자극을 받아들이고 전달하는 역할을 함.
종류	• 단층입방상피조직 • 단층편평상피조직	• 교원섬유 • 탄성섬유 • 세망섬유	• 골격근 : 수의근, 가로무늬근(횡문근) • 심장근 : 불수의근, 가로무늬근(횡문근) • 내장근 : 불수의근, 민무늬근(평활근)	• 중추신경계통 : 뇌, 척수 • 말초신경계통 : 신경섬유
식육과의 상관관계	• 도살과정에서 일반적으로 제거 되나 껍질 등은 중요한 부산물이 된다.	• 근육조직의 20%이상을 차지하고 있으며 고기의 연도에 영향을 준다.	• 심장근과 내장근을 제외하고 생체구성비의 약 40%를 구성하는 골격근을 우리는 고기로 소비하고 있다.	• 도살 전 또는 도살과정에 있어서 이들의 기능이 그 후의 고기의 질에 미치는 영향은 크다.

• 수의근: 자신의 의지에 의해 자유로이 움직일 수 있음. • 불수의근: 자신의 의지대로 움직일 수가 없음.

※ 근육의 미세구조

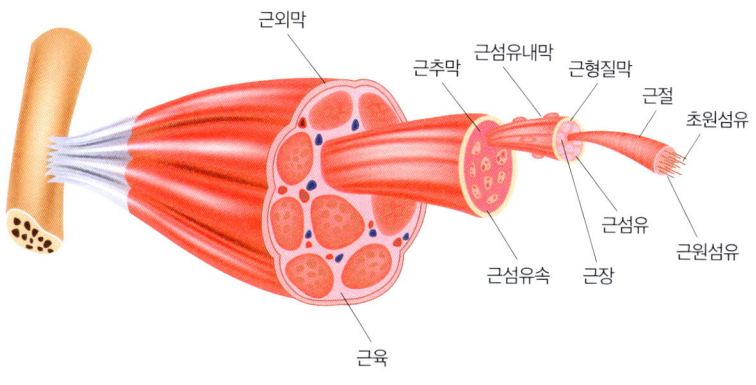

- **근세포(근섬유):** 근육을 구성하는 기본세포.
- **근원섬유:** 근섬유의 내부에 가늘고 긴 원통형의 섬유로서 근육조직 특유의 수축과 이완의 운동기능을 가짐.
- **초원섬유:** 근원섬유를 이루는 기초 단백질 구조로 액틴(actin)과 미오신(myosin)으로 구성되어 있음. 액틴은 근원섬유의 22%, 미오신은 근원섬유의 43% 차지. 근육수축단백질로서 근원섬유의 액틴필라멘트와 미오신필라멘트를 형성.
- **근형질막(근초):** 근섬유를 둘러싸고 있는 막.
- **근장:** 근초 내부의 근섬유 사이를 가득 채운 교질성 액체성분으로 근육 수축운동을 위한 에너지를 공급함. 수용성 근장 단백질, 글리코겐, 지질 등을 함유.
- **근소포체:** 근섬유 주위를 횡으로 둘러싸고 있는 망상의 미세구조이며 근육의 수축과 이완에 관여함. 근형질막에 전달된 신경의 흥분으로 자극을 받으면 칼슘이온을 방출.

(2) 근육의 수축과·이완

근육의 수축 : 골격근의 수축에는 4개의 근원섬유단백질, 즉 마이오신, 액틴, 트로포마이오신, 트로토닌이 직접 관여한다. 액틴과 마이오신은 수축단백질로서 근원섬유의 액틴 필라멘트와 마이오신 필라멘트를 형성한다.

근육의 이완 : 근육의 이완에 있어서는 이완인자가 작용하게 된다. 즉, 근소포체는 칼슘이온을 받아들이며 그 농도를 저하시키고 다시 마그네슘-ATP를 형성하여 마이오신-ATPase의 활성은 저지되고, 액토마이오신을 액틴 필라멘트와 마이오신 필라멘트로 해리시킨다.

※ 근육의 수축과 이완 과정

수축과정	이완과정
휴지상태	Cholinesterase의 유리와 아세틸콜린의 분해
↓	↓
운동종판에 활동전위가 도달	근형질막과 T관의 재분극
↓	↓
아세틸콜린의 유리, 근형질막과 막의 탈분극 (Na+ 이 근섬유내로 이동)	근소포체의 칼슘펌프 활성화로 칼슘이온이 근소포체 종말조로 복귀
↓	↓
T관을 경유하여 근소포체에 활동전위가 전달	액틴-마이오신 가교형성의 종결
↓	↓
근소포체 종말수조부터 근형질로 칼슘이온이 유리	트로포마이오신이 액틴 결합장소로 복귀
↓	↓
트로포닌에 칼슘이온(Ca+)이 결합	마그네슘(Mg2+)와 ATP가 Mg2+-ATP 복합체 형성
↓	↓
미오신-ATPase의 활성화로 ATP의 가수분해	필라멘트의 수동적 미끄러짐
↓	↓
액틴 결합장소로부터 트로포마이오신의 이동	근원섬유 마디가 휴지상태로 복귀
↓	
액틴-마이오신 가교형성	
↓	
필라멘트 미끄러짐, 근원섬유 마디의 단축	

2. 근육의 구성성분 및 식육의 영양적 특성

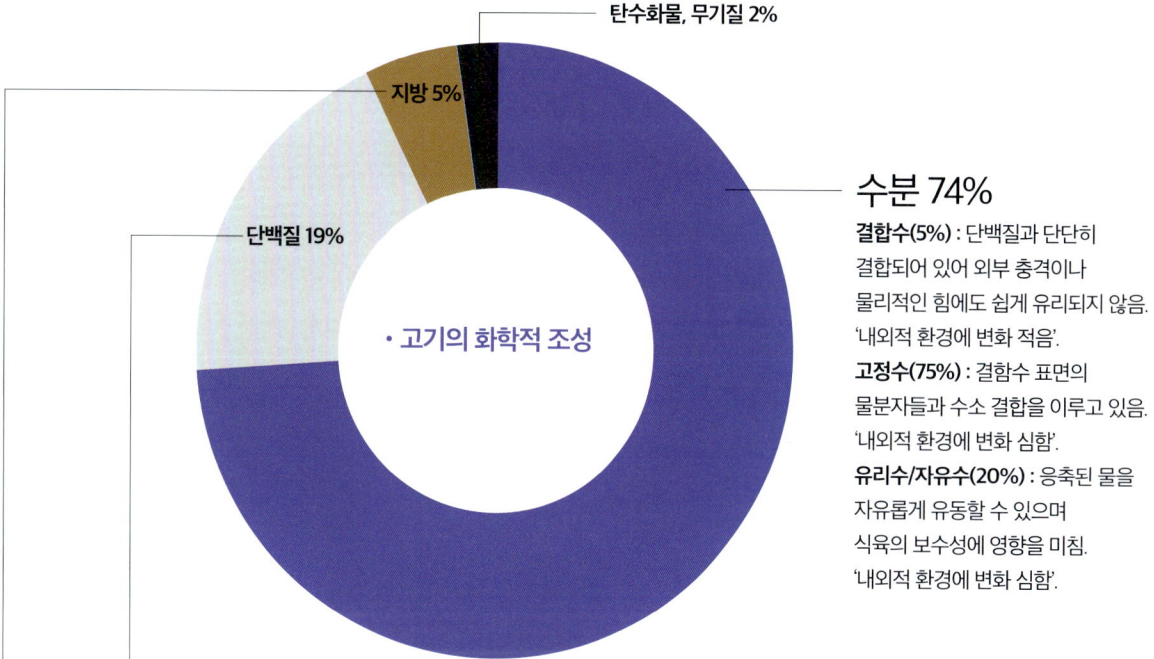

- 고기의 화학적 조성

수분 74%
결합수(5%) : 단백질과 단단히 결합되어 있어 외부 충격이나 물리적인 힘에도 쉽게 유리되지 않음. '내외적 환경에 변화 적음'.
고정수(75%) : 결합수 표면의 물분자들과 수소 결합을 이루고 있음. '내외적 환경에 변화 심함'.
유리수/자유수(20%) : 응축된 물을 자유롭게 유동할 수 있으며 식육의 보수성에 영향을 미침. '내외적 환경에 변화 심함'.

구분	성분	구성비율	주요 구성성분
근원섬유 단백질	약한 소금물에 용해되는 염용성 단백질(구조 단백질)	50%	미오신, 액틴, 트로포닌
근장 단백질	물에 녹는 수용성 단백질	30%	미오글로빈, 헤모글로빈, 리소솜
육기질 단백질	불용성 단백질(결합조직단백질)	10~20%	콜라겐, 엘라스틴, 레티클린

식육내 지방			
축적지방(중성지방)	체내에 축적되는 지방	피하지방(등지방)	영양분의 저장 및 지방합성, 열의 차단, 충격 흡수를 담당하는 지방
		근내지방(마블링)	근육 내에 존재하는 지방
		근간지방	근육과 근육 사이(서로 다른 근육)에 존재하는 지방
조직지방	동물체의 지질 가운데 근육이나 장기 따위의 체조직에 존재하는 지방. 연지질, 당지질, 콜레스테롤이 해당된다.	내장지방	내장 사이에 있는 지방

※ 영양적 가치

① 소고기
양질의 단백질과 철분이 풍부하여 빈혈이 있는 사람에게 더없이 좋으며 지방과 무기질 그리고 다섯 가지 비타민 B 복합체의 주 공급원으로서 가치가 높다.

② 돼지고기
돈육에 많이 들어있는 비타민 B1은 에너지 대사와 밀접한 관계를 가지고 있으며 체내의 당질이 에너지화할 때 필요한 비타민이다.

③ 닭고기
지용성 비타민 A가 많고 필수 아미노산을 적당히 포함하고 있어 저칼로리 고단백인 것이 특징이다.

03 원료육의 생산

1. 생축의 도축과 취급

(1) 생축의 도축 전 취급

도축 검사

생체 검사	도체 검사
· 도살 2시간 전 이내에 도축장에 마련된 생체검사장에서 실시	· 도살 해체된 후에 도체와 내장 등을 검사하여 식용으로 적당하지 못한 것은 폐기처분한다.

살수·세척
· 동물의 피모에 붙어있는 오물과 진애물을 깨끗이 씻어준다.

생체중 측정
· 정육량을 알기 위하여 반드시 실시해야 한다.
· 정육량은 도체율 또는 지육률로 표시한다.

(2) 도축 공정

돼지의 도축 공정

· 출처: 축산물위생관리법 총리령 시행규칙 별표

실신 → 방혈 → 박피 및 탈모 → 해체 및 내장제거 → 배할(이분체) → 수세 → 냉각 → 등급판정

소의 도축 공정

실신 → 방혈 → 박피 → 내장제거 → 배할(이분체) → 수세 → 냉각 → 등급판정

① **계류**
  방혈 / 내장적출 용이, 가축의 스트레스 최소화, 육질저하 방지
  → 최소한 돼지 4~6시간, 소 24시간 정도

② **도살 및 실신의 방법**
  ㉠ 타격법 : 도축용 헤머로 앞이마 강타(소, 양)
  ㉡ 전격법 : 순간 작업 진행 및 자동화 가능, 방혈 양호(돼지, 가금)
  ㉢ 총격법 : 도축용 피스톨을 이마에 발사(소, 양)
  ㉣ 자격법 : 칼을 이용한 목동맥 절단(가금)
  ㉤ CO_2 가스마취법 : CO_2 가스로 단순 수면 상태로 실신 후 방혈(돼지, 가금)

③ **방혈**
  ㉠ 경정맥 / 경동맥을 절단하여 실시한다.
  ㉡ 순환기관의 기능을 상실하고 총 혈액량의 50% 정도 방혈한다.

④ **박피, 탈모, 탕침**
  ㉠ 소, 양, 돼지 통 박피
  ㉡ 탈모 : 60~63℃, 6~10분간 탕침 후 기계 탈모
  ㉢ 잔모 : 그슬리기 935℃, 15초간 잔모제거, 표피멸균, 표피경화
  ㉣ 닭 : 50~60℃, 3분간 탕침 후 기계 탈모

⑤ **도체세척, 내장적출**
  ㉠ 박피, 탈모 후 세척
  ㉡ 적색내장 / 흉강 내장 : 기도나 식도에서의 분비물에 의한 지육 오염
  ㉢ 백색내장 / 복강 내장 : 항문을 통한 배설물에 의한 지육 오염
  ㉣ 오염 위험도 높음

(3) 지육의 관리

지육의 냉각

지육 냉각은 부패세균의 성장을 억제해 생산되는 고기의 저장기간을 연장시키고 식중독 세균의 발육을 억제시켜 소비자 안전을 보장하는 데에 근본 목적이 있다.

구분	냉장육	냉동육
온도	0~10℃	-18℃ 이하
특징	동결되지 않는 저온에서 저장하는 것	빙결점 이하의 저온에서 동결한 것

(4) 지육의 분할

① 소

대분할 (10개)	정육률 (%)	정육량 (kg)	분할정형기준	소분할 (39개)
안심	1.81	6.3	허리뼈(요추골) 안쪽의 신장지방을 분리한 후 두덩뼈(치골)아랫부분과 평행으로 안심머리 부분을 절단한 다음, 엉덩뼈(장골) 및 허리뼈(요추골)를 따라 장골허리근(엉덩근), 작은허리근(소요근) 및 큰허리근(대요근)을 절개하고 지방덩어리를 제거 정형한다.	안심살
등심	10.32	36.1	도체의 마지막 등뼈(흉추)와 제1허리뼈(요추)사이를 직선으로 절단하고, 등가장긴근(배최장근)의 바깥쪽 선단 5cm이내에서 2분체 분할정중선과 평행으로 절개하여 갈비 부위와 분리한 후, 등뼈(흉추)와 목뼈(경추)를 발골하고 제7목뼈와 제1등뼈(흉추)사이에서 2분체 분할정중선과 수직으로 절단하여 생산한다. 어깨뼈(견갑골) 바깥쪽의 넓은등근(광배근)은 앞다리부위에 포함시켜 제외시키고, 과다한 지방덩어리를 제거 정형한다.	윗등심살 아래등심살 꽃등심살 살치살
채끝	2.35	8.2	마지막 등뼈(흉추)와 제1허리뼈(요추)사이에서 제13갈비뼈(늑골)를 따라 절단하고 마지막 허리뼈(요추)와 엉덩이뼈(천추골)사이를 절개한 후 엉덩뼈(장골)상단을 배바깥경사근(외복사근)이 포함되도록 절단하며, 제13갈비뼈(늑골) 끝부분에서 복부 절개선과 평행으로 절단하고, 등가장긴근(배최장근)의 바깥쪽 선단 5cm이내에서 2분체 분할정중선과 평행으로 치마양지부위를 절단·분리해내며, 과다한 지방을 제거 정형한다.	채끝살
목심	4.13	14.5	제1~제7목뼈(경추)부위의 근육들로서 앞다리와 양지부위를 제외하고, 제7목뼈(경추)와 제1등뼈(흉추)사이를 절단하여 등심부위와 분리한 후 정형한다. 항인대(떡심)을 기준으로 바깥쪽의 마름모근(멍에살)도 분리하여 목심으로 분류한다.	목심살
앞다리	7.21	25.2	상완뼈(상완골)을 둘러싸고 있는 상완두갈래근(상완이두근), 어깨 끝의 넓은등근(광배근)을 포함하고 있는 것으로 몸체와 상완뼈(상완골)사이의 근막을 따라서 등뼈(흉추) 방향으로 어깨뼈(견갑골) 끝의 연골부위 끝까지 올라가서 넓은등근(활배근) 위쪽의 두터운 부위의 1/3지점에서 등뼈(흉추)와 직선되게 절단하고, 발골하여 사태부위를 분리해내어 생산하며 과다한 지방을 제거 정형한다.	꾸리살 부채살 앞다리살 갈비덧살 부채덮개살

대분할 (10개)	정육률 (%)	정육량 (kg)	분할·정형 기준	소분할 (39개)
우둔	6.09	21.3	뒷다리에서 넓적다리뼈(대퇴골) 안쪽을 이루는 내향근(내전근), 반막모양근(반막양근), 치골경골근(박근), 반힘줄모양근(반건양근)으로 된 부위로서 정강이뼈(하퇴골)주위의 사태부위를 제외하여 생산한다.	우둔살 홍두깨살
설도	9.63	33.7	뒷다리의 엉치뼈(관골), 넓적다리뼈(대퇴골)에서 우둔부위를 제외한 부위이며 중간둔부근(중둔근), 표층둔부근(천둔근), 대퇴두갈래근(대퇴이두근), 대퇴네갈래근(대퇴사두근) 등으로 이루어진 부위로서 인대와 피하지방 및 근간지방덩어리를 제거 정형한다.	보섭살 설깃살 설깃머리살 도가니살 삼각살
양지	10.62	37.2	뒷다리 하퇴부의 뒷무릎(후슬)부위에 있는 겸부의 지방덩어리에서 몸통피부근(동피근)과 배곧은근(복직근)의 얇은 막을 따라 뒷다리 대퇴근막긴장근(대퇴근막장근)과 분리하고, 복부의 배바깥경사근(외복사근)과 배가로근(복횡근)을 후4분체에서 분리하여 치마양지부위를 분리한다. 전4분체에서 갈비연골(늑연골), 칼돌기연골(검상연골), 가슴뼈(흉골)를 따라 깊은흉근(심흉근), 얕은흉근(천흉근)을 절개하여 갈비부위와 분리하고, 바깥쪽 목정맥(경정맥)을 따라 쇄골머리근(쇄골두근), 흉골유돌근을 포함하도록 절단하여 목심 부위와 분리시켜 지방덩어리를 제거 정형한다.	양지머리 차돌박이 업진살 업진안살 치마양지 치마살 앞치마살
사태	4.44	15.5	앞다리의 전완뼈(전완골)과 상완뼈(상완골) 일부, 뒷다리의 정강이뼈(하퇴골)를 둘러싸고 있는 작은 근육들로서 앞다리와 우둔 부위 하단에서 분리하여 인대 및 지방을 제거하여 정형한다.	앞사태 뒷사태 뭉치사태 아롱사태 상박살
갈비	13.9	48.7	앞다리 부분을 분리한 다음 갈비뼈(늑골)주위와 근육에서 등심과 양지부위의 근육을 절단 분리한 후, 등뼈(흉추)에서 갈비뼈(늑골)를 분리시킨 것으로서 갈비뼈(늑골)를 포함시키고, 과다한 지방을 제거한다.	본갈비 꽃갈비 참갈비 갈비살 마구리 토시살 안창살 제비추리

② 돼지

대분할 (7개)	정육률 (%)	정육량 (kg)	분할·정형 기준	돼지분할 (25개)
안심	1.5	1.3	두덩뼈(치골)아랫부분에서 제1허리뼈(요추)의 안쪽에 붙어있는 엉덩근(장골허리근), 큰허리근(대요근), 작은허리근(소요근), 허리사각근(요방형근)으로 된 부위로서 두덩뼈(치골)아래부위와 평행으로 안심머리부분을 절단한 다음 엉덩뼈(장골) 및 허리뼈(요추)를 따라 분리하고 표면지방을 제거하여 정형한다.	안심살
등심	9.0	7.71	제5등뼈(흉추) 또는 제6등뼈(흉추)에서 제6허리뼈(요추)까지의 등가장긴근(배최장근)으로서 앞쪽 등가장긴근(배최장근) 하단부를 기준으로 등뼈(흉추)와 평행하게 절단하여 정형한다.	등심살 알등심살 등심덧살
목심	6.0	5.14	제1목뼈(경추)에서 제4등뼈(흉추) 또는 제5등뼈(흉추)까지의 널판근, 머리최장근, 환추최장근, 목최장근, 머리반가시근, 머리널판근, 등세모근, 마름모근, 배쪽톱니근 등 목과 등을 이루고 있는 근육으로서 등가장긴근(배최장근) 하단부와 앞다리사이를 평행하게 절단하여 정형한다.	목심살
앞다리	11.3	9.68	상완뼈(상완골), 전완뼈(전완골), 어깨뼈(견갑골)를 감싸고 있는 근육들로서 갈비(제1갈비뼈(늑골))에서 제4갈비뼈(늑골) 또는 제5갈비뼈(늑골)까지를 제외한 부위이며 앞다리살, 앞사태살, 항정살, 꾸리살, 부채살, 주걱살이 포함된다.	앞다리살 앞사태살 항정살 꾸리살 부채살 주걱살
뒷다리	17.6	15.08	엉치뼈(관골), 넓적다리뼈(대퇴골), 정강이뼈(하퇴골)를 감싸고 있는 근육들로서 안심머리를 제거한 뒤 제7허리뼈(요추)와 엉덩이사이뼈(천골)사이를 엉치뼈면을 수평으로 절단하여 정형하며 볼기살, 설깃살, 도가니살, 홍두깨살, 보섭살, 뒷사태살이 포함된다.	볼기살 설깃살 도가니살 홍두깨살 보섭살 뒷사태살
삼겹살	11.4	9.77	뒷다리 무릎부위에 있는 겹부의 지방덩어리에서 몸통피부근과 배곧은근의 얇은 막을 따라 뒷다리의 대퇴근막긴장근과 분리 후, 제5갈비뼈(늑골) 또는 제6갈비뼈(늑골)에서 마지막 요추와(배곧은근 및 배속경사근 포함)뒷다리 사이까지의 복부근육으로서 등심을 분리한 후 정형한다.	삼겹살 갈매기살 등갈비 토시살 오돌삼겹
갈비	3.8	3.26	제1갈비뼈(늑골)에서 제4갈비뼈(늑골) 또는 제5갈비뼈(늑골)까지의 부위로서 제1갈비뼈(늑골) 5㎝ 선단부에서 수직으로 절단하여 깊은흉근 및 얕은흉근을 포함하여 절단하며 앞다리에서 분리한 후 피하지방을 제거하여 정형한다.	갈비 갈비살 마구리

(5) 지육의 품질

① 소비자가 고기를 구입할 때 고려할 항목
㉠ 육색
㉡ 조직감
㉢ 지방
㉣ 위생상태
㉤ 기타 : 식육 내 잔류하는 미량성분의 함량(농약, 항생제, 호르몬제 등)

② 가공특징

구분	정의	특징
보수성	식육이 수분을 잃지 않고 보유하는 능력	보수성은 제품의 생산량, 조직, 기호성에 영향을 준다.
결착력	결착력은 육괴(작게 잘린 고깃덩어리)가 서로 결착하는 능력	주요 특징으로는 2가지가 있다. ·소금의 존재 및 농도 : 소금은 추출 단백질량을 증가시키고, 이온 강도 및 pH를 변화시켜 단백질 기질(Matrix) 가열 시 응집력 있는 3차원 구조를 형성한다. ·가열 온도 : 고깃덩어리끼리의 결착은 가열에 의해 이루어진다. 가열은 사전에 용해된 단백질들을 재배열시켜 이들이 고기 표면에 있는 불용성 단백질들과 반응하여 점착력 있는 조직을 형성하게 한다.
유화성	육단백질이 지방과 함께 유화물을 형성하는 능력	유화성은 2가지로 구분되는데, 유화력·유화 안정성으로 구분된다. 유화력은 원료육 단위 무게당 또는 단백질 단위 그램당 유화할 수 있는 지방의 양을 말한다. 유화 안정성은 형성된 유화조직을 가열처리할 때 지방과 수분을 분리되는 정도를 말한다. 또한 유화성은 근원섬유 단백질이 높고 결체조직이 적은 신선한 살코기일수록 유화성이 우수하고, 지방이 많은 고기일수록 살코기에 비해 유화성이 떨어진다.
젤 형성력	육단백질이 물, 지방과 함께 젤을 형성하는 능력	콜라겐(Collagen)은 동물체내에서 가장 풍부한 단백질이며, 식육 연도에 매우 큰 영향을 준다. 수분이 있는 상태에서 가열하면 콜라겐이 가수분해되어 젤라틴(Gelatin)으로 변해 더욱 연해진다.

(6) 식육의 부위별 수율 및 용도

① **도체율** 가축의 생체무게에 대한 도체무게의 비율 즉, 생체중 100kg에 대하여 몇 kg의 도체가 생산되었는가를 표시한다(도체는 머리, 내장, 가죽, 족 등을 제외한 것).

$$도체율(\%) = \frac{도체중}{생체중} \times 100$$

② **정육율** 정육율은 이 정육의 생체 또는 도체로부터의 고기생산량을 백분율(%)로 표시한 것이다(생산량은 사골, 꼬리, 잡뼈, 지방 등을 제외한 정육량).

$$정육률(\%) = \frac{각\ 부위의\ 생산량}{생체중량(또는\ 도체중량)} \times 100$$

04 식육의 사후변화

1. 사후경직과 숙성

(1) 정의
식육이 도살 후 산소 공급이 중단된 상태의 혐기적 효소작용(glycosis, 해당작용)에 의해 근육이 경화되는 것을 말한다.

(2) 사후경직의 단계와 특징

구분	경직개시전기			경직진행기			경직완료기(숙성), 0℃기준		
종류	소	돼지	닭	소	돼지	닭	소	돼지	닭
시간(hr)	24	12	2	-	-	-	7~14일	4~5일	12시간 이내
ATP 존재상태	ATP			ATP, ADP			IMP, Inosin(이노신)		
글리코겐 존재상태	높음			낮음			매우낮음		
pH	7			-			5.2~5.4		
조직감	연함			질김			연함		
특징	· 동물의 연령 또는 도축 전 스트레스가 높을수록 강도가 높고 경직 개시가 빨라진다.			· 경직시 ATP가 ADP로 분해되며 강직이 점점더 연하게 변하게 된다.			· 경직 완료 후 일어나는 변화로는 연도개선, 풍미 증진, 자가소화, 보수력 증진이 있다.		

2. 육색 및 보수력

(1) 육색
육질에 관여하는 선명한 육색은 식육의 구매력을 일으키는 요인이며 지방색은 근내지방도와 함께 육의 육질등급을 결정하는 주요인자이다.

- **육색소** : 고기 육색소는 크게 두 가지 단백질로 나뉜다.
  ① 헤모글로빈(혈액색소) ② 마이오글로빈(근육색소)
- **변색** : 육색이 밝은 적색이나 자적색이 아닌 비정상의 색깔을 보이는 것을 말한다.
- **변색의 유형** : ① 온도 ② 산소압 ③ 산화제 ④ 습기 ⑤ 광선

(2) 보수력

보수력이란 식육에 물리적인 힘, 즉 절단, 분쇄, 압착, 열처 등을 가하였을 때 식육이 수분을 유지하려는 성질은 말하며 수분을 유지하려는 힘을 보수력이라 한다.

보수력에 영향을 미치는 요인

① 고기의 본질적인 요인(품종, 성, 나이, 사양, 근육의 형태 및 종류 등)
② 고기의 pH
③ 육단백질의 상태
④ 이온강도
⑤ 온도 등

3. 비정상육

돼지, 소, 가금류 등은 도살되기 전에 비정상적인 자극 및 스트레스를 받으면 비정상육(PSE, DFD)육으로 변성된다.

구분	PSE육	DFD육
소		O(주로발생)
돼지	O(주로발생)	
특징	색이 창백하고(Pale), 조직은 무르고(Soft), 육즙이 많이(Exudative) 나와 있다.	표면은 건조하고(Dry), 조직은 촘촘해져(Firm), 색깔은 짙게 된다(Dark).
원인	도축 전 흥분으로 인한 매우 빠른 해당과정 또는 도축 이후 냉각되기까지 도축공정에서 장시간 지체.	주로 우육에서 발생함 도축 전 장시간에 걸친 글리코겐의 고갈(환경요인 및 스트레스).

05 식육유통

1. 식육의 등급

(1) 도체품질과 식육품질

① 도체품질은 육량등급에서 고려되어 판매가능한 정육량 및 고기 부위의 수율 등을 예측하기 위해 이용되고 있다.
② 최근에는 지방이 적고 살코기가 많은 도체를 추구하는 형태이므로 도체구성, 조직분포, 도체 형태가 더 중요하다.

(2) 식육품질

① 식육품질은 정부가 신선육 품질에 근거하여 설정한 식육의 여러 가지 특징에 대한 품질기준에 기초하여 분류한 것이다.

(3) 품질등급에서 고려되는 요인

① 축종
② 성숙도
③ 성별
④ 도체중량
⑤ 지방부착도 및 색깔
⑥ 판매 가능한 정육수율
⑦ 체형 및 품종
⑧ 최종 용도
⑨ 육색
⑩ 단단함
⑪ 근내지방도

2. 축산물 등급판정 세부기준 [시행 2020. 12. 29.]

(1) 소

① 소도체의 육량등급 판정기준(제4조)

품종	성별	육량지수		
		A등급	B등급	C등급
한우	암	61.83 이상	59.70 이상 ~ 61.83 미만	59.70 미만
	수	68.45 이상	66.32 이상 ~ 68.45 미만	66.32 미만
	거세	62.52 이상	60.40 이상 ~ 62.52 미만	60.40 미만
육우	암	62.46 이상	60.60 이상 ~ 62.46 미만	60.60 미만
	수	65.45 이상	63.92 이상 ~ 65.45 미만	63.92 미만
	거세	62.05 이상	60.23 이상 ~ 62.05 미만	60.23 미만

[단, 젖소는 육우 암소 기준을 적용한다]

② 제1항의 규정에 따른 소도체의 육량등급판정을 위한 육량지수는 소를 도축한 후 2등분할된 왼쪽 반도체에 부도1과 같이 마지막등뼈(흉추)와 제1허리뼈(요추) 사이를 절개한 후 등심쪽의 절개면(이하 "등급판정부위"라 한다)에 대하여 다음 각호의 항목을 측정하여 산정한다.

- **등지방두께** : 등급판정부위에서 부도2와 같이 배최장근단면의 오른쪽면을 따라 복부쪽으로 3분의 2 들어간 지점의 등지방을 ㎜단위로 측정한다. 다만, 등지방두께가 1㎜ 이하인 경우에는 1㎜로 한다.
- **배최장근단면적** : 등급판정부위에서 부도3과 같이 가로, 세로가 1㎝단위로 표시된 면적자를 이용하여 배최장근의 단면적을 ㎠단위로 측정한다. 다만, 배최장근 주위의 배다열근, 두반극근과 배반극근은 제외한다.
- **도체중량** : 도축장경영자가 측정하여 제출한 도체 한 마리 분의 중량을 kg단위로 적용한다.

		육량지수산식
한우	암	[6.90137 − 0.9446 × 등지방두께(mm) + 0.31805 × 배최장근단면적(cm2) + 0.54952 × 도체중량(kg)] ÷ 도체중량(kg) × 100
	수	[0.20103 − 2.18525 × 등지방두께(mm) + 0.29275 × 배최장근단면적(cm2) + 0.64099 × 도체중량(kg)] ÷ 도체중량(kg) × 100
	거세	[11.06398 − 1.25149 × 등지방두께(mm) + 0.28293 × 배최장근단면적(cm2) + 0.56781 × 도체중량(kg)] ÷ 도체중량(kg) × 100
육우	암	[10.58435 − 1.16957 × 등지방두께(mm) + 0.30800 × 배최장근단면적(cm2) + 0.547681 × 도체중량(kg)] ÷ 도체중량(kg) × 100
	수	[−19.2806 − 2.25416 × 등지방두께(mm) + 0.14721 × 배최장근단면적(cm2) + 0.680651 × 도체중량(kg)] ÷ 도체중량(kg) × 100
	거세	[7.21379 − 1.12857 × 등지방두께(mm) + 0.48798 × 배최장근단면적(cm2) + 0.52725 × 도체중량(kg)] ÷ 도체중량(kg) × 100

[단, 젖소는 육우 암소의 산식을 적용한다]

③ 소도체의 육질등급 판정기준(제5조)

- **근내지방도** : 등급판정부위에서 배최장근단면에 나타난 지방분포정도를 부도4의 기준과 비교하여 해당되는 기준의 번호로 판정하고, 다음과 같이 등급을 구분한다.

근내지방도	등급
근내지방도 번호 7, 8, 9에 해당되는 것	1++등급
근내지방도 번호 6에 해당되는 것	1+등급
근내지방도 번호 4, 5에 해당되는 것	1등급
근내지방도 번호 2, 3에 해당되는 것	2등급
근내지방도 번호 1에 해당되는 것	3등급

- **육 색** : 등급판정부위에서 배최장근단면의 고기색깔을 부도5에 따른 육색기준과 비교하여 해당되는 기준의 번호로 판정하고, 다음과 같이 등급을 구분한다.

육색	등급
육색 번호 3, 4, 5에 해당되는 것	1++등급
육색 번호 2, 6에 해당되는 것	1+등급
육색 번호 1에 해당되는 것	1등급
육색 번호 7에 해당되는 것	2등급
육색에서 정하는 번호 이외에 해당되는 것	3등급

· **지방색** : 등급판정부위에서 배최장근단면의 근내지방, 주위의 근간지방과 등지방의 색깔을 부도6에 따른 지방색기준과 비교하여 해당되는 기준의 번호로 판정하고, 다음과 같이 등급을 구분한다.

육색	등급
지방색 번호 1, 2, 3, 4에 해당되는 것	1++등급
지방색 번호 5에 해당되는 것	1+등급
지방색 번호 6에 해당되는 것	1등급
지방색 번호 7에 해당되는 것	2등급
지방색에서 정하는 번호 이외에 해당되는 것	3등급

· **조직감** : 등급판정부위에서 배최장근단면의 보수력과 탄력성을 별표1에 따른 조직감 구분기준에 따라 해당되는 기준의 번호로 판정하고, 다음과 같이 등급을 구분한다.

조직감	등급
조직감 번호 1에 해당되는 것	1++등급
조직감 번호 2에 해당되는 것	1+등급
조직감 번호 3에 해당되는 것	1등급
조직감 번호 4에 해당되는 것	2등급
조직감 번호 5에 해당되는 것	3등급

성숙도 : 왼쪽 반도체의 척추 가시돌기에서 연골의 골화정도 등을 별표2에 따른 성숙도 구분기준과 비교하여 해당되는 기준의 번호로 판정한다.

④ 소도체의 육질등급판정은 규정에 따른 근내지방도, 육색, 지방색, 조직감을 개별적으로 평가하여 그 중 가장 낮은 등급으로 우선 부여하고 성숙도 규정을 적용하여 별표3 규정에 따라 최종 등급을 부여한다. 다만 다음 각 호의 어느 하나에 해당하는 경우에는 그러하지 아니한다.

· 육색 등급과 지방색 등급이 모두 2등급인 경우에는 육질등급을 3등급으로 한다.
· 근내지방도와 육색·지방색·조직감의 평가결과가 2개 등급 이상 차이나는 경우 성숙도를 적용하지 않고 최저 등급을 최종 등급으로 한다.

⑤ 소도체의 등외등급 판정기준(제6조) : 소도체가 다음 각 호의 1에 해당하는 경우에는 육량등급과 육질등급에 관계없이 등외등급으로 판정한다.

· 성숙도 구분기준 번호8, 9에 해당하는 경우로서 늙은 소 중 비육상태가 매우 불량한(노폐우) 도체이거나, 성숙도 구분기준 번호8, 9에 해당되지 않으나 비육상태가 불량하여 육질이 극히 떨어진다고 인정되는 도체.
· 방혈이 불량하거나 외부가 오염되어 육질이 극히 떨어진다고 인정되는 도체.
· 상처 또는 화농 등으로 도려내는 정도가 심하다고 인정되는 도체.
· 도체중량이 150kg미만인 왜소한 도체로서 비육상태가 불량한 경우.
· 재해, 화재, 정전 등으로 인하여 특별시장·광역시장 또는 도지사가 냉도체 등급판정방법을 적용할 수 없다고 인정하는 도체.

⑥ 소도체의 등급표시(별표 4)

구 분		육질 등급					
		1++등급	1+등급	1등급	2등급	3등급	등외등급
육량등급	A등급	1++A	1+A	1A	2A	3A	
	B등급	1++B	1+B	1B	2B	3B	
	C등급	1++C	1+C	1C	2C	3C	
	등외등급						등외

(2) 돼지

① 돼지도체의 등급판정방법(제8조)
· 돼지도체 등급판정방법은 온도체 등급판정 방법으로 한다. 다만, 종돈개량, 학술연구 등의 목적으로 냉도체 육질측정방법을 희망할 경우 측정항목을 제공할 수 있다.
· 돼지도체 등급판정은 인력등급판정 또는 기계등급판정 중 한 가지를 선택하여 적용할 수 있다.
· 돼지 냉도체 육질측정은 등급판정신청인이 별도의 계획서를 축산물품질평가사에게 제출할 경우, 냉도체 육질측정방법을 적용한다.
· 돼지도체 등급판정은 별표6의 조건을 갖춘 작업장에서 실시한다.

② 돼지도체 중량과 등지방두께 등에 따른 1차 등급판정 기준(별표 7)

1차 등급	탕박도체		박피도체	
	도체중(kg)	등지방두께(mm)	도체중(kg)	등지방두께(mm)
	이상 미만	이상 미만	이상 미만	이상 미만
1⁺등급	83 - 93	17 - 25	74 - 83	12 - 20
1등급	80 - 83	15 - 28	71 - 74	10 - 23
	83 - 93	15 - 17	74 - 83	10 - 12
	83 - 93	25 - 28	74 - 83	20 - 23
	93 - 98	15 - 28	83 - 88	10 - 23
2등급	1⁺, 1등급에 속하지 않는 것		1⁺, 1등급에 속하지 않는 것	

③ 돼지 냉도체 육질측정 부위(제11조 관련)

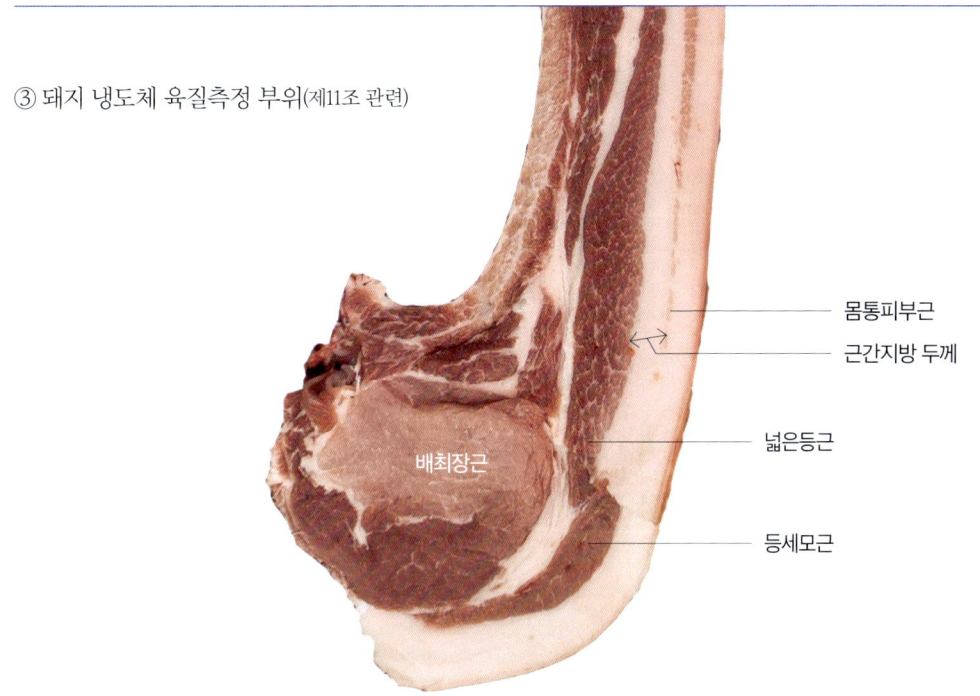

- 몸통피부근
- 근간지방 두께
- 넓은등근
- 배최장근
- 등세모근

④ 돼지도체 중량과 등지방두께 등에 따른 1차 등급판정 기준(별표 7)

판정항목			1+등급	1등급	2등급
외관	인력	비육상태	도체의 살붙임이 두껍고 좋으며 길이와 폭의 균형이 고루 충실한 것	도체의 살붙임과 길이와 폭의 균형이 적당한 것	도체의 살붙임이 부족 하거나 길이와 폭의 균형이 맞지 않은 것
		삼겹살상태	삼겹살두께와 복부지방의 부착이 매우 좋은 것	삼겹살두께와 복부지방의 부착이 적당한 것	삼겹살두께와 복부지방의 부착이 적당하지 않은 것
		지방부착 상태	등지방 및 피복지방의 부착이 양호한 것	등지방 및 피복지방의 부착이 적당한 것	등지방 및 피복지방의 부착이 적절하지 못한 것
	기계	비육상태	정육률 62%이상인 것	정육률 60%이상~62%미만인 것	정육률 60%미만인 것
		삼겹살상태	겉지방을 3mm 이내로 남긴 삼겹살이 10.2kg이상이면서 삼겹살 내 지방비율 22%이상~42%미만인 것	겉지방을 3mm 이내로 남긴 삼겹살이 9.6kg이상이면서 삼겹살 내 지방비율 20%이상~45%미만인 것. 단, 삼겹살상태의 1+등급 범위 제외	겉지방을 3mm 이내로 남긴삼겹살이 9.6kg미만이거나, 삼겹살 내 지방비율 20%미만인 것 또는 45%이상인 것
		지방부착 상태	비육상태 판정방법과 동일	비육상태 판정방법과 동일	비육상태 판정방법과 동일
육질	지방침착도		지방침착이 양호 한 것	지방침착이 적당 한 것	지방침착이 없거나 매우 적은 것
	육색		부도10의 No.3, 4, 5	부도10의 No.3, 4, 5	부도10의 No.2, 6
	육조직감		육의 탄력성, 결, 보수성, 광택 등의 조직감이 아주 좋은 것	육의 탄력성, 결, 보수성, 광택 등의 조직감이 좋은 것	육의 탄력성, 결, 보수성, 광택 등의 조직감이 좋지 않은 것
	지방색		부도11의 No.2, 3	부도11의 No.1, 2, 3	부도11의 No.4, 5
	지방질		지방이 광택이 있으며 탄력성과 끈기가 좋은 것	지방이 광택이 있으며 탄력성과 끈기가 좋은 것	지방이 광택도 불충분하며 탄력성과 끈기가 좋지 않은 것

⑤ 돼지도체 결함의 종류(별표 9)

항 목	등급 하향	등외 등급
방혈불량	돼지 도체 2분할 절단면에서 보이는 방혈작업부위가 방혈불량이거나 반막모양근, 중간둔부근, 목심주위근육 등에 방혈불량이 있어 안쪽까지 방혈 불량이 확인된 경우	각 항목에서 '등급 하향' 정도가 매우 심하여 등외 등급에 해당될 경우
이분할불량	돼지도체 2분할 작업이 불량하여 등심부위가 손상되어 손실이 많은 경우	
골 절	돼지도체 2분할 절단면에 뼈의 골절로 피멍이 근육 속에 침투되어 손실이 확인되는 경우	
척추이상	척추이상으로 심하게 휘어져 있거나 경합되어 등심 일부가 손실이 있는 경우	
농 양	도체 내외부에 발생한 농양의 크기가 크거나 다발성이어서 고기의 품질에 좋지 않은 영향이 있는 경우 및 근육내 염증이 심한 경우	
근출혈	고기의 근육 내에 혈반이 많이 발생되어 고기의 품질이 좋지 않은 경우	
호흡기불량	호흡기질환 등으로 갈비내벽에 제거되지 않은 내장과 혈흔이 많은 경우	
피부불량	화상, 피부질환 및 타박상 등으로 겉지방과 고기의 손실이 큰 경우	
근육제거	축산물 검사결과 제거부위가 고기량과 품질에 손실이 큰 경우	
외 상	외부의 물리적 자극 등으로 신체조직의 손상이 있어 고기량과 품질에 손상이 큰 경우	
기 타	기타 결함 등으로 육질과 육량에 좋지 않은 영향이 있어 손실이 예상되는 경우	

⑥ 돼지도체의 등외등급 판정기준(제12조)

· 부도13의 돼지도체 근육특성에 따른 성징 구분방법에 따라 "성징 2형"으로 분류되는 도체.
· 결함이 매우 심하여 별표9에 따라 등외등급으로 판정된 도체.
· 도체중량이 박피의 경우 60kg미만(탕박의 경우 65kg미만)으로서 왜소한 도체이거나 박피 100kg이상 (탕박의 경우 110kg이상)의 도체.
· 새끼를 분만한 어미돼지(경산모돈)의 도체.
· 육색이 부도10의 No.1 또는 No.7 이거나, 지방색이 부도11의 No.6 또는 No.7인 도체.
· 비육상태와 삼겹살상태가 매우 불량하고 빈약한 도체.
· 고유의 목적을 위해 이분할 하지 않은 학술연구용, 바베큐 또는 제수용 등의 도체.
· 검사관이 자가소비용으로 인정한 도체.
· 좋지 못한 돼지먹이 급여 등으로 육색이 심하게 붉거나 이상한 냄새가 나는 도체.

(3) 닭

① 닭도체 품질기준(별표 13)

항목	품질 기준		
	A급	B급	C급
외관	날개, 등뼈, 가슴뼈 및 다리가 굽지 않고 좋은 외형과 피부병 등 질병의 흔적에 따른 도체외관의 손상이 없는 것	날개, 등뼈, 가슴뼈 및 다리가 외관을 손상시키지 않는 범위에서 약간 휘거나 피부병 등 질병의 흔적에 따른 도체외관의 손상이 약간 있는 것	날개, 등뼈, 가슴뼈 및 다리가 비정상적으로 휘거나 피부병 등 질병의 흔적에 따른 도체외관의 손상이 많이 있는 것
비육상태	충분한 착육성을 지니며 특히 가슴과 다리에 고기의 부착이 잘 된 것	보통의 착육성을 지니며 특히 가슴과 다리에 고기의 부착이 보통 인 것	빈약한 착육성을 지니며 가슴과 다리에 고기의 부착이 적은 것
지방부착	피부의 지방층이 매우 잘 발달된 것	피부의 지방층이 충분히 발달된 것	피부의 지방층이 빈약한 것
잔털,깃털	깃털은 아래의 허용기준치를 넘어서는 안되며 약간의 잔털이 있다. -깃털 2개 이하	깃털은 아래의 허용기준치를 넘어서는 안되며 잔털이 일부분만 퍼져있다. -깃털 4개 이하	깃털은 아래의 허용기준치를 넘어서는 안되며 잔털이 넓게 고루 퍼져있다. -깃털 6개 이하
신선도	피부색이 좋고 광택이 있으며 육질의 탄력성이 있다.	피부색, 광택 및 육질의 탄력성이 보통이다.	피부색이 불량하고 광택이 없으며 육질의 탄력성도 없다.
외상	피부가 상처로 인해 노출된 살이 가슴과 다리부위에는 없어야 하고, 기타 부위는 노출된 살의 총면적의 지름이 2cm를 초과해서는 안 된다.	피부가 상처로 인해 노출된 살이 가슴과 다리부위에는 없어야하고, 기타 부위는 노출된 살의 총면적의 지름이 4cm를 초과해서는 안 된다.	피부가 상처로 인해 노출된 살이 총면적의 지름이 가슴과 다리부위는 2cm, 기타부위는 6cm를 초과해서는 안 된다.
변색	가벼운 상처나 멍, 피부의 변색은 허용하나 색이 분명한 것은 총면적에 대해 장축의 지름이 아래의 허용치를 초과해서는 안 된다.	가벼운 상처나 멍, 피부의 변색은 허용하나 색이 분명한 것은 총면적에 대해 장축의 지름이 아래의 허용치를 초과해서는 안 된다.	가벼운 상처나 멍, 피부의 변색은 허용하나 색이 분명한 것은 총면적에 대해 장축의 지름이 아래의 허용치를 초과해서는 안 된다.
중량규격	가슴과 다리부위 / 기타부위	가슴과 다리부위 / 기타부위	가슴과 다리부위 / 기타부위
13호미만	1.5cm / 3cm	2.5cm / 5cm	3.5cm / 7cm
13호이상	2.5cm / 4cm	4cm / 6cm	6cm / 8cm
	상처로 인한 응혈이 있어서는 안 된다.		
뼈의 상태	골절 및 탈골된 것이 없어야 한다.	골절된 것이 없어야 하고, 1개의 탈골된 뼈는 허용한다	1개이하의 골절 및 2개이하의 탈골은 허용한다.

② 닭도체 호수별 중량범위(별표 15)

중량 규격	중량 범위	중량 규격	중량 범위	중량 규격	중량 범위
5호	451~550	14호	1,351~1,450	23호	2,251~2,350
6호	551~650	15호	1,451~1,550	24호	2,351~2,450
7호	651~750	16호	1,551~1,650	25호	2,451~2,550
8호	751~850	17호	1,651~1,750	26호	2,551~2,650
9호	851~950	18호	1,751~1,850	27호	2,651~2,750
10호	951~1,050	19호	1,851~1,950	28호	2,751~2,850
11호	1,051~1,150	20호	1,951~2,050	29호	2,851~2,950
12호	1,151~1,250	21호	2,051~2,150	30호	2,951이상
13호	1,251~1,350	22호	2,151~2,250		

3. 축산물 유통정보(출처 : 축산물품질평가원)

(1) 소고기

공급현황 : 전년 대비 국내 소고기 생산량은 5.1% 증가, 수입량은 4.8% 감소.
① 경매두수는 전체 도축물량의 63.7%(한우 62.7%)로 전년 대비 1.1% 증가.
② 한우 평균 경락가격(경함/등외 제외) : ('22년) 19,018원/kg → ('23년) 16,628원/kg

조사결과 : 소 1두(한우거세 1+등급 기준)의 유통비용률은 52.6%로 전년 대비 0.4%p 감소.
① 유통단계 : 전년 대비 유통비용률은 출하단계, 도매단계는 각각 0.2%p, 4.4%p 증가, 소매단계는 5.0%p 감소.
② 유통비용 : 전년 대비 직접비, 간접비는 0.5%p, 2.9%p 증가, 이윤 유통비용률은 3.8%p 감소.

(2) 돼지고기

공급현황 : 전년 대비 비육돈의 생산량은 1.0% 증가하였고, 수입량은 9% 감소, 도매시장의 평균 경락가격은 1.8% 하락.
① 경매두수는 4.9%로 전년(5.0%) 대비 0.1%p 감소.
② 평균 경락가격(결함/등외 제외) : ('22년) 5,227원/kg → 5,134원/kg
조사결과 : 돼지 1두(탕박 1등급 기준)의 유통비용률은 46%로 전년 대비 0.8%p 증가.
① 유통단계 : 전년 대비 출하단계 유통비용률은 0.2%p 감소, 도매단계 0.4%p 감소, 소매단계 1.4%p 증가.
② 유통비용 : 전년 대비 직접비, 간접비 각각 0.8%p, 0.8%p 감소했고, 이윤 유통비용률은 2.4%p 증가.

(3) 닭고기

공급현황 : 전년 대비 도계수수는 1.3% 감소하였고, 통닭 11호 평균 도매가격은 전년 대비 6.8% 상승.
① 계열출하는 전체 도계물량의 96.4%이며 전년 대비 0.1%p 감소.
② 11호 평균 도매가격 : ('22년) 4,832원 → ('23년) 5,163원, 6.8% 상승.

조사결과 : 닭 1수(통닭 11호 기준)을 유통하는데 발생하는 비용은 3,969원으로 조사되었으며, 유통비용률은 59%로 전년 대비 0.3% 증가.
① 유통단계 : 전년 대비 출하단계의 유통비용률은 동일하고 소매단계 1.1%p 감소, 도매단계 1.4%p 증가.
② 유통비용 : 전년 대비 직접비, 간접비의 유통비용률은 각각 0.6%p, 1.7%p 증가, 이윤은 2% 감소..

(4) 오리고기

공급현황 : 2023년 기준 전년 대비 도압수수는 12.2% 감소하였고, 오리고기(24호) 평균 도매가격은 16,711원으로 전년 대비 30.5% 증가.
① 계열출하는 전체 도압물량의 98.8%를 차지하며, 전년 대비 0.9%p 증가.
② 오리고기(24호) 평균 도매가격 : ('22년) 12,802원 → ('23년) 16,711원, 30.5% 증가.

조사결과 : 오오리고기 1수(통오리 24호 기준) 유통하는데 발생하는 비용은 5,512원으로 조사되었으며, 유통비용률은 27.2%로 전년 대비 12.4% 감소.
① 유통단계 : 전년 대비 도매단계 유통비용률은 5.6%p 감소, 소매단계는 6.8% 감소.
② 유통비용 : 전년 대비 간접비, 직접비, 이윤의 유통비용률은 각각 3.6%p, 1.7%p, 7.1%p 감소.

(5) 계란

시장상황 : 계란 생산량은 4.5% 증가, 일반특란 평균 생산자가격 1.6% 감소.
① 일반 특란 평균 생산자 가격 ('22년) 4,458원/30개 → ('23년) 4,385원/30개, 1.6%p 감소.
② 계란 생산량 : ('22년) 16,397,919개 → ('23년) 17,143,323개, 4.5%p 증가.

조사결과 : 계란 30개(일반 특란)기준 유통할 때 발생하는 비용은 3,192원으로 조사되었으며, 유통비용률은 42.1%로 전년 대비 0.3%p 증가.
① 유통단계 : 전년 대비 출하단계의 유통비용률은 출하 0.3%p 증가, 도매단계 0.1%p 감소, 소매단계 0.2%p 증가.
② 유통비용 : 전년 대비 직접비는 0.6%p 증가, 간접비, 이윤의 유통비용률은 각각 0.2%p, 0.1%p 감소.

3. 축산물 유통가격(출처 : 축산물품질평가원)

(1) 생산자가격

전년 대비 쇠고기(한우), 돼지고기, 계란은 각각 12.0%, 0.1%, 1.6% 하락. 닭고기, 오리고기는 각각 4.5%, 44.5% 상승.

(단위 : 원, %)

품목	'22년(A)	'23년(B)	증감률(B-A)/A
소고기(두)	9,552,582	8,402,070	△12.0
돼지고기(두)	470,308	469,799	△0.1
닭고기(수)	2,640	2,758	4.5
오리고기(수)	10,091	14,587	44.6
계란(30개)	4,458	4,385	△1.6

(2) 도매가격

전년 대비 쇠고기(한우), 돼지고기, 계란은 각각 5.8%, 0.7% 1.5% 하락. 닭고기, 오리고기는 각각 6.9%, 30.5% 상승.

(단위 : 원, %)

품목	'22년(A)	'23년(B)	증감률(B-A)/A
소고기(두)	12,597,404	11,866,237	△5.8
돼지고기(두)	564,548	560,384	△0.7
닭고기(수)	4,832	5,163	6.9
오리고기(수)	12,802	16,711	30.5
계란(30개)	6,026	5,936	△1.5

(3) 소비자가격

전년 대비 쇠고기(한우), 계란은 각각 12.7%, 1.1% 하락. 돼지고기, 닭고기, 오리고기는 각각 1.3%, 5.2%, 19.8% 상승.

(단위 : 원, %)

품목	'22년(A)	'23년(B)	증감률(B-A)/A
소고기(두)	20,305,151	17,718,430	△12.7
돼지고기(두)	858,517	870,026	1.3
닭고기(수)	6,393	6,727	5.2
오리고기(수)	16,775	20,099	19.8
계란(30개)	7,665	7,577	△1.1

4. 축산물 유통경로(출처 : 축산물품질평가원)

(1) 소고기 유통단계별 유통량

① **사육현황** : 한·육우는 전년 대비 4.8% 증가한 3,364천 두를 사육하고 있으며, 농장수는 0.9% 감소한 93천 호.
　　　　　한우는 전년 대비 4.7% 증가한 3,200천 두를 사육하고 있으며, 농장수는 0.8% 감소한 89천 호.
② **출하단계** : 한우 출하두수 762,749두, 경매 57.6%, 직매(임도축) 42.4%
③ **도매단계** : 식육포장처리업체(임가공 포함) 84.1%, 도축장 직반출 15.9%
④ **소매단계** : 정육점 31.3%, 대형마트 23.4%, 슈퍼마켓 17.1%, 일반음식점 17.0%, 단체급식소 6.6%, 백화점 3.8% 순.

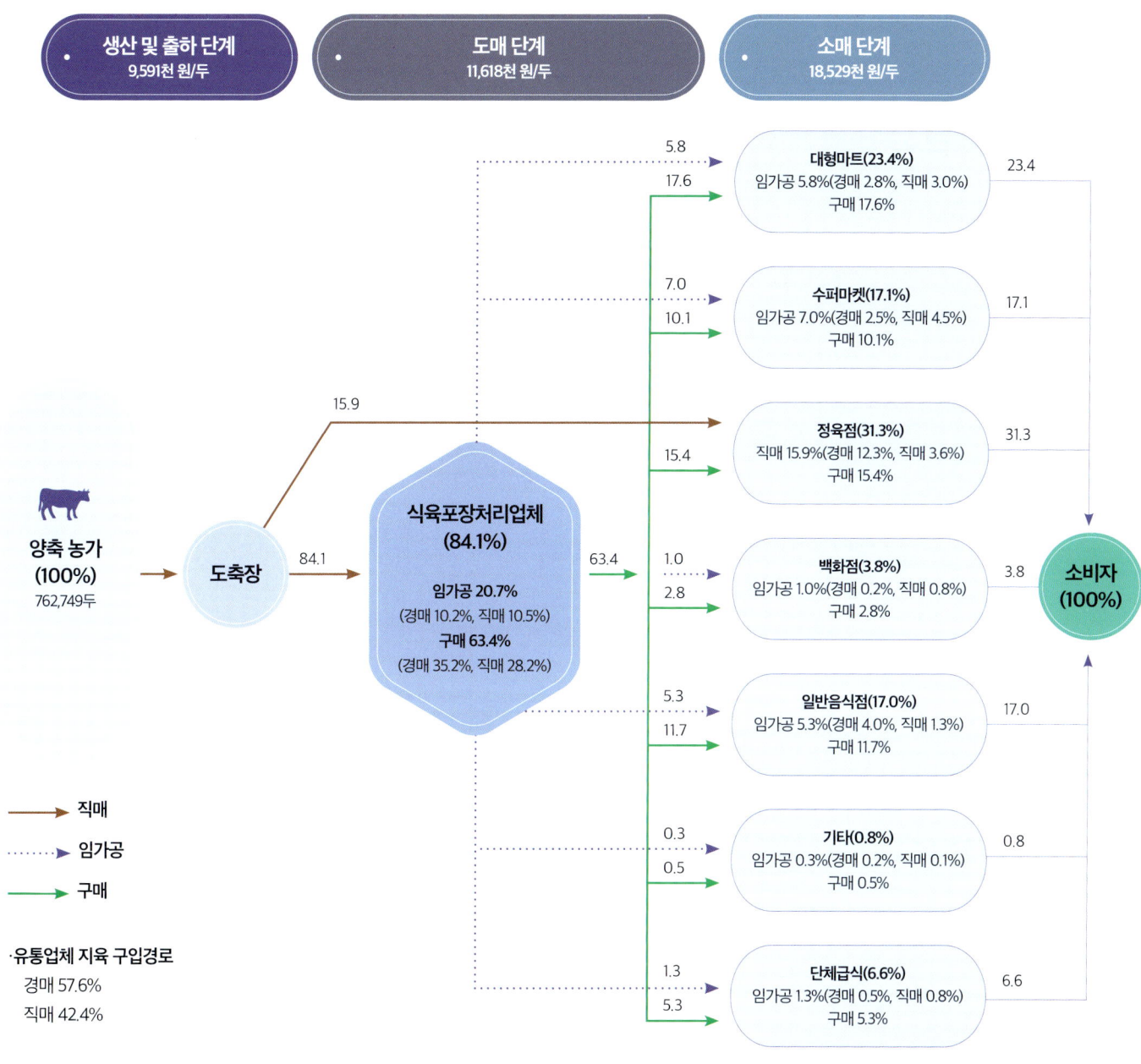

※ 우시장 큰 소 거래, 가축거래상인 주개에 해당하는 경로는 생략
※ 도축형태에 따라 경매와 직매 구분

(2) 돼지고기 유통단계별 유통량

① **사육현황** : 돼지는 전년 대비 1.8% 감소한 11,078천 두를 사육하고 있으며 농가수는 전년 대비 0.9% 감소한 6,078호.
② **출하단계** : 돼지 출하두수 18,318,806두, 경매 5.9%, 직매(임도축) 94.1%
③ **도매단계** : 식육포장처리업체(임가공 포함) 94.9%, 도축장 직반출 5.1%
 - 도축장 직반출의 경우 정육점 5.1%
④ **소매단계** : 대형마트 27.2%, 정육점 24.9%, 일반음식점 17.3%, 2차 가공 및 기타 13.2%, 슈퍼마켓 11.4%, 단체급식소 5.5%, 백화점 0.5% 순.

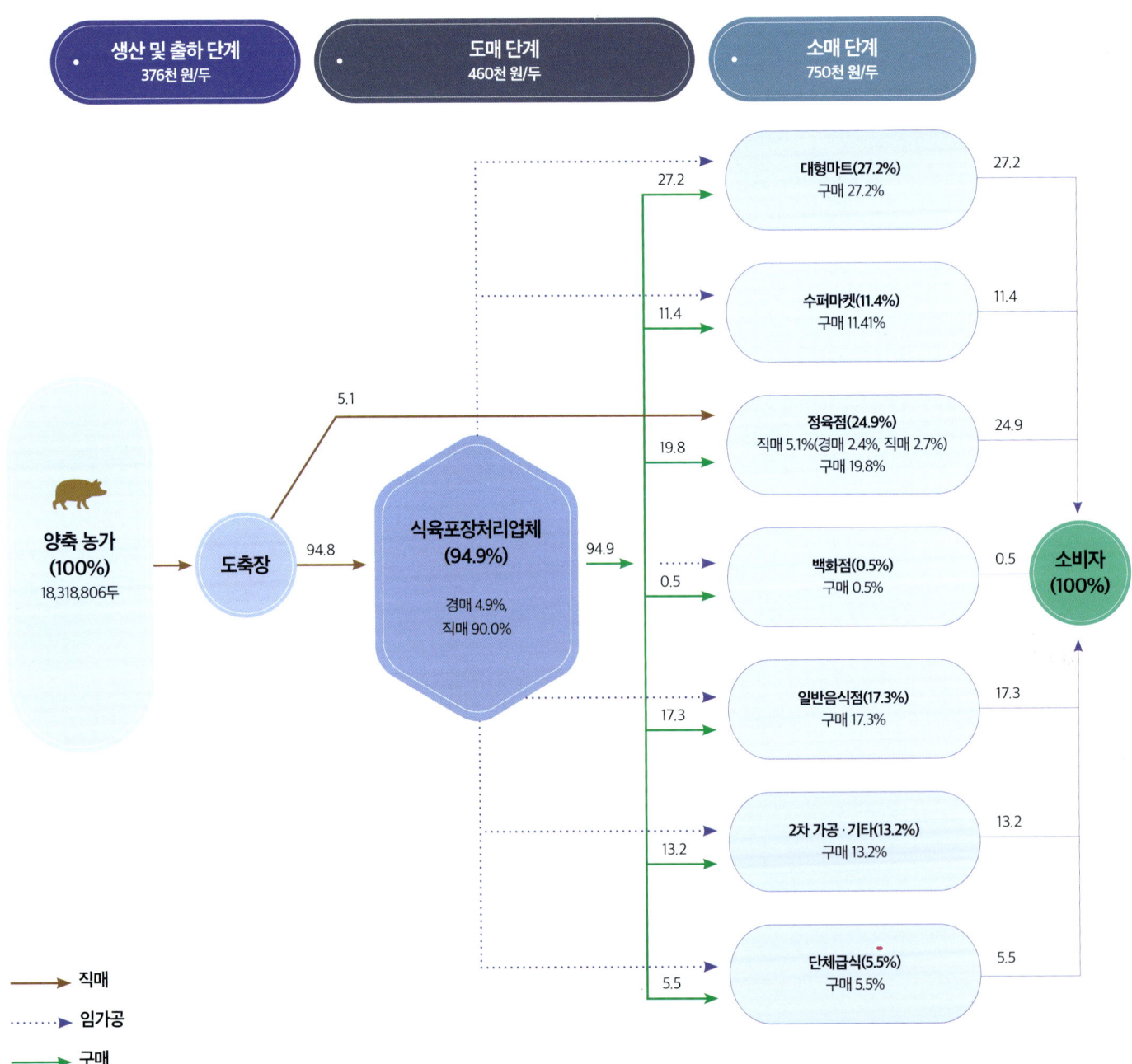

※ 도축형태에 따라 경매와 직매 구분

(3) 닭고기 유통단계별 유통량

① **사육현황** : 육계 사육 수수는 전년 대비 6.9% 증가한 94,835천 수를 사육하고 있으며, 농가수는 전년 대비 5.9% 증가한 1,597호.
② **출하단계** : 출하수수 1,070,416천 수, 위탁사육(계열) 96.4%, 양축농가(일반) 3.6%
③ **도매단계** : 육계계열업체 34.2%, 식육포장처리업체 8.1%, 대리점 57.7%
④ **소매단계** : 프랜차이즈 23.6%, 슈퍼마켓 17.9%, 닭오리 전문판매점 11.8%, 2차가공·기타 10.6%, 대형마트 10.2%, 일반음식점 9.0%, 단체급식소 8.8%, 정육점 8.0%, 백화점 0.1% 순.

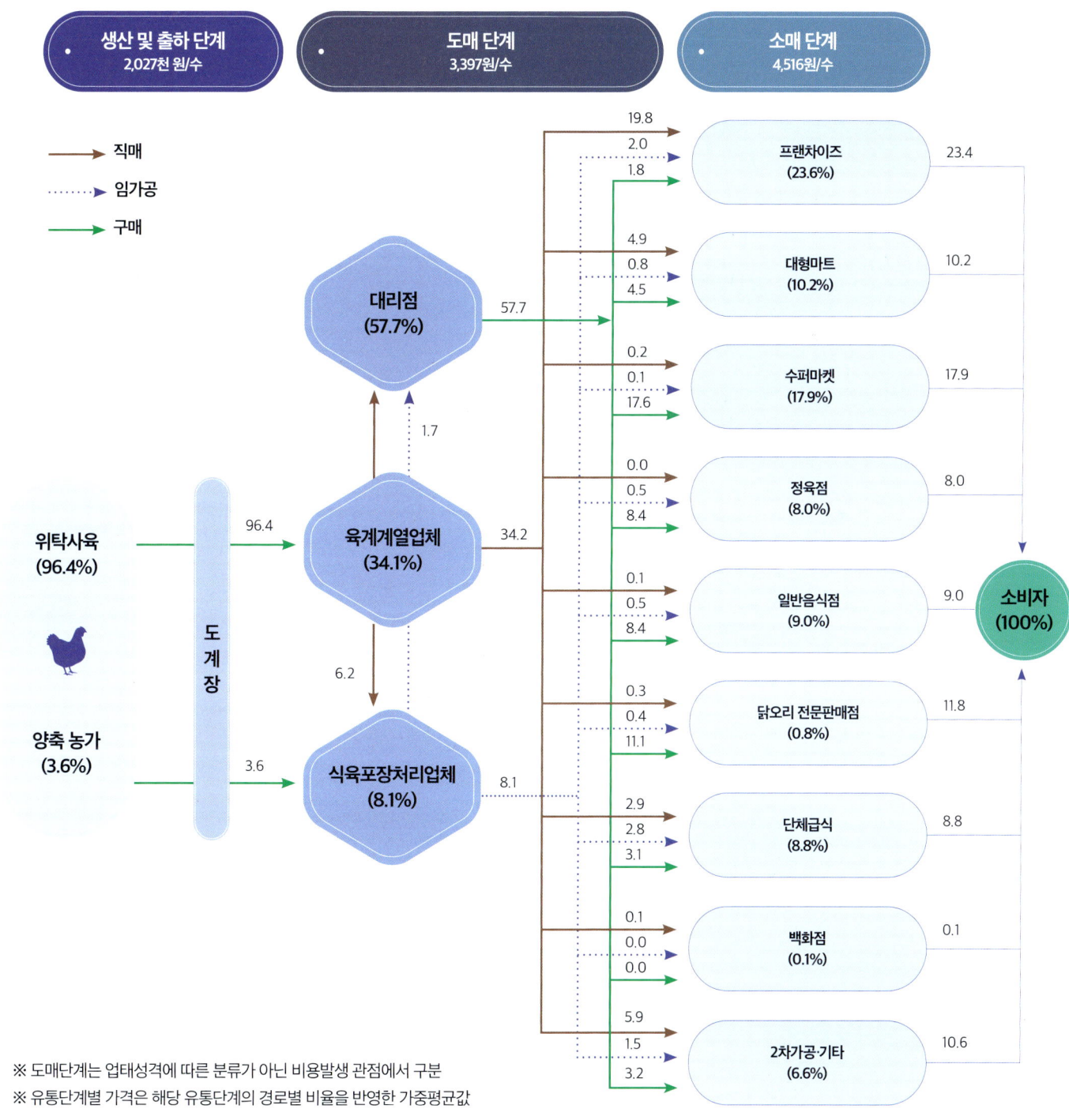

※ 도매단계는 업태성격에 따른 분류가 아닌 비용발생 관점에서 구분
※ 유통단계별 가격은 해당 유통단계의 경로별 비율을 반영한 가중평균값

(4) 계란 유통단계별 유통량

① **사육현황** : 산란계 사육수수는 전년 대비 0.2% 감소한 72,580천 수를 사육하고 있으며, 가구수는 전년 대비 2.8% 감소한 936호.
② **출하단계** : 계란 생산량 16,880,961천개, 식용란선별포장업체 57.1%, 식용란수집판매체(식용란선별포장업 제외) 23.1%, 산란계농장의 소매처 직접출하 14.8%, 식품유통업체 5%
③ **도매단계** : 식용란선별포장업체 41.5%, 식품유통업체 24.2%, 식용란수집판매업체(식용란선별포장업 제외) 19.5% 순
④ **소매단계** : 대형마트 38.4%, 슈퍼마켓 23.4%, 2차가공 및 기타 20.7%, 단체급식소 9.3%, 일반음식점 6.1%, 백화점 2.1% 순.

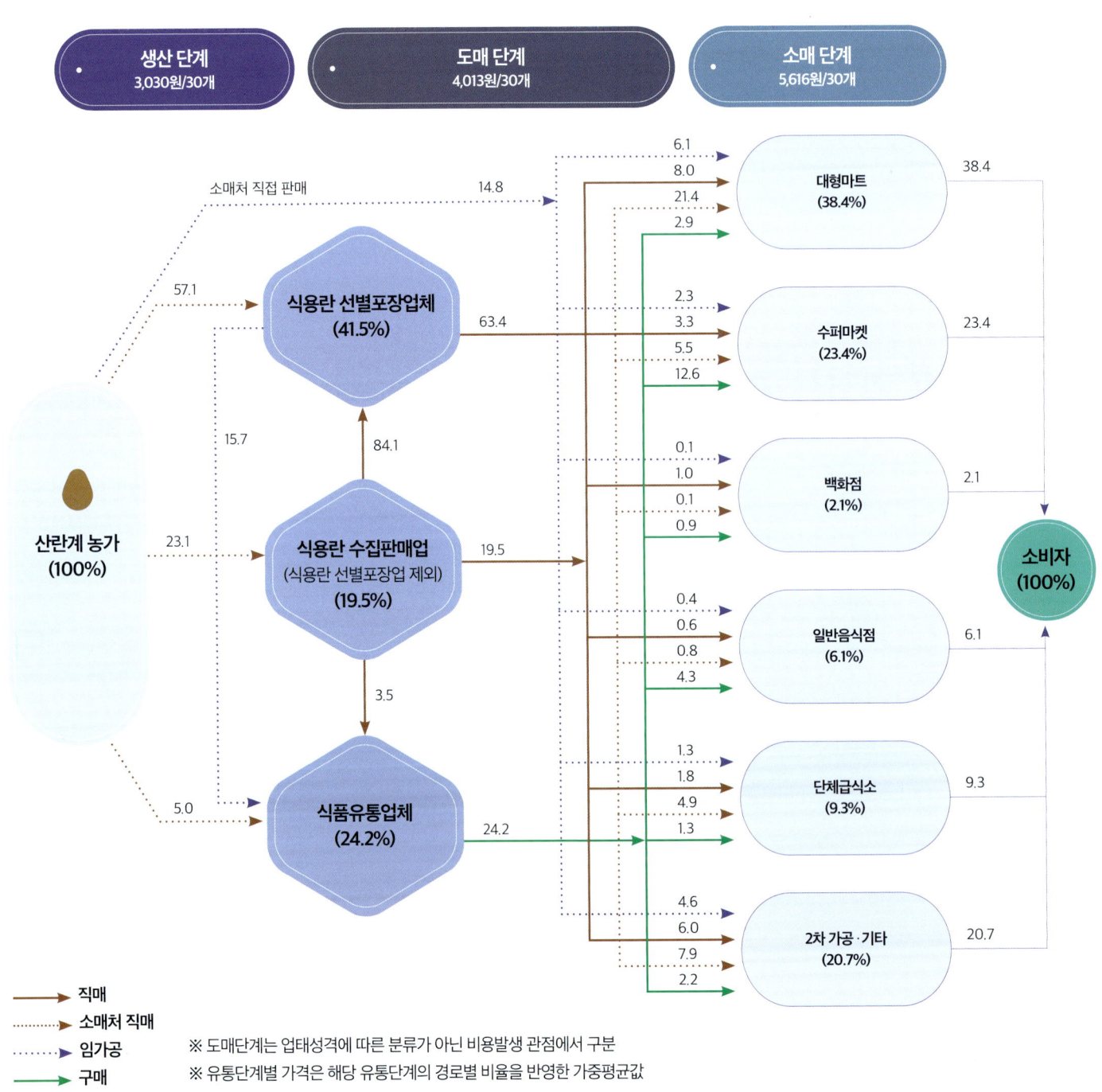

5. 축산물 유통비용(출처 : 축산물품질평가원)

(1) 소고기 소매업태별 유통비용률

(단위 : %, 원/두)

구 분		종 합	업태 구분		
			대형마트	수퍼마켓	정육점
생산자수취율		47.4	43.7	52.5	49.4
유통비용률		52.6	56.3	47.5	50.6
항목별	직접비	9.5	8.7	9.0	9.5
	간접비	24.3	27.5	23.3	22.5
	이윤	18.8	20.1	15.2	18.6
단계	출하단계	1.8	1.7	1.7	1.9
	도매단계	17.8	14.2	15.7	19.4
	소매단계	33.0	40.4	30.1	29.3
가격	생산자가격(A)	8,402,070	8,707,882	8,911,880	8,285,158
	소비자가격(B)	17,718,430	19,915,351	16,975,424	16,774,845
	유통비용액(C=B-A)	9,316,360	11,207,469	8,063,544	8,489,687

- '종합'은 출하단계와 도매단계의 경우 단계별 거래유형(비용발생의 관점)의 비율을 반영, 소매단계는 업태별 유통량을 가중치로 부여하여 산출
- '수퍼마켓'은 SSM, 하나로마트, 일반수퍼마켓 소비자가격의 가중평균
- 항목별 이윤은 도·소매단계 이윤의 합

(2) 소고기 연도별 유통비용

① 유통비용은 전년 대비 13.4% 감소 : ('22년) 10,752,569원/두 → ('23년) 9,316,360원/두

② 유통항목별 상세내역
  ㉠ 직접비는 0.5%p 증가 : ('22년) 9.0% → ('23년) 9.5%
  ㉡ 간접비는 2.9%p 증가 : ('22년) 21.4% → ('23년) 24.3%
  ㉢ 이윤은 3.8%p 감소 : ('22년) 22.6% → ('23년) 18.8%

③ 유통단계별 상세내역
  ㉠ 출하단계는 0.2%p 증가 : ('22년) 1.6% → ('23년) 1.8%
  ㉡ 도매단계는 4.4%p 증가 : ('22년) 13.4% → ('23년) 17.8%
  ㉢ 소매단계는 5%p 감소 : ('22년) 38.0% → ('23년) 33.0%

(단위 : %p, 원/두)

구 분		'19년	'20년	'21년	'22년	'23년	증감률 (B-A)/A
생산자수취율(A/B)		51.5	51.8	51.9	47.0	47.4	0.4
유통비용률(C/B)		48.5	48.2	48.1	53.0	52.6	△0.4
항목별	직접비	10.2	10.6	9.1	9.0	9.5	0.5
	간접비	23.0	21.3	20.9	21.4	24.3	2.9
	이윤	15.3	16.3	18.1	22.6	18.8	△3.8
단계	출하단계	1.6	1.5	1.5	1.6	1.8	0.2
	도매단계	7.5	9.4	10.5	13.4	17.8	4.4
	소매단계	39.4	37.3	36.1	38.0	33.0	△5.0
생산자가격(A)		8,907,392	9,590,776	10,259,591	9,552,582	8,402,070	△12
소비자가격(B)		17,282,494	18,528,787	19,767,298	20,305,151	17,718,430	△12.7
유통비용액(C=B-A)		8,375,102	8,938,011	9,507,707	10,752,569	9,316,360	△13.4

※조사방식 변경('11년까지 주산지 2~3곳 평균값 → '12년부터 대표경로 가중평균값 → '15년부터 출하·도매단계 경로별 비율 및 소매업태별 유통비율을 적용)

(3) 돼지고기 소매업태별 유통비용률

(단위 : %p, 원/두)

구 분		종 합	업태 구분		
			대형마트	수퍼마켓	정육점
생산자수취율		54.0	46.6	53.3	60.6
유통비용률		46.0	53.4	46.7	39.4
항목별	직접비	12.6	11.1	12.5	13.9
	간접비	28.3	32.4	28.3	25.0
	이윤	5.1	9.9	5.9	0.5
단계	출하단계	0.8	0.6	0.6	0.8
	도매단계	9.6	8.3	9.5	10.4
	소매단계	35.6	44.5	36.6	28.2
가격	생산자가격(A)	469,799	471,050	471,050	472,951
	소비자가격(B)	870,026	1,010,215	883,400	780,173
	유통비용액(C=B-A)	400,227	539,165	412,350	307,222

※ '종합'은 출하단계와 도매단계의 경우 단계별 거래유형(비용발생의 관점)의 비율을 반영, 소매단계는 업태별 유통량을 가중치로 부여하여 산출
※ '수퍼마켓'은 SSM, 하나로마트, 일반 수퍼마켓 소비자가격의 가중평균
※ 항목별 이윤은 도·소매단계 이윤의 합

(4) 돼지고기 연도별 유통비용

① 유통비용은 전년 대비 3.1% 증가 : ('22년) 388,209원/두 → ('23년) 400,227원/두

② 유통항목별 상세내역
- ㉠ 직접비는 0.8%p 감소 : ('22년) 13.4% → ('23년) 12.6%
- ㉡ 간접비는 0.8%p 감소 : ('22년) 29.1% → ('23년) 28.3%
- ㉢ 이윤은 2.4%p 증가 : ('22년) 2.7% → ('23년) 5.1%

③ 유통단계별 상세내역
- ㉠ 출하단계는 0.2%p 감소 : ('22년) 1.0% → ('23년) 0.8%
- ㉡ 도매단계는 0.4%p 감소 : ('22년) 10.0% → ('23년) 9.6%
- ㉢ 소매단계는 1.4%p 증가 : ('22년) 34.2% → ('23년) 35.6%

(단위 : %p, 원/두, %)

구 분		'19년	'20년	'21년	'22년	'23년	증감률(B-A)/A
생산자수취율(A/B)		55.2	50.1	51.3	54.8	54.0	△0.8
유통비용률(C/B)		44.8	49.9	48.7	45.2	46.0	0.8
항목별 항목별 항목별	직접비	14.5	13.2	13.5	13.4	12.6	△0.8
	간접비	30.1	27.5	28.0	29.1	28.3	△0.8
	이윤	0.2	9.2	7.2	2.7	5.1	2.4
단계 단계 단계	출하단계	1.4	1.1	0.9	1.0	0.8	△0.2
	도매단계	13.1	10.2	9.0	10.0	9.6	△0.4
	소매단계	30.3	38.6	38.8	34.2	35.6	1.4
생산자가격(A)		337,482	375,624	419,341	470,308	469,799	△0.1
소비자가격(B)		611,493	749,973	816,896	858,517	870,026	1.3
유통비용액(C=B-A)		274,012	374,349	397,555	388,209	400,227	3.1

※ 조사방식 변경('11년까지 주산지 2~3곳 평균값 → '12년부터 대표경로 가중평균값 → '15년부터 출하·도매단계 경로별 비율 및 소매업태별 유통비율을 적용)

(5) 닭고기 소매업태별 유통비용률

(단위 : %, 원/두)

구 분		종 합	업태 구분			닭·오리 전문판매점
			대형마트	수퍼마켓	정육점	
생산자수취율(A/B)		41.0	38.7	41.9	43.0	44.4
유통비용률(C/B)		59.0	61.3	58.1	57.0	55.6
항목별	직접비	13.8	11.9	15.3	15.5	16.5
	간접비	36.6	38.7	32.1	17.0	41.5
	이윤	8.6	10.7	10.7	24.5	△2.4
단계	출하단계	0.0	0.0	0.0	0.0	0.0
	도매단계	35.7	33.3	35.7	37.7	37.0
	소매단계	23.3	28.0	22.4	19.3	18.6
가격 가격 가격	생산자가격(A)	2,758	2,781	2,792	2,752	2834.0
	소비자가격(B)	6,727	7,163	6,646	6,398	6335.0
	유통비용액(C=B-A)	3,969	4,382	3,854	3,646	3501.0

※ '종합'은 출하단계와 도매단계의 경우 단계별 거래유형(비용발생의 관점)의 비율을 반영, 소매단계는 업태별 유통량을 가중치로 부여하여 산출
※ 항목별 이윤은 도·소매단계 이윤의 합

(6) 닭고기 연도별 유통비용

① 유통비용은 전년 대비 5.8% 증가 : ('22년) 3,753원/수 → ('23년) 3,969원/수

② 유통항목별 상세내역
  ㉠ 직접비는 0.6%p 증가 : ('22년) 13.2% → ('23년) 13.8%
  ㉡ 간접비는 1.7%p 증가 : ('22년) 34.9% → ('23년) 36.6%
  ㉢ 이윤은 2%p 감소 : ('22년) 10.6% → ('23년) 8.6%

③ 유통단계별 상세내역
  ㉠ 출하단계는 동일 : ('22년) 0.0% → ('23년) 0.0%
  ㉡ 도매단계는 1.4%p 증가 : ('22년) 34.3% → ('23년) 35.7%
  ㉢ 소매단계는 1.1%p 감소 : ('22년) 24.4% → ('23년) 23.3%

(단위 : %, 원/두)

구 분		'19년	'20년	'21년	'22년	'23년	증감률 (B-A)/A
생산자수취율(A/B)		45.9	44.9	42.9	41.3	41.0	△0.3
유통비용률(C/B)		54.1	55.1	57.1	58.7	59.0	0.3
항목별	직접비	15.4	16.0	14.6	13.2	13.8	0.6
	간접비	32.6	35.5	37.4	34.9	36.6	1.7
	이윤	6.1	3.6	5.1	10.6	8.6	△2.0
단계	출하단계	0.1	0.1	0.0	0.0	0.0	0
	도매단계	34.4	30.3	31.2	34.3	35.7	1.4
	소매단계	19.6	24.7	25.9	2404.0	23.3	△1.1
생산자가격(A)		2,117	2,027	2,212	2,640	2,758	4.5
소비자가격(B)		4,610	4,516	5,153	6,393	6,727	5.2
유통비용액(C=B-A)		2,493	2,489	2,941	3,753	3,969	5.8

※ 조사방식 변경('11년까지 주산지 2~3곳 평균값 → '12년부터 대표경로 가중평균값 → '15년부터 출하·도매단계 경로별 비율 및 소매업태별 유통비율을 적용)

(7) 계란 소매업태별 유통비용률

(단위 : %, 특란 30개)

구 분		총 합	업태 구분	
			대형마트	수퍼마켓
생산자수취율(A/B)		57.9	58.0	58.2
유통비용률(C/B)		42.1	42.0	41.8
항목별	직접비	15.8	17.7	14.6
	간접비	26.1	7.5	25.1
	이윤	0.2	-3.2	2.1
단계	출하단계	6.0	8.1	4.5
	도매단계	14.5	15.5	13.9
	소매단계	21.6	18.4	23.4
가격	생산자가격(A)	4,385	4,250	4,494
	소비자가격(B)	7,577	7,330	7,720
	유통비용액(C=B-A)	3,192	3,080	3,226

※ '종합'은 출하단계와 도매단계의 경우 단계별 거래유형(비용발생의 관점)의 비율을 반영, 소매단계는 업태별 유통량을 가중치로 부여하여 산출
※ '수퍼마켓'은 SSM, 하나로마트, 일반 수퍼마켓 소비자가격의 가중평균
※ 비용별 구분의 이윤은 도매단계와 소매단계 이윤의 합계

(8) 계란 연도별 유통비용

① 유통비용은 전년 대비 0.5% 감소 : ('22년) 3,207원/30개 → ('23년) 3,192원/30개

② 유통항목별 상세내역
  ㉠ 직접비는 0.6%p 증가 : ('22년) 15.2% → ('23년) 15.8%
  ㉡ 간접비는 0.2%p 감소 : ('22년) 26.3% → ('23년) 26.1%
  ㉢ 이윤은 0.1%p 감소 : ('22년) 0.3% → ('23년) 0.2%

③ 유통단계별 상세내역
  ㉠ 출하단계는 0.2%p 증가 : ('22년) 5.8% → ('23년) 6.0%
  ㉡ 도매단계는 0.1%p 감소 : ('22년) 14.6% → ('23년) 14.5%
  ㉢ 소매단계는 0.2%p 증가 : ('22년) 21.4% → ('23년) 21.6%

(단위 : %, 원/특란 30개)

구 분		'19년	'20년	'21년	'22년	'23년	증감률 (B-A)/A
생산자수취율(A/B)		47.7	54.0	63.0	58.2	57.9	△0.3
유통비용률(C/B)		52.3	46.0	37.0	41.8	42.1	0.3
항목별	직접비	14.1	12.6	12.8	15.2	15.8	0.6
	간접비	27.9	28.7	23.6	26.3	26.1	△0.2
	이윤	10.3	4.7	0.6	0.3	0.2	△0.1
단계	출하단계	4.4	5.1	3.8	5.8	6.0	0.2
	도매단계	18.3	12.4	13.5	14.6	14.5	△0.1
	소매단계	29.6	28.5	19.7	21.4	21.6	0.2
생산자가격(A)		2,640	3,030	5,085	4,458	4,385	△1.6
소비자가격(B)		5,531	5,616	8,071	7,665	7,577	△1.1
유통비용액(C=B-A)		2,891	2,586	2,986	3,207	3,192	△0.5

※ 조사방식 변경('11년까지 주산지 2~3곳 평균값 → '12년부터 대표경로 가중평균값 → '15년부터 출하·도매단계 경로별 비율 및 소매업태별 유통비율을 적용) → '20년부터 생산자가격 산출기준

6. 부산물의 유통

(1) 부산물의 정의

① 부산물(By-products)이란 축산물에 있어서는 가축을 사육하여 생산되는 젖(乳), 육(肉), 난(卵) 등의 주산물을 만드는 데 부수적으로 생산되는 물질을 말한다.
② 소와 돼지의 경우, 1차 부산물은 가축을 도축하는 도축장에서 생산되고, 2차 부산물은 정육을 가공하는 가공장에서 생산된다.

(2) 유형

구분	소	돼지
1차 부산물(도축장)	머리, 우족 혈액, 가죽 허파, 염통, 간, 이자, 지라 1-2위, 3위, 4위 직장, 소장, 대장 지방 등	머리, 단족 혈액 허파, 연통, 간, 지라 내장 등
2차 부산물(가공장)	사골, 잡뼈 꼬리(반골) 콩팥 도가니 지방 등	잡뼈 꼬리 콩팥 돈족 지방 등

(3) 부산물 유통경로

① 국내산(소, 돼지) 부산물의 유통경로

  ㉠ 1차 부산물의 유통경로 : 일반 도축장 및 도매시장 → 도매상 → 소매상 → 식당, 노점상, 정육점 및 대형 음식점 → 최종 소비자
  ㉡ 2차 부산물의 유통경로 : 일반 도축장과 도매시장에서 도축된 지육이 육가공공장에 운반된 후 육가공 과정에서 발생되는 2차 부산물은 부위별로 육가공업체를 통해서 중간유통업체에게 유통되고, 중간유통업체는 소매상에게 공급하며, 이후 최종 소비자에게 판매된다.

② 수입산(소, 돼지) 부산물의 유통경로 : 수입업체 → 중간유통업체 → 소비단계(식당, 대량 소비처, 정육점, 대형할인점)

06 식육위생학

식육위생학 요점 정리 보기

1. 식육 및 육가공품 관련 미생물

(1) 주요 식품 미생물

구분	세균	곰팡이	효모
정의	증식과 복제에 필요한 기능과 조직을 가진 가장 작은 조직	본체가 가느다란 실 모양의 균사로 이루어진 균계	균계에 속하는 미생물
특징	크기는 보통 직경 1μm 정도, 모양으로는 구균, 간균, 나선균이 있다.	진균류에 속하는 곰팡이는 거의 모든 식품에서 증식이 가능하다.	발효식품 제조에 이용되나 때로는 세균과 공존하여 식품을 변질시키기도 한다.
종류	*Bacillus, Micrococcus, Pseudomonas, Vibrio, Proteus, Serratia, Escherichia, Lactobacillus, Clostridium*	누룩곰팡이(Aspergillus), 푸른곰팡이(Penicillium), 솜털곰팡이(Mucor), 거미줄곰팡이(Rhizopus) 등	*Saccharomyces sake, S.cerevisiae, Torlua, Candida* 등

(2) 미생물의 생육조건

① 미생물의 증식 곡선

② 온도

온도에 따른 미생물의 분류
㉠ 저온균 : 냉장온도대(0~25℃)에서 증식이 가능하다.
(Pseudomonas, Achromobacter, Micrococcus, Lactobacillus, Streptococcus, Leuconostoc, Pediococcus, Flavobacterium, Proteus 등의 저온성 세균이 주로 번식)
㉡ 중온균 : 20~25℃에서 증식이 가능하다.
㉢ 고온균 : 고온(45~70℃)에서 증식이 가능하다.

③ 수분
수분은 미생물의 번식에 필수적이며 수분활성도(Aw : Water Activity)에 따라 미생물의 종류와 증식속도가 크게 영향을 받는다.

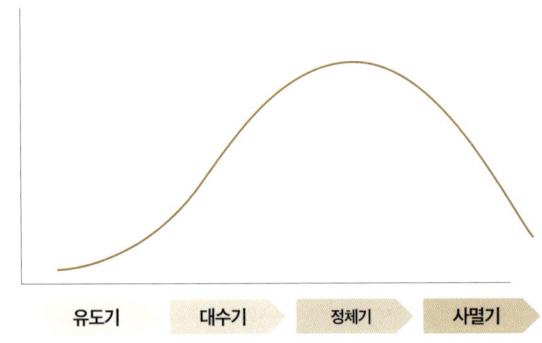

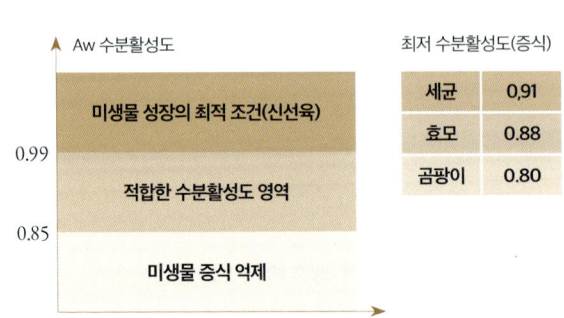

④ pH

pH는 물의 산성이나 알칼리성의 정도를 타나내는 수치인데 각종 미생물은 성장 및 생존이 가능한 적정 pH가 있다. 미생물의 경우 중성 pH(pH 7.0)에서 최적의 생장을 보인다. pH수치는 보수력(육즙)과 깊은 연관이 있다.

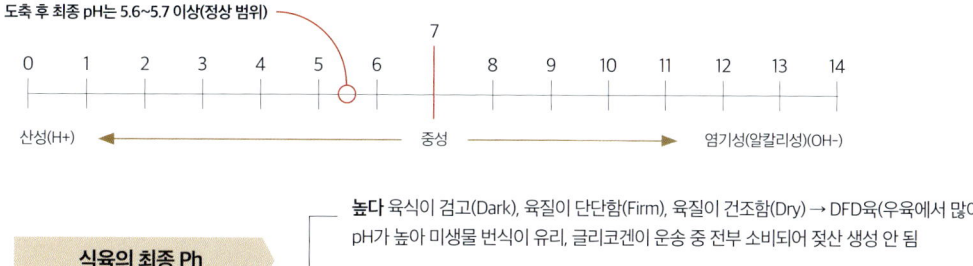

식육의 최종 Ph

높다 육식이 검고(Dark), 육질이 단단함(Firm), 육질이 건조함(Dry) → DFD육(우육에서 많이 발생)
pH가 높아 미생물 번식이 유리, 글리코겐이 운동 중 전부 소비되어 젖산 생성 안 됨

낮다 육식이 창백(Pale), 육질이 말랑함(Soft), 육질에 물기 많음(Exudative) → PSE육(돼지에서 많이 발생)
pH가 낮아 보수성, 유화성, 결착력이 떨어짐. 글리코겐이 너무 빨리 소비되며 젖산이 빠르게 축적됨.

구분	세균	곰팡이	효모	식육
적정 pH	4.6~9	2~8	4~4.5	5.5내외

⑤ 산소

㉠ 식육 표면에는 호기성 미생물과 일부 통성 혐기성 미생물이 자라는 데 비하여 식육 내부에는 주로 혐기성 미생물과 통성 혐기성 미생물이 번식한다.

㉡ 호기성 미생물은 산소가 없으면 증식이 안되며, 혐기성 미생물은 산소가 존재하면 증식이 되지 않는다. 또한 통성 혐기성 미생물은 산소 유무와 상관없이 수를 늘릴 수 있다.

㉢ 케이싱, 포장지, 진공포장, 밀폐된 용기의 사용은 혐기성 미생물의 번식을 조장한다.

⑥ 영양소

미생물이 번식하는 데는 물, 산소 이외에도 영양소가 필요한데 질소, 에너지, 미네랄, 비타민 B 등 외부의 영양소를 필요로 한다. 식육은 이들 영양소가 풍부히 들어 있으므로 미생물 번식에 좋은 배지가 된다.

⑦ 식육의 물리적 상태

㉠ 표면노출이 커질수록, 육즙 및 영양소가 풍부할수록, 산소 투과량이 클수록 미생물의 번식이 증가한다.

㉡ 소매 부분육과 분쇄된 고기에 있어서는 발골 및 세절과정에서 각종 기구와의 접촉으로 미생물 오염 가능성이 높아져 미생물을 증가시키며 식육의 보존기간을 단축시킨다.

(3) 식육 미생물의 제어

① 외부적 요인

㉠ 작업장 환경 : 작업 중 또는 후에 바닥, 용기, 의복, 칼 등 묻은 찌꺼기나 작업장 밖에 위치한 오폐수등을 영양원으로 번식한 미생물을 차단하기 위해 노력이 필요하다.

㉡ 온도 : 원료육 및 절단육을 보관하기 위해서는 냉장, 냉동 시설이 이용된다. 이때 제조환경의 온도가 높으면 도체에 미생물 번식이 용이하므로 낮은 온도에서 작업환경을 해야 한다.

㉢ 습도 : 습도와 온도는 미생물 번식에 가장 큰 영향을 미치는 요인으로 환경적 요인(비, 눈)이 내리는날에 올바른 작업환경을 유지하기 위해 장비를 구매하고, 습기가 천장에 응축되거나 바닥에 폐수가 정체되지 않도록 신경써야 한다.

② **미생물의 억제**
　㉠ 시계, 반지, 목걸이, 귀고리, 머리핀 등 장신구를 착용하지 않거나 식육에 노출되지 않도록 하여야 한다.
　㉡ 작업장은 문이나 창 등으로 외부와 완전히 차단되어야 한다.
　㉢ 화장실과 제조환경과의 사이는 문이나 복도 등으로 격리되는 것이 좋고 원재료창고 등도 칸막이가 되어 있어야 한다.
　㉣ 외부에서 차단된 작업장 내의 환기를 위해 외부에서 공기를 공급하는 경우 공기 여과장치를 갖춘 송풍기를 설치하는 것이 바람직하다.
　㉤ 공기의 여과, 온도와 습도조절을 겸한 환기장치가 있으면 더욱 좋다.
　㉥ 환기용 통풍창을 설치할 경우에도 개폐 밸브를 달아서 필요에 따라 열고 닫도록 한다.
　㉦ 종업원이 작업장에 들어오는 경우에는 송풍장치(Air Washer), 살균수통을 이용하여 미생물의 침입을 막는다.

③ **세척**
　㉠ 물·용제에 의한 용해, 분산력
　㉡ 계면활성제에 의한 세척력
　㉢ 산, 알칼리 등에 의한 화학 반응력
　㉣ 열, 압력, 초음파, 교반, 마찰 등의 물리력
　㉤ 미생물, 효소 등에 의한 생물적 분해력

④ **살균**
　㉠ 가열살균 : 가열살균은 가장 중요한 살균 수단이다. 특히 수중에서의 가열이나 가압증기에 의한 습열은 가장 경제적이며 건열보다 훨씬 효과가 크다.
　㉡ 약제살균 : 살균용 약제는 식품위생법으로 사용제한을 하고 있으며 미생물관리에 사용되는 것으로 차아염소산나트륨, 과산화수소 등이 있다. 또한 제품에 혼입될 우려가 없는 경우에 사용할 수 있는 것으로 포르말린, 아황산가스, 오존, 산화 에틸렌 등이 있다.

2. 식육의 품질변화

(1) 용어 정리

부패	발효	산패	변패	변성
부패는 발효의 한 형태로 미생물에 의한 유기물, 특히 단백질의 분해로 악취 물질(아민, 암모니아)가 생성되는 과정을 말한다.	탄수화물이나 단백질 등이 미생물의 작용을 받아 유기산이나 아세트산, 알코올 등을 생성하는 현상이다.	지질(생물체 안에 존재하며 물에 녹지 아니하고 유기 용매에 녹는 유기화합물)이 산화되어 분해되는 현상을 말한다.	단백질이 분해되어 악취를 내며 불가식화 되는 현상	다양한 화학적, 물리적, 생물학적 요소들에 의해 단백질이나 핵산(nucleic acid)의 구조가 변하는 것을 말한다.

(2) 부패의 종류 및 과정

식육 내에 미생물이 가장 쉽게 이용하는 영양분은 탄수화물, 단백질, 지방 순이다.

① 단백질의 부패
식육에서 수분을 제외하면 가장 많은 양을 차지하는 성분이 단백질이다.

단백질 → 펩타이드 → 아미노산 → 지방산, 알코올, 암모니아, 아황산가스, CO_2

② 탄수화물의 부패
탄수화물은 혈액 내 포도당 형태로 존재하고 식육 내에서는 글리코겐((Glycogen) 형태로 존재하는데 최종적으로 탄산가스와 물이 된다.

탄수화물 → 포도당 → 유기산 외 등 → 탄산가스 + 물

③ 지방의 부패
식육의 지방은 주로 리파제(Lipase)라는 효소에 의해 가수분해 과정을 통해 글리세린(Glycerin)과 지방산으로 분해된다.

④ 호기성 부패
호기성 부패는 호기성 세균에 의해서 야기되는 부패로 주로 표면에 생장하는 세균들에 의하여 발생된다.
주요 원인균으로는 그람음성균인 슈도모나스(Pseudomonas), 모락셀라(Moraxella), 아시네토박터(Acinetobacter)이다.
특징으로는 미생물이 생장하면서 과산화수소, 황화수소 등을 생산하여 고기의 변색을 야기하고, 지방 분해요소를 통해 고기가 산패될 수 있으며 표면에 황색, 청색 등의 반점을 형성한다.

⑤ 혐기성 부패
호기적인 상태에서 산소가 없는 혐기적인 상태로 저장조건이 바뀌면 그람음성균에서 그람양성균으로 바뀐다.

(3) 부패의 방지

식육 저장에 가장 널리 사용되는 방법은 냉장이다. 통상적으로 낮은 온도는 미생물의 성장을 억제시킬 뿐만 아니라 변패나 부패를 유발하는 효소적 또는 화학적 반응들을 지연시킨다.

① 온도 조절
㉠ 저온보존 : 대부분 식중독균은 4C°이하에서는 잘 자라지 못하며 독소 생산도 어렵다. 따라서 화학반응과 효소 활성이 떨어지며 이에 따른 미생물 성장이 억제된다.
  • 냉장법 : 식품을 0~4℃에서 보존 • 냉동법 : 식품을 0℃ 이하로 보존

※ 식육별 최적 보관온도 및 기간   [출처 : 국립축산과학원]

품목	냉장온도	냉장기간	냉동온도	냉동기간
소고기	4℃	3~5일	-18~-12℃	3개월
돼지고기	4℃	2일	-18~-12℃	15일~1개월
닭고기	3~7℃	1~2일	-18~-12℃	6개월
익힌 고기	3~7℃	2일		

ⓒ 가열살균 : 대부분의 미생물은 높은 온도에서 저항성이 약하여 사멸하거나 활성을 잃는 경우가 많다. 예컨대 우유살균의 경우 70도 이상의 고온단시간살균법을 이용하여 사멸하는데 부패를 방지하기 위해서는 70℃ 이상으로 가열해야 한다.

② 수분함량 조절

수분함량 조절 또는 화학적 보존법(첨가물에 의한 보존)이라고 한다.

㉠ 건조법 : 식육 내 수분을 제거하는 건조는 미생물을 억제하는 효율적인 방법이다. 이는 수분이 미생물 성장에 필수요소이기 때문이다. 따라서 건조는 식육의 부패나 식중독을 초래하는 미생물 활동을 억제할 수 있도록 식육의 수분을 제거하는 방법이다. 미생물이 성장하기 위해 요구하는 수분의 정도는 수분활성도로 나타낼 수 있는데 일정 수분활성도 이하에서는 증식할 수 없다.

※ 부패 미생물의 생육 최저 수분활성도

미생물균	최저 수분활성도(Aw)	미생물균	최저 수분활성도(Aw)
대부분의 세균	0.91	호염성 세균	0.75
대부분의 효모	0.88	내건성 곰팡이	0.65
대부분의 곰팡이	0.80	내삼투압 효모	0.60

ⓒ 염장법 : 소금으로 식품 내의 수분을 제거하여 부패를 방지하는 방법.

ⓒ 당장법 : 설탕을 넣어 식품 속 당의 농도를 50% 이상 유지하여 세균의 발육을 억제하는 방법.

㉣ 산저장법 : 초산과 같은 약산을 넣어 미생물의 발육을 억제하는 방법.

㉤ 훈연법 : 연기를 이용하여 식품의 건조와 살균작용을 유도하는 방법.

㉥ 방부제 : 미생물의 성장 발육을 억제시키는 방법으로 허용된 첨가물과 허용된 양을 지켜야 한다.

(4) 식육과 육제품의 부패

① 식육의 오염
㉠ 식육의 오염은 도축, 분할, 가공, 저장 및 식육의 유통 등 대부분 단계에서 미생물이 식육의 표면에 오염되면서 발생한다.
㉡ 도체는 도축 과정 중 가죽, 발, 배성물, 내장 등과 접하면서 오염되게 된다. 또 다른 잠재적인 오염원은 작업장의 공기, 물, 벽, 문, 장비, 의류 및 작업자의 손 등을 들 수 있다. 특히, 칼에 오염된 미생물은 식육의 혈관 및 림프선을 통해 식육의 조직 내부에 널리 오염될 수 있으므로 주의하여야 한다.

② 식육에 오염되는 중요한 미생물
㉠ 박테리아 : Pseudomonas, Alcaligenes, Morazella, Streptococcus, Vibrio, Leuconostoc, Lactobacillus, Flavobacterium, Bacillus, Clostridium, Acinetobacter, Aeromonas, 등
㉡ 곰팡이류 : Geotrichum, Cladosporium, Sporotrichum, Thamnidium, Mucor, 등

③ 신선육의 부패
신선육의 미생물 오염은 해체과정 중에 도살장에서 사용하는 칼, 작업복, 물 그리고 작업장 바닥의 오물에 의하여 발생하게 된다. 도체가 즉각 냉각되지 않고 저장고의 습기가 높고, 온도가 10℃ 이상이면 미생물은 급격히 생장하여 부패를 일으키며, 주로 점질 형성, 부패취, 산취 등의 이상취를 발생시킨다.

④ 가금육의 부패
가금육에는 살모넬라(Salmonella)가 많이 오염되어 있는데, 대부분 도살가공 중에 도체 사이에 오염된다.

⑤ 가공육의 부패
염지육에 사용되는 각종 염류는 그람 음성균보다 양성균이 더 잘 자라게 하는 경향이 있다. 특히 유산균이 잘자란다.

⑥ 식육과 육제품의 부패 방지
식육은 식육자체에 미생물 생장을 억제할 수 있는 인자를 가지고 있지 않다. 따라서 도살 처리 중 작업장의 환경, 작업자의 장비 및 칼에 대한 오염을 주의하여야 한다. 식육은 습도와 온도만 적당하면 쉽게 생장하기 때문에 즉각 냉각 및 냉동하여 부패를 방지해야 한다.

㉠ 오염원의 제거 : 식육의 효과적인 보존을 위해 식육의 미생물 오염량을 최소화 하여야 하며, 이를 위해서는 도살 전도체를 청결히 하고 도살장도 항상 깨끗이 소독하여야 한다.
㉡ 냉장 : 위생적으로 처리된 식육은 4℃이하 정도의 냉장상태에서 단기간 저장한다.
㉢ 냉동 : -18℃ 이하로 냉동저장하는 것이 매우 효과적이다.
㉣ 열처리 : 고기의 통조림 저장법은 널리 사용되는 고기의 열처리 저장법으로서, 일반적으로 다음의 두 가지 방법이 쓰이고 있다.
ⓐ 육제품은 제관한 다음 열처리하여 완전히 멸균시키거나 또는 상업적 멸균에 의해 장기간 저장 될 수 있도록 만드는 법.
ⓑ 통조림햄이나 런천미트(Luncheon Meat) 통조림과 같이 미생물의 일부만 사멸시킬 정도로 열처리해서 냉장저장하는 방법.
㉤ 가공실 : 가공실 온도는 10℃이하로 하는게 가장 이상적이며, 가공기계에 붙어있는 이물질 및 병원성 미생물을 수시로 제거해야 한다.

ⓗ 건조 : 건조육은 오래 전부터 식육의 저장수단으로서 중요하게 사용되어 왔는데, 건조우육의 경우 염지하고 훈연시켜서 만들며, 가공 전 또는 염지 중에 미생물 생장이 가능하지만 훈연 및 건조 도중에 다시 감소하게 된다.

ⓢ 보존제 : 고기의 저장 및 가공에 사용되는 보존제로는 염지에 사용되는 소금, 설탕, 질산염, 아질산염 등과 훈연, 향신료, 유기산 등이 있다.

3. 식육 관련 식중독과 기생충

(1) 식중독의 개념과 분류

① 식중독의 정의

식중독이란 음식물의 섭취를 통해 인체에 들어간 미생물이나 여러 가지 유독 물질에 의해 발생되는 질병을 말한다. 대부분의 식중독균이 30℃ 정도의 높은 온도에서 잘 성장하기 때문에 주로 겨울보다 여름에 식중독 발생률이 높다. 식중독은 그 원인에 따라 크게 세균성 식중독과 화학적 식중독으로 구분된다.

② 식중독의 분류

대분류	중분류	소분류	원인균 및 물질
미생물	세균성	감염형	살모넬라, 장염비브리오균, 병원성 대장균, 캠필로박터, 여시니아, 리스테리아 모노사이토제네스, 클로스트리디움 퍼프린제스, 바실러스 세레우스
		독소형	황색포도상구균, 클로스트리디움 보툴리눔 등
	바이러스성	공기, 접촉, 물 등의 경로로 전염	노로바이러스, 로타바이러스, 아스트로바이러스, 장관아데노바이러스, 간염 A 바이러스, 간염 E 바이러스 등
화학물질	자연독	동물성 자연독에 의한 중독	복어독, 시가테라독
		식물성 자연독에 의한 중독	감자독, 버섯독
		곰팡이 독소에 의한 중독	황변미독, 맥각독, 아플라톡신 등
	화학적	고의 또는 오용으로 첨가되는 유해물질	식품첨가물
		본의 아니게 잔류, 혼입되는 유해물질	잔류농약, 유해성 금속화합물
		제조, 가공, 저장 중에 생성되는 유해물질	지질의 산화생성물, 니트로소아민
		기타 물질에 의한 중독	메탄올 등
		조리기구, 포장에 의한 중독	녹청(구리), 납, 비소 등

(2) 세균성 식중독

세균성 식중독은 크게 감염형 식중독과 독소형 식중독으로 나눌 수 있다. 감염형 식중독은 식품과 함께 섭취된 병원균이 인체 내에서 증식하거나 또는 이미 균이 증식된 식품을 섭취하여 질병이 발생하는 경우를 말한다. 또한 독소형 식중독은 식품에서 균이 증식하여 생산된 독소가 포함된 식품을 섭취하여 인체 내에서 발생되는 경우를 말한다.

구분	감염형 식중독	독소형 식중독
대표균	병원성 대장균, 살모넬라(Salmonella), 장염 비브리오(Vibrio)	포도상구균(Staphylococcus), 보툴리눔균(Botulinum)
주요 증상	복통, 설사, 구토 등과 함께 발열반응이 일어나는 특징	복통, 설사, 구토 등이 있으며, 감염형 식중독과 달리 발열반응이 없는 경우가 많다.

(3) 기생충

① 기생충의 감염경로

식육을 가열하지 않고 생식을 하는 경우에는 식육에 존재하는 기생충에 감염될 확률이 있다. 또한 가열을 하더라도 조리기구 등을 통해 기생충에 감염될 수 있으며, 대표적인 기생충으로는 촌충과 선모충이 있다.

② 식육에 의한 기생충 감염

주로 돼지고기에서는 선모충류와 유구조충이, 소고기에서는 무구조충이 발견된다.

구분	선모충	유구조충	무구조충
종류	돼지고기	돼지고기	소고기
특징	선충류라고도 하며, 돼지나 개, 쥐 등과 같은 포유동물에 기생한다. 감염된 돼지고기를 충분히 가열하지 않고 먹었을 때 감염될 수 있다.	머리에 갈고리가 있어 갈고리촌충으로도 불린다. 충체의 편절이 약 1,000개 내외이며 전체 길이가 2-3m 정도에 이른다.	충체의 편절이 약 2,000개 이상으로 전체의 길이가 12m에 달한다. 또한 소를 중간숙주로 하기 때문에 소고기촌충이라고도 한다. 소고기 생식을 금하고 가열처리 후 섭취하는게 좋다.

4. 식육생산 공장 및 공정의 안전·위생관리

(1) 생축의 위생관리

식육은 생산지, 도축장, 판매장을 거치는데 이때 각각의 장소에서 미생물 오염이 발생할 수 있다.
따라서 각 장소에서 미생물 오염방지를 위한 위생관리는 매우 중요하며 다음과 같은 방지책이 필요하다.

① 생산지
생산지의 주 오염원은 가축의 분뇨등에 의해 오염이 되고, 주요 감염증을 일으키는 균은 살모넬라, 포도상구균, 캠필로박터균이다. 생산지에서는 도축장으로 이동전 작업자의 개인 위생이 매우 중요하다.

② 도축장
도축장에서의 오염원은 생물학적, 화학적, 물리적인 오염원이 존재한다.

- **시설물의 구획화**
  원료처리실, 가공실, 열처리실, 훈연실, 냉장설비, 포장실 등을 설계하고 구획화 한다.
- **냉장실의 위생설비**
  식육가공장에서 사용되는 원료육 및 육제품은 모두 냉장보관을 원칙으로 냉장시설을 잘 갖추고 있어야 하며, 원료육의 장기저장을 위하여 냉동고도 준비되어야 한다.
- **첨가물의 보관실**
  가공실에서 가까운 곳에 첨가물 및 향신료를 보관할 수 있는 방을 마련하며 이들은 실온에서도 보관이 가능하다.
- **작업장 및 포장실**
  원료처리, 가공 및 포장실의 온도는 약 10~14℃이하로 유지하여 가급적 미생물의 증식을 억제하고, 습도는 일반적으로 50~80%, 작업장의 조도는 350~500lux가 적당하다.

③ 판매점
육류와 기구와의 접촉 및 사람의 손, 용기등을 매개로 간접적인 오염을 일으키는 경우가 있으므로, 항상 작업자의 동선 및 개인위생에 신경써야한다.

(2) 식육의 위생관리

① 도살장의 위생
도체에 존재하는 미생물은 주로 도체 표면에 오염되어 있고 주된 오염원은 도축시의 오물 또는 분변 물질들 또는 작업기구와 작업자이다. 하여 오염방지를 위해 작업자의 세심한 주의가 필요하고, 지육 표면의 철저한 세척 그리고 온도관리가 중요하다.

② 생육의 처리 가공
㉠ 도축작업 중 방혈도를 살균(83℃)하여 사용할 경우 방혈시 혈액의 역류시에 발생하는 미생물의 오염을 최소화 할 수 있으며 도체별 교차오염도 방지할 수 있다.
㉡ 내장적출시 작업자의 내장파열을 엄격히 규제하여 장내세균으로 부터의 오염을 차단하여야 하며 작업의 최종단계에는 철저한 수세를 통해 표면 미생물의 부착과 오염원을 미리 방지하여야 한다.

③ 염지

염지방법은 다양하게 있으나 결국 작업자의 손으로 이루어지기 때문에 항상 개인 위생 및 기계위생관리에 주의하여야 한다.

④ 세절·혼합·충전
- ㉠ 세절·혼합·충전은 육가공품에 해당하는 것으로 기계의존도가 매우 높다. 따라서 기계의 위생에 주의하지 않으면 완성품에 미생물 오염이 발생한다.
- ㉡ 기계장치나 기구류의 세척이 불량하면 고기 찌꺼기나 지방이 잔존하여 오염원이 되므로 세척, 소독 등에 주의하여야 한다.
- ㉢ 기계, 기구류는 세척하기 쉬운 구조이며, 내구성의 재질로 되어 있어야 한다.
- ㉣ 가공실은 10~14℃를 유지하여야 하고 바닥, 벽 등은 작업장 환경에 주의하여야 한다.
- ㉤ 가능하면 원료처리, 첨가물, 포장실, 부자재 보관실은 가공실과 분리하는 것이 좋다.

⑤ 건조와 훈연
- ㉠ 훈연의 연기침투를 증대시키기 위해서는 건조공정이 먼저 실시되어야 하는데 이때 건조가 제대로 이루어지면 미생물이 사멸될 뿐만 아니라, 증식도 억제된다.
- ㉡ 각각의 독립적인 공간을 놓고 공간간의 교차오염이 되지 않도록 한다.
- ㉢ 상품의 종류에 따라 연기의 양, 시간 등을 철저히 지켜야 하며 습도가 높으므로 박테리아, 곰팡이 등에 주의해야 한다.

⑥ 가열과 냉각
- **가열** : 대부분의 박테리아는 규정된 시간과 온도에서 사멸하지만, 내열성이 강한 박테리아나 포자는 죽지 않으므로 공정 중에 내열성균의 오염을 방지하여야 한다. 또 가열의 온도와 시간은 제품의 크기, 용량, 전분함량, 초기 온도 등에 따라 다르므로 중심온도가 63℃에 달하는 시간을 측정하여야 한다.
- **냉각** : 냉각은 미생물의 증식억제 효과를 높이기 위하여 행한다. 따라서 급속냉각함으로써 박테리아의 증식을 억제한다.

⑦ **포장과 보존** : 무균포장실을 이용하는 경우라도 저온으로 유지하고 유통과정도 10℃ 이하로 하는 것이 바람직하다.

(3) 세정방법

① 세정의 목적과 의의

세정의 목적은 식품의 안전성과 고품질 유지를 위함이고 가공 공정에서의 오염이 될만한 모든 변수를 제거하는 것이다.
㉠ 미생물 절대수의 감소 ㉡ 영양원의 제거 ㉢ 살균효과의 증강을 목적으로 한다.

② 세정제의 종류
- ㉠ 물의 이용

오염성분에는 수용성의 물질이 많으므로 물을 이용한 세정법이 많이 사용된다. 수용성물질의 수용성을 높이기 위해 온수를 사용하기도 하며, 식품 원료를 손상시키지 않도록 저온하에서 얼음을 사용하기도 한다.

ⓒ 계면활성제 이용

분자속의 친수성기와 소수성기의 양친용매성 밸런스에 의해 기체와 액체, 기름과 물, 고체와 액체등의 경계면에 잘 흡착하여 경계면의 자유에너지를 저하시키며 물, 기름, 기타 계면상태를 변화시키므로서 알카리 유화효과에 의해 식품소재의 불순물을 제거한다. 보통 세제성은 약하지만 살균력이 강하므로 살균제로서 사용된다.

③ 세정방식

㉠ 건식세정법(Dry Cleaning)

건식세정법은 보다 작고 저렴한 비용으로 사용이 간편하고, 원래의 건조한 상태를 유지하는 장점이 있으나, 먼지 확산으로 재오염 우려, 분진에 의한 화재 및 폭발사고 위험과 작업자에게 진폐증을 일으킬 위험이 있다.

㉡ 습식 세정법(Wet Cleaning)

습식 세정법은 물을 사용하면 균일한 세정으로 단시간에 작업이 가능한 장점이 있으나, 젖은 물에 의한 재오염 가능성이 있다.

- **침지법** : 회전기, 압축공기의 속도, 분무수의 개수와 압력에 따라 정화효율이 달라지며 온수를 쓸 때 오염물질 제거가 잘 되나, 미생물 오염이 우려된다.
- **분무 세정** : 식품 표면에 물을 분무시켜 씻는 방법이다. 습식 세정 중 가장 많이 사용되며, 세정효율은 분무시 사용하는 수압과 수온, 사용수량, 분무갯수, 식품과의 거리, 씻는 시간 등에 의해서 세정효율이 좌우된다.
- **초음파 세정법** : 고주파에 의한 진동의 이용으로 의료용기구, 계란 표면, 안경 세척 등에 이용되는 방법이다.

(4) 살균과 소독

① 용어의 정의

㉠ 소독 : 병원 미생물만을 멸균 또는 제거하여 감염될 위험성을 제거하는 것으로 통상 비병원균이나 세균 아포가 생존할 수 있다.

㉡ 살균 : 박테리아, 포자, 바이러스 및 프리온을 포함한 모든 형태의 미생물 생명체를 파괴하는 과정이다

㉢ 멸균 : 모든 미생물을 멸균 또는 제거하여 완전히 무균상태로 하는 것이다.

② 소독제

소독의 종류에는 물리적 소독과 화학적 소독이 있다.

㉠ 물리적 소독법 : 저온살균법, 자비소독, 증기소독, 쉽멜부시소독, 건열멸균법, 소각화염법, 자외선소독법

㉡ 화학적 소독법 : 승홍수, 석탄산수, 크레졸수, 포름알데히드, 알콜, 계면활성제(비누), 과산화수소

③ 살균의 방법

살균의 방법으로는 크게 가열살균과 냉살균으로 나뉜다.

㉠ 가열살균 : 시료에 열을 가하여 균을 사멸시키는 방법

- **저온살균** : 일반적으로 100℃이하로 열처리하는 것을 저온살균이라 한다. 미생물의 영양세포를 살균하는 것은 가능하나, 포자를 살균할 수는 없어 상온에서 방치 시 균이 다시 성장하게 된다.

- **고온살균** : 100℃이상의 고온으로 열처리하는 것을 고온살균이라 한다. 오토클래버를 사용한 살균이 여기에 속하며, 121℃ 15~20분 처리 시 멸균이 된다.
- **마이크로파 살균** : 파장이 10~100cm인 전자파를 마이크로파라고 하는데, 이를 사용하여 가열, 살균하는 방법이다. 물질 내부에 침투하여 가열을 하기 때문에 시료 내부 살균에 용이하다(예 : 전자레인지).
- **원적외선 살균** : 파장이 2.5~20μm인 원적외선을 사용하여 가열하여 살균하는 방법이다. 원적외선은 공기에 흡수되지 않고 직접 물체에 도달하며 표면을 가열, 살균한다.

ⓒ 냉살균 : 가열(60℃이상)할 수 없는 시료에 대해 살균을 실시하는 방법
- **자외선 살균** : 자외선은 200~300 nm의 파장에서 살균작용이 있는 것으로 알려져 있으며, 그 중에서도 265nm 파장을 갖는 자외선이 가장 살균력이 강하다.
- **방사선 살균** : X선 또는 감마선은 생물의 구성성분에 화학적 변화를 일으킨다. 이 때문에 미생물을 살균하는 효과가 매우 뛰어나지만 시료에도 화학적인 변화를 일으키는 단점이 있다. 따라서 시료에 변화를 주지 않도록 방사선 조사선량을 찾고 사용해야 한다.
- **화학적 살균** : 시료에 살균제·향균제를 첨가하여 균을 사멸 또는 증식을 억제하는 방법이다. 잔류할 가능성이 있어 정해진 용량과 용법으로 처리해야 하며, 목적에 따라 일부러 잔류시켜 지속적인 외부의 균 감염으로부터 시료를 보호하도록 하기도 한다(예 : 과산화수소, 차아염소산(나트륨), 염소가스, 오존, 계면활성제, 에탄올 등).

(5) 작업장의 안전 및 위생관리

① 작업장의 안전관리

- **자상과 열상**
  ㉠ 자상과 열상은 모두 피부가 파열된 것으로 이는 칼이나 슬라이스기, 골절기, 연육기, 분쇄기 믹서등과 같은 기구를 사용시 사용자의 부주의로 인해 대부분 사고가 일어난다.
  ㉡ 발골과 정형에 사용되는 칼날이 무디면 작업 시 더 많은 힘을 가해야 하고 칼이 미끄러지기 쉽기 때문에, 날카로울 때보다 사고가 나기 쉬워진다. 그러므로 칼날은 봉줄에 자주 갈아서 작업이 용이하도록 준비해야 한다.
  ㉢ 칼은 다른 기구와 함께 두지 말고 따로 보관하되 크기별로 구분하여 보관한다.
  ㉣ 칼을 씻을 때는 칼 끝이 작업자를 향하지 않도록 하며 손을 보호할 수 있는 장갑을 사용하는 것이 좋다.
  ㉤ 동력으로 작동하는 슬라이서, 골절기, 연육기, 분쇄기등은 큰 사고의 원인이 될 수 있으며 손가락에 심한 상터를 줄 수 있다. 반지, 늘어진 소매, 넥타이 등은 기계를 작동할 때 착용해서는 안되며, 움직이는 칼날에 손이 닿지 않도록 보호장치를 하여야 한다.
- **화상과 예방** : 열처리 기구는 언제 사용되었는지 잘 알지 못하기 때문에 함부로 만지지 않는 것이 좋다. 대부분의 화상은 작업자의 부주의 때문에 일어난다.
- **낙상과 예방** : 기구나 물건을 높은 곳에 불안정하게 두면 작업 중에 떨어져 작업자나 지나가는 사람에게 위해를 줄 수 있다. 그리고 바닥은 물, 식품, 기름 등으로 미끄러지기 쉽기 때문에 주의해야 한다.
  ㉠ 바닥은 안전을 고려하여 고안되어야 한다.
  ㉡ 배수가 잘되도록 하여 건조상태를 유지한다.
  ㉢ 기름이나 식품이 바닥에 떨어지면 즉시 청결하게 한다.

ⓔ 작업자의 신발은 미끄럼을 방지하고 발을 보호할 수 있어야 한다.
　　ⓜ 작업의 동선은 효율성과 함께 작업자가 서로 부딪치지 않도록 한다.
　　ⓑ 무거운 물건은 아래쪽에, 가벼운 물건은 위쪽에 둔다.

② 화재와 예방

- **화재의 원인**
  ㉠ 전기시설에 의한 화재 : 낡은 전선의 과열, 과부하작동, 퓨즈의 잘못된 선택, 전기기구의 작동방법 미숙 등으로 화재가 일어날 수 있다.
  ㉡ 유지류에 의한 화재 : 환풍 시설, 벽, 장비 등에 묻어 있는 유지류는 인화성이 높아서 화재의 원인이 될 수 있다.
  ㉢ 담뱃불에 의한 화재 : 불이 꺼지지 않은 담배를 재떨이나 쓰레기통에 부주의하게 버리면 가연성 물질에 불을 나게 하여 화재의 원인이 된다.

- **화재 예방법**
  ㉠ 종업원의 안전관리에 의하여 예방하고 시설에 대한 잠금장치를 확인한다.
  ㉡ 전기시설을 점검하고 과부하시키지 않도록 하며, 전선을 복잡하게 설치하지 않고 모터 주변에 인화성 가스가 머물러 있지 않도록 환기를 한다.
  ㉢ 유지류 화재를 예방하기 위하여 배기시설의 청결작업을 정기적으로 실시한다.
  ㉣ 흡연에 의한 화재를 예방하기 위해 흡연구역을 설치하는 것이 좋다.
  ㉤ 화재 예방을 위한 시설을 완비하고 정기적으로 정상 작동 여부를 점검하며 기구·장비를 즉시 사용이 가능한 위치에 두고 누구나 쉽게 쓸 수 있도록 한다.

③ 시설과 기구의 위생관리

- **작업장**

  ㉠ 바닥
  - 탄력성 : 탄력성이 좋은 재질로는 아스팔트, 리노륨, 비닐 등이 있고 탄력성이 나쁜 재질로는 콘크리트, 대리석, 자연석 타일, 테라초 등이 있다.
  - 흡수력(투과력) : 식품취급시설, 저장시설에는 흡수력이 적은 재질을 사용하여야 한다.
  - 상태 : 바닥은 고르고 균일하여 오물이 고이지 않고 배수가 잘되도록 적절한 구배를 갖는 것이 좋다.
  - 재질 : 안락하고 발자국 소리가 적게 나고 유지관리가 쉬워야 한다. 젖었을 때도 미끄럽지 않아야 하고, 오염된 기름을 쉽게 제거할 수 있어야 하며 변색이나 부식, 균열이 없고 오랫동안 정상 상태를 유지해야 한다.

  ㉡ 벽
  - 내수성 자재로 만들어진 바닥 위에 벽을 세우되, 바닥에서 1m가량은 타일이나 시멘트와 같은 불침투성 재료로 시설하여 쥐의 침입을 막는 것은 물론 물, 열 및 부식에 견디는 성질을 갖게 해야 한다.
  - 벽과 바닥의 접속 부분은 둥글게 하여 청소하기 쉽고 식품 찌꺼기나 오물이 끼는 것을 방지하여야 한다.
  - 벽의 색깔은 밝게 칠하여 실내를 밝고 쾌적한 환경으로 만들고 더러워지면 쉽게 눈에 띄어 청결히 하도록 하여야 한다.

ⓒ 천장
- 천장은 표면이 고르고 매끈하여 청소하기 쉽고 쥐, 벌레 및 공중낙하 세균을 막을 수 있도록 홈이 없고 균열이 없어야 한다.
- 천장에 수증기가 응축하여 식품에 떨어지지 않도록 방지시설을 하여야 한다.
- 천장은 밝은 색으로 도색하여 실내환경을 쾌적하게 유지하여야 한다.
- 천장의 높이는 작업자의 작업환경에 영향을 주기 때문에 최저 2.4m 이상의 높이가 바람직하고 또 실내의 온·습도 관리 면에서도 천장은 높은 것이 좋다.

ⓔ 조명
- 훌륭한 조명은 작업능률을 향상시키고 재해를 예방할 수 있다.
- 광원의 방향은 명암의 차가 크지 않고 눈부심이 적어야 한다.

ⓜ 환기와 통풍
- 유용성 물질로 인한 화재 발생 가능성을 감소시켜 준다.
- 열기를 배출시켜 종사원이 작업 중 쾌적감을 느끼게 한다.
- 수증기를 제거하여 벽이나 천장에 수분의 응축을 방지한다.
- 먼지를 감소시키고 연기나 유독가스를 배출한다.
- 냄새나 습기를 제거한다.
- 오염물질을 제거한다

ⓗ 배관 및 하수설비
- 하수관 시설이 파괴되면 지하수나 파손된 수도관을 통하여 음용수를 오염시킬 수 있으며 결국은 장티푸스, 콜레라, 이질, 간염과 같은 수인성 감염병에 노출될 수 있다. 따라서 눈에 보이지 않는 시설이라도 위생적으로 관리할 필요가 있다.

ⓢ 급수시설
- 온수 공급시설은 수량과 수온을 충분히 확보할 수 있어야 한다. 온수는 세척의 효율성을 높여주고 살균력을 가지고 있기 때문에 온수장치는 충분한 용량을 확보하여야 한다.

ⓞ 변소와 수세시설
- 변소 : 변소는 자주 청소하고 살균작업을 실시하는 것이 중요하다.
- 수세시설 : 깨끗하고 위생적으로 관리되어야 하고 화장실에 가깝게 있는 것이 좋다.

ⓩ 쓰레기 처리시설
- 쓰레기통은 새지 않고, 흡수성이 없으며 청소하기 쉽고 곤충이나 쥐가 침범하지 못하도록 단단하고 내구성이 있어야 한다.
- 쓰레기통 용기는 금속이나 플라스틱이 좋다.
- 플라스틱 봉지나 내수성이 있는 봉지를 용기 내에 사용하는 것이 좋으며 뚜껑은 꼭 맞는 것을 쓴다.
- 용기는 쓰지 않을 때는 늘 덮여 있어야 한다.
- 쓰레기는 쓰레기통 이외의 다른 곳에 쌓아두어서는 안 된다.
- 쓰레기는 가능한 한 자주 처리하여 쥐나 곤충이 침입하거나 냄새가 나지 않도록 한다.

- **기구 및 설비**

    ㉠ 냉장시설 : 냉장은 식품의 세균 증식을 억제하고 지연시킬 수 있으나 식품을 장기간 보관하기에는 문제가 있다.
    - 식품은 고내의 냉기의 순환을 방해하지 않도록 간격을 띄워 넣고, 가득 채워 공기주머니(Air Pocket)화하지 않도록 한다. 식품의 용적은 고내 용적의 50~60%가 좋다.
    - 식품의 종류가 많고 문의 개폐 빈도가 많은 경우 고내의 온도가 올라가기 때문에 내부를 구분하여 각각 문을 만드는 형식을 택하거나, 생선이나 육류와 같이 비브리오나 살모넬라균에 의하여 오염될 가능성이 높은 식품과 조리된 식품을 별도 보관하여 세균의 상호 오염을 막는다.
    - 식품은 반드시 밀봉용기에 넣거나 플라스틱 필름으로 포장하여 보관함으로써 식품 상호 오염이나 건조를 막는다.
    - 냉장고는 더운 식품을 차게 하는 기능을 갖는 것이 아니라 찬 식품을 더 차게 보관하는 기능을 갖게 하는 것이다. 따라서 조리 후의 더운 식품을 그대로 넣으면 고내 온도가 상승하고 수증기가 냉각기에 부착하여 냉각효과를 떨어뜨리기 때문에 반드시 예비 냉각한 후에 넣는다.
    - 선입선출(先入先出), 즉 먼저 넣는 것을 먼저 쓸 수 있도록 입고일자를 기재한 후 넣고 꺼내기 쉽게 한다.

    ㉡ 냉동시설
    - 냉동시설은 -18℃ 이하로 유지해야 한다. -18℃ 이상의 온도에서는 작은 온도 변화도 육류의 품질에 크게 영향을 준다.
    - 냉동을 필요로 하는 제품은 배달 즉시 냉동고에 넣어야 하며 꺼낼 때는 즉시 사용할 양만큼만 꺼내야 한다.
    - 냉동식품 저장고는 선입선출 원칙이 지켜지도록 각 제품에 입고일자를 반드시 기록하여 출납을 쉽게 하여야 한다.
    - 냉동저장해야 하는 식품은 수분을 차단할 수 있는 용기나 포장으로 포장해야 한다. 이것은 향의 손실, 탈색, 탈수, 냄새의 흡착 등을 예방해 준다.
    - 가능하면 냉동식품은 원래의 포장상태로 저장하는 것이 좋으며 만일 그렇지 못할 평편일때는 적절히 재포장하여야 한다.
    - 냉동고 문을 열 때 꼭 필요한 경우에만 열도록 하고 한 번 열 때 한꺼번에 여러 제품을 꺼내도록 한다.

(6) 작업자의 안전·위생관리

① 작업자의 안전관리

- **사고의 원인** : 사고란 상해, 손실, 손상을 초래하는 비의도적인 일이다. 사고는 작업자의 태만으로 일어날 수 있지만 작업도구나 작업장의 조건에 의하여도 일어날 수 있다.

    ㉠ 개인적 위해요인 : 사람의 태만이나 무관심이 사고의 가장 큰 원인이긴 하지만 작업환경 중 이미 존재하는 위해요인이 함께 작용하기 때문에 일어나는 경우가 대부분이다. 이러한 안전하지 못한 조건들을 제거하는 것이 사고예방의 첫걸음이다.
    ㉡ 환경적 위해요인 : 환경적 위해요인 중에는 위험한 부분을 노출시켜서 일어나는 경우와 작업자의 나쁜 습관에 의하여 이루어지는 경우가 있다.

- **안전성 조사** : 작업장의 안전사고를 예방하기 위해서는 우선 사고예방계획을 작성해야 한다. 사고예방계획은 개인의 상해뿐만 아니라 모든 종류의 사고를 일어나지 않게 하는 것이다.

㉠ 시설의 안전
- 시설의 안전성을 확보하기 위하여 물리적 환경을 변화시킨다는 것은 위험한 조건을 바르게 고치는 것을 말하며 변화시킬 수 없을 때는 안내판이나 경고판을 세워 둘 수도 있다.
- 통행이 빈번한 지역의 마룻바닥은 미끄럽지 않도록 조치하여야 한다.
- 마룻바닥의 높이가 층지게 공사를 하였거나 통행 중 머리에 부딪힐 우려가 있는 시설물을 설치하였을 때는 경고 표시를 하거나 쿠션을 부착하여야 한다.
- 화재예방장치와 같이 특별한 안전장치는 필요한 곳에는 어디나 설치하여야 한다.

㉡ 안전에 대한 훈련
- 환경에서 오는 위험요인이 모두 제거되었다 하더라도 사람에 의하여 일어날 수 있는 위험요인을 제거하기 위해서는 안전교육이 계획되어야 한다.
- 안전교육은 위생교육과 함께 이루어지는 것이 좋다.

㉢ 안전감독
- 안전에 대하여 주의를 환기하는 데는 감독자의 조언이 제일 중요하지만 안전하게 만들어진 시설에서 안전을 계속 확보는 것은 관리 측면의 책임이다.
- 사고예방의 중요한 요소 중의 하나는 안전에 대한 작업자의 관심이다.

② 작업자의 위생관리

인간은 식품오염의 가장 보편적이고 중요한 오염원이다. 인간은 손과 호흡 그리고 소화기계를 통하여 세균을 전파시킨다. 기침이나 재채기에 의하여 병인성 미생물의 전파가 가능하고 배설물을 통해 병원체가 전파될 수도 있다. 건강한 사람이라도 포도상구균이 머리, 피부, 입, 코에서 발견되며 살모넬라나 클로스트리듐 일부가 소화기계에 상존하고 있다. 이러한 모든 세균 증식 장소로부터 사람의 손에 의해 미생물이 전파됨으로써 식품이 오염된다.

- 개인위생

    ㉠ 머리 : 기름이 끼고 더러운 머리는 세균의 좋은 증식 장소가 된다. 비듬이 음식에 들어가지 않도록 자주 감아야 한다.
    ㉡ 목욕 : 피부는 세균 증식의 가장 중요한 장소이므로 청결해야 한다.
    ㉢ 수세 : 개인위생의 가장 중요한 요소는 손을 자주 또 철저히 씻는 것이다. 더러운 손은 오염물질이나 세균을 식품에 옮겨 주는 데 결정적인 역할을 한다.
    ㉣ 손톱 : 더러운 손톱, 긴 손톱은 세균의 서식처를 제공하게 되므로 잘 정돈하여야 한다.
    ㉤ 외상 : 수지에 생긴 자상이나 찰과상과 같은 개방된 상처는 여러 사람에게 위생상 나쁜 인식을 주고 실제 세균의 오염원이 된다.
    ㉥ 흡연 : 흡연은 식품취급 시설에서는 허용되지 않는다. 담배를 피울 때 손가락에 작은 침방울이 묻기 때문에 수많은 미생물이 손가락을 통해 전파될 수 있다.
    ㉦ 껌 : 껌을 씹는 것도 또 다른 오염원이 될 수 있다.

- 작업자의 복장

    ㉠ 위생복 : 작업자의 옷은 식품에 오염을 차단시켜 주는 중요한 역할을 한다. 더러운 위생복은 고객들에게 거부감을 주고 불쾌하게 할 뿐 아니라 병원성 세균의 서식처가 될 수 있다.

ⓒ 위생모 : 머리카락은 세균의 증식처로 식품위생에 중요한 관리요소가 된다. 위생모를 쓰면 손가락으로 머리를 만지거나 두피를 긁는 습관이 있는 사람의 나쁜 습관을 억제할 수 있고 고객에게도 신뢰감을 줄 수 있다.
ⓒ 귀금속 : 반지, 시계, 팔찌 등은 음식 찌꺼기가 끼기 쉽고, 또 남아 있는 음식 찌꺼기는 세균증식의 온상 역할을 한다. 더구나 표면이 복잡한 장신구일수록 위험성은 더 크며, 다른 기구나 장치 취급 시 안전사고의 위험도도 크다.

• **수세(手洗)의 위생**

㉠ 식품위생상 문제가 되는 수지의 오염세균으로서 황색포도상구균과 장내세균이 중요하다.
㉡ 대체로 담아 놓은 물보다는 흐르는 물, 찬물보다는 더운물, 또 비누를 사용하거나 3% 크레졸을 사용하면 사장 효과가 크다.
㉢ 수세는 손톱의 길이가 짧을 때 효과가 크며, 손톱이 길 때는 수세가 철저하지 못하면 오히려 손톱에 붙어 있는 세균을 손바닥이나 손가락으로 옮겨 주는 역할을 하기도 한다.
㉣ 위생적인 수세법
• 수세장치는 발이나 무릎 또는 팔꿈치로 작동할 수 있는 시설이 좋다.
• 수세장치에는 더운물과 찬물이 공급되어야 하며 혼합 시 43~49℃ 정도의 수온이 적합하다.
• 비누를 사용하여 충분한 비누거품이 생기게 하고 솔을 가지고 손톱 사이를 깨끗이 씻는다.
• 비누거품을 완전히 제거한 후 1회용 타월이나 종이타월 혹은 전기건조기로 건조시킨다.

(7) HACCP의 이해

① HACCP의 개념

HACCP(Hazard Analysis Critical Control Point)는 식품의 원재료 생산으로부터 제조, 가공, 보존, 조리 및 유통단계를 거쳐 최종 소비자가 섭취하기 전까지 각 단계에서 위해물질이 해당 식품에 혼입되거나 오염되는 것을 사전에 방지하기 위하여 발생할 우려가 있는 위해요소를 규명하고 이들 위해요소중에서 최종 제품에 결정적으로 위해를 줄 수 있는 공정, 지점에서 해당 위해요소를 중점적으로 관리하는 예방적인 위생관리체계이다.

② HACCP의 기대효과

㉠ 위생적으로 안전한 식품 제조
㉡ 자주적 위생관리 체계 구축
㉢ 위생관리 효율의 극대화
㉣ 경제적 이익 도모(제품의 폐기·회수율 감소, 소비자의 불만·빈틈 등의 감소)
㉤ 기업의 이미지 제고와 신뢰성 향상
㉥ 기업의 경쟁력 강화
㉦ 식품 선택의 기회 제공(HACCP 마크 부착)
㉧ 기업의 리콜(Recall) 및 P/L법에 대한 효율적 대응
㉨ 식품 안전사고 예방
㉩ 안전한 식품 공급을 보증
㉪ 수출여건 개선

③ HACCP의 구성

- **위해분석(HA : Hazard Analysis)** : SMS 위해 가능성이 있는 요소를 전공정의 흐름에 따라 분석·평가하는 것이다.
    ㉠ 일반 위해요소 : 식품제조·가공공장의 시설 및 장비 관련 위해.
    ㉡ 공정 위해요소 : 식품의 가공, 제조, 유통 중 식품에 직접 발생할 수 있는 위해.
        - 생물학적 위해 : 식중독균, 바이러스, 기생충, 자연독 등.
        - 화학적 위해 : 중금속, 잔류농약, 환경호르몬 등.
        - 물리적 위해 : 인체(입, 혀, 목구멍 등)에 상처를 줄 우려가 있는 이물질 등.

- **중요관리점(CCP : Critical Control Point)** : CCP는 확인된 위해 중에서 중점적으로 다루어야 할 위해요소를 의미한다.

④ HACCP의 원리

- **위해분석(HA : Hazard Analysis)** : 가공식품의 원재료인 가축, 가금, 채소, 과일류, 어패류에 대하여 그 발육, 생산, 어획, 채취단계에서 시작하여 원재료의 보존, 처리, 제조, 가공, 조리를 거쳐 제품의 보존, 유통단계를 지나 최종적으로 소비자의 손에 들어갈 때까지의 각 단계에서 발생할 우려가 있는 미생물 위해의 원인을 확정하고, 그 위해의 중요도(Severity)와 위험도(Risk)를 평가하는 것.

- **중요관리점(CCP : Critical Control Point) 설정** : 각 단계에서 존재하거나 발생할 수 있는 잠재적·실제적 위해를 제거하거나 기준치 이하로 감소시킬 수 있는 관리점을 설정.

- **중요관리점의 한계기준(Critical Limit) 설정**
    ㉠ 각 중요관리점에서 위해를 관리하기 위하여 적용하는 각 위해에 대한 기준치.
    ㉡ 위해요소의 관리가 한계치 설정대로 충분히 이루어지고 있는지 여부를 판단하는 기준.

- **모니터링(Monitoring) 방법의 설정**
    ㉠ 중요관리점에서 허용한계기준 부합을 위한 운영 조건이 적절히 이행되고 있는지를 감시하는 방법을 구체적으로 설정.
    ㉡ 위해요소의 관리 여부를 점검하기 위하여 실시하는 일련의 관찰이나 측정 수단.

- **시정조치(Corrective Action)의 설정** : 중요관리점에서 허용한계기준이 준수되지 않았을 경우에 취하여야 할 시정조치에 대한 이행 계획을 설정.

- **검증(Verification)방법의 설정**
    ㉠ HACCP시스템이 효과적으로 운용되고 있는지를 확인하기 위하여 HACCP 계획 및 각종 측정 장비 등의 정확성 등을 검증하는 방법을 설정.
    ㉡ 해당 업소에서 HACCP의 계획이 적절한지 여부를 정기적으로 평가하는 조치.

- **기록유지(Record Keeping)** : HACCP시스템 이행 기록을 문서화하는 단계로서 HACCP계획의 수립 및 이행에서 발생한 각종 기록은 반드시 문서화하여 일정 기간 유지하여야 함.

※ **HACCP방식과 기존 위생관리방식(GMP 등)의 비교**

항목	기존 방법	HACCP제도 운영방식
조치단계	문제발생 후의 반작용적 관리	문제발생 전 선조치
숙련 요구성	시험결과의 해석에 숙련 요구	이화학적 항목에 의한 관리로 전문적 숙련 불필요
신속성	시험분석에 장시간 소요	필요시 즉각적 조치 가능
소요비용	제품분석에 많은 비용 소요	저렴
공정관리	현장 및 실험실 관리	현장관리
평가범위	제한된 시료만 평가	각 배치(Batch)별 많은 측정 가능
위해요소	관리범위 제한된 위해요소만 관리	많은 위해요소 관리
제품 안정성	관리자 숙련공만 가능	비숙련공도 관리 가능

5. 축산물 위생관리법 [시행 2021. 7. 27]

(1) 제1조(목적)

이 법은 축산물의 위생적인 관리와 그 품질의 향상을 도모하기 위하여 가축의 사육·도살·처리와 축산물의 가공·유통 및 검사에 필요한 사항을 정함으로써 축산업의 건전한 발전과 공중위생의 향상에 이바지함을 목적으로 한다.

(2) 제2조(정의)

① "가축"이란 소, 말, 양(염소 등 산양을 포함한다. 이하 같다), 돼지(사육하는 멧돼지를 포함한다. 이하 같다), 닭, 오리, 그 밖에 식용(食用)을 목적으로 하는 동물로서 대통령령으로 정하는 동물을 말한다.
② "축산물"이란 식육·포장육·원유(原乳)·식용란(食用卵)·식육가공품·유가공품·알가공품을 말한다.
③ "식육(食肉)"이란 식용을 목적으로 하는 가축의 지육(枝肉), 정육(精肉), 내장, 그 밖의 부분을 말한다.
④ "포장육"이란 판매(불특정다수인에게 무료로 제공하는 경우를 포함한다. 이하 같다)를 목적으로 식육을 절단[세절(細切) 또는 분쇄(粉碎)를 포함한다]하여 포장한 상태로 냉장하거나 냉동한 것으로서 화학적 합성품 등의 첨가물이나 다른 식품을 첨가하지 아니한 것을 말한다.
⑤ "원유"란 판매 또는 판매를 위한 처리·가공을 목적으로 하는 착유(搾乳) 상태의 우유와 양유(羊乳)를 말한다.
⑥ "식용란"이란 식용을 목적으로 하는 가축의 알로서 총리령으로 정하는 것을 말한다.
⑦ "집유(集乳)"란 원유를 수집, 여과, 냉각 또는 저장하는 것을 말한다.
⑧ "식육가공품"이란 판매를 목적으로 하는 햄류, 소시지류, 베이컨류, 건조저장육류, 양념육류, 그 밖에 식육을 원료로 하여 가공한 것으로서 대통령령으로 정하는 것을 말한다.
⑨ "유가공품"이란 판매를 목적으로 하는 우유류, 저지방우유류, 분유류, 조제유류(調製乳類), 발효유류, 버터류, 치즈류, 그 밖에 원유 등을 원료로 하여 가공한 것으로서 대통령령으로 정하는 것을 말한다.
⑩ "알가공품"이란 판매를 목적으로 하는 난황액(卵黃液), 난백액(卵白液), 전란분(全卵粉), 그 밖에 알을 원료로 하여 가공한 것으로서 대통령령으로 정하는 것을 말한다.
⑪ "작업장"이란 도축장, 집유장, 축산물가공장, 식용란선별포장장, 식육포장처리장 또는 축산물보관장을 말한다.

⑫ "기립불능(起立不能)"이란 일어서거나 걷지 못하는 증상을 말한다.
⑬ "축산물가공품이력추적관리"란 축산물가공품(식육가공품, 유가공품 및 알가공품을 말한다. 이하 같다)을 가공단계부터 판매단계까지 단계별로 정보를 기록·관리하여 그 축산물가공품의 안전성 등에 문제가 발생할 경우 그 축산물가공품의 이력을 추적하여 원인을 규명하고 필요한 조치를 할 수 있도록 관리하는 것을 말한다.

(3) 제4조(축산물의 기준 및 규격)

① 가축의 도살·처리 및 집유의 기준은 총리령으로 정한다.
② 식품의약품안전처장은 공중위생상 필요한 경우 다음 각 호의 사항을 정하여 고시할 수 있다.

(4) 축산물의 위생관리

① 제7조(가축의 도살 등) : 가축의 도살·처리, 집유, 축산물의 가공·포장 및 보관은 제22조제1항에 따라 허가를 받은 작업장에서 하여야 한다.

② 제8조(위생관리기준)
  ㉠ 제22조에 따라 허가를 받거나 제24조에 따라 신고를 한 자(이하 "영업자"라 한다) 및 그 종업원이 작업장 또는 업소에서 지켜야 할 위생관리기준(이하 "위생관리기준"이라 한다)은 총리령으로 정한다.
  ㉡ 다음 각 호에 해당하는 영업자는 위생관리기준에 따라 해당 작업장 또는 업소에서 영업자 및 종업원이 지켜야 할 자체위생관리기준을 작성·운영하여야 한다. 다만, 제9조제4항 또는 제5항 후단에 따라 안전관리인증작업장 또는 안전관리인증업소로 인증을 받거나 받은 것으로 보는 경우에는 그러하지 아니하다.

③ 제9조(안전관리인증기준)
  ㉠ 식품의약품안전처장은 가축의 사육부터 축산물의 원료관리·처리·가공·포장·유통 및 판매까지의 모든 과정에서 인체에 위해(危害)를 끼치는 물질이 축산물에 혼입되거나 그 물질로부터 축산물이 오염되는 것을 방지하기 위하여 총리령으로 정하는 바에 따라 각 과정별로 안전관리인증기준(이하 "안전관리인증기준"이라 한다) 및 그 적용에 관한 사항을 정하여 고시한다.
  ㉡ 제21조제1항제1호에 따른 도축업의 영업자와 같은 항 제2호에 따른 집유업의 영업자는 안전관리인증기준에 따라 해당 작업장에 적용할 자체안전관리인증기준(이하 "자체안전관리인증기준"이라 한다)을 작성·운용하여야 한다. 다만, 총리령으로 정하는 섬 지역에 있는 영업자인 경우에는 그러하지 아니하다.
  ㉢ 제21조제1항제3호에 따른 축산물가공업의 영업자 중 총리령으로 정하는 영업자, 같은 항 제3호의2에 따른 식용란선별포장업의 영업자 및 같은 항 제4호에 따른 식육포장처리업의 영업자는 제1항에 따라 식품의약품안전처장이 고시한 안전관리인증기준을 지켜야 한다.
  ㉣ 식품의약품안전처장은 제3항에 따라 안전관리인증기준을 지켜야 하는 영업자와 안전관리인증기준을 준수하고 있음을 인증받기를 원하는 자(제2항 본문에 따른 영업자는 제외한다)가 있는 경우에는 그 준수 여부를 심사하여 해당 작업장·업소 또는 농장을 안전관리인증작업장·안전관리인증업소 또는 안전관리인증농장으로 인증할 수 있다.
  ㉤ 「농업협동조합법」에 따른 축산업협동조합 등 총리령으로 정하는 자가 가축의 사육, 축산물의 처리·가공·유통 및 판매 등 모든 단계에서 안전관리인증기준을 준수하고 있음을 통합하여 인증받고자 신청하는 경우에는 식품의약품안전처장은 그 신청자와 가축의 출하 또는 원료공급 등의 계약을 체결한 작업장·업소 또는 농장의 안전관리인증기준 준수 여부 등 인증요건을 심사하여 해당 신청자를 안전관리통합인증업체로 인증할 수 있다. 이 경우 해당 작업장·업소 또는 농장은 제4항에 따른 안전관리인증작업장·안전관리인증업소 또는 안전관리인증농장으로 각각 인증받은 것으로 본다.

ⓑ 제4항 또는 제5항 후단에 따라 안전관리인증작업장·안전관리인증업소 또는 안전관리인증농장으로 인증을 받거나 받은 것으로 보는 자, 제5항 전단에 따른 안전관리통합인증업체로 인증을 받은 자가 그 인증받은 사항 중 총리령으로 정하는 사항을 변경하려는 경우에는 식품의약품안전처장의 변경 인증을 받아야 한다.

ⓐ 식품의약품안전처장은 제4항 또는 제5항 후단에 따라 안전관리인증작업장·안전관리인증업소 또는 안전관리인증농장으로 인증을 받거나 받은 것으로 보는 자, 제5항 전단에 따른 안전관리통합인증업체로 인증을 받은 자 및 제6항에 따라 변경 인증을 받은 자에게 그 인증 또는 변경 인증 사실을 증명하는 서류를 발급하여야 한다.

(5) 검사

① 제21조제1항에 따른 도축업의 영업자는 작업장에서 도살·처리하는 가축에 대하여 제13조제1항에 따라 임명·위촉된 검사관(이하 "검사관"이라 한다)의 검사를 받아야 한다.
② 시·도지사는 검사관에게 착유하는 소 또는 양에 대하여 검사하게 할 수 있다.
③ 착유하는 소 또는 양의 소유자나 관리자는 제2항에 따른 검사를 거부·방해하거나 기피하여서는 아니 된다.
④ 제1항 및 제2항에 따른 검사의 항목·방법·기준·절차 등은 총리령으로 정한다.

(6) 영업의 허가 및 신고 등

① 제21조(영업의 종류 및 시설기준)

㉠ 도축업 : 가축을 식용에 제공할 목적으로 도살처리하는 영업.

㉡ 집유업 : 원유를 수집·여과·냉각 또는 저장하는 영업. 다만, 자신이 직접 생산한 원유를 원료로 하여 가공하는 경우로서 원유의 수집행위가 이루어지지 아니하는 경우는 제외한다.

㉢ 축산물가공업
- **식육가공업** : 식육가공품(식육간편조리세트의 경우 자신이 절단한 식육 또는 자신이 만든 식육가공품을 주원료로 하여 만든 것으로 한정한다)을 만드는 영업.
- **유가공업** : 유가공품을 만드는 영업.
- **알가공업** : 알가공품을 만드는 영업.

㉣ 식용란선별포장업 : 식용란 중 달걀을 전문적으로 선별·세척·건조·살균·검란·포장하는 영업.

㉤ 식육포장처리업 : 포장육 또는 식육간편조리세트(자신이 절단한 식육을 주원료로 하여 만든 것으로 한정한다)를 만드는 영업.

㉥ 축산물보관업 : 축산물을 얼리거나 차게 하여 보관하는 냉동·냉장업. 다만, 축산물가공업 또는 식육포장처리업의 영업자가 축산물을 제품의 원료로 사용할 목적으로 보관하는 경우는 제외한다.

㉦ 축산물운반업 : 축산물(원유와 건조·멸균·염장 등을 통하여 쉽게 부패·변질되지 않도록 가공되어 냉동 또는 냉장 보존이 불필요한 축산물은 제외한다)을 위생적으로 운반하는 영업. 다만, 축산물을 해당 영업자의 영업장에서 판매하거나 처리·가공 또는 포장할 목적으로 운반하는 경우와 해당 영업자가 처리·가공 또는 포장한 축산물을 운반하는 경우는 제외한다.

◎ 축산물판매업

가. 식육판매업: 식육 또는 포장육을 전문적으로 판매하는 영업(포장육을 다시 절단하거나 나누어 판매하는 영업을 포함한다). 다만, 다음의 어느 하나에 해당하는 경우는 제외한다.

- 식품을 소매로 판매하는 슈퍼마켓 등 점포를 경영하는 자(이하 이 호 및 제8호에서 "슈퍼마켓등 점포 경영자"라 한다) 또는 식육판매업 외의 축산물판매업 영업자가 닭·오리의 식육(제12조의7제2항제1호에 따른 도축업의 영업자가 개체별로 포장한 닭·오리의 식육을 말한다. 이하 이 호 및 제8호에서 같다) 또는 포장육을 해당 점포 또는 영업장에 있는 냉장시설 또는 냉동시설에 보관 또는 진열하여 그 포장을 뜯지 않은 상태 그대로 해당 점포 또는 영업장에서 최종 소비자에게 판매하는 경우(전화 또는 홈페이지 등을 통해 주문을 받아 배송·판매하는 경우를 포함한다).
- 「식품위생법 시행령」 제21조제5호나목4)에 따른 집단급식소 식품판매업의 영업자가 닭·오리의 식육 또는 포장육을 그 포장을 뜯지 아니한 상태 그대로 「식품위생법」 제2조제12호에 따른 집단급식소의 설치·운영자 또는 같은 법 시행령 제21조제8호마목에 따른 위탁급식영업의 영업자에게 판매하는 경우.
- 식육포장처리업의 영업자가 자신이 만든 포장육을 직접 판매하는 경우.
- 제8호에 따른 식육즉석판매가공업의 신고를 하고 해당 영업을 하는 경우.
- 「전자상거래 등에서의 소비자보호에 관한 법률」 제2조제3호에 따른 통신판매업자가 닭·오리의 식육 또는 포장육을 판매하는 경우(판매할 때 보관·관리 또는 배송을 식육판매업 또는 식육포장처리업의 영업자에게 위탁하는 경우로 한정한다).

나. 식육부산물전문판매업: 식육 중 부산물로 분류되는 내장(간·심장·위장·비장·창자·콩팥 등을 말한다)과 머리·다리·꼬리·뼈·혈액 등 식용이 가능한 부분만을 전문적으로 판매하는 영업.

다. 우유류판매업: 우유대리점·우유보급소 등의 형태로 직접 마실 수 있는 유가공품을 전문적으로 판매하는 영업. 다만, 「식품위생법 시행령」 제21조제5호나목4)에 따른 집단급식소 식품판매업의 영업자가 「식품위생법」 제2조제12호에 따른 집단급식소의 설치·운영자 또는 같은 법 시행령 제21조제8호마목에 따른 위탁급식영업의 영업자에게 판매하는 경우는 제외한다.

라. 축산물유통전문판매업: 축산물(이 목에서는 포장육·식육가공품·유가공품·알가공품을 말한다)의 가공 또는 포장처리를 축산물가공업의 영업자 또는 식육포장처리업의 영업자에게 의뢰하여 가공 또는 포장처리된 축산물을 자신의 상표로 유통·판매하는 영업.

마. 식용란수집판매업: 식용란(달걀만 해당한다. 이하 이 목에서 같다)을 수집·처리 또는 구입하여 전문적으로 판매하는 영업. 다만, 다음의 어느 하나에 해당하는 경우는 제외한다.

- 「축산법」 제22조제3항에 따른 가축사육업 등록 제외대상에 해당하여 등록을 하지 아니하고 닭 사육업을 하는 경우.
- 포장된 달걀[제12조의7제2항제4호에 따른 축산물판매업(식용란수집판매업만 해당한다)의 영업자가 제12조의7제1항제2호에 따라 포장한 달걀을 말한다. 이하 이 목에서 같다]을 슈퍼마켓등 점포 경영자, 식용란수집판매업 외의 축산물판매업 또는 식육즉석판매가공업의 영업자가 해당 점포 또는 영업장에서 최종 소비자에게 직접 판매하는 경우(전화 또는 홈페이지 등을 통해 주문을 받아 배송·판매하는 경우를 포함한다).

- 포장된 달걀을 「식품위생법 시행령」 제21조제5호나목4)에 따른 집단급식소 식품판매업의 영업자가 집단급식소에 판매하는 경우.
- 자신이 생산한 식용란 전부를 식용란수집판매업의 영업자에게 판매하는 경우.
- 「전자상거래 등에서의 소비자보호에 관한 법률」 제2조제3호에 따른 통신판매업자가 달걀을 판매하는 경우(판매할 때 보관·관리 또는 배송을 식용란수집판매업의 영업자에게 위탁하는 경우로 한정한다).

바. 식육즉석판매가공업:

① 식육 또는 포장육을 전문적으로 판매(포장육을 다시 절단하거나 나누어 판매하는 것을 포함한다)하면서 식육가공품(통조림·병조림은 제외한다)을 만들거나 다시 나누어 직접 최종 소비자에게 판매하는 영업. 다만, 슈퍼마켓등 점포 경영자가 닭·오리의 식육 또는 포장육을 해당 점포에 있는 냉장시설 또는 냉동시설에 보관 및 진열하여 그 포장을 뜯지 않은 상태 그대로 해당 점포에서 최종 소비자에게 판매(전화 또는 홈페이지 등을 통해 주문을 받아 배송·판매하는 경우를 포함한다)하면서 식육가공품(통조림·병조림은 제외한다)을 만들거나 다시 나누어 직접 최종 소비자에게 판매하는 경우는 제외한다.

② **제22조(영업의허가)** : 도축업·집유업·축산물가공업 또는 식용란선별포장업의 영업을 하려는 자는 총리령으로 정하는 바에 따라 작업장별로 시·도지사의 허가를 받아야 하고, 같은 항 제4호에 따른 식육포장처리업 또는 같은 항 제5호에 따른 축산물보관업의 영업을 하려는 자는 총리령으로 정하는 바에 따라 작업장별로 특별자치시장·특별자치도지사·시장·군수·구청장의 허가를 받아야 한다.

③ **제24조(영업의 신고)** : 축산물운반업·축산물판매업·식육즉석판매가공업·그 밖에 대통령령으로 정하는 영업을 하려는 자는 총리령으로 정하는 바에 따라 제21조제1항에 따른 시설을 갖추고 특별자치시장·특별자치도지사·시장·군수·구청장에게 신고하여야 한다.

④ **제25조(품목 제조의 보고)** : 축산물가공업의 허가를 받은 자가 축산물을 가공하거나 식육포장처리업의 허가를 받은 자가 식육을 포장처리하는 경우에는 그 품목의 제조방법설명서 등 총리령으로 정하는 사항을 시·도지사 또는 시장·군수·구청장에게 보고하여야 한다. 보고한 사항 중 총리령으로 정하는 중요한 사항을 변경하는 경우에도 같다.

⑤ **제26조(영업의 승계)** : 영업자가 사망하거나 그 영업을 양도하거나 법인인 영업자가 합병하였을 때에는 그 상속인이나 영업 양수인이나 합병 후 존속하는 법인 또는 합병으로 설립되는 법인(이하 "양수인등"이라 한다)은 그 영업자의 지위를 승계한다.

⑥ **제31조(영업자 등의 준수사항)** : 도축업 또는 집유업의 영업자는 정당한 사유 없이 가축의 도살·처리 또는 집유의 요구를 거부하여서는 아니 된다. 영업자 및 그 종업원은 영업을 할 때 위생적 관리와 거래질서 유지를 위하여 다음 각 호에 관하여 총리령으로 정하는 사항을 준수하여야 한다.

㉠ 가축의 도살·처리 및 집유에 관한 사항.
㉡ 가축과 축산물의 검사 및 위생관리에 관한 사항.
㉢ 작업장의 시설 및 위생관리에 관한 사항.
㉣ 축산물의 위생적인 가공·포장·보관·운반·유통·진열·판매 등에 관한 사항.
㉤ 축산물에 대한 거래명세서의 발급(식용란의 경우 제12조의2제2항에 따라 발급된 거래명세서의 수취·보관에 관한 사항을 포함한다)과 거래내역서의 작성·보관에 관한 사항.

ⓜ의2 냉장축산물의 냉동전환 및 그 보고 등에 관한 사항.

ⓜ의3 식용란의 용도에 따른 유통·판매의 구분에 관한 사항.

ⓗ 그 밖에 영업자 및 그 종업원이 가축 및 축산물의 위생적 관리와 거래질서 유지를 위하여 준수하여야 할 사항.

⑦ 제31조의2(위해 축산물의 회수 및 폐기 등)

ⓐ 영업자(「수입식품안전관리 특별법」 제15조에 따라 등록한 수입식품등 수입·판매업자를 포함한다. 이하 이 조에서 같다) 또는 영업에 사용할 목적으로 축산물을 수입하는 자는 해당 축산물이 제4조·제5조 또는 제33조에 위반된 사실(축산물의 위해와 관련이 없는 위반사항은 제외한다)을 알게 된 경우에는 지체 없이 유통 중인 해당 축산물을 회수하여 폐기(회수한 축산물을 총리령으로 정하는 바에 따라 다른 용도로 활용하는 경우에는 폐기하지 아니할 수 있다. 이하 이 조에서 같다)하는 등 필요한 조치를 하여야 한다.

ⓑ 제1항에 따라 축산물을 회수하여 폐기하는 등 필요한 조치를 하여야 하는 자는 회수·폐기 계획을 식품의약품안전처장, 시·도지사 또는 시장·군수·구청장에게 미리 보고하여야 하며, 그 회수·폐기 계획에 따른 회수·폐기 결과를 보고받은 시·도지사 또는 시장·군수·구청장은 이를 지체 없이 식품의약품안전처장에게 보고하여야 한다. 다만, 해당 축산물이 「수입식품안전관리 특별법」에 따라 수입한 축산물이고, 보고의무자가 해당 축산물을 수입한 자인 경우에는 식품의약품안전처장에게 보고하여야 한다.

ⓒ 식품의약품안전처장, 시·도지사 또는 시장·군수·구청장은 제1항에 따른 회수 또는 폐기 등에 필요한 조치를 성실히 이행한 영업자에 대하여 해당 축산물 등으로 인하여 받게 되는 제27조에 따른 행정처분을 대통령령으로 정하는 바에 따라 감면할 수 있다.

ⓓ 제1항 및 제2항에 따른 회수·폐기의 대상 축산물, 회수·폐기의 계획, 회수·폐기의 절차 및 회수·폐기의 결과 보고 등은 총리령으로 정한다.

(7) 제34조(생산실적 등의 보고)

도축업, 집유업, 축산물가공업 또는 식육포장처리업의 영업허가를 받은 자는 총리령으로 정하는 바에 따라 도축실적, 집유실적, 축산물가공품 또는 포장육의 생산실적을 시·도지사 또는 시장·군수·구청장에게 보고하여야 하고, 시·도지사 또는 시장·군수·구청장은 이를 식품의약품안전처장에게 보고하여야 한다. 이 경우 시장·군수·구청장은 시·도지사를 거쳐야 한다.

(8) 제33조 제1항(판매 등의 금지)

다음 각 호의 어느 하나에 해당하는 축산물은 판매하거나 판매할 목적으로 처리·가공·포장·사용·수입·보관·운반 또는 진열하지 못한다. 다만, 식품의약품안전처장이 정하는 기준에 적합한 경우에는 그러하지 아니하다.

① 썩었거나 상한 것으로서 인체의 건강을 해칠 우려가 있는 것.
② 유독·유해물질이 들어 있거나 묻어 있는 것 또는 그 우려가 있는 것.
③ 병원성미생물에 의하여 오염되었거나 그 우려가 있는 것.
④ 불결하거나 다른 물질이 혼입 또는 첨가되었거나 그 밖의 사유로 인체의 건강을 해칠 우려가 있는 것.
⑤ 수입이 금지된 것을 수입하거나 「수입식품안전관리 특별법」 제20조제1항에 따라 수입신고를 하여야 하는 경우에 신고하지 아니하고 수입한 것.
⑥ 제16조에 따른 합격표시가 되어 있지 아니한 것.
⑦ 제22조제1항 및 제2항에 따라 허가를 받아야 하는 경우 또는 제24조제1항에 따라 신고를 하여야 하는 경우에 허가를 받지 아니하거나 신고하지 아니한 자가 처리·가공 또는 제조한 것.
⑧ 해당 축산물에 표시된 소비기한이 지난 축산물.
⑨ 제33조의2제2항에 따라 판매 등이 금지된 것.

(9) 제45조(벌칙)

① 다음 각 호의 어느 하나에 해당하는 자는 10년 이하의 징역 또는 1억원 이하의 벌금에 처한다.
  ㉠ 허가받은 작업장이 아닌 곳에서 가축을 도살·처리한 자.
  ㉡ 가축을 도살·처리하여 식용으로 사용하거나 판매한 자.
  ㉢ 가축 또는 식육에 대한 부정행위를 한 자.
  ㉣ 가축에 대한 검사관의 검사를 받지 아니한 자.
  ㉤ 수입·판매 금지 조치를 위반하여 축산물을 수입·판매하거나 판매할 목적으로 가공·포장·보관·운반 또는 진열한 자.
  ㉥ 영업허가를 받지 아니하거나 변경허가를 받지 아니하고 영업을 한 자.
  ㉦ 판매 등의 금지를 위반하여 축산물을 판매하거나 판매할 목적으로 처리·가공·포장·사용·수입·보관·운반 또는 진열한 자.

② ①의 ㉦의 죄로 금고 이상의 형을 선고받고 그 형이 확정된 후 5년 이내에 다시 제1항제6호의2, 제7호의 죄를 범한 자는 1년 이상 10년 이하의 징역에 처한다. 이 경우 그 해당 축산물을 판매한 때에는 그 판매금액의 4배 이상 10배 이하에 해당하는 벌금을 병과한다.

③ 위해 축산물의 회수 등을 위반하여 회수 또는 회수에 필요한 조치를 하지 아니한 자는 5년 이하의 징역 또는 5천만원 이하의 벌금에 처한다.

④ 다음 각 호의 어느 하나에 해당하는 자는 3년 이하의 징역 또는 3천만원 이하의 벌금에 처한다
  ㉠ 축산물의 기준 및 규격을 위반하여 가축의 도살·처리, 집유, 축산물의 가공·포장·보존 또는 유통을 한 자.
  ㉡ 축산물의 기준 및 규격에 맞지 아니하는 축산물을 판매하거나 판매할 목적으로 보관·운반 또는 진열한 자.
  ㉢ 용기 등의 규격 등에 적합하지 아니한 용기등을 사용한 자.
  ㉣ 가축의 도살 등을 위반하여 허가받은 작업장이 아닌 곳에서 집유하거나 축산물을 가공, 포장 또는 보관한 자.
  ㉣의 2 안전관리인증기준을 지키지 아니한 자.
  ㉤ 식육의 대한 검사관의 검사를 받지 아니하거나 집유하는 원유에 대하여 검사관 또는 책임수의사의 검사를 받지 아니한 자.
  ㉤의2 축산물의 검사 제7항을 위반하여 보고를 아니한 자.
  ㉥ 미검사품을 작업장 밖으로 반출한 자.
  ㉦ 검사에 불합격한 가축 또는 축산물을 처리한 자.
  ㉧ 허가의 취소 규정에 따른 명령을 위반한 자.
  ㉨ 영업자 및 그 종업원이 준수하여야 할 사항을 준수하지 아니한 자. 다만, 총리령으로 정하는 경미한 사항을 준수하지 아니한 자는 제외한다.
  ㉩ 거래명세서를 발급하지 아니하거나 거짓으로 발급한 자.
  ㉪ 거래내역서를 작성·보관하지 아니하거나 거짓으로 작성한 자.
  ㉫ 축산물가공품이력추적관리의 등록 등 제1항 외의 부분 단서를 위반하여 등록하지 아니한 자.
  ㉬ 압류·폐기 또는 회수, 공표 명령을 위반한 자.
  ㉭ 검사에 불합격한 동물 등을 처리한 자.

⑤ 다음에 해당하는 자는 2년 이하의 징역 또는 3천만원 이하의 벌금에 처한다.
  ㉠ 가축의 도살 등 제9항을 위반하여 거짓으로 합격표시를 한 자.
  ㉠의2 책임수의사를 지정하지 아니한 자.
  ㉡ 책임수의사의 업무를 방해하거나 정당한 사유 없이 책임수의사의 요청을 거부한 자.

ⓒ 축산물의 합격표시를 하지 아니하거나 거짓으로 합격표시를 한 자.
ⓔ 게시문 또는 봉인을 제거하거나 손상한 자.

⑥ 다음에 해당하는 자는 1년 이하의 징역 또는 1천만원 이하의 벌금에 처한다.
ⓐ 검사를 거부·방해하거나 기피한 자.
ⓑ 검사를 하지 아니하거나 거짓으로 검사를 한 자.
ⓑ의2 거래명세서를 발급하지 아니하거나 거짓으로 발급한 자.
ⓒ 검사·출입·수거·압류·폐기 조치를 거부·방해하거나 기피한 자.
ⓓ 출입·검사·수거 보고를 하지 아니하거나 거짓으로 보고를 한 자.
ⓔ 영업의 종류 및 시설기준 또는 영업의 허가 조건을 위반한 자.
ⓕ 영업의 휴업, 재개업 또는 폐업의 신고를 하지 아니한 자.
ⓖ 영업의 신고를 하지 아니한 자.
ⓗ 영업의 승계 신고를 하지 아니한 자.
ⓘ 소비자로부터 이물 발견의 신고를 받고 이를 거짓으로 보고한 자.
ⓘ의2 이물의 발견을 거짓으로 신고한 자.
ⓙ 영업소의 폐쇄조치를 거부·방해하거나 기피한 자.

⑦ ①부터 ⑤까지의 경우 징역과 벌금을 병과(倂科)할 수 있다.

(10) 제46조(양벌규정)

법인의 대표자나 법인 또는 개인의 대리인, 사용인, 그 밖의 종업원이 그 법인 또는 개인의 업무에 관하여 제45조의 위반행위를 하면 그 행위자를 벌하는 외에 그 법인 또는 개인에게도 해당 조문의 벌금형을 과(科)한다. 다만, 법인 또는 개인이 그 위반행위를 방지하기 위하여 해당 업무에 관하여 상당한 주의와 감독을 게을리하지 아니한 경우에는 그러하지 아니하다.

(11) 제47조(과태료)

① 다음 각 호의 어느 하나에 해당하는 자에게는 1천만원 이하의 과태료를 부과한다.
ⓐ 가축의 도살·처리 신고를 하지 아니한 자.
ⓑ 가축을 위생적으로 도살·처리하지 아니한 자.
ⓒ 자체위생관리기준을 작성 또는 운용하지 아니한 자.
ⓓ 자체안전관리인증기준을 작성 또는 운용하지 아니한 자.

② 다음에 해당하는 자에게는 500만원 이하의 과태료를 부과한다.
ⓐ 자체안전관리인증기준을 작성·운용하지 아니하였으면서 자체안전관리인증기준을 작성·운용하고 있다는 내용의 표시·광고를 한 자.
ⓑ 인증 또는 변경 인증 사실 증명서류를 발급받지 아니하였으면서 안전관리인증작업장등의 명칭을 사용한 자.
ⓒ 가축의 사육방법 및 위생적인 출하 등 개선에 필요한 지도 및 시정명령을 이해하지 아니한 자.
ⓓ 포장을 하지 아니하고 보관·운반·진열 또는 판매한 자.
ⓔ 영업의 휴업·재개업 또는 폐업 신고를 하지 아니한 자.
ⓕ 품목 제조의 보고를 하지 아니하거나 거짓으로 보고를 한 자.
ⓖ 건강진단을 받지 아니하였거나 건강진단 결과 다른 사람에게 위해를 끼칠 우려가 있는 질병이 있는 종업원을

영업에 종사하게 한 자.
ⓞ 가축의 도살·처리 또는 집유의 요구를 거부한 자.
ⓩ 위해 축산물의 회수 및 폐기 등 제2항을 위반하여 보고를 하지 아니하거나 거짓으로 보고를 한 자.
ⓩ의2 단서를 위반하여 축산물가공품이력추적관리의 표시를 하지 아니한 자.
ⓩ의3 축산물가공품이력추적관리의 표시를 고의로 제거하거나 훼손하여 이력추적관리번호를 알아볼 수 없게 한 자.
ⓩ의4 소비자로부터 이물 발견의 신고를 받고 보고하지 아니한 자.
ⓧ 시설 개선명령을 위반한 자.

③ 다음에 해당하는 자에게는 300만원 이하의 과태료를 부과한다.
㉠ 건강진단을 받지 아니하였거나 건강진단 결과 다른 사람에게 위해를 끼칠 우려가 있는 질병이 있는 영업자로서 그 영업을 한 자.
㉡ 영업자 및 그 종업원이 준수해야 할 사항 중 총리령으로 정하는 경미한 사항을 준수하지 아니한 자.
㉡의2 축산물가공품이력추적관리 등록사항이 변경된 경우 변경사유가 발생한 날부터 1개월 이내에 변경신고를 하지 아니한 자.
㉡의3 이력추적관리정보를 축산물가공품이력추적관리 목적 외의 용도로 사용한 자.
㉢ 수수료 규정을 위반하여 수수료를 받은 자.

④ 다음에 해당하는 자에게는 100만원 이하의 과태료를 부과한다.
㉠ 축산물 위생에 관한 교육을 받지 아니한 책임수의사 또는 종업원을 그 검사업무 또는 영업에 종사하게 한 자.
㉡ 축산물 위생에 관한 위생교육을 받지 아니한 영업자로서 그 영업을 한 자.
㉢ 생산실적 등의 보고를 하지 아니하거나 거짓으로 보고를 한 자.

⑤ ①부터 ④까지의 규정에 따른 과태료는 대통령령으로 정하는 바에 따라 식품의약품안전처장, 시·도지사 또는 시장·군수·구청장이 부과·징수한다.

07 | 식육가공 및 저장

식육가공 및 저장 요점 정리 보기

식육가공 및 저장 1

식육가공 및 저장 2

식육가공 및 저장 3

1. 원료의 이화학적 특성

용어의 정의 식품의 기준 및 규격 [축산물 위생관리법. 시행 2021.8.9.]

(1) 식육

'식육'이라 함은 식용을 목적으로 하는 동물성원료의 지육, 정육, 내장, 그 밖의 부분을 말하며, '지육'은 머리, 꼬리, 발 및 내장 등을 제거한 도체(carcass)를, '정육'은 지육으로부터 뼈를 분리한 고기를, '내장'은 식용을 목적으로 처리된 간, 폐, 심장, 위, 췌장, 비장, 신장, 소장 및 대장 등을, '그 밖의 부분'은 식용을 목적으로 도축된 동물성원료로부터 채취, 생산된 동물의 머리, 꼬리, 발, 껍질, 혈액 등 식용이 가능한 부위를 말한다.

(2) 건조물

'건조물(고형물)'은 원료를 건조하여 남은 고형물로서 별도의 규격이 정하여 지지 않은 한, 수분함량이 15% 이하인 것을 말한다.

(3) 유통기간

'유통기간'이라 함은 소비자에게 판매가 가능한 기간을 말한다.

(4) 냉동·냉장축산물의 보존온도 및 장소

① '냉장' 또는 '냉동' 이라 함은 이 고시에서 따로 정하여진 것을 제외하고는 냉장은 0~10℃, 냉동은 -18℃이하를 말한다.
② '차고 어두운 곳' 또는 '냉암소'라 함은 따로 규정이 없는 한 0~15℃의 빛이 차단된 장소를 말한다.

(5) 이물

'이물'이라 함은 정상식품의 성분이 아닌 물질을 말하며 동물성으로 절지동물 및 그 알, 유충과 배설물, 설치류 및 곤충의 흔적물, 동물의 털, 배설물, 기생충 및 그 알 등이 있고, 식물성으로 종류가 다른 식물 및 그 종자, 곰팡이, 짚, 겨 등이 있으며, 광물성으로 흙, 모래, 유리, 금속, 도자기파편 등이 있다.

(6) 살균

'살균'이라 함은 따로 규정이 없는 한 세균, 효모, 곰팡이 등 미생물의 영양 세포를 불활성화시켜 감소시키는 것을 말한다.

(7) 멸균

'멸균'이라 함은 따로 규정이 없는 한 미생물의 영양세포 및 포자를 사멸시키는 것을 말한다.

(8) 밀봉
'밀봉'이라 함은 용기 또는 포장 내외부의 공기유통을 막는 것을 말한다.

(9) 가공식품
'가공식품'이라 함은 식품원료(농, 임, 축, 수산물 등)에 식품 또는 식품첨가물을 가하거나, 그 원형을 알아볼 수 없을 정도로 변형(분쇄, 절단 등) 시키거나 이와 같이 변형시킨 것을 서로 혼합 또는 이 혼합물에 식품 또는 식품첨가물을 사용하여 제조·가공·포장한 식품을 말한다. 다만, 식품첨가물이나 다른 원료를 사용하지 아니하고 원형을 알아볼 수 있는 정도로 농·임·축·수산물을 단순히 자르거나 껍질을 벗기거나 소금에 절이거나 숙성하거나 가열(살균의 목적 또는 성분의 현격한 변화를 유발하는 경우를 제외한다) 등의 처리과정 중 위생상 위해 발생의 우려가 없고 식품의 상태를 관능으로 확인할 수 있도록 단순처리한 것은 제외한다.

2. 원료 등의 구비 요건

(1) 식품의 제조에 사용되는 원료는 식용을 목적으로 채취, 취급, 가공, 제조 또는 관리된 것이어야 한다.
(2) 원료는 품질과 선도가 양호하고 부패·변질되었거나, 유독 유해물질 등에 오염되지 아니한 것으로 안전성을 가지고 있어야 한다.
(3) 식품제조·가공영업등록대상이 아닌 천연성 원료를 직접처리하여 가공식품의 원료로 사용하는 때에는 흙, 모래, 티끌 등과 같은 이물을 충분히 제거하고 필요한 때에는 식품용수로 깨끗이 씻어야 하며 비가식부분은 충분히 제거하여야 한다.
(4) 허가, 등록 또는 신고 대상인 업체에서 식품원료를 구입 사용할 때에는 제조영업등록을 하였거나 수입신고를 마친 것으로서 해당식품의 기준 및 규격에 적합한 것이어야 하며 유통기한 경과제품 등 관련 법 위반식품을 원료로 사용하여서는 아니 된다.
(5) 기준 및 규격이 정하여져 있는 식품, 식품첨가물은 그 기준 및 규격에, 인삼·홍삼·흑삼은 「인삼산업법」에, 산양삼은 「임업 및 산촌 진흥촉진에 관한 법률」에, 축산물은 「축산물 위생관리법」에 적합한 것이어야 한다. 다만, 최종제품의 중금속 등 유해오염물질 기준 및 규격이 사용 원료보다 더 엄격하게 정해져 있는 경우, 최종제품의 기준 및 규격에 적합하도록 적절한 원료를 사용하여야 한다.
(6) 원료로 파쇄분을 사용할 경우에는 선도가 양호하고 부패·변질되었거나 이물 등에 오염되지 아니한 것을 사용하여야 한다.
(7) 식품 제조·가공 등에 사용하는 식용란은 부패된 알, 산패취가 있는 알, 곰팡이가 생긴 알, 이물이 혼입된 알, 혈액이 함유된 알, 내용물이 누출된 알, 난황이 파괴된 알(단, 물리적 원인에 의한 것은 제외한다), 부화를 중지한 알, 부화에 실패한 알 등 식용에 부적합한 알이 아니어야 하며, 알의 잔류허용기준에 적합하여야 한다.
(8) 원유에는 중화·살균·균증식 억제 및 보관을 위한 약제가 첨가되어서는 아니 되며, 우유와 양유는 동일 작업시설에서 수유하여서는 아니 되고 혼입하여서도 아니 된다.
(9) 식품의 제조·가공 중에 발생하는 식용가능한 부산물을 다른 식품의 원료로 이용하고자 할 경우 식품의 취급기준에 맞게 위생적으로 채취, 취급, 관리된 것이어야 한다.

3. 제조·가공 기준

(1) 일반기준
1) 식품 제조·가공에 사용되는 원료, 기계·기구류와 부대시설물은 항상 위생적으로 유지·관리하여야 한다.

2) 식품용수는 「먹는물관리법」의 먹는물 수질기준에 적합한 것이거나, 「해양심층수의 개발 및 관리에 관한 법률」의 기준·규격에 적합한 원수, 농축수, 미네랄탈염수, 미네랄농축수이어야 한다.
3) 식품용수는 먹는물관리법에서 규정하고 있는 수처리제를 사용하거나, 각 제품의 용도에 맞게 물을 응집침전, 여과[활성탄, 모래, 세라믹, 맥반석, 규조토, 마이크로필터, 한외여과(Ultra Filter), 역삼투막, 이온교환수지], 오존살균, 자외선살균, 전기분해, 염소소독 등의 방법으로 수처리하여 사용할 수 있다.
4) '제5. 식품별 기준 및 규격'에서 원료배합시의 기준이 정하여진 식품은 그 기준에 의하며, 물을 첨가하여 복원되는 건조 또는 농축된 식품의 경우는 복원상태의 성분 및 함량비(%)로 환산 적용한다. 다만, 식육가공품 및 알가공품의 경우 원료배합시 제품의 특성에 따라 첨가되는 배합수는 제외할 수 있다.
5) 어떤 원료의 배합기준이 100%인 경우에는 식품첨가물의 함량을 제외하되, 첨가물을 함유한 당해제품은 '제5. 식품별 기준 및 규격'의 당해제품 규격에 적합하여야 한다.
6) 식품 제조·가공 및 조리 중에는 이물의 혼입이나 병원성 미생물 등이 오염되지 않도록 하여야 하며, 제조 과정 중 다른 제조 공정에 들어가기 위해 일시적으로 보관되는 경우 위생적으로 취급 및 보관되어야 한다.
7) 식품은 물, 주정 또는 물과 주정의 혼합액, 이산화탄소만을 사용하여 추출할 수 있다. 다만, 식품첨가물의 기준 및 규격에서 개별기준이 정해진 경우는 그 사용기준을 따른다.
8) 냉동된 원료의 해동은 별도의 청결한 해동공간에서 위생적으로 실시하여야 한다.
9) 식품의 제조, 가공, 조리, 보존 및 유통 중에는 동물용의약품을 사용할 수 없다.
10) 가공식품은 미생물 등에 오염되지 않도록 위생적으로 포장하여야 한다.
11) 식품은 캡슐 또는 정제 형태로 제조할 수 없다. 다만, 과자, 캔디류, 추잉껌, 초콜릿류, 장류, 조미식품, 당류가공품, 음료류, 과채가공품은 정제형태로, 식용유지류는 캡슐형태로 제조할 수 있으나 이 경우 의약품 또는 건강기능식품으로 오인·혼동할 우려가 없도록 제조 하여야 한다.
12) 식품의 처리·가공 중 건조, 농축, 열처리, 냉각 또는 냉동 등의 공정은 제품의 영양성, 안전성을 고려하여 적절한 방법으로 실시하여야 한다.
13) 원유는 이물을 제거하기 위한 청정공정과 필요한 경우 유지방구의 입자를 미세화 하기 위한 균질공정을 거쳐야 한다.
14) 유가공품의 살균 또는 멸균 공정은 따로 정하여진 경우를 제외하고 저온 장시간 살균법(63~65℃에서 30분간), 고온단시간 살균법(72~75℃에서 15초 내지 20초간), 초고온순간처리법(130~150℃에서 0.5초 내지 5초간) 또는 이와 동등 이상의 효력을 가지는 방법으로 실시하여야 한다. 그리고 살균제품에 있어서는 살균 후 즉시 10℃ 이하로 냉각하여야 하고, 멸균제품은 멸균한 용기 또는 포장에 무균공정으로 충전·포장하여야 한다.
15) 식품 중 살균제품은 그 중심부 온도를 63℃ 이상에서 30분간 가열살균 하거나 또는 이와 동등이상의 효력이 있는 방법으로 가열 살균하여야 하며, 오염되지 않도록 위생적으로 포장 또는 취급하여야 한다. 또한, 식품 중 멸균제품은 기밀성이 있는 용기·포장에 넣은 후 밀봉한 제품의 중심부 온도를 120℃ 이상에서 4분 이상 멸균처리하거나 또는 이와 동등이상의 멸균 처리를 하여야 한다. 다만, 식품별 기준 및 규격에서 정하여진 것은 그 기준에 따른다.
16) 멸균하여야 하는 제품 중 pH 4.6 이하인 산성식품은 살균하여 제조할 수 있다. 이 경우 해당제품은 멸균제품에 규정된 규격에 적합하여야 한다.
17) 식품 중 비살균제품은 다음의 기준에 적합한 방법이나 이와 동등이상의 효력이 있는 방법으로 관리하여야 한다.
    (1) 원료육으로 사용하는 돼지고기는 도살 후 24시간 이내에 5℃ 이하로 냉각·유지하여야 한다.
    (2) 원료육의 정형이나 냉동 원료육의 해동은 고기의 중심부 온도가 10℃를 넘지 않도록 하여야 한다.
18) 식육가공품 또는 포장육 작업장의 실내온도는 15℃ 이하로 유지 관리하여야 한다(다만, 가열처리작업장은 제외).
19) 식육가공품 또는 포장육의 공정상 특별한 경우를 제외하고는 가능한 한 신속히 가공하여야 한다.
20) 기구 및 용기·포장류는 「식품위생법」 제9조의 규정에 의한 기구 및 용기·포장의 기준 및 규격에 적합한 것이어야 한다.
21) 식품포장 내부의 습기, 냄새, 산소 등을 제거하여 제품의 신선도를 유지시킬 목적으로 사용되는 물질은 기구 및 용기·포장의 기준·규격에 적합한 재질로 포장하여야 하고 식품에 이행되지 않도록 포장하여야 한다.
22) 식품의 용기·포장은 용기·포장류 제조업 신고를 필한 업소에서 제조한 것이어야 한다. 다만, 그 자신의 제품을 포장하기 위하여 용기·포장류를 직접 제조하는 경우는 제외한다.

(2) 개별기준(장기보존식품)

① 통·병조림식품
㉠ 멸균은 제품의 중심온도가 120℃ 이상에서 4분 이상 열처리하거나 또는 이와 동등이상의 효력이 있는 방법으로 열처리하여야 한다.
㉡ pH 4.6을 초과하는 저산성식품(low acid food)은 제품의 내용물, 가공장소, 제조일자를 확인할 수 있는 기호를 표시하고 멸균공정 작업에 대한 기록을 보관하여야 한다.
㉢ pH가 4.6 이하인 산성식품은 가열 등의 방법으로 살균처리할 수 있다.
㉣ 제품은 저장성을 가질 수 있도록 그 특성에 따라 적절한 방법으로 살균 또는 멸균 처리하여야 하며 내용물의 변색이 방지되고 호열성 세균의 증식이 억제될 수 있도록 적절한 방법으로 냉각하여야 한다.

② 레토르트식품
㉠ 멸균은 제품의 중심온도가 120℃ 이상에서 4분 이상 열처리하거나 또는 이와 동등이상의 효력이 있는 방법으로 열처리하여야 한다.
㉡ pH 4.6을 초과하는 저산성식품(low acid food)은 제품의 내용물, 가공장소, 제조일자를 확인할 수 있는 기호를 표시하고 멸균공정 작업에 대한 기록을 보관하여야 한다.
㉢ pH가 4.6 이하인 산성식품은 가열 등의 방법으로 살균처리할 수 있다.
㉣ 제품은 저장성을 가질 수 있도록 그 특성에 따라 적절한 방법으로 살균 또는 멸균 처리하여야 하며 내용물의 변색이 방지되고 호열성 세균의 증식이 억제될 수 있도록 적절한 방법으로 냉각시켜야 한다.
㉤ 보존료는 일절 사용하여서는 아니 된다.

4. 보존 및 유통 기준

(1) 일반기준

(1) 모든 식품(식품제조에 사용되는 원료 포함)은 위생적으로 취급하여 보존 및 유통하여야 하며, 그 보존 및 유통 장소가 불결한 곳에 위치하여서는 아니 된다.
(2) 식품을 보존 및 유통하는 장소는 방서 및 방충관리를 철저히 하여야 한다.
(3) 식품은 직사광선이나 비·눈 등으로부터 보호될 수 있고, 외부로부터의 오염을 방지할 수 있는 취급장소에서 유해물질, 협잡물, 이물(곰팡이 등 포함) 등이 혼입 또는 오염되지 않도록 적절한 관리를 하여야 한다.
(4) 식품은 인체에 유해한 화공약품, 농약, 독극물 등과 함께 보존 및 유통하지 말아야 한다.
(5) 식품은 제품의 풍미에 영향을 줄 수 있는 다른 식품 또는 식품첨가물이나 식품을 오염시키거나 품질에 영향을 미칠 수 있는 물품 등과는 분리하여 보존 및 유통하여야 한다.

(2) 보존 및 유통온도

(1) 따로 보존 및 유통방법을 정하고 있지 않은 제품은 직사광선을 피한 실온에서 보존 및 유통하여야 한다.
(2) 상온에서 7일 이상 보존성이 없는 식품은 가능한 한 냉장 또는 냉동시설에서 보존 및 유통하여야 한다.
(3) 이 고시에서 별도로 보존 및 유통온도를 정하고 있지 않은 경우, 실온제품은 1~35℃, 상온제품은 15~25℃, 냉장제품은 0~10℃, 냉동제품은 -18℃ 이하, 온장제품은 60℃ 이상에서 보존 및 유통하여야 한다. 다만 아래의 경우 그러하지 않을 수 있다.

㉠ 냉동제품을 소비자(영업을 목적으로 해당 제품을 사용하기 위한 경우는 제외한다)에게 운반하는 경우 -18℃를 초과할 수 있으나 이 경우라도 냉동제품은 어느 일부라도 녹아있는 부분이 없어야 한다.

㉡ 염수로 냉동된 통조림제조용 어류에 한해서는 -9℃ 이하에서 운반할 수 있으나, 운반시에는 위생적인 운반용기, 운반덮개 등을 사용하여 -9℃ 이하의 온도를 유지하여야 한다.

(4) 아래에서 보존 및 유통 온도를 규정하고 있는 제품은 규정된 온도에서 보존 및 유통하여야 한다.

	식품의 종류	보존 및 유통 온도
①	㉮ 원유 ㉯ 우유류·가공유류·산양유·버터유·농축유류·유청류의 살균제품 ㉰ 두부 및 묵류(밀봉 포장한 두부, 묵류는 제외) ㉱ 물로 세척한 달걀	냉장
②	㉮ 양념젓갈류 ㉯ 가공두부(멸균제품 또는 수분함량이 15% 이하인 제품제외) ㉰ 두유류 중 살균제품(pH 4.6 이하의 살균제품 제외) ㉱ 어육가공품류(멸균제품 또는 기타어육가공품 중 굽거나 튀겨 수분함량이 15% 이하인 제품은 제외) ㉲ 알가공품(액란제품 제외) ㉳ 발효유류 ㉴ 치즈류 ㉵ 버터류 ㉶ 생식용 굴 ㉷ 원료육 및 제품 원료로 사용되는 동물성 수산물 ㉸ 신선편의식품(샐러드 제품 제외)	냉장 또는 냉동
③	㉮ 식육(분쇄육, 가금육 제외) ㉯ 포장육(분쇄육 또는 가금육의 포장육 제외) ㉰ 식육가공품(분쇄가공육제품 제외) ㉱ 기타식육	냉장(-2~10℃) 또는 냉동
④	㉮ 식육(분쇄육, 가금육에 한함) ㉯ 포장육(분쇄육 또는 가금육의 포장육에 한함) ㉰ 분쇄가공육제품	냉장(-2~5℃) 또는 냉동
⑤	㉮ 신선편의식품(샐러드 제품에 한함) ㉯ 훈제연어 ㉰ 알가공품(액란제품에 한함)	냉장(0~5℃) 또는 냉동
⑥	㉮ 압착올리브유용 올리브과육 등 변질되기 쉬운 원료 ㉯ 얼음류	-10℃ 이하

(5) (4)의 ① ~ ⑤에도 불구하고 멸균되거나 수분제거, 당분첨가, 당장, 염장 등 부패를 막을 수 있도록 가공된 식육가공품, 우유류, 가공유류, 산양유, 버터유, 농축유류, 유청류, 발효유류, 치즈류, 버터류, 알가공품은 냉장 또는 냉동하지 않을 수 있으며, 두부 및 묵류(밀봉 포장한 두부, 묵류는 제외)는 제품운반 소요시간이 4시간 이내인 경우 먹는물 수질기준에 적합한 물로 가능한 한 환수하면서 보존 및 유통할 수 있다.

(6) 식용란은 가능한 0 ~ 15℃에서 보존 및 유통하여야 하며, 냉장된 달걀은 지속적으로 냉장으로 보존 및 유통하여야 한다.

(3) 보존 및 유통방법

(1) 냉장제품, 냉동제품 또는 온장제품을 보존 및 유통할 때에는 일정한 온도 관리를 위하여 냉장 또는 냉동차량 등 규정된 온도로 유지가 가능한 설비를 이용하거나 또는 이와 동등 이상의 효력이 있는 방법으로 하여야 한다.

(2) 흡습의 우려가 있는 제품은 흡습되지 않도록 주의하여야 한다.

(3) 냉장제품을 실온에서 보존 및 유통하거나 실온제품 또는 냉장제품을 냉동에서 보존 및 유통하여서는 아니 된다. 다만, 아래에 해당되는 경우 실온제품 또는 냉장제품의 유통기한 이내에서 냉동으로 보존 및 유통할 수 있다.
　① 건포류나 건조수산물
　② 수분 흡습이 방지되도록 포장된 수분 15% 이하의 제품으로서 당해 제품의 제조·가공업자가 제품에 냉동할 수 있도록 표시한 경우.
　③ 냉동식품을 보조하기 위해 냉동식품과 함께 포장되는 포장단위 20 g 이하의 소스류, 장류, 식용유지류, 향신료가공품.
　④ 살균 또는 멸균 처리된 음료류와 발효유류 중 해당 제품의 제조·가공업자가 제품에 냉동하여 판매가 가능하도록 표시한 제품(다만, 유리병 용기 제품과 탄산음료류는 제외).
　⑤ ③ ~ ④에 따라 냉동된 실온제품 또는 냉장제품은 해동하여 보존 및 유통할 수 없다(다만, 상기 ②의 요건에 해당하는 제품은 제외한다).

(4) 냉동제품을 해동시켜 실온제품 또는 냉장제품으로 보존 및 유통할 수 없다. 다만, 아래에 해당하는 경우로서 제품에 냉동포장완료일자, 해동일자, 해동일로부터 유통조건에서의 유통기한(냉동제품으로서의 유통기한 이내)을 별도로 표시한 경우 그러하지 아니할 수 있다.
　① 식품제조·가공업 영업자가 냉동제품인 빵류, 떡류, 초콜릿류, 젓갈류, 과채주스, 또는 기타 수산물가공품(살균 또는 멸균하여 진공 포장된 제품에 한함)을 해동시켜 실온제품 또는 냉장제품으로 보존 및 유통하는 경우.
　② 축산물가공업 중 유가공업 영업자가 냉동된 치즈류 또는 버터류를 해동시켜 실온제품 또는 냉장제품으로 보존 및 유통하는 경우.
　③ 냉동수산물을 해동하여 미생물의 번식을 억제 하고 품질이 유지되도록 기체치환포장(Modified Atmosphere Packaging, MAP) 후 냉장으로 보존 및 유통하는 경우.

(5) 식품제조·가공업 영업자가 냉동식육 또는 냉동수산물을 단순해동 또는 해동 후 절단하여 간편조리세트(특수의료용도식품 중 간편조리세트형 제품 포함)의 재료로 구성하는 경우로서 냉동식육 또는 냉동수산물을 해동하여 사용하였음을 표시한 경우에는 해동된 냉동식육 또는 냉동수산물을 재냉동하지 않고 냉장으로 보존 및 유통할 수 있다. 단, 식육 함량이 구성재료 함량의 60% 미만(분쇄육의 경우 50% 미만)인 제품에 한한다. (시행일 : '22.1.1)

(7) 해동된 냉동제품을 재냉동하여서는 아니 된다. 다만, 아래의 작업을 하는 경우에는 그러하지 아니할 수 있으나, 작업 후 즉시 냉동하여야 한다.
　① 냉동수산물의 내장 등 비가식부위 및 혼입된 이물을 제거하거나, 선별, 절단, 소분 등을 하기 위해 해동하는 경우.
　② 냉동식육의 절단 또는 뼈 등의 제거를 위해 해동하는 경우.

(10) 제품의 운반 및 포장과정에서 용기·포장이 파손되지 않도록 주의하여야 하며 가능한 한 심한 충격을 주지 않도록 하여야 한다. 또한 관제품은 외부에 녹이 발생하지 않도록 보존 및 유통하여야 한다.

(11) 포장축산물은 다음 각 호의 경우를 제외하고는 재분할 판매하지 말아야 하며, 표시대상 축산물인 경우 표시가 없는 것을 구입하거나 판매하지 말아야 한다.

① 식육판매업 또는 식육즉석판매가공업의 영업자가 포장육을 다시 절단하거나 나누어 판매하는 경우.

② 식육즉석판매가공업 영업자가 식육가공품(통조림·병조림은 제외)을 만들거나 다시 나누어 판매하는 경우.

(4) 유통기간의 설정

(1) 제품의 유통기간을 설정할 수 있는 영업자의 범위는 다음과 같다.
① 식품제조·가공업 영업자
② 즉석판매제조·가공업 영업자
③ 축산물가공업(식육가공업, 유가공업, 알가공업) 영업자
④ 식육즉석판매가공업 영업자
⑤ 식육포장처리업 영업자
⑥ 식육판매업 영업자
⑦ 식용란수집판매업 영업자
⑧ 수입업자(수입 냉장식품 중 보존 및 유통온도가 국내와 상이하여 국내의 보존 및 유통온도 조건에서 유통하기 위한 경우 또는 수입식품 중 제조자가 정한 유통기한 내에서 별도로 유통기한을 설정하는 경우에 한함)

(2) 제품의 유통기간 설정은 해당 제품의 포장재질, 보존조건, 제조방법, 원료배합비율 등 제품의 특성과 냉장 또는 냉동보존 등 기타 유통실정을 고려하여 위해방지와 품질을 보장할 수 있도록 정하여야 한다.

(3) "유통기간"의 산출은 포장완료(다만, 포장 후 제조공정을 거치는 제품은 최종공정 종료)시점으로 하고 캡슐제품은 충전·성형완료시점으로 한다. 다만, 달걀은 '산란일자'를 유통기간 산출시점으로 한다.

(4) 해동하여 출고하는 냉동제품(빵류, 떡류, 초콜릿류, 젓갈류, 과·채주스, 치즈류, 버터류, 기타 수산물가공품(살균 또는 멸균하여 진공 포장된 제품에 한함))은 해동시점을 유통기간 산출시점으로 본다.

(5) 선물세트와 같이 유통기한이 상이한 제품이 혼합된 경우와 단순 절단, 식품 등을 이용한 단순 결착 등 원료 제품의 저장성이 변하지 않는 단순가공처리만을 하는 제품은 유통기한이 먼저 도래하는 원료 제품의 유통기한을 최종제품의 유통기한으로 정하여야 한다.

(6) 소분 판매하는 제품은 소분하는 원료 제품의 유통기한을 따른다.

5. 식육가공품 및 포장육의 유형 및 가공기준

식육가공품 및 포장육이라 함은 식육 또는 식육가공품을 주원료로 하여 가공한 햄류, 소시지류, 베이컨류, 건조저장육류, 양념육류, 식육추출가공품, 식육간편조리세트, 식육함유가공품, 포장육을 말한다.

(1) 햄류

① 정의

햄류라 함은 식육 또는 식육가공품을 부위에 따라 분류하여 정형 염지한 후 숙성, 건조한 것, 훈연, 가열처리한 것이거나 식육의 고깃덩어리에 식품 또는 식품첨가물을 가한 후 숙성, 건조한 것이거나 훈연 또는 가열처리하여 가공한 것을 말한다.

② 원료 등의 구비요건

어육을 혼합하여 프레스햄을 제조하는 경우 어육은 전체 육함량의 10% 미만이어야 한다.

③ 식품유형

- **햄** : 식육을 부위에 따라 분류하여 정형 염지한 후 숙성·건조하거나 훈연 또는 가열처리하여 가공한 것을 말한다(뼈나 껍질이 있는 것도 포함한다).
- **생햄** : 식육의 부위를 염지한 것이나 이에 식품첨가물을 가하여 저온에서 훈연 또는 숙성·건조한 것을 말한다(뼈나 껍질이 있는 것도 포함한다).
- **프레스햄** : 식육의 고깃덩어리를 염지한 것이나 이에 식품 또는 식품첨가물을 가한 후 숙성·건조하거나 훈연 또는 가열처리한 것으로 육함량 75% 이상, 전분 8% 이하의 것을 말한다.

④ 규격

- **아질산 이온(g/kg)** : 0.07 미만
- **타르색소** : 검출되어서는 아니 된다.
- **보존료(g/kg)** : 다음에서 정하는 이외의 보존료가 검출되어서는 아니된다.

소브산 소브산칼륨 소브산칼슘	2.0 이하(소브산으로서)

- **세균수** : n=5, c=0, m=0(멸균제품에 한한다)
- **대장균** : n=5, c=2, m=10, M=100(생햄에 한한다)
- **대장균군** : n=5, c=2, m=10, M=100(살균제품에 한한다)
- **살모넬라** : n=5, c=0, m=0/25g(살균제품 또는 그대로 섭취하는 제품에 한한다)
- **리스테리아 모노사이토제네스** : n=5, c=0, m=0/25g(살균제품 또는 그대로 섭취하는 제품에 한한다)
- **황색포도상구균** : n=5, c=1, m=10, M=100(살균제품 또는 그대로 섭취하는 제품에 한한다. 다만, 생햄의 경우 n=5, c=2, m=10, M=100 이어야 한다)

(2) 소시지류

① 정의

소시지류라 함은 식육이나 식육가공품을 그대로 또는 염지하여 분쇄 세절한 것에 식품 또는 식품첨가물을 가한 후 훈연 또는 가열처리한 것이거나, 저온에서 발효시켜 숙성 또는 건조처리한 것이거나, 또는 케이싱에 충전하여 냉장·냉동한 것을 말한다(육함량 70% 이상, 전분 10% 이하의 것).

② 제조·가공기준

㉠ 건조 소시지류는 수분을 35% 이하로, 반건조 소시지류는 수분을 55% 이하로 가공하여야 한다.
㉡ 식육을 분쇄하여 케이싱에 충전 후 냉장 또는 냉동한 제품에는 충전용 내용물에 내장을 사용하여서는 아니 된다.

③ 식품유형

- **소시지** : 식육(육함량 중 10% 미만의 알류를 혼합한 것도 포함)에 다른 식품 또는 식품첨가물을 가한 후 숙성·건조시킨 것, 훈연 또는 가열처리한 것 또는 케이싱에 충전 후 냉장·냉동한 것을 말한다.
- **발효소시지** : 식육에 다른 식품 또는 식품첨가물을 가하여 저온에서 훈연 또는 훈연하지 않고 발효시켜 숙성 또는 건조처리한 것을 말한다.
- **혼합소시지** : 식육(전체 육함량 중 20% 미만의 어육 또는 알류를 혼합한 것도 포함)에 다른 식품 또는 식품첨가물을 가한 후 숙성·건조시킨 것, 훈연 또는 가열처리한 것을 말한다.

④ 규격

- **아질산 이온(g/kg)** : 0.07 미만
- **보존료(g/kg)** : 다음에서 정하는 이외의 보존료가 검출되어서는 아니된다.

소브산 소브산칼륨 소브산칼슘	2.0 이하(소브산으로서)

- **세균수** : n=5, c=0, m=0(멸균제품에 한한다)
- **대장균** : n=5, c=2, m=10, M=100(발효소시지에 한한다)
- **대장균군** : n=5, c=2, m=10, M=100(살균제품에 한한다)
- **장출혈성 대장균** : n=5, c=0, m=0/25 g(식육을 분쇄하여 케이싱에 충전 후 냉장·냉동한 제품에 한한다)
- **살모넬라** : n=5, c=0, m=0/25g(살균제품 또는 그대로 섭취하는 제품에 한한다)
- **리스테리아 모노사이토제네스** : n=5, c=0, m=0/25g(살균제품 또는 그대로 섭취하는 제품에 한한다)
- **황색포도상구균** : n=5, c=1, m=10, M=100(살균제품 또는 그대로 섭취하는 제품에 한한다. 다만, 발효소시지의 경우 n=5, c=2, m=10, M=100 이어야 한다)

(3) 베이컨류

① 정의

베이컨류라 함은 돼지의 복부육(삼겹살) 또는 특정부위육(등심육, 어깨부위육)을 정형한 것을 염지한 후 그대로 또는 식품 또는 식품첨가물을 가하여 훈연하거나 가열처리한 것을 말한다.

② 규격

- **아질산 이온(g/kg)** : 0.07 미만
- **타르색소** : 검출되어서는 아니된다.
- **보존료(g/kg)** : 다음에서 정하는 이외의 보존료가 검출되어서는 아니된다.

소브산 소브산칼륨 소브산칼슘	2.0 이하(소브산으로서)

- **세균수** : n=5, c=0, m=0(멸균제품에 한한다).
- **대장균군** : n=5, c=2, m=10, M=100(살균제품에 한한다)
- **살모넬라** : n=5, c=0, m=0/25g(살균제품 또는 그대로 섭취하는 제품에 한한다)
- **리스테리아 모노사이토제네스** : n=5, c=0, m=0/25g(살균제품 또는 그대로 섭취하는 제품에 한한다)

(4) 건조저장육류

① 정의
건조저장육류라 함은 식육을 그대로 또는 이에 식품 또는 식품첨가물을 가하여 건조하거나 열처리하여 건조한 것을 말한다(육함량 85% 이상의 것).

② 제조·가공기준
건조저장육류는 수분을 55% 이하로 건조하여야 한다.

③ 규격
- **아질산 이온(g/kg)** : 0.07 미만
- **타르색소** : 검출되어서는 아니된다.
- **보존료(g/kg)** : 다음에서 정하는 이외의 보존료가 검출되어서는 아니된다.

소브산 소브산칼륨 소브산칼슘	2.0 이하(소브산으로서)

- **세균수** : n=5, c=0, m=0(멸균제품에 한한다)
- **대장균군** : n=5, c=2, m=10, M=100(살균제품에 한한다)
- **살모넬라** : n=5, c=0, m=0/25g(살균제품 또는 그대로 섭취하는 제품에 한한다)
- **리스테리아 모노사이토제네스** : n=5, c=0, m=0/25g(살균제품 또는 그대로 섭취하는 제품에 한한다)

(5) 양념육류

① 정의
양념육류라 함은 식육 또는 식육가공품에 식품 또는 식품첨가물을 가하여 양념하거나 이를 가열 등 가공한 것을 말한다.

② 식품유형
- **양념육** : 식육이나 식육가공품에 식품 또는 식품첨가물을 가하여 양념한 것이거나 식육을 그대로 또는 양념하여 가열처리한 것으로 편육, 수육 등을 포함한다(육함량 60% 이상).
- **분쇄가공육제품** : 식육(내장은 제외한다)을 세절 또는 분쇄하여 이에 식품 또는 식품첨가물을 가한 후 냉장, 냉동한 것이거나 이를 훈연 또는 열처리한 것으로서 햄버거패티·미트볼·돈가스 등을 말한다(육함량 50% 이상의 것).
- **갈비가공품** : 식육의 갈비부위(뼈가 붙어 있는 것에 한한다)를 정형하여 식품 또는 식품첨가물을 가하거나 가열 등의 가공처리를 한 것을 말한다.

- **천연케이싱** : 돈장, 양장 등 가축의 내장을 소금 또는 소금용액으로 염(수)장 하여 식육이나 식육가공품을 담을 수 있도록 가공 처리한 것을 말한다.

③ 규격
- **아질산 이온(g/kg)** : 0.07 미만(다만, 천연케이싱은 제외한다)
- **타르색소** : 검출되어서는 아니 된다.
- **보존료(g/kg)** : 검출되어서는 아니 된다.
- **세균수** : n=5, c=0, m=0(멸균제품에 한한다)
- **대장균군** : n=5, c=2, m=10, M=100(살균제품에 한한다)
- **살모넬라** : n=5, c=0, m=0/25g(살균제품 또는 그대로 섭취하는 제품에 한한다)
- **리스테리아 모노사이토제네스** : n=5, c=0, m=0/25g(살균제품 또는 그대로 섭취하는 제품에 한한다)
- **장출혈성 대장균** : n=5, c=0, m=0/25 g(분쇄가공육제품에 한한다)

(6) 식육추출가공품

① 정의

식육추출가공품이라 함은 식육을 주원료로 하여 물로 추출한 것이거나 이에 식품 또는 식품첨가물을 가하여 가공한 것을 말한다.

② 규격
- **수분(%)** : 10.0 이하(건조제품에 한한다)
- **타르색소** : 검출되어서는 아니된다.
- **세균수** : n=5, c=1, m=100, M=1,000(그대로 섭취하는 액상제품에 한한다)
- **대장균군** : n=5, c=1, m=0, M=10(살균제품 또는 그대로 섭취하는 액상제품에 한한다)
- **대장균** : n=5, c=1, m=0, M=10(살균제품 또는 그대로 섭취하는 액상제품은 제외한다)
- **살모넬라** : n=5, c=0, m=0/25g(살균제품 또는 그대로 섭취하는 제품에 한한다)
- **리스테리아 모노사이토제네스** : n=5, c=0, m=0/25g(살균제품 또는 그대로 섭취하는 제품에 한한다)

(7) 식육간편조리세트(*축산물)

① 정의

제조업자 자신이 직접 절단한 식육 또는 직접 제조한 식육가공품을 주재료로 하고, 이에 조리되지 않은 손질된 농·수산물 등을 부재료로 구성하여, 제공되는 조리법에 따라 소비자가 가정에서 간편하게 조리하여 섭취할 수 있도록 제조한 것으로 구성 재료 중 육함량이 60% 이상(분쇄육인 경우 50% 이상)인 제품을 말한다.

② 제조·가공기준

㉠ 가열, 세척 또는 껍질제거 과정 없이 그대로 섭취하도록 제공되는 채소류 또는 과일류는 살균·세척하여야 한다.
㉡ '식용란', '가열조리 없이 섭취하는 농·수산물' 및 품목제조보고서에 명시된 주재료는 다른 재료와 직접 접촉하지 않도록 각각 구분 포장하여야 하고, 그 외 재료의 경우에도 비가열 섭취재료와 가열 후 섭취재료는 서로 섞이지 않도록 구분하여 포장하여야 한다.
㉢ 식용란을 포함하는 경우 (제2. 2. 30)에 따라 물로 세척된 식용란을 사용하여야 한다.

ⓔ 품목제조보고서에 명시된 주재료 또는 다른 제조업자가 포장을 완료한 식품을 포장된 상태 그대로 사용하는 구성 재료는 해당 식품별 기준 및 규격에 적합한 것을 사용하여야 한다.

③ 규격
- **대장균** : n=5, c=1, m=0, M=10
- **황색포도상구균** : 1g 당 100 이하
- **살모넬라** : n=5, c=0, m=0/25g
- **장염비브리오** : 1g 당 100 이하(살균 또는 멸균처리 되지 않은 해산물 함유 제품에 한한다)
- **장출혈성대장균** : n=5, c=0, m=0/25g(가열조리하지 않고 섭취하는 농·축·수산물 함유제품에 한한다)

* 위 다섯 가지 항목은 다른 재료와 교차오염되지 않도록 구분 포장된 농·축·수산물 재료 중 가열조리하여 섭취하는 재료는 제외하고, 나머지 구성 재료를 모두 혼합하여 규격을 적용.

(8) 식육함유가공품

① 정의

식육함유가공품이라 함은 식육을 주원료로 하여 제조·가공한 것으로 식품유형 햄류, 소시지류, 베이컨류, 건조저장육류, 양념육류, 식육추출가공품, 식육간편조리세트에 해당되지 않는 것을 말한다.

② 규격
- **아질산이온(g/kg)** : 0.07 미만
- **타르색소** : 검출되어서는 아니 된다
- **대장균군** : n=5, c=2, m=10, M=100(살균제품에 한한다.)
- **세균수** : n=5, c=0, m=0(멸균제품에 한한다.)
- **살모넬라** : n=5, c=0, m=0/25 g(살균제품에 해당된다)
- **보존료(g/kg)** : 다음에서 정하는 것 이외의 보존료가 검출되어서는 아니 된다.

소브산 소브산칼륨 소브산칼슘	2.0 이하(소브산으로서)

(9) 포장육

① 정의

판매를 목적으로 식육을 절단(세절 또는 분쇄를 포함한다)하여 포장한 상태로 냉장 또는 냉동한 것으로서 화학적 합성품 등 첨가물 또는 다른 식품을 첨가하지 아니한 것을 말한다(육함량 100%).

② 규격
- **성상** : 고유의 색택을 가지고 이미·이취가 없어야 한다.
- **타르색소** : 검출되어서는 아니 된다.
- **휘발성염기질소(mg%)** : 20 이하
- **보존료(g/kg)** : 검출되어서는 아니 된다.
- **장출혈성 대장균** : n=5, c=0, m=0/25 g(다만, 분쇄에 한한다)

6. 동물성 유지류의 유형 및 가공 기준

① 정의
동물성유지류라 함은 유지를 함유한 동물성원료로부터 얻은 원료유지나 이를 원료로 하여 제조·가공한 것으로 식용우지, 식용돈지 등을 말한다.

② 원료 등의 구비요건
㉠ 생지방, 원료우지 또는 원료돈지는 필요에 따라 이화학적 검사를 행한 후 사용하여야 한다.
㉡ 원료우지 또는 원료돈지의 포장 또는 운반용기는 같이 사용할 수 없으며, 용기·포장은 내용물의 유출, 산화방지 및 오염 등을 방지할 수 있는 위생적인 것이어야 한다.

③ 제조·가공기준
㉠ 원료유지는 탈검, 탈산, 탈색, 탈취의 정제공정을 거치거나 이와 동등이상의 복합정제공정을 거쳐야 한다. (다만, 원료우지 및 원료돈지는 제외)
㉡ 크릴(Euphausia superba)에서 채취한 크릴유는 인지질이 30 w/w% 이상이 되도록 제조·가공하여야 한다.

④ 식품유형
- **식용우지** : 원료우지를 식용에 적합하도록 처리한 것을 말한다.
- **식용돈지** : 원료돈지를 식용에 적합하도록 처리한 것을 말한다.
- **원료우지** : 생지방(소의 지방조직으로 원료우지의 원료)을 가공하여 용출한 것으로 식용우지의 원료를 말한다.
- **원료돈지** : 생지방(돼지의 지방조직으로 원료돈지의 원료)을 가공하여 용출한 것으로 식용돈지의 원료를 말한다.

※ 동물성 유지류의 유형별 검사항목(축산물의 자가품질검사 규정 별표1)

유형	검사항목
식용우지	산가, 비누화가, 아이오딘가, 산화방지제
식용돈지	
원료우지	산가, 산화방지제
원료돈지	

7. 단계별 식육가공 공정

(1) 온도체 가공(=사후강직 전)

온도체 가공은 도체온도가 아직 높은 상태에서 발골하여 온도체가공으로 만들거나 염지처리를 하여 가공육으로 이용하는 것을 말한다.

① 온도체 가공이 근육의 연도에 미치는 영향
- **저온단축** : 사후강직 전 근육을 0~16℃ 사이의 저온으로 급속히 냉각시키면 불가역적이고 반영구적으로 근섬유가 강하게 수축되는 현상이다. 온도와 도체의 pH에 따라 일어나는 정도가 다르다.
- **고온단축** : 16℃ 이상의 높은 온도에서 근섬유가 단축하는 것을 고온단축이라 한다.
- **해동강직** : 사후강직이 완료되기 이전의 근육을 냉동시킨 후 해동하면 극심한 근섬유의 단축과 함께 강직현상이 일어나는데 이를 해동강직이라 한다. 해동강직의 개시는 저온단축의 경우와 매우 흡사하다.

② 온도체 가공의 효과
  ㉠ 원료육의 기능적 가공특성 증진
  ㉡ 균일한 육색 및 발색
  ㉢ 냉장 중 수분증발의 감소 및 진공 포장육의 육즙손실(drip loss) 감소
  ㉣ 냉장실 공간 및 냉장비용의 감소
  ㉤ 냉장시간 및 가공시간의 단축
  ㉥ 노동력 감소

③ 온도체 가공의 문제점
  ㉠ 등급조사의 곤란
  ㉡ 기존시설의 이용곤란
  ㉢ 진공포장육의 육색이 재래식과 상이함
  ㉣ 고기의 연도 저하
  ㉤ 미생물 오염 방지 및 위생처리가 필요함
  ㉥ 레일에서의 골발이 필요함
  ㉦ 도체의 절단 및 절단육의 진공포장이 곤란함
  ㉧ 생산된 고기 모양이 재래식과 상이함

(2) 숙성(=사후강직 해제)

숙성은 도체나 절단육을 빙점 이상의 온도에서 방치시킴으로써 고기의 질, 특히 연도를 향상시키는 방법이다. 고온숙성은 온도체를 5℃ 이상에서 숙성시키며, 냉장 온도 숙성은 절단육을 0~5℃ 사이에서 숙성시키는 것이다.

① 숙성의 효과
  ㉠ 저온단축을 방지
  ㉡ 근육 내 단백질 분해효소들의 자가소화를 증진
  ㉢ 고기의 연도 향상

ⓔ 고기의 풍미를 향상
ⓜ 보수성 증가

(3) 전기자극(=사후강직 전후 이상육 발생을 해결하는 방법)

전기자극은 해동강직, 저온단축 및 고온단축 등의 발생을 억제하기 위한 효과적인 방법이다.

① **전기자극의 효과**
ⓐ 사후 해당작용의 가속화
ⓑ 연도와 숙성 효과 증진
ⓒ 육색 향상
ⓓ 저장성 개선

② **전기자극의 방법**
ⓐ **저전압 전기자극법** : 30~90V의 전압으로 약 4~5분간 자극을 해주는 방법이다.
ⓑ **고전압 전기자극법** : 500~700V로 약 1~2분간 자극하는 방법이다.

③ **전기자극의 문제점**
ⓐ 안정장치 필요
ⓑ 위생처리 필요
ⓒ 육단백질 변성
ⓓ 원료육의 기능적 가공특성의 저하가능성

8. 염지

육제품 제조를 위해 소금이나 설탕, 질산염, 아질산염을 고기에 첨가하는 것뿐만 아니라 각종 양념, 충전제, 각종 풍미 증진제, 향신료, 인산염, 아스콜빈산 및 결착제 등도 함께 첨가하여 제조하는 하나의 과정이다.

(1) 염지의 종류

① **건염법**
마른 소금만을 이용하거나 또는 아질산염, 질산염을 함께 혼합하여 만든 염지염을 원료육 중량의 10% 정도로 고기 표면에 도포하여 4~6주간 염지하는 방법.

② **염지액 주사법**
ⓐ **동맥 주사법** : 원료육의 혈관으로 염지액을 주입하는 방법.
ⓑ **바늘 주사법** : 긴 바늘에 구멍이 여러 개 존재하는 주사기를 이용하여 염지액을 고기 내로 주사하는 방법.
ⓒ **다침 주사법** : 일정간격으로 수십 또는 수백 개의 주사바늘이 상하운동을 하여 염지액을 고기 내로 주입하는 방법.

③ **액염법(침지법)**
염지제들을 물에 녹여 염지액을 제조한 후 염지할 원료육을 담가 염지를 이루어지게 하는 방법.

④ 물리적 염지
  ⊙ **텀블링** : 텀블링 통 안쪽에 돌출된 판이나 날개를 이용하여 고기가 벽에 부딪치는 물리적 처리에 의해 염지를 촉진하는법.
  ⓒ **마사지** : 통 속에 있는 수직이나 수평형 날개를 이용하여 고기의 표면들을 비벼지게 하는 방법.
  ⓒ **혼합기** : 쌍축으로 달린 날개에 의해 고기를 교반하는 방법.

(2) 염지에 사용되는 원료

① 소금
② 아질산염과 질산염
③ 설탕
④ 아스콜빈산과 에르소르빈산
⑤ 인산염
⑥ 향신료와 풍미제
⑦ 물

9. 분쇄, 세절, 혼합 및 유화

(1) 분쇄
세절·혼합공정을 용이하게 하기 위하여 분쇄기로 육괴를 잘게 분쇄하여 전체 입자를 균일한 크기로 세절하는 공정

(2) 세절·혼합
원료육, 지방, 얼음 및 부재료를 배합하여 만들어지는 소시지류 육제품제조의 중요한 공정으로 주로 사일런트카터를 사용한다. 세절을 통해 원료육과 지방의 입자를 매우 작은 상태로 만들어 교질상의 반죽상태가 된다.

(3) 유화
섞이지 않는 두 물질 물과 기름(고기지방)을 단백질을 이용하여 하나의 물질로 혼합시키는 공정을 말한다. 이때 고기유화물은 용해된 단백질과 물이 지방구 주변을 둘러싸 주형(Martix)을 형성한 것을 말한다.

- 고기 유화물에 영향을 주는 요인
  ⊙ 원료육의 보수력
  ⓒ 세절온도와 세절시간
  ⓒ 배합성분과 비율
  ⓔ 지방조직의 형태
  ⓜ 가열

10. 충전

혼합이 끝난 육을 일정한 형태를 갖추기 위해 일정량씩 성형기나 리테이너, 케이싱에 채워넣는 것을 충전이라 한다.

(1) 케이싱의 종류

① 천연 케이싱

주성분은 콜라겐으로 소, 돼지 등 가축의 창자와 소화관, 방광 등을 세척하여 사용하였다. 가식성이며 통기성이 있어 수분과 연기가 자유롭게 투과되며, 내용물의 수분이 건조되기 때문에 케이싱이 함께 소시지 표면에 밀착되어 형태를 유지시킨다. 하지만 미생물 오염으로 인해 유통기한이 짧은 단점이 있다.

② 인공 케이싱

· **셀룰로스 케이싱**
  ㉠ 목재 펄프나 코튼 린터 등에서 글리세린, 물을 이용하여 추출시켜 제조한다
  ㉡ 직경과 길이를 균일하게 제조할 수 있다.
  ㉢ 통기성 재질로써 훈연이 가능하고 수분을 함유하였을 때 연기와 수중기 투과도가 증가하므로 사용 전 물을 묻혀줘야 한다.
  ㉣ 먹을 수 없기 때문에 조리 후 껍질을 벗겨야 한다.

· **콜라겐 케이싱**
  ㉠ 주로 돼지 껍데기, 소 껍데기의 진피층을 분해하여 사용한다.
  ㉡ 보존성이 있고 기계화 작업 시 핸들링이 손쉽기 때문에 품질이 일정하다.

· **플라스틱 케이싱**
  ㉠ 식용이 불가능한 케이싱 중의 하나로 플라스틱을 소재로 한 필름 케이싱이다.
  ㉡ 기계적 강도가 높고 주로 직경이 큰 육제품에 사용된다.
  ㉢ 주로 물에서 가열되는 제품이나 멸균제품을 위해 사용되며, 생소시지는 플라스틱 케이싱에 충전되어 냉장 또는 냉동 상태로 판매된다.

11. 훈연 및 가열 처리

(1) 훈연의 필요성

① 풍미의 증진
② 저장성의 증가
③ 새로운 제품의 개발
④ 색택의 증진
⑤ 유화형 소시지의 보호피막 형성
⑥ 산화 방지

(2) 훈연성분의 기능

- **페놀류(C_6H_5OH)** : 항산화작용, 발색과 풍미 증진작용, 정균작용 등을 하며 미생물의 성장을 억제한다.
- **유기산(R-COOH)** : 훈제육제품의 산성화에 기여하므로 약간의 저장효과가 있으며 유기산류가 표면단백질의 변성을 촉진하기 때문에 피막이 없는 소시지류의 피막형성에 기여한다.
- **카보닐(R-CO-R)** : 수증기 증류분획 중에 함유되어 있는 저분자량의 휘발성 카르보닐류가 훈연육제품의 색택, 풍미 및 냄새 등에 가장 큰 영향을 미친다.
- **알코올(R-OH)** : 다른 휘발성 물질들의 전구체(운반)로써 내부 침투를 도와주는 역할이다.

(3) 훈연법 종류와 특징

구분	냉훈법	온훈법	열훈법	액훈법
온도 및 시간	15~30℃의 낮은 온도에서 1~3주일간 훈연	30~50℃에서 1시간 이상 훈연	50~80℃(보통 60℃ 전후)에서 단시간에 훈연	X
특징	살라미 및 생햄	안심햄, 등심햄 및 본레스햄	시간과 비용이 적게 들고, 수율이 높아 일반적인 육제품의 제조에 가장 많이 사용	훈연액(목초액)을 이용하여 고열판에 부어 증기화하거나 염지과정에 직접 주입하는 방법

(4) 가열처리의 목적

바람직한 조직감을 부여하고 풍미를 생성시키며, 저장성을 향상시킨다.

① 육단백질의 변성과 용해성의 변화
② 기호성의 증진
③ 미생물의 사멸과 안정성의 증진
④ 자체 효소의 불활성화
⑤ 표면 건조
⑥ 육색의 발현

12. 식육 및 육제품의 포장

(1) 포장의 목적과 기능

① 식육의 저장성 연장
② 편리성 부여
③ 상품성 증대
④ 안전성 보장

(2) 포장자재의 종류 및 특성

① 내포장재
- **천연 케이싱** : 오래 전부터 사용되었으며 돼지, 소 등의 내장류를 재료로 하여 만든다.
  ㉠ 통기성이 좋아 훈연처리가 가능하다.
  ㉡ 수분 투과성이 있어 건조발효소시지 제조에 유리하다.
  ㉢ 확장성과 수축성을 가지고 있어 내용물과의 밀착성이 우수하다
  ㉣ 저장기간이 짧으므로 위생적인 취급이 중요하다.

- **인조 케이싱** : 직경과 장벽 두께가 균일하고 충전시 내압성이 높고 제품의 감량이 적으며 취급과 보관이 간편하다.

  ㉠ 가식성 콜라겐 케이싱
  · 동물 진피층의 콜라겐을 추출한 뒤 세척하고 산을 가하여 분쇄하면 슬러리 상태로 팽윤시킨 후 이를 성형, 경화, 건조 등의 과정을 거쳐 긴 롤의 튜브상으로 제조한다. 주로 직경이 작은 비엔나나 푸랑크푸르트소시지용으로 이용한다.

  ㉡ 비가식성 콜라겐 케이싱
  · 주로 직경이 큰 소시지류에 사용된다.

  ㉢ 셀룰로스 케이싱
  목재의 펄프나 목화의 식물성 셀룰로스를 비스코스 상태로 용해시킨 뒤 세정, 경화, 건조의 과정을 반복하여 재생한 다음 다양한 크기와 직경으로 고압에서 튜브형태로 사출시킨 비가식성 인공장을 말한다.

  ㉣ 섬유성 케이싱 : 셀룰로스를 기재로 하여 내벽에 종이층을 입힌 후 식물성 섬유를 조합시켜 제조한다.

② 외포장재

- **플라스틱 포장재** : 단층 플라스틱 필름

구분	특징
폴리에틸렌(PE)	· 수증기 투과성이 낮고 기체 투과성이 높으며 내한성과 열봉함성이 우수하다. · 주로 레토르트용과 생육포장에 이용된다.
폴리프로필렌(PP)	· PE에 비해 기체 및 수증기 투과성이 약간 낮고 내열성이 좋으며, 투명성과 표면 광택성이 뛰어나고 경도가 크다. · 주로 레토르트용의 봉합면과 랩포장, 수축포장, 냉동포장등에 사용된다
폴리아마이드(PA)	· 기체 차단성과 기계적 강도, 내열성, 내약품성, 내한성 및 성형이 우수하다. · 아민과 키아복실산과의 아미드결합을 가진 고분자화합물로서 흔히 나일론이라고 불린다.
폴리염화비닐(PVC)	· 폴리염화비닐로 불리는 PVC는 연질 PVC와 경질 PVC로 구분된다. · 연질 PVC는 투명성과 산소투과성이 높은 편이고 적절한 수증기투과성을 갖고 있어 식육의 저장시 육색을 유지시키고 수분증발을 방지하는데 적합하다. · 경질 PVC는 기계적 내성, 기체와 수증기 차단성이 우수하고, 산, 알코올, 기름에 대한 내성이 좋다.
폴리염화비닐리덴(PVDC)	· 공기와 수증기 차단성이 매우 높고 내유성, 내약품성, 투명성 및 열 수축성 등이 뛰어나나 제조단가가 높다 · 주로 생육 또는 육제품의 수축포장용으로 이용된다.
폴리스티렌(PS)	· 내열, 내한성이 양호하므로 냉동육과 가열육제품의 포장재로 이용된다.
셀로판	· 육류나 육제품의 포장에 많이 이용되었으나 PP필름으로 많이 대체 되었다.

- **수축성 필름**: 식육 또는 육제품을 포장하여 끓는 물에 담그거나, 적외선 조사를 하여 가열 시 내부구조가 풀어지며 필름이 수축하게 된다.

- **다중접착 필름** : 2종 이상의 플라스틱 필름, 종이, 알루미늄 등의 포장재끼리 서로 적층 또는 도포, 코팅을 하여 각각의 단점을 보완하고 장점만 갖도록 하는 필름.

  ㉠ 내열성 : PET, PA, HDPE, PP, aluminum
  ㉡ 기계적 강도 : PET, PA, PP, PS, 이축 연신필름
  ㉢ 방습성 : PVDC, HDPE, LDPE, PP, aluminum
  ㉣ 기체차단성 : PVDC, PVC, PA, PET, aluminum
  ㉤ 열봉합성 : PE, PP,
  ㉥ 인쇄성 : 종이 cellophane, PP, PS

- **알루미늄** : 약 0.5mm 정도의 알루미늄 판을 압연기로 수차 압연시켜 원하는 두께의 얇은 두께(6~20um)의 호일로 제조된다.

- **금속용기** : 내열성, 건조성 및 차단성이 우수하여 장기보관용 통조림 소시지, 런천미트(luncheon meat), 콘드비프(corned beef)나 장조림 등의 육가공제품에 이용된다.

- **유리용기** : 금속용기와 유사하나 무겁고 충격에 약한 단점이 있다. 금속용기와 같이 장기보관용 육제품에 이용된다.

- **종이와 카톤**: 합성수지가 개발되기 전에는 단순히 제품을 싸는 용도로 쓰이던 포장재였으나 현재는 글라신 또는 파치먼트 종이로 가공되거나 왁스, 파라핀을 도포 또는 폴리에틸렌(PE)이나 에틸렌 비닐 아세테이트(EVA)와 플라스틱 및 알루미늄과 적층 가공되어 생육의 포장에 주로 이용된다. 생육 포장용 카톤 내벽은 수분과 지방의 침투를 차단하기 위하여 왁스나 파라핀으로 도포되기도 한다.

(3) 생육의 포장

① 도체와 분할육
- 전도체 및 대분할된 상태의 지육은 냉장 또는 수송 중 외부로부터의 오염을 방지하고 수분증발에 의한 중량 손실을 줄이기 위하여 포장한다.
- 포장재는 얇은 두께의 PE, PP, PVC와 같은 플라스틱 필름이나 마대 등이 사용된다.

② 부분육의 숙성 및 장기저장을 위한 진공포장
- 호기성 미생물의 번식과 변색 및 산화반응을 억제시키며, 또한 수증기 투과도 낮아 수분증발에 의한 중량 손실을 막을 수 있다.
- 포장방법에는 진공포장과 가스치환방법이 있다.

구분		단기저장	중기저장	장기저장
포장방법		랩포장	기체치환포장	진공포장, 기체치환포장
저장 수명(0~5℃)		1주일 이내	1~2주일	1~3개월
포장형태		트레이에 랩 포장	자동 성형된 용기에 산소, 탄산가스, 질소 등 충전 후 상부 필름 접합	파우치(pouch) 또는 용기 형태의 포장재를 진공 또는 진공 후 질소나 탄산가스 치환포장
포장재	재질	랩 : 연질 PVC, LLDPE, EVA/PE, cellophane등 트레이 : 스티로폼(PSP), PE 등	상부 : PA/PE, PET/PE 하부 : PVC, PET, PA/PP, PE, PS 등의 복합 또는 공중합필름	PA/PE, PA/PVDC/PE PA/EVOH/P[E,EVA,PVDC 기체치환포장시 좌동
봉합방법		필름의 자기점착성 또는 열 봉합	열 봉합	열 봉합

13. 육가공부재료

(1) 식품첨가물의 종류 및 사용기준

① **식품첨가물의 정의** : 식품을 제조·가공·조리 또는 보존하는 과정에서 감미, 착색, 표백 또는 산화방지 등을 목적으로 식품에 사용되는 물질을 말한다. 이 경우 기구·용기·포장을 살균·소독하는 데에 사용되어 간접적으로 식품으로 옮아갈 수 있는 물질을 포함한다.

② **식품첨가물의 구비조건**
   ㉠ 인체에 유해한 영향을 미치지 않을 것

ⓒ 사용 목적에 따른 효과를 소량으로도 충분히 나타낼 것
ⓒ 식품의 제조가공에 필수불가결할 것
ⓒ 식품의 영양가를 유지할 것
ⓒ 식품에 나쁜 이화학적 변화를 주지 않을 것
ⓒ 식품의 화학성분 등에 의해서 그 첨가물을 확인할 수 있을 것
ⓒ 식품의 외관을 좋게 할 것
ⓒ 식품을 소비자에게 이롭게 할 것

③ **식품첨가물의 종류**
ⓒ 방부제 : 세균류의 성장을 억제하거나 방지하기 위해 식품에 첨가하는 화학물질 → 소브산칼륨, 벤조산나트륨, 살리실산, 데하이드로초산나트륨
ⓒ 감미료 : 단맛을 내며 설탕의 수백 배 효과를 내는 물질 → 아스파탐, d-소비톨, 사카린나트륨, 글리실리친산2나트륨 등
ⓒ 조미료 : 식품에 보다 좋은 맛을 내거나, 개인의 미각에 알맞도록 첨가되는 물질 → 글라이신, l-글루타민산나트륨, 초산, 구연산
ⓒ 착색제 : 색을 아름답게 하여 식욕을 자극하기 위한 물질 → 타르색소
ⓒ 발색제 : 색을 안정시키거나 선명하게 하는 데 사용하는 물질 → 질산칼륨, 아질산나트륨, 질산나트륨, 황산제1철
ⓒ 팽창제 : 빵이나 과자를 부풀리는 화학물질 → 탄산수소나트륨, 탄산암모늄, 염화암모늄, DL-주석산수소칼륨 등
ⓒ 산화방지제 : 지방의 산화를 지연시키거나 산화에 의한 변색을 지연시킬 목적으로 첨가되는 첨가물 → 뷰틸하이드록시아니솔(BHA), 다이뷰틸하이드록시톨루엔(BHT), 에리토브산 등
ⓒ 표백제 : 식품을 표백하기 위해서는 일반적으로 환원제나 산화제를 사용하여 색소를 분해한다. → 아황산나트륨, 과산화수소
ⓒ 살균제 : 음식물용 용기, 기구 및 물 등의 소독에 사용하는 것과 음식물의 보존 목적으로 첨가 → 표백분, 고도표백분, 차아염소산나트륨
ⓒ 향신료 : 향료는 식품의 기호적 가치를 증가시킬 목적으로 냄새를 강화 또는 변화시키거나, 좋지 않은 냄새를 없애기 위하여 사용 → 카프론산알릴, 바닐린, 락톤류
ⓒ 강화제 : 식품에 여러 가지 영양소를 첨가하여 부족한 성분을 보충, 식품의 영양을 강화시킨 것 → 비타민류, 필수아미노산류, 철염류, 칼슘염류
ⓒ 증점제 : 식품에 점착성을 증가시키고 유화, 안정성을 좋게 하여 식품가공에서 가열이나 보존중 선도를 유지하거나 형체를 보존 → 알긴산나트륨, 카세인, 한천
ⓒ 식품제조용 첨가물 : 식품의 제조, 가공공정에서 가수분해, 중화, 응고, 여과, 흡착 기타 물질제거를 목적으로 사용 → 알칼리제, 산제, 염류, 여과제, 흡착제, 제거제 등

④ **식품 또는 식품첨가물에 관한 기준 및 규격(식품위생법 제7조)**
ⓒ 식품의약품안전처장은 국민 건강을 보호·증진하기 위하여 필요하면 판매를 목적으로 하는 식품 또는 식품첨가물 제조·가공·사용·조리·보존 방법에 관한 그 식품 또는 식품첨가물의 성분에 관한 규격을 정하여 고시한다.
ⓒ 식품의약품안전처장은 ⓒ에 따라 기준과 규격이 고시되지 아니한 식품 또는 식품첨가물의 기준과 규격을 인정받으려는 자에게 제1항 각 호의 사항을 제출하게 하여 「식품·의약품분야 시험·검사 등에 관한 법률」 제6조제3항제1호에 따라 식품의약품안전처장이 지정한 식품전문 시험·검사기관 또는 같은 조 제4항 단서에 따라 총리령으로 정하는 시험·검사기관의 검토를 거쳐 ⓒ에 따른 기준과 규격이 고시될 때까지 그 식품 또는 식품첨가물의 기준과 규격으로 인정할 수 있다.
ⓒ 수출할 식품 또는 식품첨가물의 기준과 규격은 ⓒ 및 ⓒ에도 불구하고 수입자가 요구하는 기준과 규격을 따를 수 있다.

ⓔ ⊙ 및 ⓒ에 따라 기준과 규격이 정하여진 식품 또는 식품첨가물은 그 기준에 따라
제조·수입·가공·사용·조리·보존하여야 하며, 그 기준과 규격에 맞지 아니하는 식품 또는 식품첨가물은 판매하거나
판매할 목적으로 제조·수입·가공·사용·조리·저장·소분·운반·보존 또는 진열하여서는 아니 된다.

(2) 부재료

① 수분
  ⊙ 가공 공정에서 물을 첨가하지 않는다면 가열, 건조 중 일부의 수분이 증발되고 상대적으로 단백질-단백질 결합이 강화되어 조직감이 좋지 않게 된다.
  ⓒ 가공 중 물을 인위적으로 첨가하면 내용물의 혼합이 쉬워지고 단백질의 용해성이 증대되며, 조직이 부드러워져 관능상 품질을 증대시킬 수 있다.
  ⓒ 가공 공정 중에 발생하는 온도 증가를 조절해 주는 역할을 하며 희석에 의한 원료 혼합물의 점도 증가에 의해 공장에서 기계적인 작업을 용이하게 해 준다.

② 아질산염
  ⊙ 아질산염은 치명적인 독소를 생산하는 아포 형성균인 보툴리누스균(Clostridium botulinum)의 성장을 억제시킨다
  ⓒ 햄 철분 성분에 의해 생성되는 지방산화를 방지함으로써 산패취를 억제시켜 향기를 증진한다.

③ 염지육색 촉진제
  ⊙ 아스코브산 나트륨(Sodium Ascorbate), 구연산 나트륨(Sodium Citrate), 에리토브산 나트륨(Sodium Erythorbate) 등이 있다.
  ⓒ 염지 색소인 나이트로실 헤모크로뮴(Nitrosyl Hemochrome)의 형성을 촉진시키는 역할을 한다
  ⓒ 환원능력이나 금속이온 봉쇄효과가 있으므로 가열된 육제품에서 산화에 의한 향기나 색택의 변질을 막아 준다.

④ 소금 : 육가공 제품의 향기를 증진시키고 염용성 단백질을 용해시키며 미생물의 성장 억제와 저장성 증진에 기여한다.

⑤ 인산염
  ⊙ 육속의 수분이나 첨가된 수분을 유지시키는 작용, 즉 보수력을 증진시킨다.
  ⓒ 제품의 수분유실 방지로부터 가공수율을 증대시키고 조직감을 향상시킨다.
  ⓒ 철, 구리와 같은 금속이온을 봉쇄하는 역할을 하기 때문에 이들에 의해 촉진되는 산패를 막을 수 있다.
  ⓔ pH 변화에 의해 미생물의 성장을 억제시켜 저장성을 증진시킨다.

⑥ 감미제
  ⊙ 제품의 맛을 증진시키고 짠맛을 완화시키는 역할을 한다.
  ⓒ 수분을 잡아주거나 가열에 의해 아미노산과 작용하여 표면색의 갈색화에 기여하기도 한다.

⑦ 향신료
  ⊙ 제품의 맛과 향기를 증진시킨다.
  ⓒ 색깔을 조절하거나 항미생물 및 항산화 효과가 있다.

⑧ 증량제(결착보조제)
  ⊙ 육제품의 주원료인 살코기, 지방 외에 분쇄육제품 제조에 첨가되는 전분이나 비육단백질을 말한다.
  ⓒ 증량효과, 유화안정, 조직감 향상 및 맛 개선 등의 목적으로 첨가된다.

⑨ 기타 첨가제
  ㉠ 보존제 : 미생물 성장 억제제로서 소브산이나 소브산칼륨이 있다.
  ㉡ 항산화제 : 발효소시지나 건조육포에 BHT, BHA, TBHQ 등과 같은 합성제를 쓰거나 식물이나 동물에서 추출된 자연 항산화제를 쓰기도 한다.
  ㉢ 향기증진제 : 글루텐(Gluten), 이스트(Yeast), 카세인(Casein) 등의 단백질을 산, 알칼리, 효소 등으로 가수분해하여 얻은 일종의 아미노산의 혼합물을 사용한다.

08 식육가공 제품과 판매

1. 식육가공 개요

(1) 식육가공의 정의

식육가공이란 분쇄, 혼화, 양념의 첨가, 훈연, 건조, 열처리 등 한 가지 이상의 방법으로 신선육의 성질을 변형시키는 것을 말한다.

(2) 식육가공의 목적

① 저장   ② 간편성과 다양성   ③ 부가가치 제고

(3) 가공 육제품의 종류

① 비분쇄 제품

㉠ 비건조 제품
- 베이컨(Bacon)
- 소고기 베이컨(Beef Bacon)
- 캐나디언 베이컨(Canadian Bacon)
- 햄(Ham)
- 파스트라미(Pastrami)
- 콘드 비프(Corned Beef)

㉡ 건조 제품
- 프로슈티(Proscuitti)
- 캐포콜로(Capocollo 또는 Capicola, Capacola)

① 분쇄 제품

㉠ 소시지 제품
유화형(Emulsion) 소시지
- **생소시지** : 보크부르스트(Bockwurst)
- **가열소시지** : 리버 소시지(Liver Sausage), 브라운슈바이거(Braunschweiger), 비엔나(Vienna)
- **가열훈연소시지** : 볼로냐(Bologna), 위너(Wiener), 프랑크푸르트(Frankfurt)

조분쇄(Coarse-grinder) 소시지
- **생소시지** : 브라트부르스트(Bratwurst), 생돈육 소시지(Fresh Pork Sausage)
- **비가열훈연소시지** : 킬바사(Kielbasa)
- **건조 및 반 건조소시지**
  ⓐ 건조소시지 : 살라미(Salami), 페퍼로니(Pepperoni)
  ⓑ 반건조소시지 : 레바논볼로냐(Lebanon Bologna), 초리조(Chorizo).

㉡ 비소시지 특수제품
- 로프류(Loaves)
- 햄버거 패티(Hamberger Patties)
- 재구성육(Restructured Meats)
- 헤드 치즈(Head Cheese)
- 프레스 햄

2. 식육가공 제품의 종류

(1) 포장육

판매를 목적으로 식육을 절단(세절 또는 분쇄를 포함한다)하여 포장한 상태로 냉장 또는 냉동한것으로서 화학적 합성품 등 첨가물 또는 다른 식품을 첨가하지 아니한 것을 말한다.

↓

육함량 : 100%

(2) 양념육

식육이나 식육가공품에 식품 또는 식품첨가물을 가하여 양념한 것이거나 식육을 그대로 또는 양념하여 가열처리한 것으로 편육, 수육 등을 포함한다.

↓

육함량 : 60% 이상

(3) 분쇄가공육제품

식육(내장은 제외)를 세절 또는 분쇄하여 이에 식품 또는 식품첨가물을 가한 후 냉장, 냉동한것이거나 이를 훈연 또는 열처리한 것으로서 햄버거패티·미트볼·돈가스 등을 말한다.

↓

육함량 : 50% 이상

(4) 건조저장육

식육을 그대로 또는 이에 식품 또는 식품첨가물을 가하여 건조하거나 열처리하여 건조한 것을 말하며, 수분함량이 55% 이하의 것을 말한다. 식육을 원료로 한 건조가공품은 비용이 적게 들 뿐만 아니라 기호성, 저장성 및 대중성이 좋아 비상식품 및 간식으로 폭넓게 활용할 수 있는 이점이 있으며, 건조육을 가공하는 데 있어서 원료육의 전처리, 조미, 건조과정은 제품의 색택, 조직감, 풍미 등에 큰 영향을 준다.

↓

육함량 : 85% 이상

(5) 햄류

햄(Ham)은 원래 돼지 뒷다리 부위의 고기를 원료로 염지·훈연한 것을 말한다.
① **레귤러햄(Regular Ham)** : 돼지 뒷다리를 이요하여 뼈가 있는 상태에서 정형, 훈연, 가열처리하여 제조된 햄이다. 뼈를 제거하지 않았기 때문에 본인 햄(Bone-in Ham)이라고도 한다.
① **본리스 햄(Boinless Ham)** : 햄 부위를 발골하고 케이싱하여 훈연, 가열처리한 것으로 롤드햄(Rolled Ham)이라고도 한다.
① **로인 햄(Loin Ham)** : 돼지의 허리 등심 부위를 정형하여, 염지, 훈연, 가열한 제품이다.
① **락스 햄(Lachs Ham)** : 로인 햄에 속하지 않는 소형 햄이다.
① **가열 햄** : 돼지 뒷자리를 발골하여 염지하거나 훈연하지 않고 열처리한 제품이다.
① **프레스 햄(Pressed Ham)** : 햄과 소시지의 중간적인 제품으로 햄과 베이컨의 잔육이나 적육, 경우에 따라서는 다른 축육의 적육을 잘게 썰어 결착육과 함께 조미료·향신료를 섞어 압력을 가하여 케이싱에 충전하고 열로 굳혀 제조한 것이다.

(6) 소시지류

① **신선소시지(Fresh Sausage)** : 원료 고기를 갈아서 양념 등을 넣어 유화시키거나 조분쇄한 제품으로 가열처리하지 않고 냉장 또는 냉동상태에서 유통시킨다.
　· **신선돈육 소시지** : 신선한 돼지고기만으로 만드는 것으로 포장된 소시지는 장기저장일 때 -12~10℃에서 저장하고 단기저장일 때 -5~4℃에서 저장한다.

[신선소시지의 제조공정]

- **보크부르스트(Bockwurst)** : 원료 고기는 먼저 2.54cm의 플레이트에 갈고 다음에 0.32cm로 간다. 우유, 소금, 향신료를 넣어 사일런트 커터(Silent Cutter)로 3~4분간 세절한다. 케이싱에 충전하며 −3~−1℃ 정도의 냉각실에서 냉각한다.
- **이탈리안 포크 소시지(Italian Pork Sausage)** : 냉각한 원료육을 0.64~1cm의 플레이트로 갈아 혼합하는 사이에 소금과 향신료를 섞는다. 미생물에 오염되지 않도록 주의하고 케이싱 또는 콜라겐 케이싱에 충전한다.
- **훈연소시지(Smoked Sausage)** : 세절된 원료육에 양념을 섞어 훈연과 가열처리를 하는 대표적인 유화형 소시지이다. 종류로는 프랑크푸르트 소시지, 위너 소시지, 볼로냐 소시지 등이 있다.
- **가열소시지(Cooked Sausage)** : 고기 이외에 혈액이나 간과 같은 내장육을 첨가하여 제조하여 이들 원료는 부패하기 쉽기 때문에 미리 가열·살균한다. 종류로는 간소시지, 혀소시지, 혈액소시지 등이 있다.
- **발효소시지** : 발효소시지는 낮은 pH와 수분함량 때문에 저장기간이 길다. 수분함량에 따라 건조(Dry)소시지와 반건조(Semidry)소시지로 나뉜다.

(7) 베어컨(Bacon)류

① **베이컨(Bacon)** : 복부육(삼겹살) 또는 특정 부위육(등심육, 어깨부위육)을 절단하고 정형된 것을 염지와 훈연처리하여 제조하며 살균 목적으로 가열처리하지 않는다.

② **등심 베이컨(Loin Bacon)** : 일반 베이컨과는 달리 지방층이 5mm 이하이고 등심 부위육에 삼겹살 부위가 등심쪽으로 1/3 정도 부착된 상태에서 절단된 원료육을 사용한다. 일명 캐나다식 베이컨이라 하며, 덴마크식 베이컨도 같은 방법으로 제조된다.

(8) 식육부산물

① **생피** : 생피는 젤라틴 등에 이용되고 유해물질 때문에 식품으로서 이용할 수 없다.
- **콜라겐(Collagen)** : 변성분말 콜라겐은 식육가공 시의 결착제나 식물성 단백질 제품의 조직 개량제 등에 사용하고 있다.
- **콜라겐 케이싱** : 천연 콜라겐을 변성시킨 제품으로 육·어육 제품에 공통으로 이용되고 있다.
- **식용 젤라틴** : 생피와 뼈의 콜라겐을 열변성시켜서 얻은 비결정성의 제품이다.
- **콩소메 수프(Consomme' Soup)** : 소뼈나 생선뼈를 원료로 조미료와 향신료를 가미해서 투명한 수프를 만든 것이다.
- **의료용 콜라겐**

형상	임상적 용도
용액(겔상분산제)	이식발육용 세포배지, 혈장 증량제, 연조직 증강제, 인공초자체(초자체 기질), 소프트 콘택트렌즈
분말	지혈제
막	인공각막, 콘택트렌즈, 인공변, 투석막, 창상보호, 조직수복과 강화(인공피부, 붕대등), 효소리액터, 막상산소 공급장치, 고막대용
재생사(실)	봉합사, 접합맥관 대용품
스펀지	지혈제, 창상보호, 외과용 단봉, 뼈, 연골 대용품, 피임제
관	인공맥관, 공동기관(혈관개, 식도, 기관), 재생과 강화, 신경절제구호

- **화장품용** : 화장용에 쓰이는 것은 수용성 콜라겐이다.

② **뼈** : 뼈에는 골유(골수지 포함), 골분, 골탄, 젤라틴, 세공물 등이 포함된다.
- **골유** : 생골 중량의 약 10%를 차지하며, 재료가 신선한 것은 식용유로 이용한다.
- **골분** : 탈지골을 레토르트(Retort) 솥에 넣고 가열 건류해서 남은 것이 골분이며, 탈색제로 사용된다.
- **아교와 젤라틴** : 아교와 젤라틴은 화학적으로 같은 물질이며, 생체구성 단백질을 일정 조건하에서 열변성시켜 얻은 비결정성 변성단백질 제품이다.

③ **혈액** : 혈액은 그 자체가 영양가 높은 단백질로서 우리나라의 경우 소시지의 일종인 순대로 이용되어 오고 있다.
- **블러드 소시지(Blood Sausage), 푸딩, 수프, 빵 및 크래커에 이용되기도 한다.**
- **블러드 소시지** : 소나 돼지의 전혈을 원료 총량의 4~30%로 배합한다.
- **탈섬혈** : 탈섬혈에는 적혈구가 다량 함유되어 있어 영양제로서, 때로는 철분을 함유하고 있어서 철제, 즉 증혈제의 배합재료로서 이용되고 있다.
- **혈청 알부민** : 혈액 아교는 강력한 결착성을 나타내기 때문에 합판용 결착제로서 우수한 효과를 발휘한다.
- **혈분** : 신선한 전혈을 가열 응고한 후 건조분말화한 것이다.

④ **내장** : 가축의 냉장은 모두 식용에 쓰이며, 영양가가 높은 반면 부패하기 쉽고, 특히 기생충이나 병원균의 존재도 고려해야 한다.

㉠ 머리부
- 뇌수 : 보통 기름에 튀기며, 헤드치즈의 배합원료이다.
- 귀 : 염지한 것은 헤드치즈의 원료로 사용된다.
- 코와 입술 : 그대로 조리하거나 물에 끓여서 전골에 사용하고, 염지한 것은 헤드치즈의 원료로 사용된다.
- 볼때기 고기 : 결착성이 풍부해서 소시지에 많이 쓴다.
- 혀 : 소의 부산물 중 가장 식용가치가 높다. 신선한 상태의 혀를 수세하여 냉장해서 판매하거나 염지 후 훈연하여 상품으로 판매한다.
- 식도와 기관 : 식도는 점막을 때 내고 근층을 기관과 같이 소시지 재료로 한다.

㉡ 내장
- 위 : 식용에 쓰는 것은 소의 제1위와 제2위 또는 돼지의 위다.
- 장 : 주로 소시지 케이싱에 사용한다.
- 폐장 : 블러드 소시지의 배합재료로 쓴다.
- 심장 : 소시지 배합재료에 쓰며, 소의 심장은 고기 농축액의 원료로 이용한다.
- 간장 : 소, 돼지 모두 쓸개를 잘라내어 그대로 요리하거나, 간 소시지의 원료로 쓴다. 간장의 건조분말이나 정제는 비타민 A제나 증혈제로 이용되고 있다.
- 췌장 : 소의 췌장은 효소제(Pancreatin)나 호르몬제(Insulin)의 원료로서 중요시되고 있다.
- 비장 : 물로 잘 씻어서 소시지의 원료로 쓰고 있다.
- 신장 : 돼지의 신장은 내장 중에서 가장 맛이 좋은 부위이다.

㉢ 꼬리 : 우리나라에서는 예부터 꼬리곰탕의 재료로 쓰여 병후 회복이나 강장제로 이용하였다. 외국에서는 꼬리의 가죽을 박피한 후 냉각하여 테일(Tail)이란 명칭으로 판매하였다.

(9) 식육부산물의 위생·품질관리

① 도축장에서 생산되는 식육부산물 중 식용으로 사용할 수 있는 것은 도축검사 결과에 합격한 것이어야 하며, 식육부산물은 병원성 미생물의 오염을 방지하기 위해 지정된 전용 용기에 담겨 보관·운반되어야 한다.
② 냉장보관 및 운반시 10℃ 이하의 냉장 상태를 유지하여야 하고, 냉동으로 보관 및 운반을 하는경우에는 -18℃ 이하에서 보관·유통하여야 한다.

3. 식육의 저장 및 품질관리

(1) 원료육 및 식육 제품의 저장

① 냉장

- **개요**
    ㉠ 선육(Fresh Meat)은 직접 소비되거나 가공원료육으로서 이용될 때까지의 유통과정 동안 변패를 막고 품질을 보존하기 우하여 저장이 필요하다. 식육의 저장에 가장 널리 사용되는 방법은 냉장이다. 저온은 미생물의 성장을 억제시킬 뿐만 아니라 변패나 부패를 야기시키는 효소적·화학적 반응을 지연시킨다.
    ㉡ 냉장육은 일반적으로 동결되지 않은 저온에서 저장하는 것으로 주로 0~10℃에서 취급하는 것을 말하며, 냉동육은 빙결점 이하의 저온에서 동결한 것으로 관능적으로 동결상태에 있는 것을 말한다.

- **도체의 냉각**
    ㉠ 도체 냉각방법
        · 가축의 도체는 도축 직후 즉시 냉각시켜야 한다. 특히 도체의 내부에 존재하는 림프결절 부위에서 발생하기 쉬운 변패를 방지하기 위해서는 급속냉각이 필요하다.
        · 도축 직후 도체의 내부온도는 30~39℃에 달하며, 신속히 5℃이하로 냉각시켜야 한다.
    ㉡ 냉각속도 : 도체의 온도, 크기, 비열, 피하지방의 두께, 예랭실의 온도 및 풍속 등에 따라 좌우된다.
    ㉢ 냉각 소요시간 : 대동물(소, 말)은 48~72시간, 소동물(돼지, 양)은 24시간 이내에 도체 심부온도가 5℃ 이하로 냉각되는 것을 표준으로 하고 있다. 그러나 돼지 도체는 10℃정도로 냉각되었을 때 절단하는 것이 좋으며, 소 도체는 4~5℃로 예랭된 다음 0℃의 냉장실로 옮겨 여기서 나머지 냉각 작업을 완결하도록 한다.

- **도체의 냉장**
    ㉠ 예랭실에서 냉각이 끝난 도체는 곧 보존냉장실로 옮겨 숙성·발골·판매될 때까지 냉장보존한다.
    ㉡ 보존냉장실은 대개 온도 0~1℃, 습도 85~90%, 공기의 유속은 0.1~0.2m/sec로 하여 보존하는 것이 일반적이다.

- **냉장 중 육질의 변화**
    ㉠ 육색의 변화
    ㉡ 지방의 변화
        · 가수분해에 의한 지방변패
        · 산화에 의한 지방변패

- 감량
- 골염(Bone-taint)
- 미생물의 변화

② 냉동
- **개요**
  ㉠ 냉동은 식품의 품질을 장기적으로 유지하는 효과적인 방법으로, 다른 어떤 방법보다 고기의 외관 및 관능적 품질의 변화가 적다. 또한 대부분의 영양가는 냉동 및 저장기간 동안에 잘 유지된다. 그러나 해동 중에 육즙의 방출로 수용성 영양분이 손실되므로 약간의 영양가의 손실이 발생한다.
  ㉡ 냉동육의 품질은 냉동속도, 저장기간 및 저장온도, 습도 및 포장상태에 따라 영향을 받는다.

- **동결 원리**
  ㉠ 예비단계 : 식품의 온도를 빙점까지 낮추는 과정이다.
  ㉡ 과냉각단계 : 식품의 온도가 얼음이 형성됨이 없이 빙점 이하로 떨어지는 단계이다.
  ㉢ 냉동단계 : 과냉각은 물이 액체상태에서 고체인 얼음으로 상(相)전환이 없이 온도가 빙점이하로 내려가는 상태인데, 액체가 고체로 상(相)전환이 일어나려면 우선 물의 결정화가 일어나야 한다.
  ㉣ 동결점 이하로서 냉동단계 : 동결이 완료된 식품의 온도를 저장하려는 온도까지 낮추는 단계이다.

- **냉동저장**
  ㉠ 냉동저장은 일반적으로 -18℃ 부근에서 오랜 기간 이루어지기 때문에 품질저하는 동결이나 해동과정에서 발생하는 것보다 훨씬 심하다.
  ㉡ 냉동저장 중 품질저하는 저장온도가 낮아질수록 감소되고, 동일한 온도에서의 품질저하의 속도는 시료 종류에 따라 다르게 나타난다.

- **해동**
  ㉠ 표면 가열방법 : 공기, 물 또는 증기를 이용하여 열을 표면에서 전도시켜 해동시키는 방법이다.
  ㉡ 내부 가열방법 : 전자기 파장을 이용하여 냉동육 내부에서 열을 발생시키므로 해동에 있어 열전도도에 의한 제한이 없다.
  : 실제 상업적으로 사용되는 파장은 가정용 전자레인지의 2,450MHz와 산업용 전자레인지 해동기의 915MHz이다.

- **식육의 냉동**
  ㉠ 냉동시간 : 냉동시간은 식육 온도를 초기 온도에서 목적하는 중심부 온도까지 낮추는 데 필요한 시간을 말한다. 일반적으로 중심부 온도를 -10℃로 정한다.
  ㉡ 냉동속도 : 냉동속도는 표면과 중심부의 최소거리와 냉동시간의 비율로 정의하며, cm/시간으로 표시한다.

- **식육의 냉동 중 물리·화학적 변화**
  ㉠ 물리적 변화
  - 외관 : 급속동결은 작은 빙결정 형성 때문에 밝은 표면색을 야기한다. 저장 중에는 고기의 마이오글로빈이 산화되어 변색을 유발한다.
  - 건조 : 냉동방법에 따라 1~2%의 중량감소가 유발된다. 신속한 냉동일수록 중량감소는 적다.
  - 재결정화 : -18℃ 이상의 온도에서 특히 심하며, 저장온도의 변이가 심하면 작은 빙결정은 없어져 큰 얼음결정이 된다.

· 조직감 : 식육은 냉동저장 중 단백질의 변성으로 조직이 질기고 건조해진다.

ⓒ 화학적 변화
· 풍미 : 식육에서의 풍미 변화는 주로 지방산화에 의해 야기된다.
· 영양가 : 냉동저장 중 식육의 영양가는 거의 변화가 없으나 티아민, 리보플라빈, 피리독신의 소실이 있을 수 있다.
· pH의 변화 : 냉동저장 중 pH 변화는 단백질 변성, 보수력 및 연도의 감소를 유발한다. 저장 초기에는 얼지 않은 부분에 존재하던 산성염이 침전되어 pH의 증가를 보이다가 나중에는 알칼리염의 침전으로 pH의 감소가 발생된다.

- **식육의 냉동방법**
  ㉠ 정지공기냉동법
  ㉡ 평판냉동법
  ㉢ 송풍냉동법
  ㉣ 액체냉매냉동법
  ㉤ 액체질소냉동법

(2) 품질관리

① 품질관리의 목적
㉠ 제품을 목적하는 규정에 일치시킴으로써 고객을 만족시킨다.
㉡ 다음 공정작업이 지장 없이 계속될수 있게 한다.
㉢ 불량제품, 기계작동의 착오 등이 재발하지 않도록 한다.
㉣ 요구되는 품질수준과 비교함으로써 공정을 관리한다.
㉤ 현 보유능력에 대한 적정 품질을 결정하여 제품설계 처방의 지침으로 한다.
㉥ 불량품을 감소시킨다.
㉦ 작업자에게 검사 결과에 대하여 원인이 규명되어 있음을 인식시킨다.
㉧ 검사방법을 검토, 개선한다.

② 품질관리의 효과
㉠ 불량품이 줄고 제품의 품질이 고르게 된다.
㉡ 제품의 원가가 내려간다.
㉢ 생산량이 늘어나고 합리적인 생산계획을 수립할 수 있다.
㉣ 기술 부분은 제조현장이나 검사 부분과 긴밀히 협력하여 일을 하게 된다.
㉤ 품질에 대한 책임을 인식하여 근로자의 작업의욕이 향상된다.
㉥ 회사 각 내부에서 하는 일이 완만하게 진행되고 사회에 대한 신용을 높인다.

4. 판매

(1) 고객응대 및 원가계산

① 고객응대

- **고객접점 서비스** : 고객과 판매원 사이의 15초 동안의 짧은 순간에서 이루어지는 서비스로 이 순간을 진실의 순간(MOT: Moment Of Truth) 또는 결정적 순간이라고 한다.
- **고객응대 화법** : 전달하려는 뜻을 고객에게 명확하게 이해시키고 그 과정을 통해서 친절함과 정중함이 동시에 전달되어야 한다.

  ㉠ 공손한 말씨를 사용한다.
  ㉡ 고객의 이익이나 입장을 중심으로 이야기한다.
  ㉢ 알기 쉬운 말로 명확하게 말한다.
  ㉣ 대화에 감정을 담는다.

- **고객응대 단계**
  ㉠ 고객 대기 : 대기는 효과적인 접근이 이루어지도록 하기 위한 사전 준비단계로서 판매담당자가 제품구매의 의지와 능력을 가진 고객을 탐색하고, 이들에게 접근하기 위한 기회를 포착하는 과정이다.
  ㉡ 접근 : 판매를 시도하기 위해서 고객에게 다가가는 것, 즉 판매를 위한 본론에 진입하는 단계를 말한다.
  ㉢ 고객욕구의 결정 : 판매를 성공시키기 위해서 판매담당자가 고객욕구의 이해와 그 욕구를 충족시킬 수 있는 상품을 발견하는 과정이다. 이때 판매담당자는 질문→경청→동감→응답하는 과정을 반복한다.
  ㉣ 판매 제시 : 이전 단계에서 파악된 고객의 욕구를 충족시켜 주기 위해 상품을 고객에게 실제로 보여 주고 사용해 보도록 하여 상품의 특징과 혜택을 이해시키기 위한 활동이다. → 상품의 실연(제시)와 설명
  ㉤ 판매결정 : 고객이 구매를 결정하도록 판매담당자가 유도하는 과정에서부터 대금 수령·입금전까지를 말한다.
  ㉥ 판매 마무리 : 소매점에서의 판매의 최종 마무리는 고객의 구매결정 후 대금 수령·입금, 상품의 포장과 인계, 그리고고 전송까지를 말한다.
  ㉦ 사후관리 : 반품취급, 고객 컴플레인 처리, 정보제공 등이다.

② 원가계산

- **원가계산의 필요성**
  ㉠ 품종이나 성별에 따라 구입가격의 차이가 발생하고, 동일 품종일지라도 개체에 따라 육질과 맛, 연도 등이 다르기 때문에 구입가격의 차이가 나며 동일한 지육 중에도 부위(안심, 등심, 채끝 등)에 따라 차등으로 가격을 적용, 소매하기 때문이다.
  ㉡ 원가계산은 원료구입 가격과 제비용을 합한 가격에서 부산물 판매가격과 골발비용을 차감한 금액을 골발한 생육생산량으로 나눌 경우 총 육단위 원가를 산출할 수 있다.

- **원가계산의 구분** : 생축을 구입하여 지육화할 때 지육의 원가계산과 지육을 구입하여 정육화할때의 정육 원가계산방법 그리고 부분육 정육을 구입하여 소분 포장육으로 생산할 때 등 여러단계로 구분할 수 있다.

- **원가계산방법**
  ㉠ 부위별 생산수율(중량)을 확인한다.
  ㉡ 각 부위별 등급계수를 설정한다.
  ㉢ 적수를 산출한다(중량 × 등급계수)
  ㉣ 각 부위의 적수를 적수합계로 나누어 적수비를 산출한다.
  ㉤ 각 부위별 적수비 ×(지육 구입가격 - 골발정형 시 생기는 부산물금액)의 공식에 의하여 적수원가를 산출한다.
  ㉥ 적수원가를 각 부위별 중량으로 나누며 각 부위별 단위원가(kg)를 산출한다.
  ㉦ 단위원가에 경비와 이율을 가산하여 판매단가를 결정한다.
  ㉧ 각 부위별 적수에 적수단가를 곱하면 각 부위별 원가가 산출된다.
  ㉨ 각 부위별 원가를 적수로 나누면 kg당 단위가격이 산출된다.

④ **판매가격 결정**
  ㉠ 원가계산을 이용한 방법 : 원가계산된 부위별 원가에 인건비, 포장비, 수송비, 냉동보관비, 감량 등 제경비, 매출이익 등을 합산하여 결정한다.
  ㉡ 등가계수를 이용한 방법 : 부위별 등가계수를 결정한 후 기준등급의 가격을 결정하고, 그 기준가격에 등가계수를 곱하여 결정하는 방법이다.

(2) 판매장 운영 및 관리

① **입지조건**

- **사람의 통행량이 많은 곳**
- **인구가 집중적으로 모인 곳**
- **생활수준이 높은 지역**

② **판매장 외관**

- **외장에 사용하는 건축자재**
  ㉠ 목조는 돌출한 간판 등을 가설할 수 있도록 강도가 있어야 하며, 블록·철근 콘크리트는 앵관, 볼트 등을 도출시켜 조명 간판을 달 수 있도록 준비해야 한다.
  ㉡ 외장 부분, 특히 이층 창문의 창문가리개 등은 되도록 밖으로 돌출하지 않도록 하며, 가능한 창문가리개가 필요 없는 알루미늄 새시, 철 새시 등을 쳐 둔다.
- **간판** : 디자인은 실픔하게 하며, 마스코트를 표시하여 하단에 영업시간, 휴일 등을 명시한다.
- **상호** : 상호를 지을 때 '고기점'과 소비자가 쉽게 기억할 수 있도록 이미지를 넣어 작명한다.
- **조명** : 전면을 전부 유리로 하고 1,000xl에 가까운 조도를 하여 점포 전체를 밝게 한다.
- **벽면** : 적, 백, 황 등 원색을 쓰는 것이 손님을 부르는 강인한 인상을 주게 된다. 정육점의 깨끗한 이미지를 위해 원톤으로 벽면을 쓰는 것이 좋다.

- **매장 입구의 구성** : 최근에는 글라스 스크린을 이용한 반밀폐식 점포, 또는 밀폐식 점포나 도로와 점포를 글라스 스크린으로 차단하여 손님을 안으로 유도하여 조용히 물건을 살 수 있도록 방법을 취한다.

③ 점포 내의 설비

- **쇼케이스(냉동케이스) 스타일** : 육점에 사용되고 있는 케이스는 표면이 대게 스테인리스 또는 철판(흰 것)으로 만들어져 있다.
- **프런트 글라스(스크린)** : 셀프서비스의 점포 입구에 쓰이고 있는 유리 칸막이를 말한다.
- **조명, 천장, 바닥**
  ㉠ 조명 : 식육점의 조명은 일반 식품점을 비롯하여 다른 업종과 비교하여 차이는 없으나 평균 500~1,000xl의 조명도가 적당하다.
  ㉡ 천장 : 천장 재료는 보통 흡음판을 많이 사용되고 있는데 이것은 청결한 감도 준다. 특히 부산물판매장, 작업장 천장 등 평소 열기나 습기를 고려해야 할 장소에는 내수, 내열성이 있는 재료를 사용하도록 한다.
  ㉢ 바닥 : 점포 내는 비닐 또는 플라스틱 스타일, 플로링 등 일반점포용 바닥과 다름없으나 작업장 내는 콘크리트 뜬 타일로 하여 항상 물로 씻을 수 있도록 해야하며, 배수구는 되도록 넓게 하여 풍부한 물을 신속하게 배수할 수 있도록 해야 한다.

④ 상품의 진열

- **상품진열의 원칙**
  ㉠ 가급적 보기 쉽게 손님과 상품과의 사이에 장애물이 없도록 할 것
  ㉡ 손님이 자유로이 상품 선택을 할 수 있도록 만져보기 쉽게 할 것
  ㉢ 손님이 상품을 직접 손으로 집기 쉽게 할 것

- **사기 쉬운 진열**
  ㉠ 진열은 적극적인 판매촉진의 효과가 요구되는 것으로 손님의 구매욕을 자극하는 진열이 필요하다.
  ㉡ 정육, 햄, 소시지, 생선식품 또는 보존기간에 한도가 있는 상품은 우선 보존과 관리의 두가지 문제가 선행되어 가급적 신선도를 떨어뜨리지 않고 조금이라도 더 오랜 시간을 유지하려는 생각이 강조되어야 한다.

- **상품의 위치**
  ㉠ 상품의 높이 : 가장 효과적인 높이는 사람의 눈높이를 기준으로 하여, 약 160cm(사람의 눈높이 평균치)에서 그보다 약간 위나 아래로 하는 것이 좋다.
  ㉡ 진열의 폭 : 사람의 눈이 정면을 똑바로 향하는 경우를 기준으로 좌우 60°정도가 잘 보인다.(골든 라인)

- **대량진열**
  ㉠ 대량진열이란 창고 내에 잠자고 있는 스톡 상품을 되도록 줄이고, 점포 내에 진열하여 보다 적은 상품을 대량으로 보이게 하는 기술을 말한다.
  ㉡ 손님이 하나의 상품을 집었을 때 무너지거나 외관상 전체의 균형이 무너지는 진열은 피해야 한다.

식육처리기능사
실기편

식육처리기능사 실기 시험 대비 자료

식육처리기능사

실기편

01 | 식육처리기능사 실기 시험 개요 : 공지 사항(2024)

출처: 큐넷 www.q-net.or.kr

1 요구사항

식품의약품안전처의 『소고기 및 돼지고기의 부위별 분할정형기준』에 의거하여 다음의 요구사항을 작업하시오.

가. 제1과제 : 소고기·돼지고기 부위명 및 소분할 세절육 감별작업(7분)

① 부위명 감별 : 소고기 소분할 부위 39개와 돼지고기 소분할 부위 25개 중 제시된 각각 10개 부위씩 20개의 부위를 감별하여, 답안지에 소고기와 돼지고기를 구분하여 표시(○)를 하고 부위명을 적으시오.

② 소분할 세절육 감별 : 제시된 소고기·돼지고기 각각 2개 부위씩 4개의 부위를 감별하여, 아래 보기의 기호를 순서대로 답안지에 적으시오.

구분	소고기	돼지고기
부위명	㉠ 채끝살 ㉡ 아롱사태 ㉢ 삼각살 ㉣ 제비추리 ㉤ 업진살	㉥ 도가니살 ㉦ 부채살 ㉧ 설깃살 ㉨ 항정살 ㉩ 목심살

나. 제2과제 : 돼지고기 부위육 처리 작업(45분)

번호표 추첨에 의해 지정된 부위육을 각각의 분할정형기준에 맞게 발골·분할·정형하시오(A, B, C형: 6등분 중 2개 부위 작업).

구분		세부 작업내역
A형 앞다리, 몸통	앞다리	앞다리살, 갈비, 목심살, 앞사태살, 항정살 5개 부위로 분할
B형 뒷다리, 앞다리	몸통	삼겹살, 안심살, 알등심살, 갈매기살, 등심덧살 5개 부위로 분할
C형 몸통, 뒷다리	뒷다리	뒷다리나머지, 뒷사태살은 소분할 규격기준으로 뭉치사태와 아롱사태로 3분할하여 뒷다리는 총 4개 부위로 분할

※ 항목별 배점은 위생 및 안전성 15점, 감별작업 40점, 분할발골정형 45점입니다.

2 수험자 유의사항

가. 과제 공통 유의사항

① 위생 및 작업안전성도 채점대상에 포함되므로 위생 및 복장의 점검(채점)에 협조합니다.
② 시험과 관련된 질문은 작업 전에 하고, 작업 중에는 불필요한 대화를 일체 금합니다.
③ 지정된 장소에서 감독위원의 지시에 따라 안전하고 위생적으로 작업합니다.
④ 다른 수험자의 작업을 방해하지 않습니다.
⑤ 수험자 인적사항 및 답안작성은 검은색 필기구만 사용하여야 하며, 그 외 연필류, 빨간색, 파란색 등의 필기구를 사용하여 작성할 경우 0점 처리되오니 불이익을 당하지 않도록 유의해주시기 바랍니다.

나. 제1과제 유의사항

① 답안 정정 시에는 정정하고자 하는 단어에 두 줄(=)을 긋고 다시 작성하거나 수정테이프(수정액 제외)를 사용하여 정정하시기 바랍니다.
② 부위육을 만져볼 수 있습니다.

다. 제2과제 유의사항

① 지참도구 이외의 도구는 사용을 금하고, 지참공구미비로 인해 다른 수험자의 장비를 빌려 사용하는 것을 금합니다.
② 정육에는 칼 손상이 없도록 하고, 낙하물과 잡육이 발생되지 않도록 합니다.
③ 골발 작업이 완료된 뼈는 일체 재작업을 하지 않습니다(재작업시 해당항목 0점 처리).
④ 박피돼지의 경우 정형은 안쪽의 림프샘과 검인자국, 털, 뼈부스러기 등을 제거하고 바깥쪽의 지방두께는 7mm 이하가 되도록 균일하게 처리합니다.
⑤ 탕박돼지의 경우 단족(미니족)을 제거하고 껍질과 지방은 박피돼지와 마찬가지로 7mm 이하가 되도록 제거하되 삼겹살, 앞·뒷다리 부위는 모서리 부분만 일정한 간격으로 제거합니다.
⑥ 각 부위에는 근막이 최대한 부착되어야 하며, 뼈에는 정육이 부착되지 않도록 합니다.
⑦ 마구리뼈는 제거하지 않고, 무릎뼈(도가니뼈)와 연골은 제거하여 뼈로 분류합니다.
⑧ 갈비뼈 늑골제거와 갈비분할시 보조도구를 사용할 수 있습니다.
⑨ 작업종료 후에는 분할정육과 뼈를 지방 쪽이 아래로 향하도록 하여 작업대 위 정해진 구역에 제시하고, 부산물인 지방과 뼈는 구분하여 실기대 아래에 있는 박스에 담습니다.
⑩ 주위를 청결하게 정리·정돈하고 번호표를 반납한 후 퇴실합니다.
⑪ 다음과 같이 안전 수칙을 지키지 않은 경우 실격 처리합니다.
   - 작업 중 작업도구에 의해 다치거나 타인의 신체에 위해를 가한 경우.
   - 작업미숙 등으로 안전사고가 예상되어 작업의 진행이 어려운 경우.

라. 다음 사항에 대해서는 채점대상에서 제외하니 특히 유의하시기 바랍니다.

① 미완성 :   시험시간 내에 제출하였으나 완성하지 못한 경우.

② 오작 :   - 정해진 규격에 크게 벗어나거나 칼에 의한 손상정도가 심하여(5 cm 이상) 상품 가치가 없는 경우
   - 요구사항을 준수하지 않은 부위를 제출한 경우.

③ 기권 :   - 수험생 본인이 수험 도중 시험에 대한 기권 의사를 표현하는 경우.
　　　　　 - 시험과정 중 1개 과정이라도 불참한 경우.

④ 실격 :   - 부정행위를 하는 경우.
　　　　　 - 지참도구 미비로 인해 작업이 불가능한 경우.
　　　　　 - 제1과제가 0점인 경우.
　　　　　 - 감독위원의 지시를 따르지 않고 임의로 시행하거나 종료 후에도 시행한 경우.
　　　　　 - 작업 중 작업도구에 의해 다치거나 타인의 신체에 위해를 가한 경우.
　　　　　 - 작업미숙 등으로 안전사고가 예상되어 작업의 진행이 어려운 경우.

3 지급 재료 목록

일련번호	재료명	규격	단위	수량	비고
1	소고기 부분육	한우 또는 육우 성우로 39개 소분할 부위로 분할 처리하여 10개 부위 진열	마리	1	공용
2	돼지 부분육	25개 소분할 부위로 분할 처리하여 10개 부위 진열		1	
3	소고기 소분할 세절육	5개 부위 중 2개 부위 세절육 지급하여 감별	세트	1	
4	돼지고기 소분할 세절육	5개 부위 중 2개 부위 세절육 지급하여 감별		1	
5	돼지지육	박피도체, 등급: B 또는 C (도체간의 중량차가 10kg이내)	마리	2/6	1인용
6	액체제세	약 알칼리성	kg	2	100인 공용
7	소독약	고농도 이산화염소 용액	ml	20	30인 공용
8	비누		g	150	
9	락스	바닥 청소용	ml	40	

02 | 식육처리기능사 실기 시험 시 알아둘 것

식육처리 실기 시험은 돼지 이분도체 3분할 중 주어진 2분할을 가지고 치르게 된다.

A형 앞다리, 몸통
B형 몸통, 뒷다리
C형 앞다리, 뒷다리
난이도는 C형이 가장 높다고 볼 수 있다.

실기 시험 시 기억할 것

1 손톱을 깨끗하게 정돈하고 시험에 임한다. 손톱 손질이 불량하거나 손톱에 에나멜을 칠하고 있으면 감점된다.

2 부분육 맞추기는 확실하게 아는 부위부터 답을 적는다. 부위 맞추기는 7분 이내에 답을 적어야 하므로 시간이 부족한 편이다. 확실히 아는 것부터 적고, 모르는 것을 유추해나간다.

3 부분육의 색이 변할 수 있다. 부위 맞추기는 오전/오후 시험 응시 시간에 따라 육색이 변할 수 있으므로 크기와 모양을 위주로 살펴본다.

4 발골·정형 시 발골을 우선으로 한다. 두 부위 모두 발골을 먼저 한 다음 정형 작업을 하도록 한다. 발골을 다 끝내지 못하면 실격이지만, 정형은 다 마치지 못하여도 감점만 되기 때문이다.

5 자신 있는 부위부터 시작한다. 대체로 발골·정형 난이도는 앞다리, 뒷다리, 몸통 순으로 본다. 이중 자신 있는 부위부터 작업을 시작해야 긴장도 풀 수 있고 시간도 줄일 수 있다.

6 살짝 떨어진 잡육은 해당 부위 옆에 같이 놓아둔다. 발골 및 정형 시험 과정 중에 잡육이 떨어지면 긴장하지 말고 시험을 마칠 때 본래 부위 옆에 함께 놓아둔다. 다만, 본살에 칼이 들어가거나 잘리면 감점 처리된다.

7 실기대 아래에 2개의 통이 있다. 뼈 보관함, 지방 보관함이 작업대 아래에 놓여 있으니 실기 시험 중간에 구분하여 사용하도록 한다.

8 목장갑과 행주는 실기대 아래 선반에 둔다. 목장갑은 시험 중간에 피가 배일 때마다 교체한다. 행주도 마찬가지이다. 사용 전후의 목장갑과 행주는 실기대 아래 선반에 두고 시험을 마치면 응시자가 모두 수거해 가야 한다.

9 합격만 하면 된다. 반드시 이 책에 수록된 방법만 따라해야 하는 것은 아니다. 이 책을 참고하여 자신만의 기준과 순서를 가지고 시험에 임하여 합격 기준에만 부합하면 된다.

식육처리기능사 실기 시험 준비물 패키지 구입처
진마켓(http://www.jinmarket.com)

03 식육처리기능사 실기 시험 준비 사항

식육처리기능사 실기 시험 준비 사항 동영상 보기

1 실기 시험용 칼 구입하기
★ 응시자는 발골칼(①, ② 중 택 1) 1자루, 정형칼(③, ④ 중 택 1) 1자루씩을 반드시 가지고 시험에 응시해야 한다.

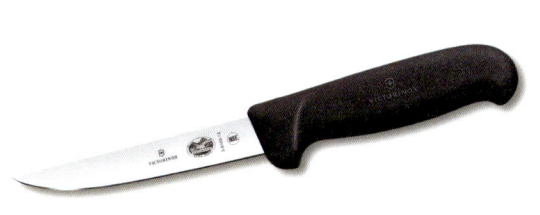

① 돼지 발골칼 12cm : 손목이 약한 여성 응시자에게 추천
초보자의 경우 좁은 구역 발골 작업 시 팔목에 과도하게 힘을 주게 된다. 이는 부상 유발 및 작업 속도를 더디게 만든다. 이 칼을 사용하면 응시자의 부상 위험도를 낮추고 작업 효율을 높일 수 있다.
이 칼의 정식 명칭은 '뼈칼 넓은 날 12cm'이다.

② 돼지 발골칼 15cm
숙련자로서 시험에 응시하는 경우라면 돼지 발골에만 사용하는 칼보다는 소 발골에도 사용할 수 있는 이 칼을 구입하면 작업 효율을 높일 수 있다.
이 칼의 정식 명칭은 '뼈칼 넓은 날 15cm'이다.

③ 정형칼 초보용 22cm : 손목이 약한 여성 응시자에게 추천
정형 작업을 할 때 ④의 칼을 사용해도 무방하나 초보자의 경우라면 반복 작업으로 인해 손목에 과부하가 올 수 있다. 그러므로 조금 더 가벼운 이 칼을 사용하기를 권한다.
이 칼의 정식 명칭은 '갈비칼 22cm'이다.

④ 정형칼 숙련자용 25cm
③의 칼에 비해 무게감이 있지만 단면적이 넓어 고기의 지방을 제거할 때 한 번에 진행할 수 있다. 숙련자의 경우 칼의 무게감을 활용하며 정형 작업이 가능하므로 이 칼을 사용해도 손목에 과부하가 오지 않는다.
이 칼의 정식 명칭은 '우도 25cm'이다.

④ 대동칼
식육처리의 특성상 단면적이 넓은 부위를 써는 경우가 많기 때문에 대동칼은 갖고 있기를 추천한다. 실제로 정육점에서 숙련자들이 많이 사용하는 칼이다. 단, 시험장에서는 필요하지 않다.
이 칼의 정식 명칭은 '우도 31cm'이다.

> **칼을 선택하는 것에는 정답이 없다**
> 식육처리기능사 시험에 통과하고, 실제로 업무를 하다 보면 자신에게 맞는 칼을 찾을 수 있다. 국내에서 사용되는 정육용 칼은 여러 나라에서 생산된 제품이 많은데 빅토리녹스(스위스), 기셀(독일)이 많다. 개인적으로는 빅토리녹스 칼을 추천한다. 칼날의 탄성이 좋고, 그립감이 좋으며, 가격 대비 성능이 좋기 때문이다.

2 사전 준비 사항

① 칼은 반드시 갈아서 가져간다
칼은 반드시 미리 연마하여 시험장에 가지고 가야 한다. 칼이 제대로 들지 않으면 힘이 과도하게 들어가 발골 및 정형 과정이 더디고 힘들게 된다. 또한, 미끄러짐 현상으로 부상의 위험까지 커진다.
칼을 새로 구입했더라도 반드시 갈아서 가야 한다. 오히려 새 칼일수록 사용자의 위험도가 높아진다. 칼날에 코팅이 되어 있기 때문에 이를 벗겨야 한다.

② 연마봉의 사용법을 익혀 간다
연마봉은 실기 시험 중에 사용할 확률이 높은 기구이다. 이를 서투르게 사용하면 오히려 칼날이 무뎌지거나, 칼날에 손이 다칠 수 있다. 시험 전에 반드시 연마봉에 발골 칼, 정형 칼의 연마 연습은 충분히 하도록 한다.

③ 칼 잡는 법을 익혀 간다
칼은 날이 나아가야 하는 방향에 따라, 힘을 주어야 하는 방향에 따라 잡는 방법이 달라진다. 특히 발골 시에는 칼의 방향을 수시로 바꿔야 할 수도 있으니 칼 잡는 법을 숙지하도록 한다.

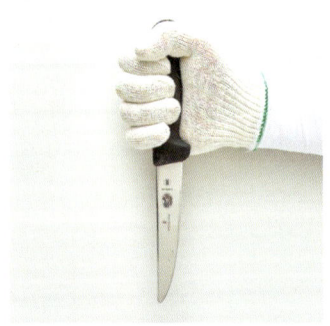
안쪽잡기
몸쪽으로 칼날이 오는 잡기 방법.

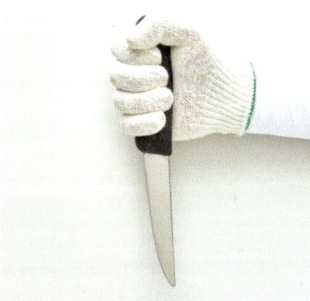
바깥잡기
몸 반대쪽으로 칼날이 가는 잡기 방법.

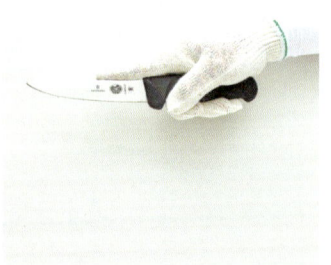
바로잡기
손과 칼날이 일직선이 되는 잡기 방법.

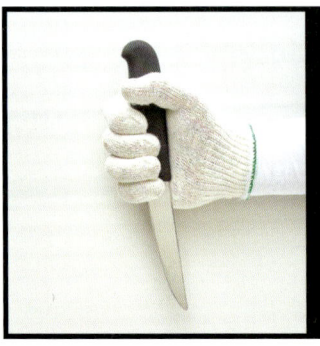
잘못된 칼 잡기
칼날에 손이 닿아서는 안 된다. 철장갑과 목장갑을 끼고 작업할 때, 마음이 급할 때 자신도 모르게 날을 잡게 되는 경우가 있으니 주의해야 한다.

3 시험 준비물

가. 복장 준비 시 유의 사항

두발, 손톱 등을 단정하게 준비한다. 머리는 모자로 잘 감쌀 수 있도록 단정히 손질하거나, 끈으로 묶는다. 손톱은 짧게 깎고, 컬러 에나멜 등은 깨끗이 지워야 한다. 몸에 착용하는 모든 복장은 흰색으로 준비한다. 오물이나 얼룩 등이 묻어 있지 않은 깨끗한 것으로 준비해야 한다. 특정 상표, 학교 이름, 응시자 및 다른 사람의 이름 등 어떤 정보도 복장에 명시되어 있어서는 안 된다. 또한 목걸이, 반지 등의 장신구도 착용하지 않아야 한다. 아래의 준비물은 모두 '필수품목'이다. 필수품목이 아닌 편의나 작업 효율을 높이기 위해 선택하는 품목에는 선택품목 으로 따로 표시를 해두겠다.

① 위생복

  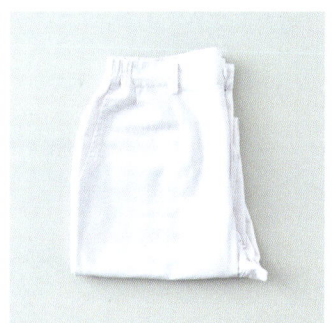

상의 : 자신에게 맞는 크기의 흰색으로 준비한다. 상의 안에는 흰색 티셔츠를 착용하도록 한다.

하의 : 자신에게 맞는 크기의 흰색으로 준비한다.

② 위생모자
③ 위생 앞치마
④ 위생 장화

흰색으로 준비한다. 식육처리기능사 위생모는 머리 전체와 귀를 덮는 것으로 준비해야 한다. 시험 중에 땀이 흘러내릴 수 있기 때문이다.

코팅 비닐 소재로 된 흰색의 앞치마를 준비한다. 앞치마 길이는 응시자가 입었을 때 위생 장화 입구를 가릴 정도의 길이어야 한다.

자신의 발 크기에 맞는 것, 흰색으로 준비한다. 장화의 코, 목은 물론 밑바닥까지 깨끗한 상태이어야 한다.

- 온라인 마켓에서 위생복을 구입하면 대체로 새하얀 색의 복장을 받게 된다. 그러나 간혹 푸른색이 감도는 흰 색 복장을 받게 되는 경우도 있지만 상표 등의 다른 부착물이 없다면 시험 시 착용해도 무관하다.

⑤ 목장갑

목장갑은 최소한 10켤레 이상을 준비한다. 핏물이 배면 재빨리 새 것으로 갈아끼도록 한다.

⑥ 위생 마스크

흰색으로 준비한다.

⑦ 위생 토시

양끝이 고무줄로 되어 쉽게 고정되는 것, 코팅 비닐로 만들어진 흰색의 것으로 준비한다.

> **선택품목**
>
>
>
> **안전 장갑(철장갑, 손 베임 방지 장갑)**
> 목장갑 안에 끼는 용도로 칼이나 튀어나온 뼈 등에 손이 다치지 않도록 보호해주는 장갑이다. 칼을 잡는 반대편 손에 착용하도록 한다. 사슬처럼 두툼한 쇠줄로 만들어진 장갑이 있으나 초보자가 끼기에는 오히려 버겁고, 손놀림이 수월하지 않으며, 값도 비싸므로 초보자의 시험 준비물로는 추천하지 않는다.

⑧ 개인 신분증

나. 도구 준비 시 유의 사항

칼은 새 것을 구입하더라도 반드시 갈아서 시험장에 가지고 가야 한다. 연마봉의 사용법도 숙지하고 가도록 한다. 준비한 칼을 가지고 칼 잡는 법을 숙지하고 간다. 앞서 이야기한 세 가지는 시험을 치르는 데 도움이 될 뿐 아니라 수험자의 안전과도 관련이 있다.

① 정형칼 ② 발골칼

정형칼(위), 발골칼(아래)

선택품목

삼겹뼈 칼: 삼겹살에서 뼈를 수월하게 제거할 수 있게 도와주는 도구이다. 시험 필수 준비물은 아니나 빠르고 안전하게 발골하기 위해서는 준비해 가는 것이 좋다.

선택품목

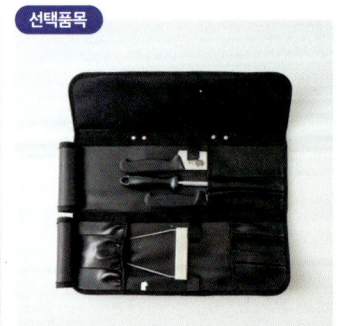

칼집 : 여러 종류의 칼, 연마봉, 삼겹뼈 칼 등을 한꺼번에 넣을 수 있는 칼집이 있다. 천으로 된 것보다는 인조가죽, 가죽으로 마감된 것이 튼튼하고 안전하다.

간이 칼집 만들기 : 칼집 구입 비용이 부담된다면!

두꺼운 종이 등을 칼 크기에 맞게 자른다. 접어서 칼날을 잘 감싼다. 테이프로 종이를 붙여 모양을 단단하게 잡는다.
종이로 된 칼집과 칼이 분리되지 않게 테이프로 한 번 더 붙여 고정한다.

③ 연마봉

발골 및 정형 과정 중간에 칼을 연마 할 때 사용한다. 초보자라면 연마봉이 긴 것을 선택하도록 한다. 연마봉이 짧으면 정형 칼처럼 칼날이 긴 것을 연마하는 도중에 자칫 다칠 수 있기 때문이다.

④ 행주

깨끗하고 흰 것, 면으로 된 행주를 준비해 간다. 행주는 수험생의 땀을 닦는 용도, 고인 피를 훔쳐내는 용도 등으로 5장 정도 넉넉히 준비해가면 좋다.

⑤ 볼펜

소고기·돼지고기 부위명 및 소분할 세절육 감별작업 시 꼭 필요하다. 검은색이 나오는 볼펜으로 준비한다.

4 칼 연마하는 법

가. 숫돌 구입하기

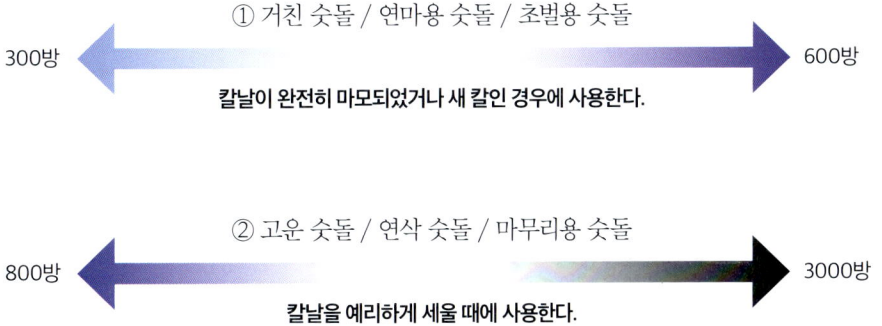

① 거친 숫돌 / 연마용 숫돌 / 초벌용 숫돌
300방 ↔ 600방
칼날이 완전히 마모되었거나 새 칼인 경우에 사용한다.

② 고운 숫돌 / 연삭 숫돌 / 마무리용 숫돌
800방 ↔ 3000방
칼날을 예리하게 세울 때에 사용한다.

정육용 칼날을 연마할 때 : 300방, 1000방 추천
필자의 경험에 비추어 보아 정육 발골 및 정형 작업의 특성상 칼날 손상의 비율이 높기 때문에 일식용 칼처럼 날카롭게 연마하지 않아도 된다. 따라서 정육 발골 및 정형의 가성비와 효율성을 높일 수 있는 300방(거친 숫돌), 1000방(고운 숫돌) 구입을 권한다.

나. 숫돌 준비하기

준비물
거친 숫돌(300방, 연마용), 부드러운 숫돌(1000방, 마무리용), 숫돌을 담글만한 물 그릇

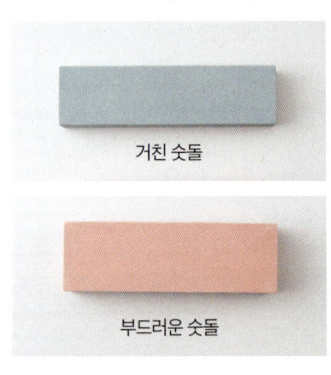
거친 숫돌
부드러운 숫돌

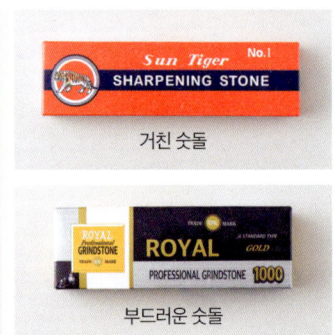
거친 숫돌
부드러운 숫돌

① 숫돌을 준비한다.

두 종류의 숫돌을 모두 깨끗한 물에 담가 둔다. 숫돌에서 작은 기포가 올라오다가 더이상 기포가 안 나오면 숫돌이 물을 충분히 먹은 것이니 그때 꺼낸다. 대체로 약 10분 정도면 충분하다.

② 거친 숫돌을 받침대 위에 올린다.

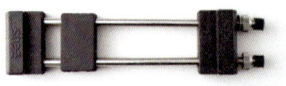

숫돌 받침대가 있으면 안정적으로 칼을 갈기 쉽다. 없다면 수건 등을 바닥에 깔아 미끄러지지 않게 준비한다.

다. 칼 연마 이론

① 칼 연마란?
- 칼에 상처를 내는 것을 '연삭'이라 하며, 해당 상처를 없애는 것은 '연마'라고 표현한다.
- 잘 썰리고(절삭력), 날이 오래 지속되도록(지속력) 칼을 연마한다.

② 올바르게 연마한 칼이란?
- 재료에 무리한 힘 또는 스트레스를 가하지 않고도 작업자 본인이 의도한대로 진행 가능한 정도를 말한다.

③ 칼을 잘 연마해야 하는 4가지 이유
- 작업 시 힘이 덜 든다.
- 작업 속도가 빨라진다.
- 정육이 즐거워진다.
- 부상 빈도가 줄고, 위험도가 적어진다.

④ 정확한 칼 연마를 위해 알아야 하는 것 4가지
- 움직이는 폭
- 일정한 힘
- 숫돌과 칼의 각도
- 칼 연마 속도

⑤ 칼 스트레스란?
- 원육과 칼이 만났을 때 생기는 저항을 뜻한다.
  = 연마되지 않은 칼일수록 저항이 크며, 고기 원육 세포 파괴를 가속화 한다.
- 스트레스가 많을수록 원육에 상처가 자주 생긴다.

⑥ 식육 칼의 구조는 양날을 이용한다.
- 식육 칼은 칼날의 면8~10도 정도로 기울여 연마하는 것이 좋다.
- 식육 칼은 양날을 사용하므로 5:5 비율로 칼날을 맞춰주는 것이 이상적이다.
- 칼 연마 시 주의해야 할 점은 다음과 같다.
  - 가. 칼을 잡은 손은 가볍게 쥐고, 칼날 각이 흔들리지 않게 고정한다.
  - 나. 칼을 누르고 있는 손(검지와 중지)은 칼이 흔들리지 않게 잡아주는 정도로 힘을 준다. 칼을 누르는 손의 힘이 커질수록 마찰력이 커지면서 칼의 움직임이 불편해지고, 칼이 흔들리게 되면 일부분만 연마될 수 있다. 전체 연마를 골고루 하기 위해서는 시간과 노력이 더 소요된다.

라. 발골칼 연마하기

① 새 칼이라면 거친 숫돌 옆면에 칼날을 하늘을 향하게 두고 살짝 갈아 뭉툭하게 만든다.

숫돌을 90°로 세워 옆면이 위로 가게 놓는다. 칼끝을 숫돌 옆면 위에 살짝 얹고 당길 때에만 살짝 힘을 줘서 간 다음 다시 처음 자리에 놓고 같은 방법으로 간다. 10~20번 정도 갈면 칼끝의 뾰족함이 없어진다.

- 칼끝이 뭉툭하면 발골 및 정형 과정 중 칼을 떨어뜨리거나, 헛 칼질을 했을 때의 위험을 줄일 수 있다.

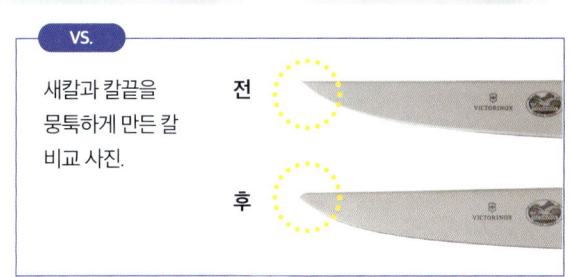

VS. 새칼과 칼끝을 뭉툭하게 만든 칼 비교 사진. 전 / 후

② 거친 숫돌에 먼저 간다.
- 화살표 방향이 힘주는 방향이다.

1 칼에 물을 살짝 뿌린다. **2** 칼날이 몸쪽 방향을 보도록 둔다(정방향 갈기). **3** 칼등쪽을 살짝 기울여 날이 숫돌에 닿게 한다. **4** 손으로 칼 면을 누르면서, ③에서 시작한 각도를 그대로 유지하면서 숫돌 위로 날을 밀면서 간다.

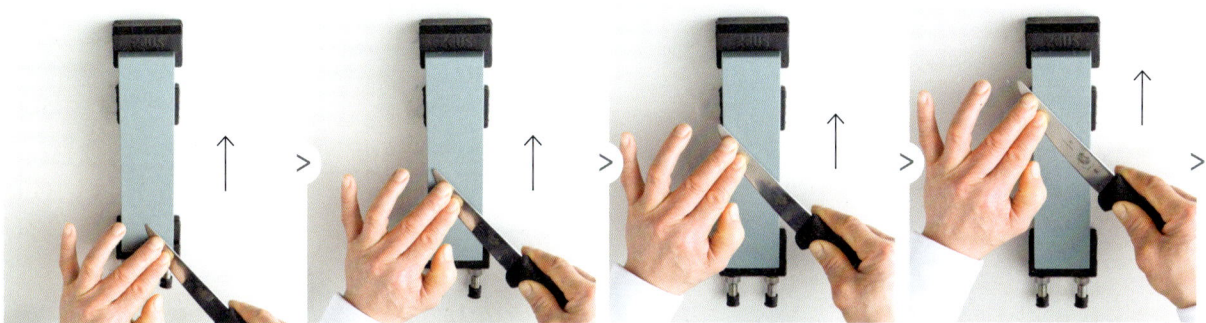

5 칼끝부터 시작하여 칼날 전체가 숫돌 위를 지나갈 수 있게 칼을 밀면서 간다.

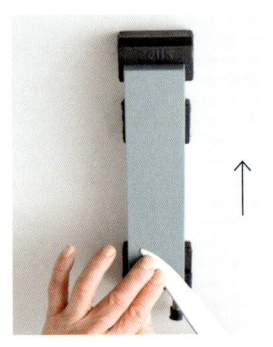

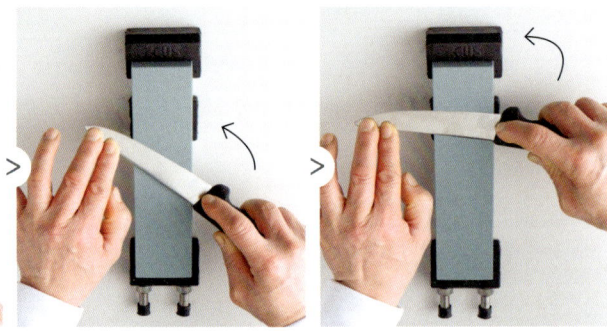

6 칼을 뒤집어 날의 방향이 몸 반대로 가도록 둔다(역방향).

7 ③과 같은 각도로 칼을 세워 날을 간다.

8 칼끝부터 시작하여 칼날 전체가 숫돌 위를 지나갈 수 있게 칼을 당기면서 간다. 양면을 각 15~20회씩 연마한다.

③ **거친 숫돌과 동일한 방법으로 부드러운 숫돌에 갈아 마무리한다.**

④ 사용을 마친 숫돌은 평탄화 숫돌 등으로 평평하게 만든 후 물에 깨끗하게 씻어 말린다.

⑤ 날을 연마한 칼도 물에 깨끗하게 씻어 닦아 둔다.

숫돌에 칼 갈 때 유의사항

- 숫돌이 평평하게 놓여야 하며, 숫돌 자체가 평면을 이루어야 한다. 숫돌이 평평하지 않으면 숫돌보다 거친 평탄화 숫돌(멘나오시) 시멘트 등에 문질러 평평하게 만든 다음 칼을 간다.
- 숫돌 중 한쪽은 거친 면, 다른 한쪽은 부드러운 면이 붙어 있는 제품이 있는데 이는 추천하지 않는다. 너무 거칠고, 너무 부드럽기 때문이다.
- 칼을 갈 때는 밀 때 힘을 주고 당길 때는 미끄러지듯이 칼을 데리고 온다. 칼등이 향하는 쪽에 힘을 주고, 칼날 방향은 미끄러지듯이 간다.
- 칼 손잡이를 잡고 있는 오른손에는 힘을 주고 각을 맞추되, 미는 역할을 하는 왼손은 힘을 빼고 작업한다.
- 칼을 가는 중간중간 물을 뿌린다. 그래야 연마 시 발생한 돌가루 등을 헹궈낼 수 있다. 그렇지 않으면 남아 있는 돌가루가 칼날을 상하게 할 수 있다.

마. 정형칼 연마하기

① 새 칼이라면 139쪽의 ①의 내용을 참고하여 칼끝을 뭉뚝하게 간다.

② 거친 숫돌에 먼저 간다.

발골칼과 같은 기울기, 방법으로 갈지만 칼날이 길고 면이 넓으므로 사진을 보며 방향을 잘 살펴서 간다.

③ 거친 숫돌과 동일한 방법으로 부드러운 숫돌에 갈아 마무리한다.

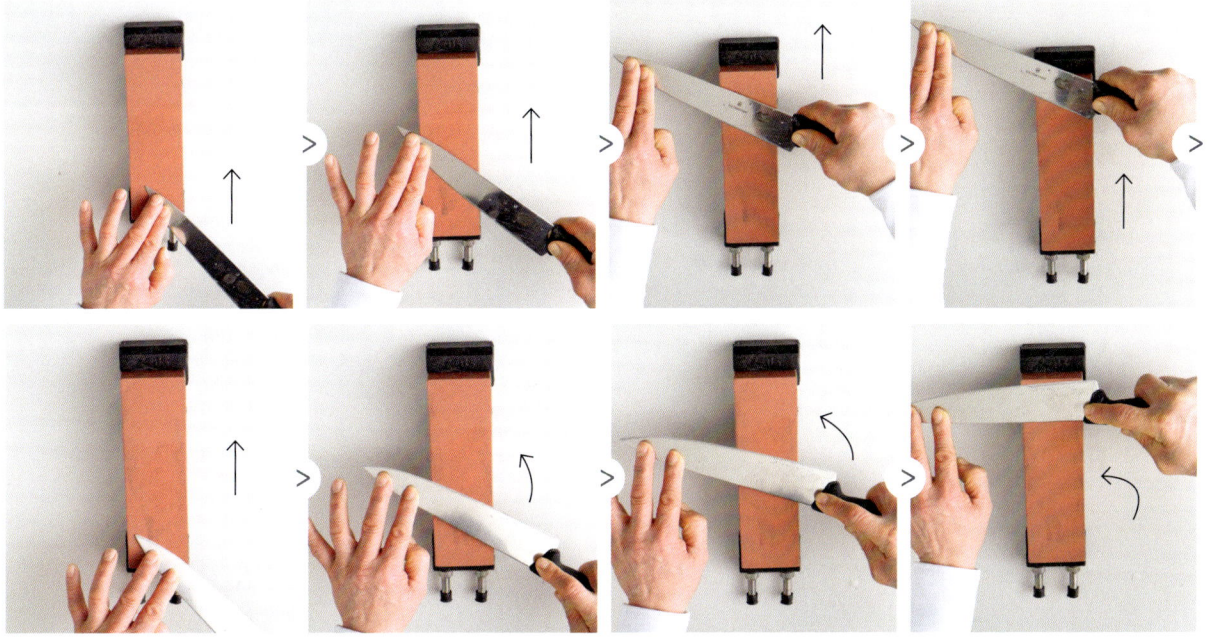

④ 사용을 마친 숫돌은 평탄화 숫돌 등으로 평평하게 만든 후 물에 깨끗하게 씻어 말린다.
⑤ 날을 연마한 칼도 물에 깨끗하게 씻어 닦아 둔다.

바. 연마봉 다루는 법

연마봉은 자신이 주로 사용하는 칼날의 길이를 고려하여 구입하는 것이 좋다. 초보자라면 최대한 길이가 긴 연마봉을 사용해야 편리하고, 안전하다.

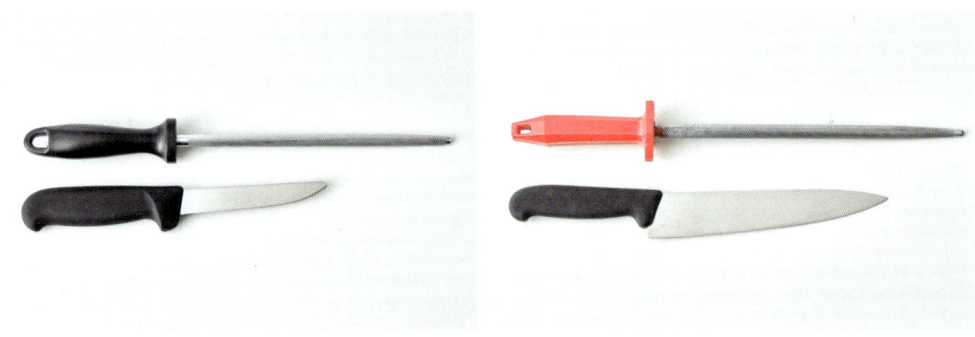

① **연마봉을 바르게 잡는다.**

연마봉의 손잡이가 사진과 같이 가로로 안정적으로 손을 감싸야 한다.

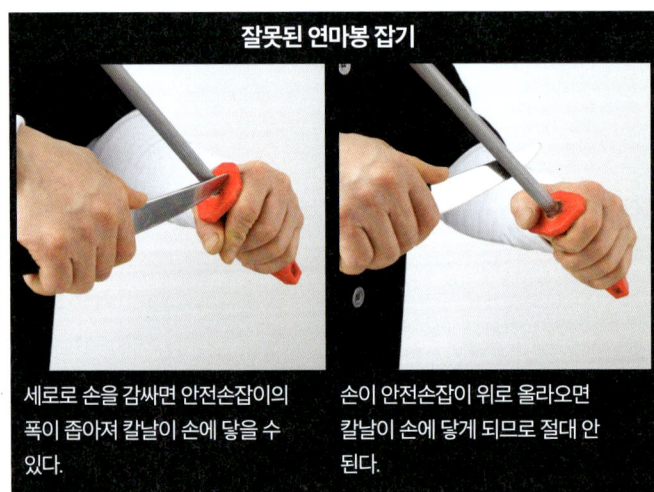

세로로 손을 감싸면 안전손잡이의 폭이 좁아져 칼날이 손에 닿을 수 있다.

손이 안전손잡이 위로 올라오면 칼날이 손에 닿게 되므로 절대 안 된다.

② **연마봉과 칼날의 각도를 잡는다.**

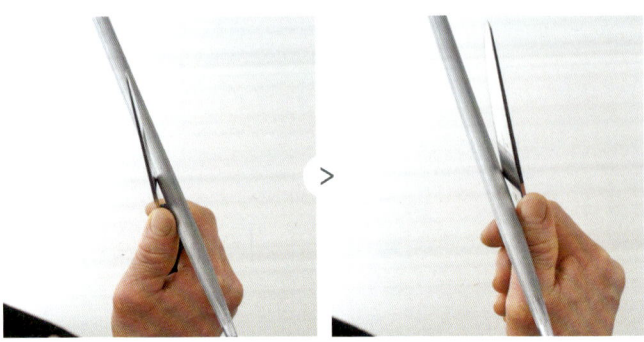

사진처럼 칼등의 중심에 엄지손가락을 놓는다. 엄지손가락을 연마봉에 갖다 대어보면 자연스럽게 연마봉과 칼날의 각도가 잡힌다.

③ 팔꿈치를 움직이며 칼날을 간다.

연마봉의 직선이 시작되는 지점에 칼날을 사진처럼 가져다 댄다. 포물선을 그리듯 팔꿈치를 움직여 칼날 전체를 연마봉에 간다.

④ 반대편에 칼을 두고, 다른 면도 같은 방법으로 간다.

초보자를 위한 방법 : 연마봉을 세워서 칼을 간다.

연마봉을 사용하는 것이 익숙하지 않다면 이 방법을 사용하면 조금 더 수월하다. 사진처럼 연마봉을 세워 두고, 칼날을 아래로 내리면서 간다. 이때 숫돌에 갈 듯이 약 15도 정도의 기울기를 기억하며 칼을 간다. 양면을 모두 간다.

04 소고기·돼지고기 소분할 부위명 및 세절육 알기

아래의 ★ 표시는 출제 빈도수를 의미한다. 아무래도 지육의 가격이 저렴한 부위가 시험에 많이 출제될 확률이 높다. 각 시험장마다 작업 스펙이 달라질 수도 있으니 참고한다.

1 소고기의 주요 부분육 알기(대분할 및 소분할 명칭)

대분할 10개, 소분할 39개로 정형

가. 안심 ansim (대분할명)

시험 출현 빈도 ★

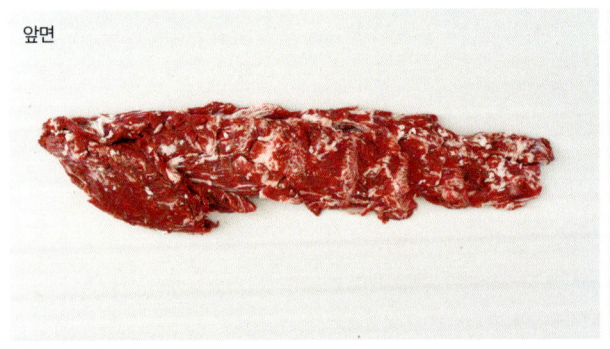
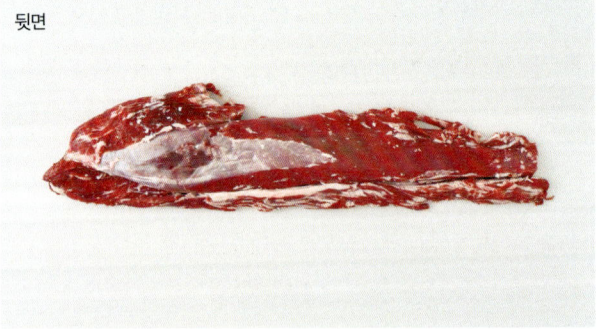

① 안심살 ansimsal ★☆☆☆☆
형태는 제비추리랑 혼돈할 수 있으나 그보다 길고 넓어 훨씬 크다.

나. 등심 deungsim (대분할명)

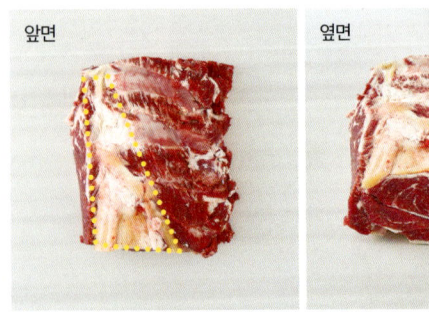

① 윗등심살 widdeungsimsal ★★☆☆☆
넓게 퍼져 있는 떡심이 특징.

② 꽃등심살 kkoccdeungsimsal ★★☆☆☆

③ 아래등심살 araedeungsimsal ★★☆☆☆
채끝살과 혼돈할 수 있으나 두께가 훨씬 두툼하다.

④ 살치살 salchisal ★★☆☆☆
거친 빗살무늬 결이 특징.

다. 앞다리 apdari(대분할명)

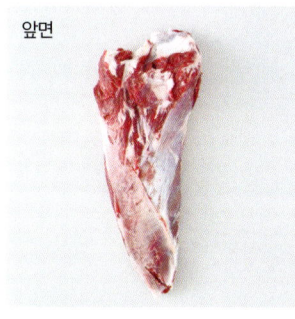
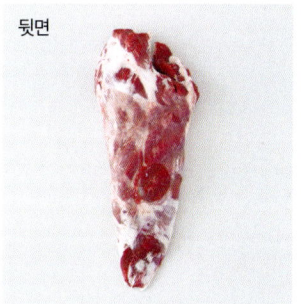

① 꾸리살 kkurisal ★★☆☆☆
홍두깨살과 형태와 크기가 비슷하여 혼돈할 수 있으나 한쪽 끝이 뾰족한 편이다.

② 부채살 buchaesal ★★☆☆☆
대체로 네모반듯하게 생겼으며 한쪽 면에 근막이 있는 경우가 많다.

③ 앞다리살 apdarisal ★★★★☆
설깃머리살과 형태가 비슷하나 그보다 훨씬 크다.

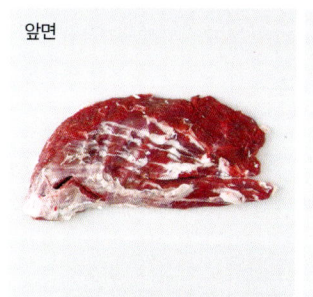

④ 갈비덧살 galbideossal ★★★★☆
가로로 결이 있으며 한쪽은 직각, 다른 한쪽은 사진처럼 둥글면서 뾰족하다.

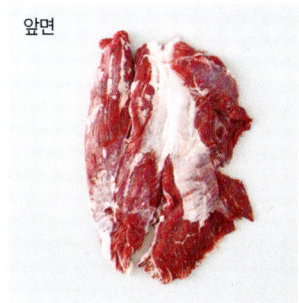

⑤ 부채덮개살 buchaedeopgaesal ★★★★☆
평평하며 얇고 납작하다.

식육처리기능사 실기편 145

라. 채끝 chaekkeut(대분할명)

① 채끝살 chaekkeutsal ★☆☆☆☆
뒷면에 힘줄을 제거하여 보이지 않을 때도 있으니 주의한다.

마. 목심 moksim(대분할명)

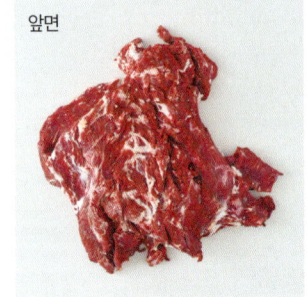

① 목심살 moksimsal ★★★☆☆
형태가 불규칙한 편이며 떡심이 작게 보일 수 있다.

바. 우둔 udun(대분할명)

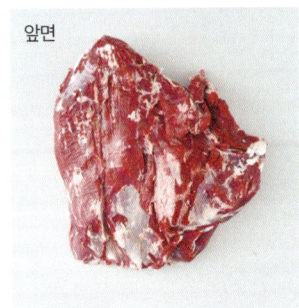

① 우둔살 udunsal ★★★★☆
다른 부위에 비해 눈에 띄게 크고 두툼하다.

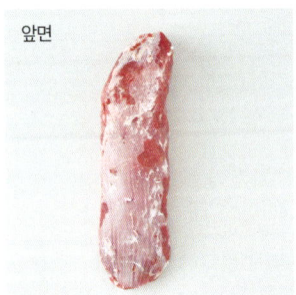

② 홍두깨살 hongdukkaesal ★★★★☆
꾸리살과 형태가 비슷하나 양끝 모두 둥그렇다.

사. 설도 seoldo(대분할명)

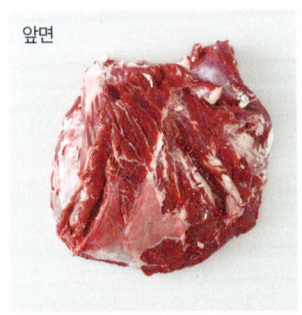

① 보섭살 boseopsal ★★★★☆
우둔살과 혼동할 수 있으나 더 작고 둥근편이다.

② 도가니살 doganisal ★★★★☆
우둔살과 크기나 육질이 비슷해보일 수 있지만 절단면이 확실히 보인다.

③ 설깃살 seolgissal ★★★★☆
절단면이 확실히 있다.

  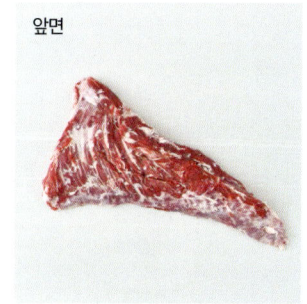 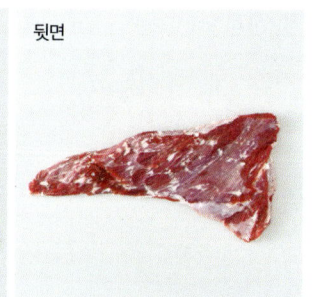

④ 설깃머리살 seolgismeorisal ★★★★☆
앞다리살, 갈비덧살과 비슷한 형태처럼 보일 수 있으나 대체로 근막이 남아 있는 경우가 많다.

⑤ 삼각살 samgaksal ★★★★☆
뚜렷한 삼각형이 특징이다.

아. 사태 satae (대분할명)

   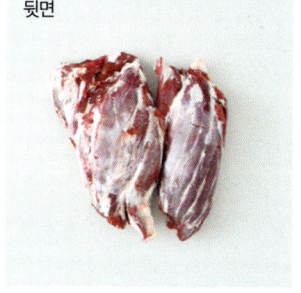

① 앞사태 apsatae ★☆☆☆☆
다른 사태 부위와 형태가 비슷하나 갈래가 많다. 정답을 적을 때 '살'자를 붙이지 않도록 주의한다.

② 뒷사태 dwissatae ★★★★☆
다른 사태 부위와 비슷하나 두 쪽의 고기가 붙어 있고 두툼한 편이다. 정답을 적을 때 '살'자를 붙이지 않도록 주의한다.

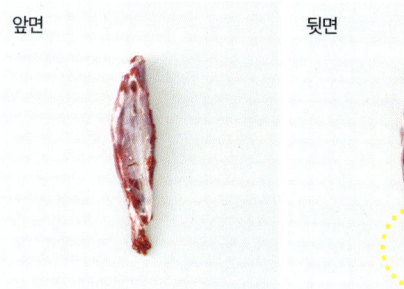 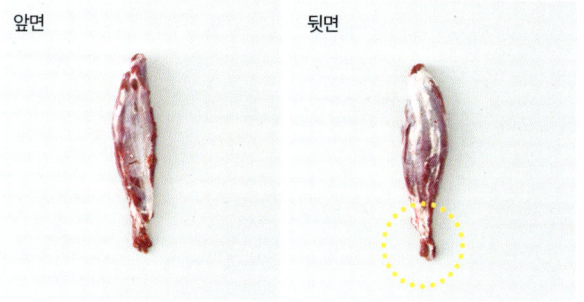

③ 뭉치사태 mungchisatae ★★★★☆
다른 사태 부위와 비슷하나 갈래가 없다. 정답을 적을 때 '살'자를 붙이지 않도록 주의한다.

④ 아롱사태 arongsatae ★★★★☆
삼박살과 비슷하나 한쪽 끝이 가늘게 기둥처럼 뻗어 있다.

⑤ 상박살 sangbaksal ★★★★☆
아롱사태와 비슷하나 한쪽 끝에 하얀 힘줄이 뚜렷하게 박혀 있다.

자. 양지 yangji(대분할명)

① 차돌박이 chadolbagi ★★☆☆

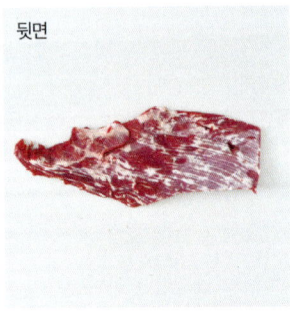

② 양지머리 yangjimeori ★★☆☆
치마살과 혼돈될 수 있음.

③ 업진살 eopjinsal ★★☆☆

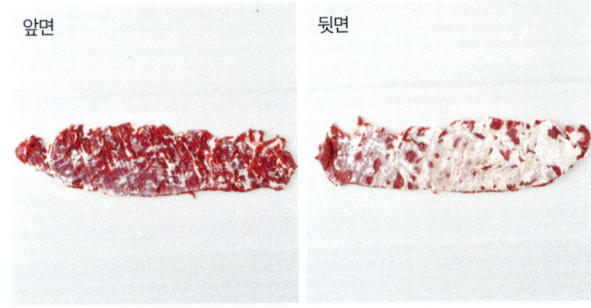
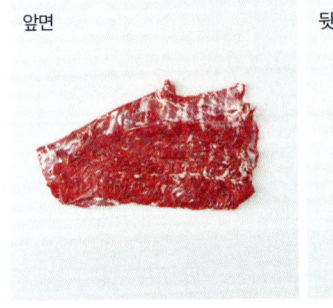

④ 업진안살 eopjinansal ★★★★☆
안창살과 혼돈할 수 있으나 폭이 더 넓다.

⑤ 치마양지 chimayangji ★★☆☆

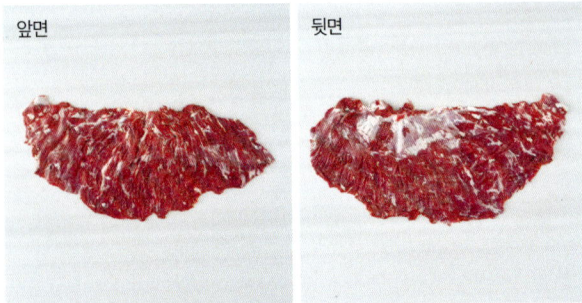

⑥ 치마살 chimasal ★★☆☆

⑦ 앞치마살 apchimasal ★★☆☆

차. 갈비 galbi (대분할명)

안쪽　　　바깥쪽　　　　　　안쪽　　　바깥쪽

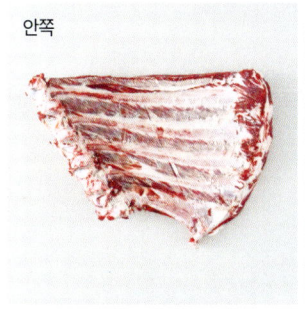 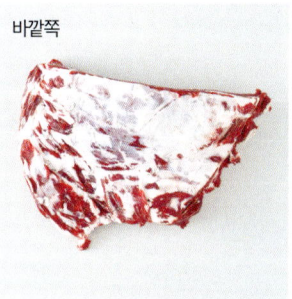 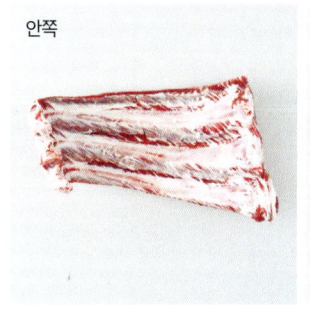 

① 본갈비 bongalbi ★☆☆☆☆　　　　② 꽃갈비 kkoccgalbi ★☆☆☆☆

안쪽　　　바깥쪽

③ 참갈비 chamgalbi ★☆☆☆☆　　　　④ 갈비살 galbisal ★☆☆☆☆
　　　　　　　　　　　　　　　　　　갈비에서 뼈만 제거한 것이 특징.

　　　　　　　　　　　　　　　앞면　　　뒷면

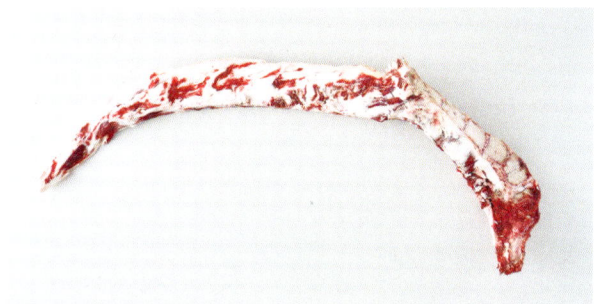  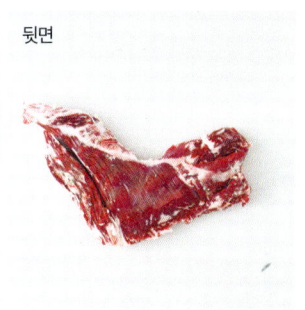

⑤ 마구리 maguri ★☆☆☆☆　　　　⑥ 토시살 tosisal ★☆☆☆☆

앞면　　　뒷면　　　　　　앞면　　　뒷면

 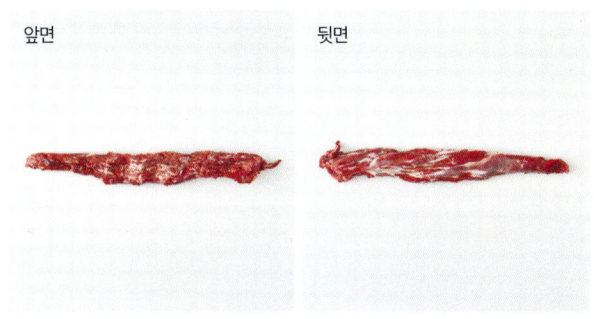

⑦ 안창살 anchangsal ★★★★☆　　　　⑧ 제비추리 jebichuri ★★★★☆
업진안살과 혼돈할 수 있으나 폭이 좁다.

2 돼지고기의 주요 부분육 알기(대분할 및 소분할 명칭)

대분할 7개, 소분할 25개로 정형

가. 안심 ansim (대분할명)

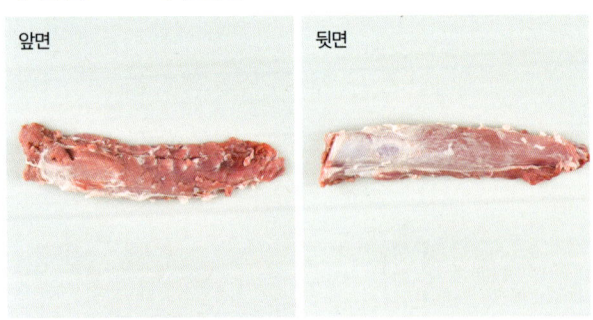

① 안심살 ansimsal ★★★★☆

나. 목심 moksim (대분할명)

① 목심살 moksimsal ★★★☆☆

다. 등심 deungsim (대분할명)

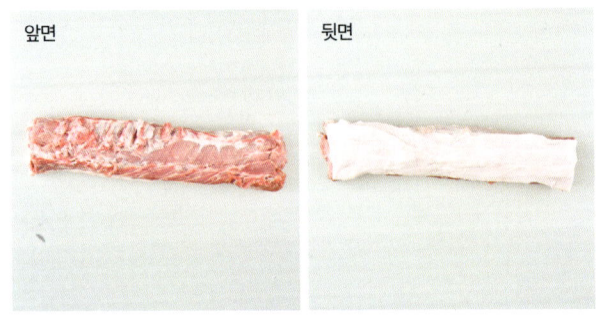

① 등심살 deungsimsal ★☆☆☆☆
껍데기만 제거되고 등지방이 붙어 있는 상태.

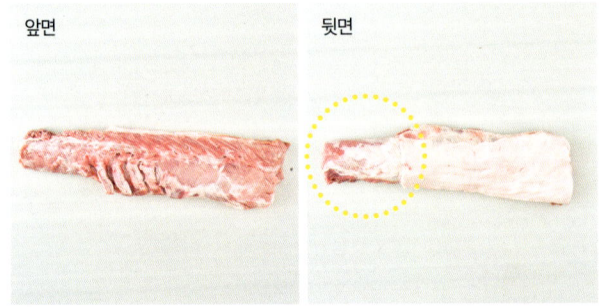

② 알등심살 aldeungsimsal ★☆☆☆☆
등심덧살과 등지방 5mm 정도가 제거된 상태.

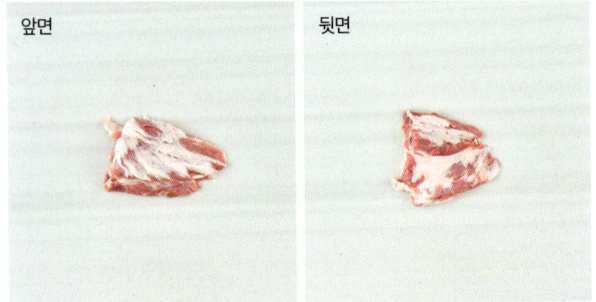

③ 등심덧살 deungsimdeossal ★★★★☆

라. 앞다리 apdari(대분할명)

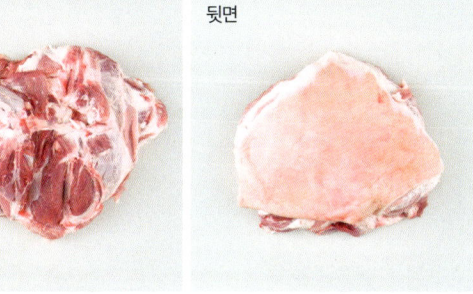
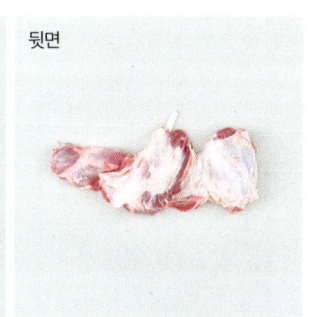

① 앞다리살 apdarisal ★★★★☆

② 앞사태살 apsataesal ★★★★☆
껍데기가 붙어서 나오는 시험장도 있으니 주의.

③ 항정살 hangjeongsal ★★★★☆
주걱살과 혼돈할 수 있으나 모양이 비정형이다.

④ 꾸리살 kkurisal ★★★★☆
홍두깨살과 혼돈될 수 있음.

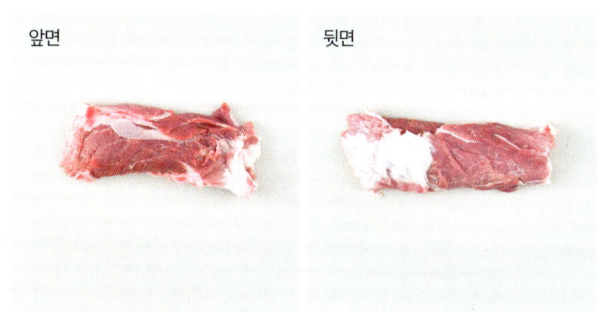
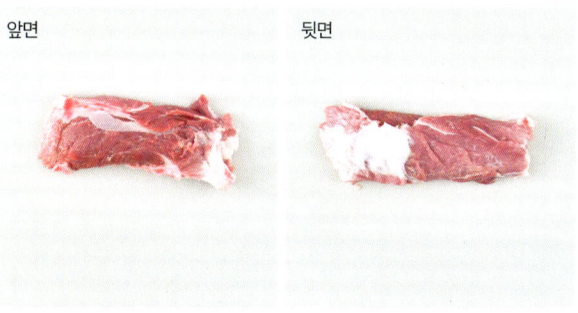
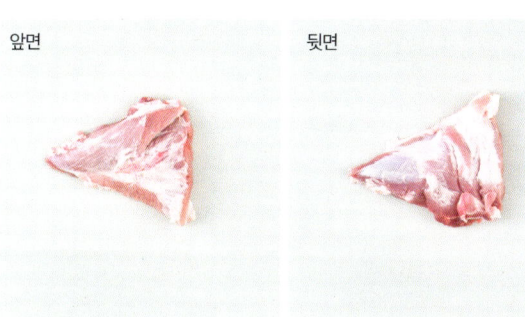

⑤ 부채살 buchaesal ★★★★☆
네모난 형태이다.

⑥ 주걱살 jugeoksal ★★★★☆
항정살과 혼돈될 수 있음.

마. 뒷다리 dwisdari(대분할명)

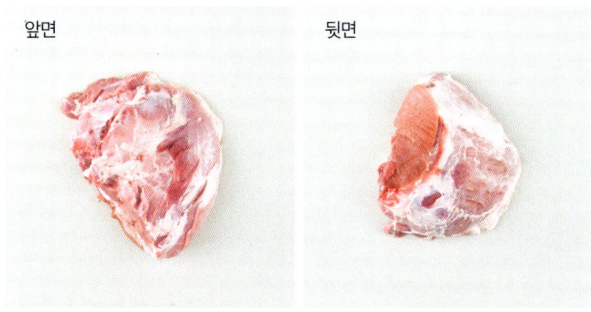
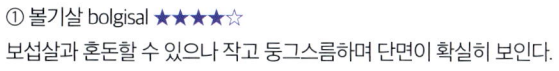
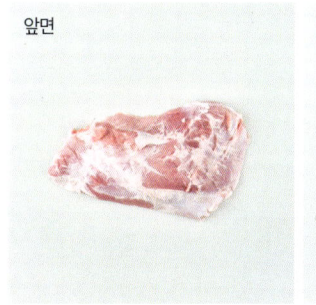

① 볼기살 bolgisal ★★★★☆
보섭살과 혼돈할 수 있으나 작고 둥그스름하며 단면이 확실히 보인다.

② 설깃살 seolgissal ★★★★☆

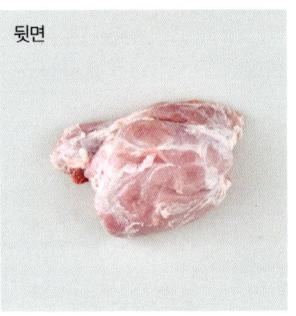
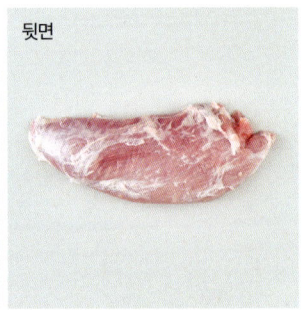

③ 도가니살 doganisal ★★★★☆

④ 홍두깨살 hongdukkaesal ★★★★☆
꾸리살과 혼돈이 될 수 있음

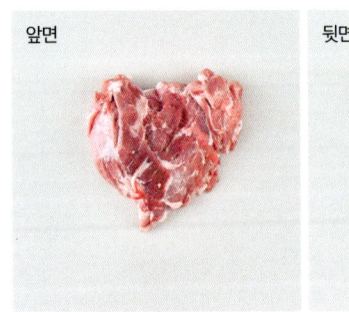

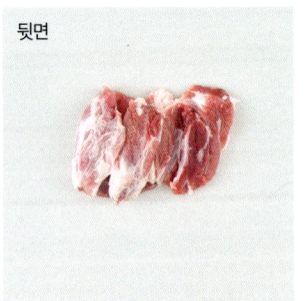

⑤ 보섭살 boseopsal ★★★★☆
볼기살과 혼돈할 수 있으나 단면이 없고 더 삼각형에 가깝다.

⑥ 뒷사태살 dwissataesal ★★★★☆
정답을 적을 때 '살'자를 꼭 붙여야 함.

바. 삼겹살 samgyeopsal (대분할명)

① 삼겹살 samgyeopsal ★☆☆☆☆

② 갈매기살 galmaegisal ★★★☆☆

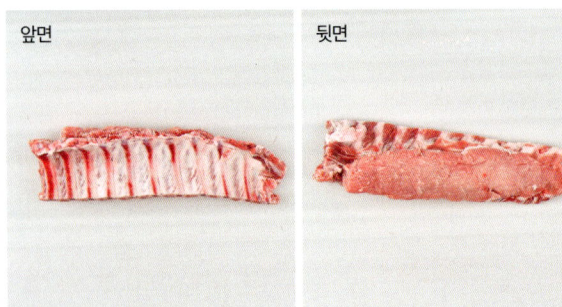
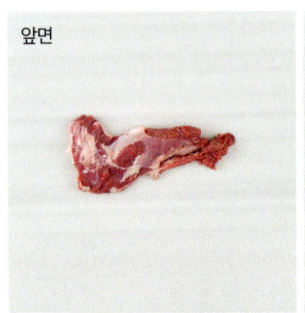
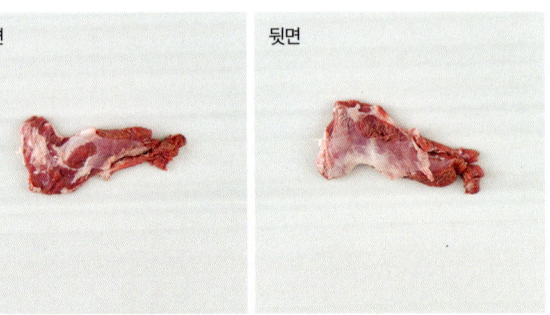

③ 등갈비 deunggalbi ★★☆☆☆

④ 토시살 tosisal ★★★★☆

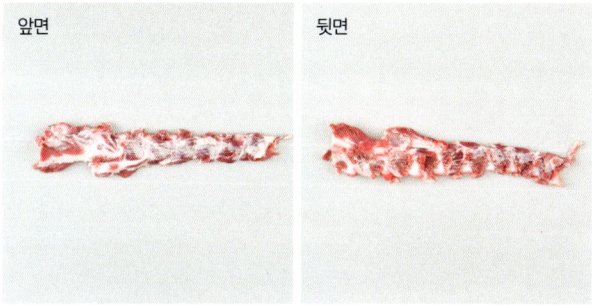

⑤ 오돌삼겹 odolsamgyeop★★☆☆☆
시험장에 따라 폭이 더 넓게 진열될 수 있음.

사. 갈비 galbi (대분할명)

  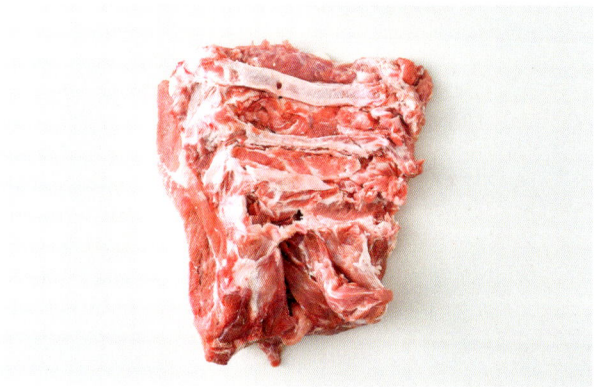

① 갈비 galbi ★★☆☆☆   ② 갈비살 galbisal ★☆☆☆☆

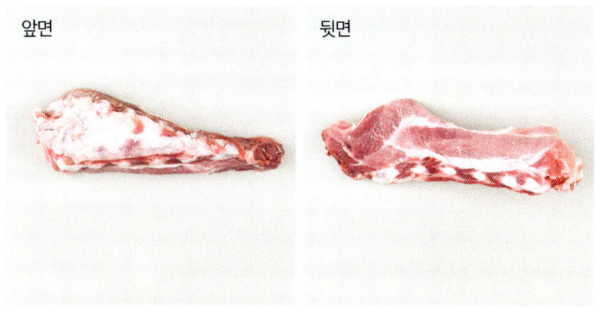

③ 마구리 maguri ★☆☆☆☆

부위 감별시 유의사항

1. '제1과제'는 소고기, 돼지고기 각 10개 부위씩 총 20개 부위를 7분 이내에 기술해야 한다. 시간적인 여유가 없으므로 아는 부위 위주로 먼저 쭉 기술해 나가고 시간이 남았을 경우 미기재 했던 부분을 써야 한다.
2. 각 시험장별/부위 작업자별/시험시간대 별로 위 부위 사진과는 다르게 보일 수 있다.

3 소고기·돼지고기 세절육 알기

세절육은 고기의 크기, 단면의 모양, 지방과 힘줄의 배치 등으로 구분할 수 있다. 단, 시험장마다 각자 다른 방식으로 모양을 잘라 나올 수 있기 때문에 세심한 관찰이 필요하다.

가. 소고기 세절육

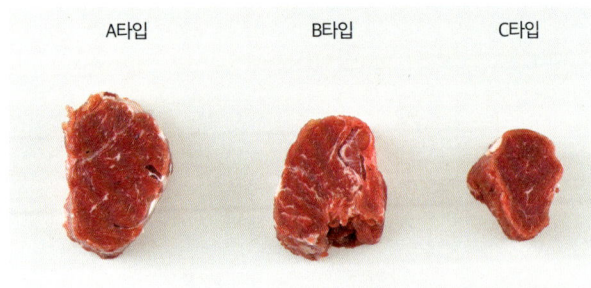

① 제비추리

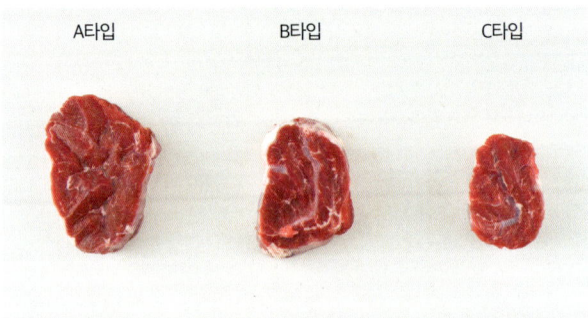

② 아롱사태

③ 채끝살

④ 업진살 (B타입)

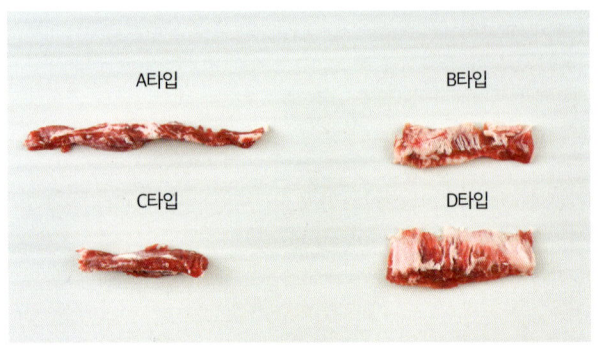

④ 업진살

⑤ 삼각살

나. 돼지고기 세절육

① 목심살

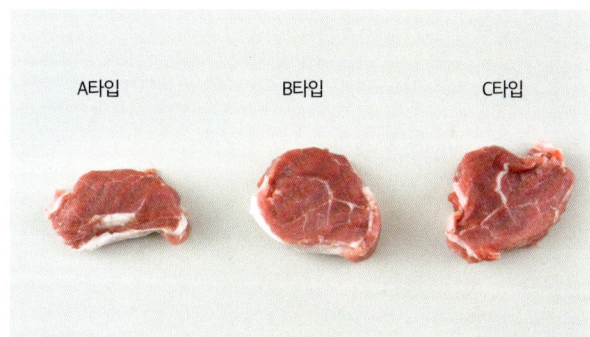

② 부채살

③ 도가니살

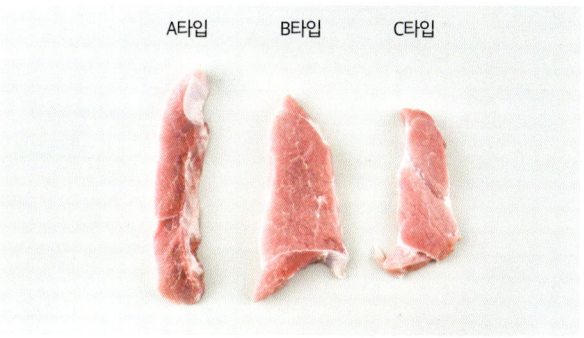

④ 설깃살

⑤ 항정살

05 돼지 2도체 3분할하기

1 갈비뼈 ④번과 ⑤번(또는 ⑤번과 ⑥번) 사이를 기준으로 수평이 되도록 절단한다.
2 치골 하단부를 기준으로 안심머리를 분리하여 장골(엉덩뼈) 끝부분까지 이어지도록 절단한다.

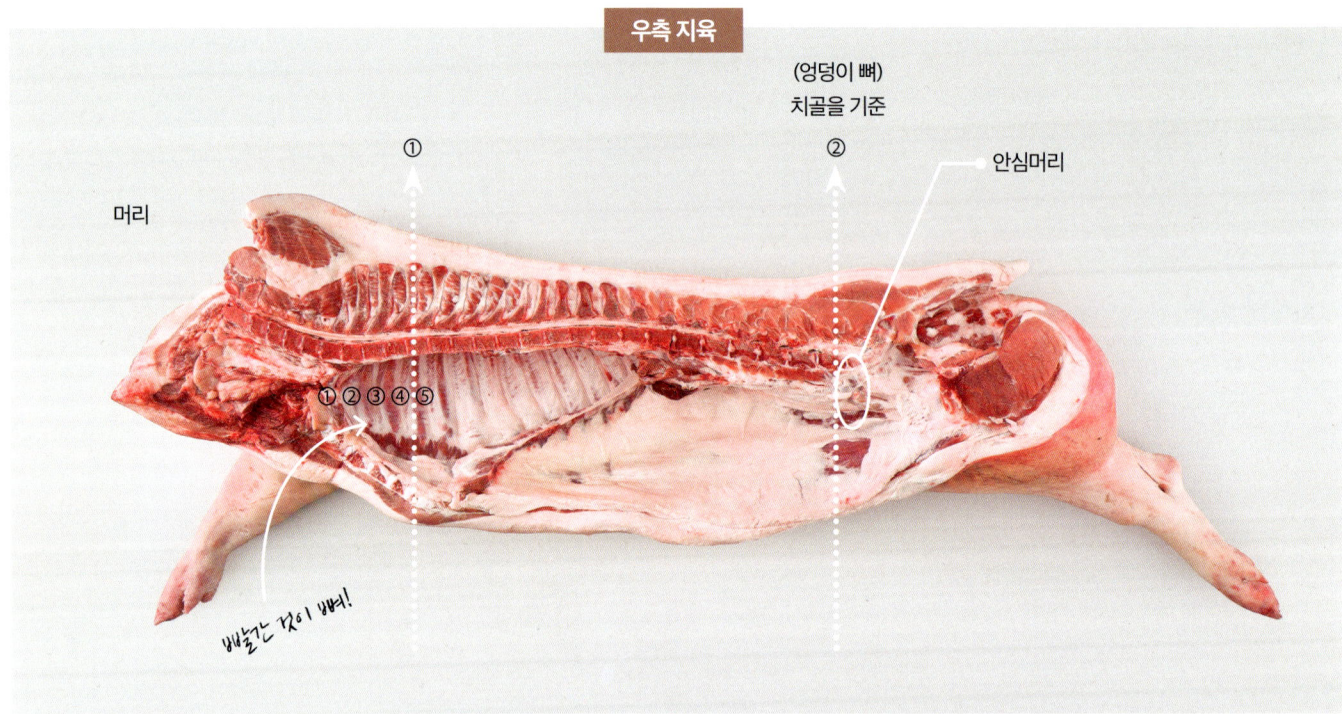

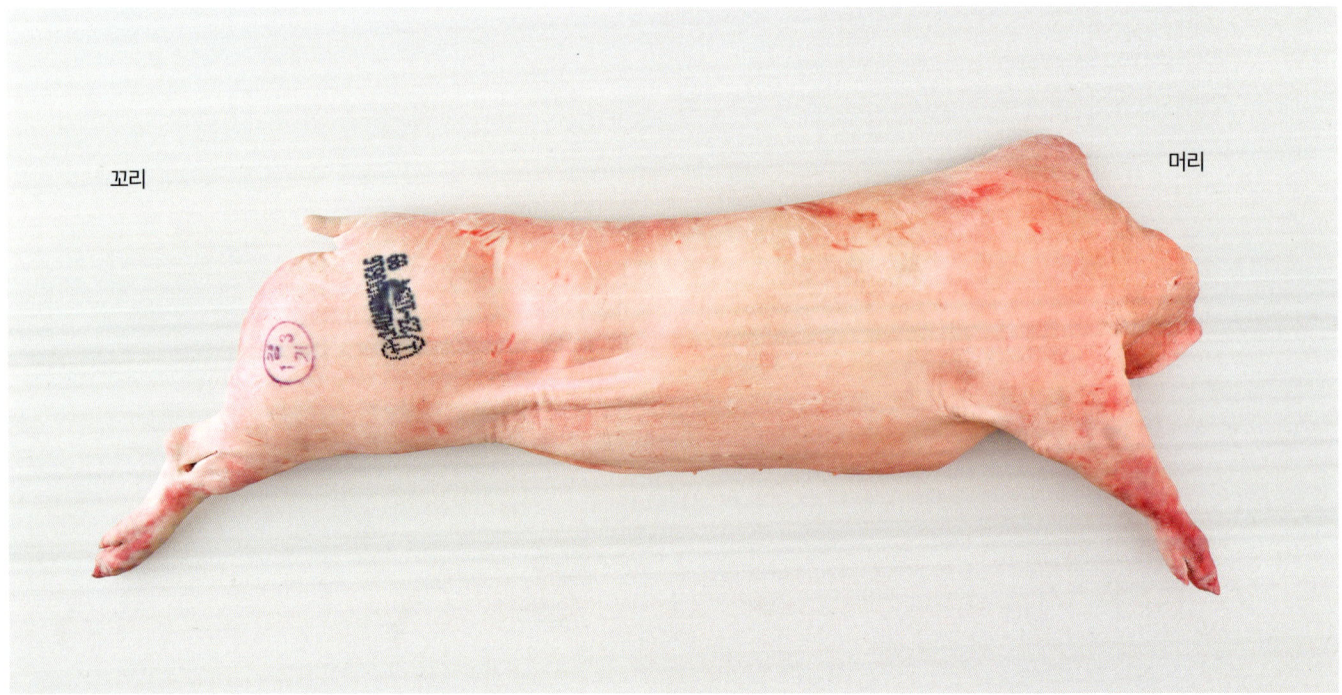

좌측 지육

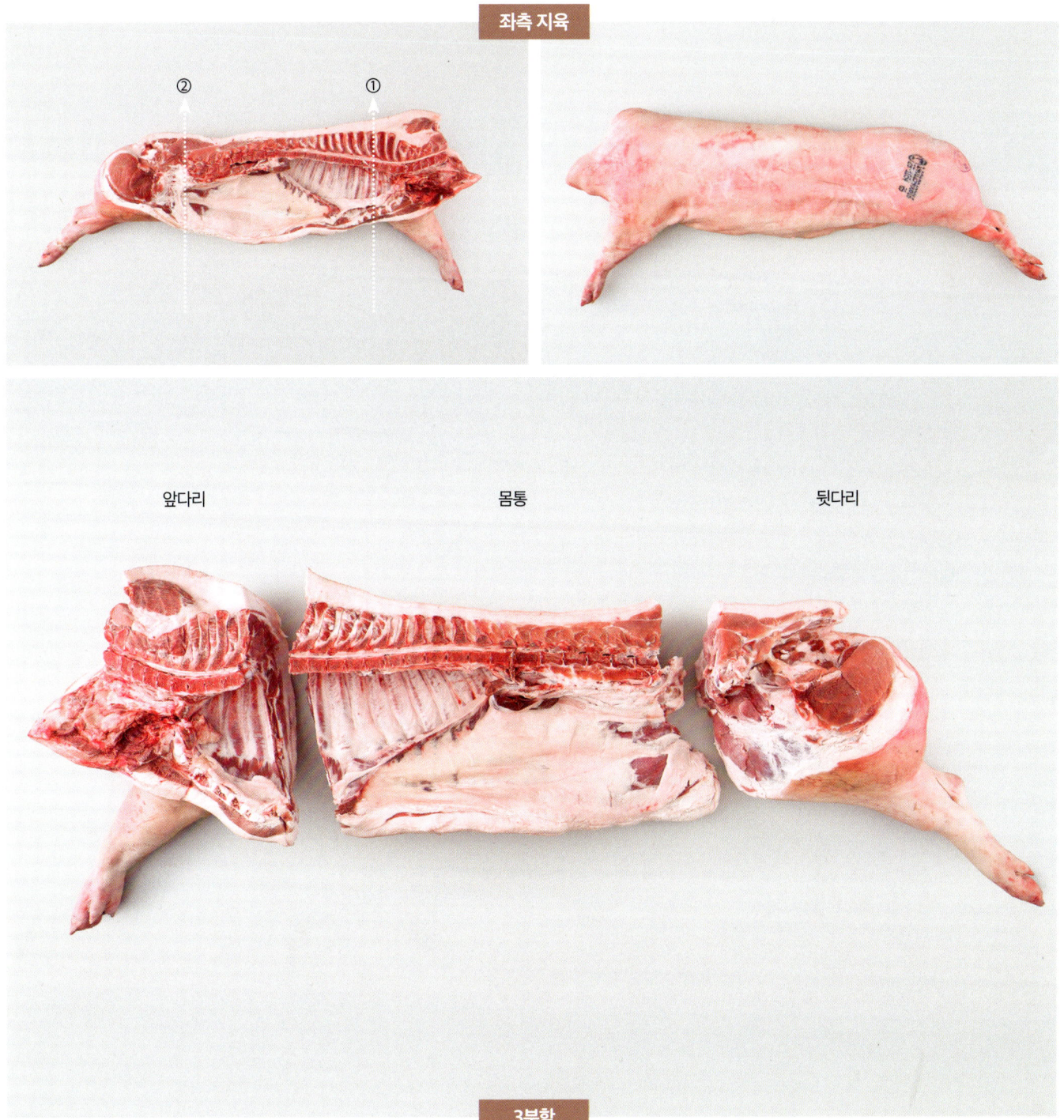

앞다리　　　몸통　　　뒷다리

3분할

06 돈지육 골격도

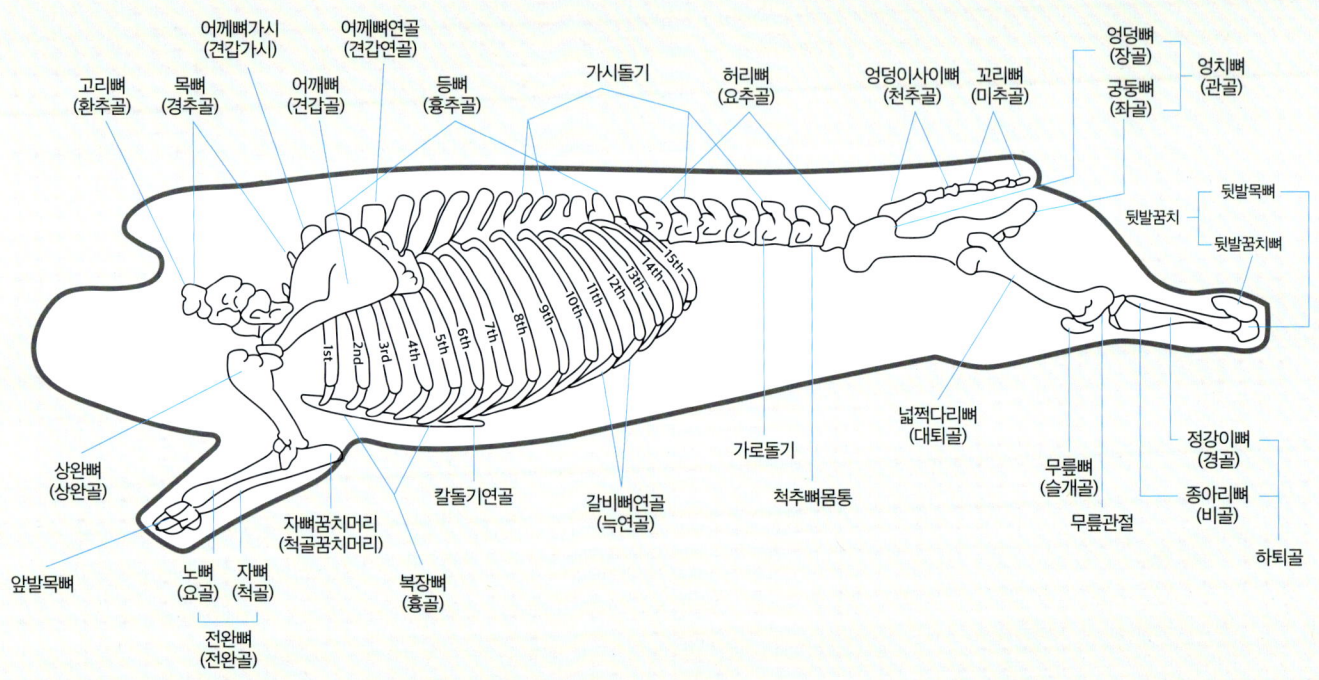

07 대분할 부위도

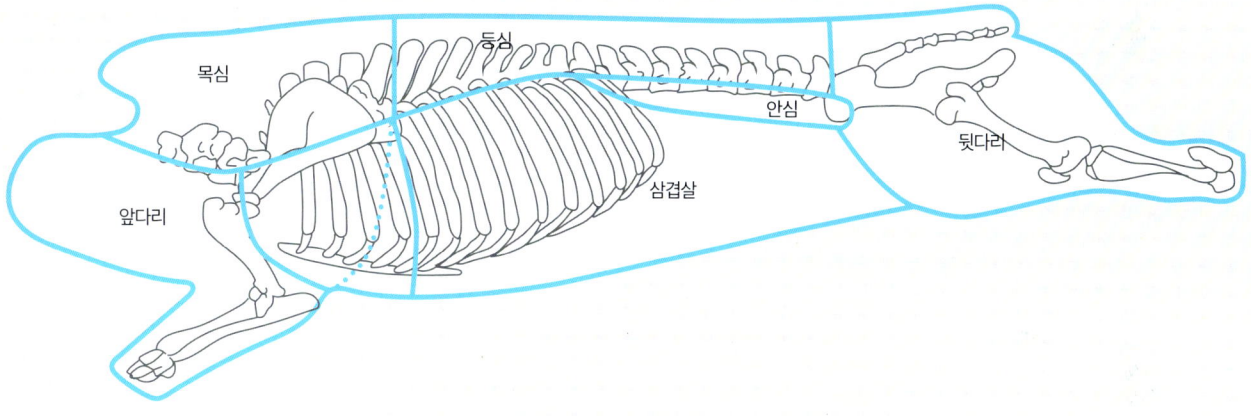

돼지 앞다리(오른쪽) 발골·정형

8 돼지 앞다리(오른쪽) 발골·정형

돼지 앞다리(오른쪽)
발골
동영상 보기

미리 보는 작업 순서

단족 제거
↓
갈비 목뼈 경계선 톱질하기
↓
갈비 분리
↓
목뼈 제거
↓
목살 분리
↓
전완골 제거
↓
견갑골 제거
↓
상완골 제거
↓
항정살 분리
↓
앞사태살 분리
↓
정형

돼지 앞다리(오른쪽) 구조 알기

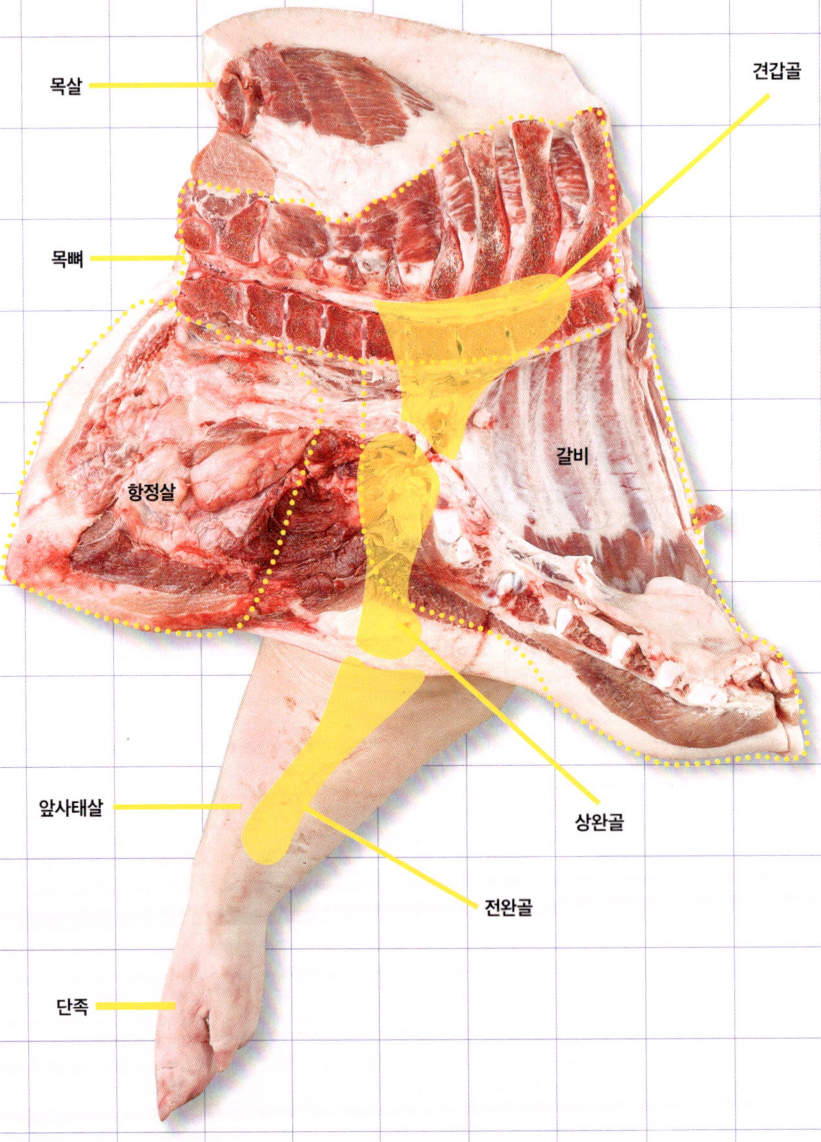

- 목살
- 목뼈
- 견갑골
- 항정살
- 갈비
- 앞사태살
- 상완골
- 전완골
- 단족

| 단족 제거 | → 갈비 목뼈 경계선 톱질하기 → 갈비 분리 → 목뼈 제거 → 목살 분리 → 전완골 제거 → 견갑골 제거 → 상완골 제거 → 항정살 분리 → 앞사태살 분리 → 정형 |

01 단족 제거

바깥잡기

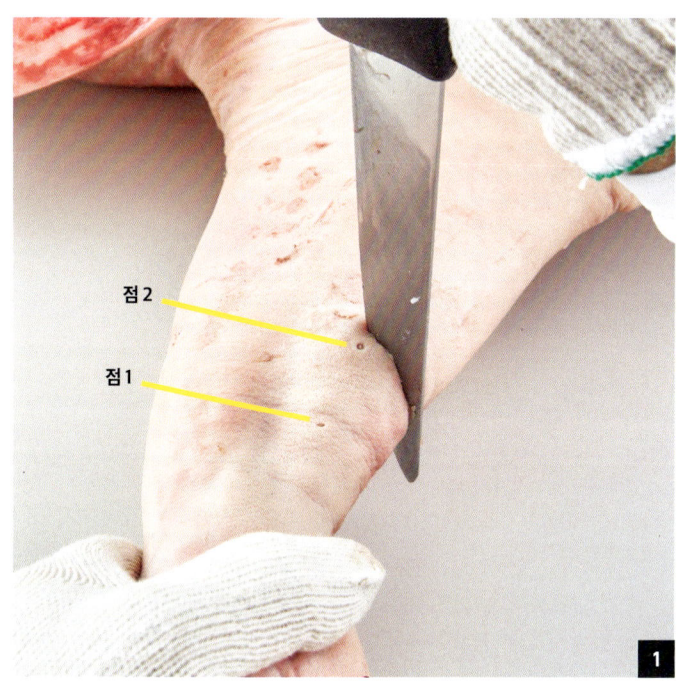

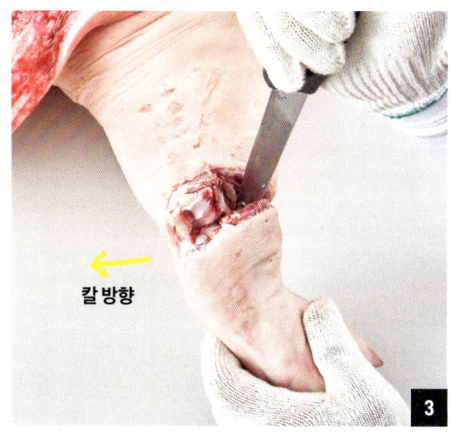
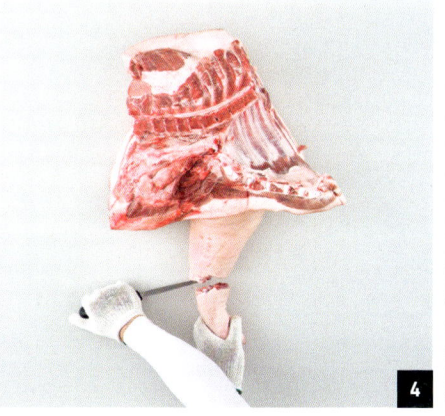
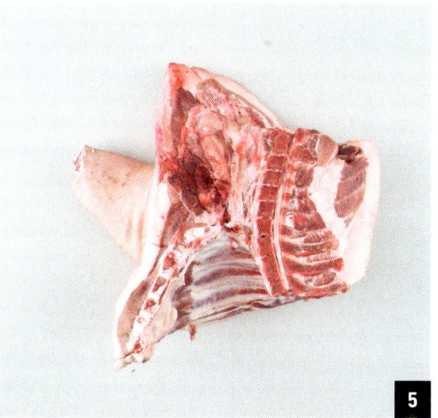

1 단족을 보면 두 개의 점이 있다 그중 위쪽에 있는, 사진처럼 두 번째 점 위에 칼을 넣어 칼집을 깊이 낸다.

2~4 왼손으로 단족의 끝을 잡고 흔들리는 방향으로 꺾으면서 관절 사이에 위치한 틈에 칼을 넣어 연결 부위를 끊어준다.

5 단족을 제거한 앞다리 다음 작업을 하기 쉽도록 사진처럼 시계방향으로 90도 돌려놓는다.

02 갈비와 목뼈 경계선 톱질하기

안쪽잡기

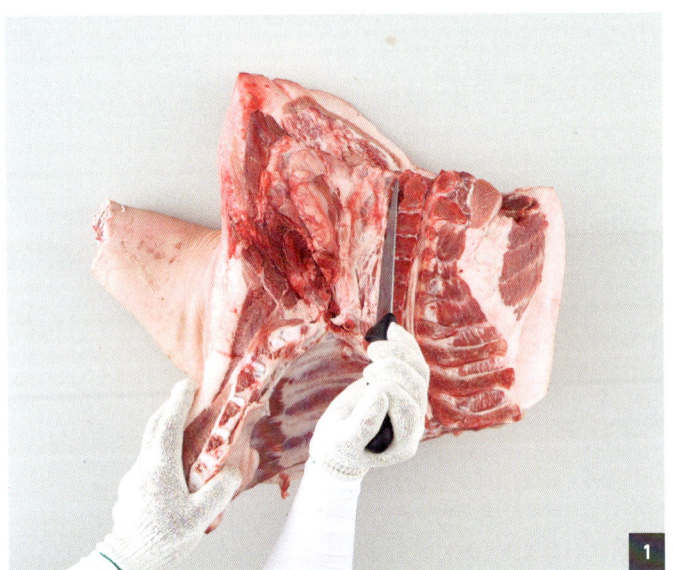
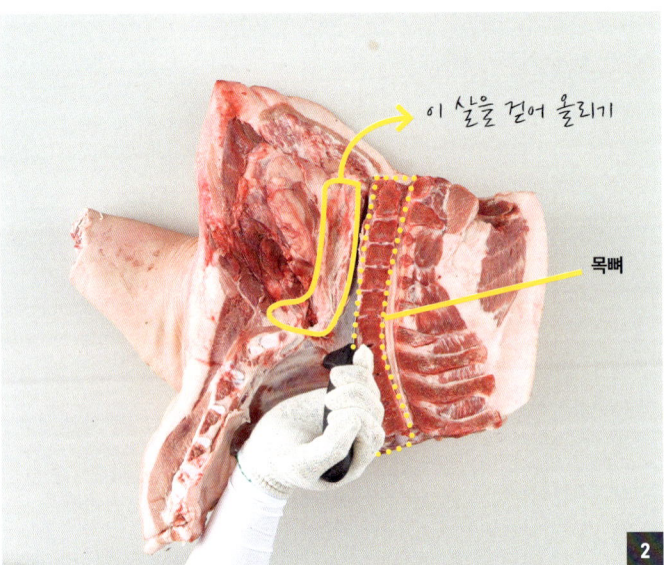
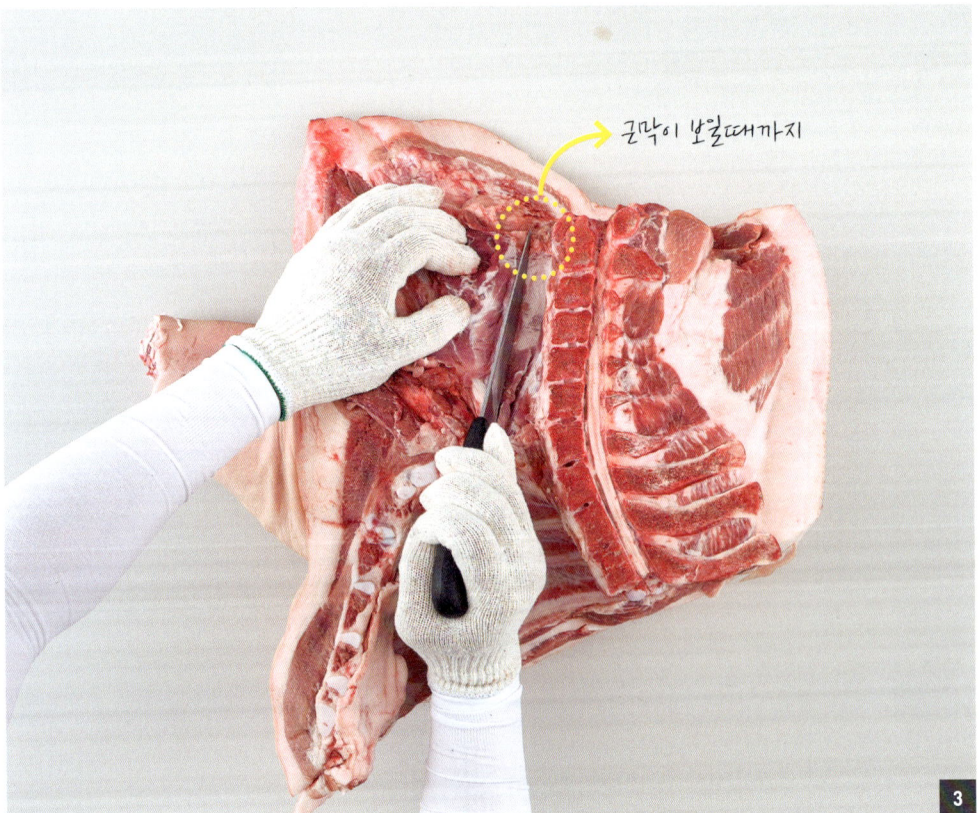

1~3 목뼈 좌측에 있는 살과의 경계선을 찾아 칼을 댄다. 살과 뼈 사이의 근막이 보일때까지 칼끝으로 긁듯이 칼질하며 살부분을 왼쪽(뼈 반대쪽)으로 걸어준다. 살을 자르는 게 아니라 뼈에서 칼로 살을 떠내듯 작업하는 것이다.

단족 제거 → (갈비 목뼈 경계선 톱질하기) → 갈비 분리 → 목뼈 제거 → 목살 분리 → 전완골 제거 → 견갑골 제거 → 상완골 제거 → 항정살 분리 → 앞사태살 분리 → 정형

톱질하기

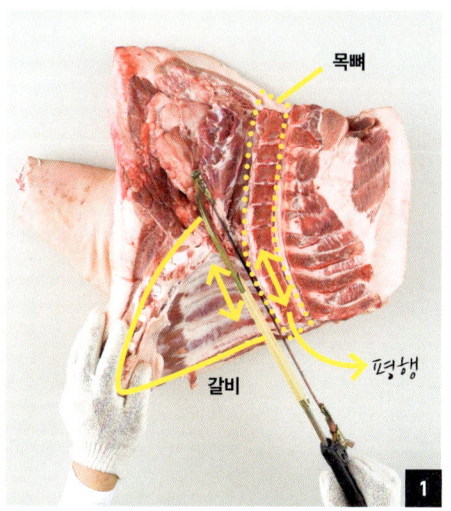 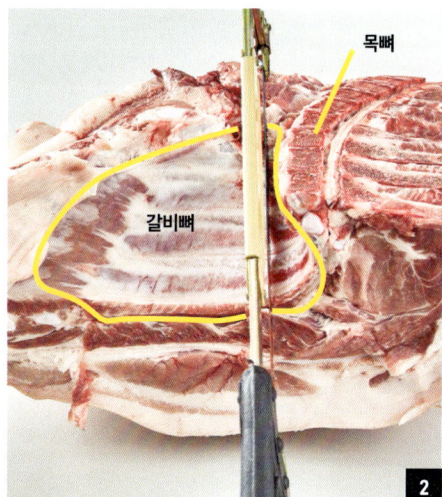 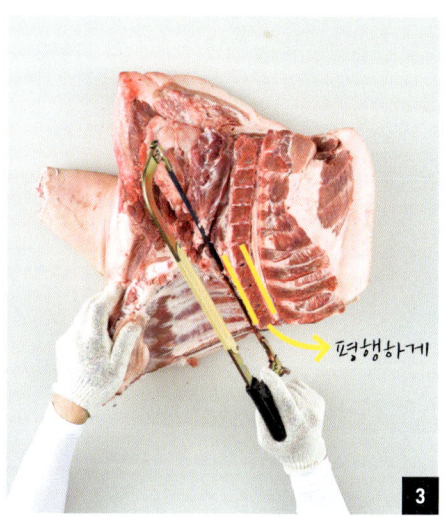

1~3 갈비와 목뼈 경계 지점에 평행이 되도록 톱날을 올려 위치를 잡는다.

4 톱을 수직으로 세워 톱질하여 갈비뼈를 절단한다. 이때 갈비뼈 아래에 위치한 앞다리살을 자르지 않도록 조심스럽게 뼈에만 톱질한다.
5 톱질이 끝나면 사진과 같은 모양으로 틈이 생긴다.

03 갈비 분리

안쪽잡기

1~2 톱질 한 틈 사이에 칼을 넣어 갈비뼈 아래에 위치한 앞다리살의 근막을 찾아 칼을 댄다.

3~4 근막을 찾을 때 사진처럼 왼손으로 갈비 부분을 눌러 톱질된 사이를 최대한 벌려준다. 근막에 칼질을 하여 분리한다.
5 작업이 끝나면 사진처럼 살과 뼈가 벌어져 있다.

단족 제거 → 갈비 목뼈 경계선 톱질하기 → (갈비 분리) → 목뼈 제거 → 목살 분리 → 전완골 제거 → 견갑골 제거 → 상완골 제거 → 항정살 분리 → 앞사태살 분리 → 정형

바로잡기

1 앞다리를 사진처럼 시계반대 방향으로 90도 돌려 놓는다.
2 사진 속 ①번 늑골뼈를 기준으로 왼쪽 5cm 정도의 위치에 칼로 살짝 표시를 한다.

 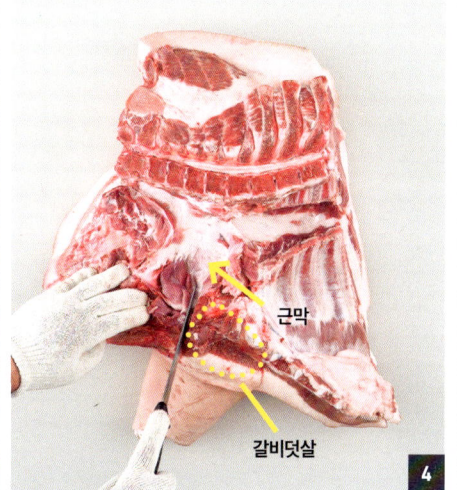 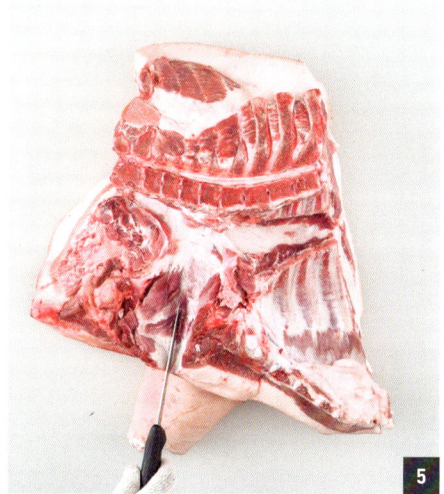

3~4 갈비덧살과 상완골 사이의 근막을 찾아가며 칼질하여 절개한다. 이때 왼손으로 살집을 눌러 벌려주며 잘 살핀다.
5 근막이 완전히 보일때까지 절개한다.

03 갈비 분리

바로잡기

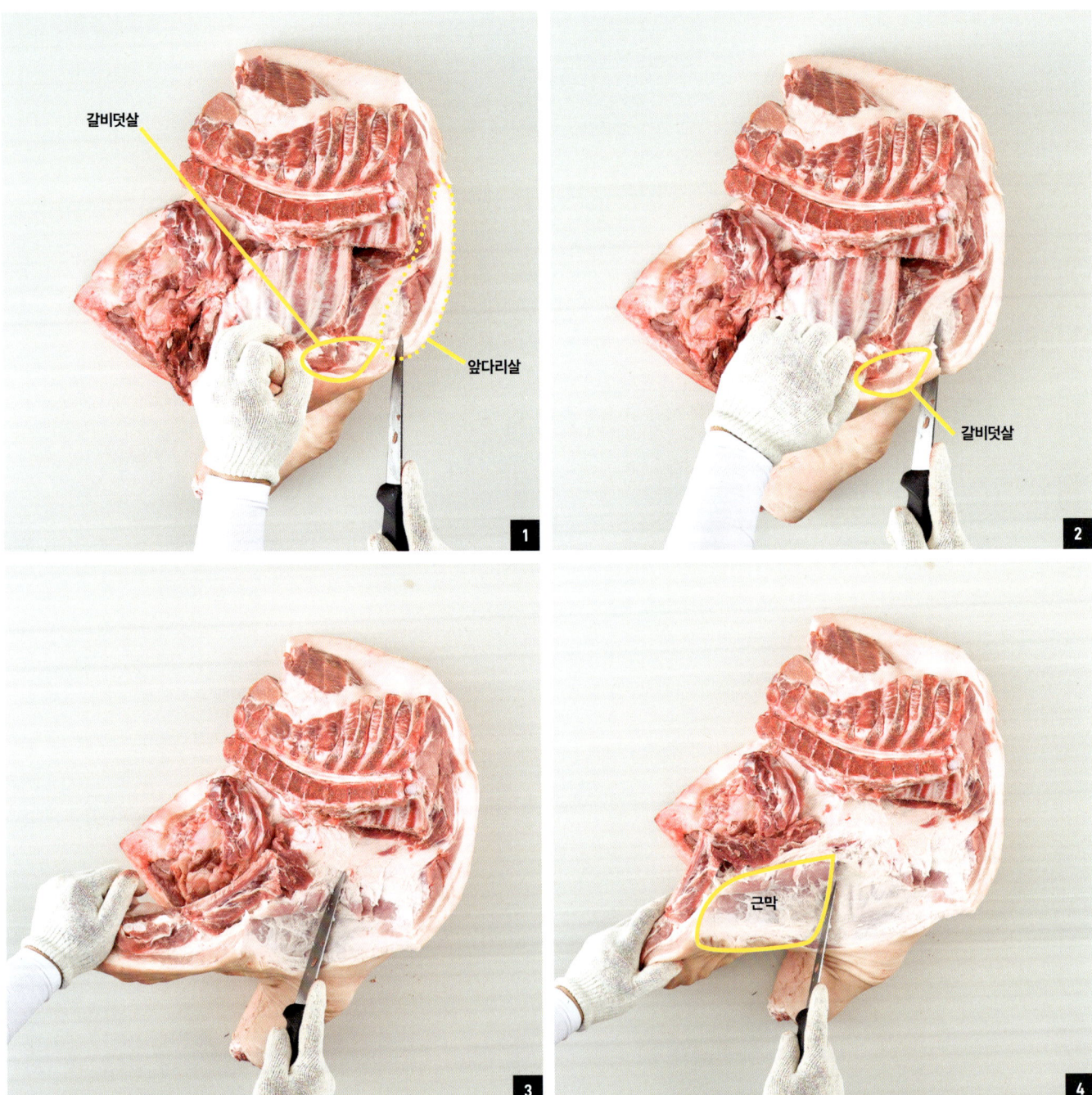

1~2 갈비덧살과 앞다리살 사이의 경계선에 위치한 근막을 찾아 칼질을 한다.
3~4 사진처럼 왼손으로 갈비를 들어올리며 조심스럽게 근막을 찾으며 작업하면 수월하다. 근막이 드러날수록 왼손으로 잡은 부분을 계속 당겨준다.

단족 제거 → 갈비 목뼈 경계선 톱질하기 → (갈비 분리) → 목뼈 제거 → 목살 분리 → 전완골 제거 → 견갑골 제거 → 상완골 제거 → 항정살 분리 → 앞사태살 분리 → 정형

바로잡기

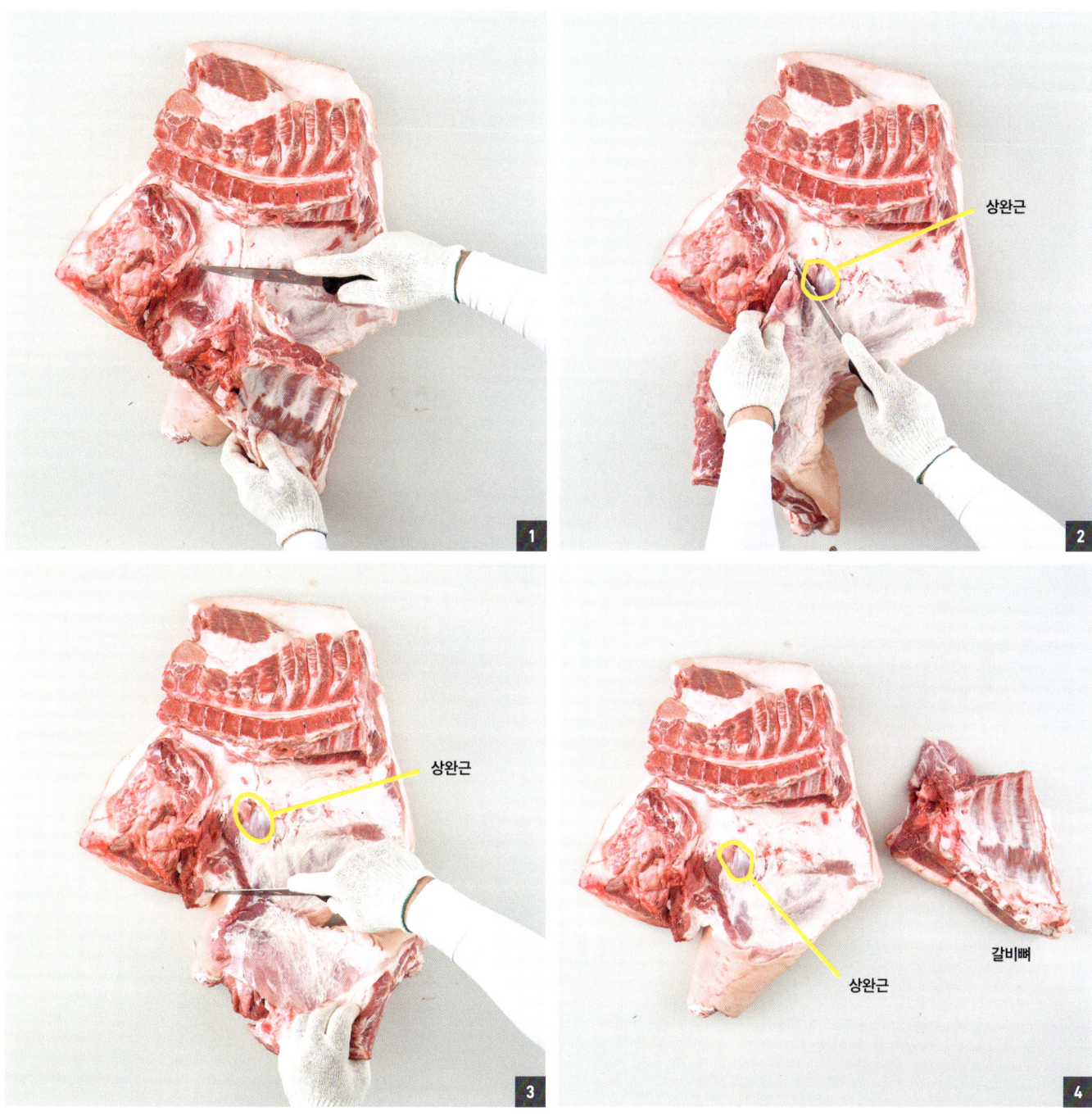

1 갈비뼈를 잡고 근막을 찾아 사진처럼 칼을 댄다.
2~4 상완근 앞에서 몸쪽으로 갈비를 잡아당기면서 갈비를 분리한다. 이때 역시 칼끝으로 근막을 찾아가며 끊어주면 갈비를 쉽게 떼어낼 수 있다.

04 목뼈 제거

🔪 안쪽잡기

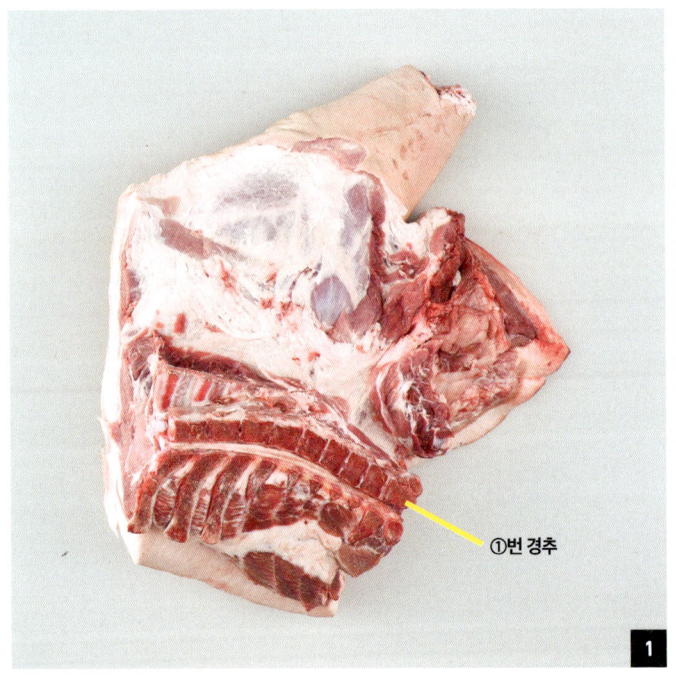
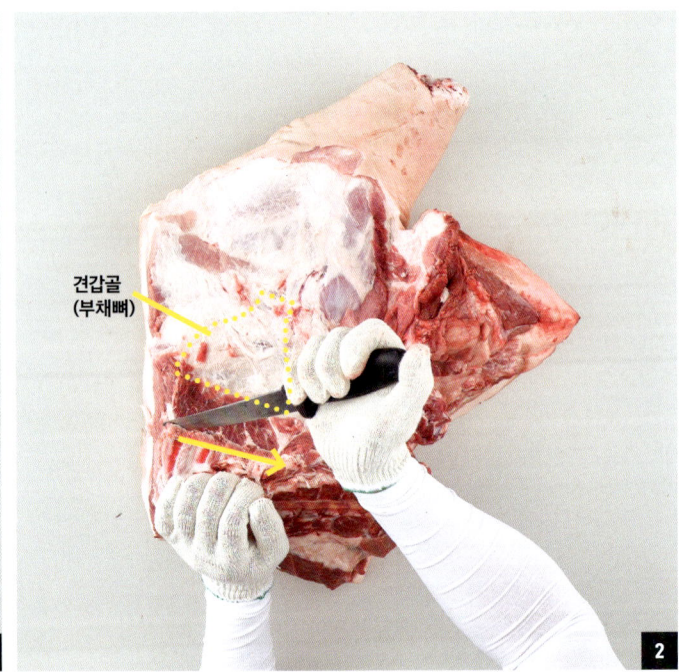
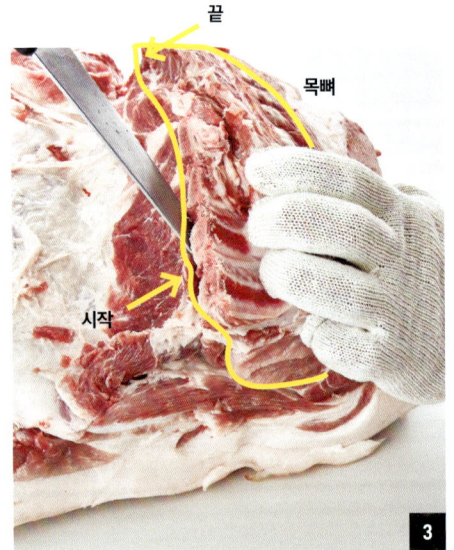
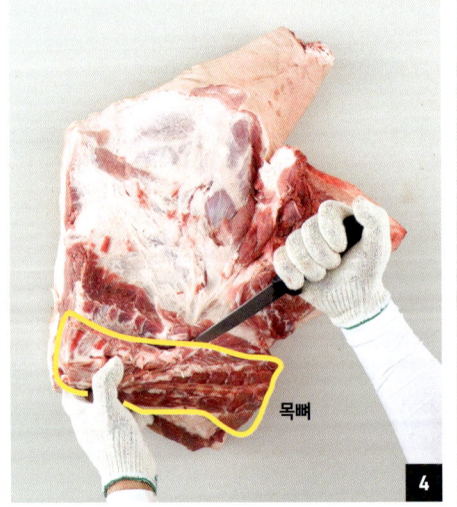
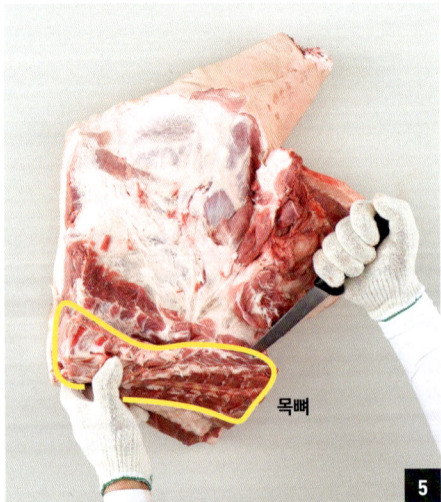

1 갈비뼈 제거 후 사진처럼 앞다리를 180도 돌려 놓는다.

2~5 톱질된 갈비뼈 밑에 칼을 바짝 대고 최대한 살을 붙이지 않고 ①번 경추까지 칼로 긁어낸다. 이때, 목뼈를 몸쪽으로 당기며 살짝 들어올리면서 작업한다.

단족 제거 → 갈비 목뼈 경계선 톱질하기 → 갈비 분리 → (목뼈 제거) → 목살 분리 → 전완골 제거 → 견갑골 제거 → 상완골 제거 → 항정살 분리 → 앞사태살 분리 → 정형

안쪽잡기

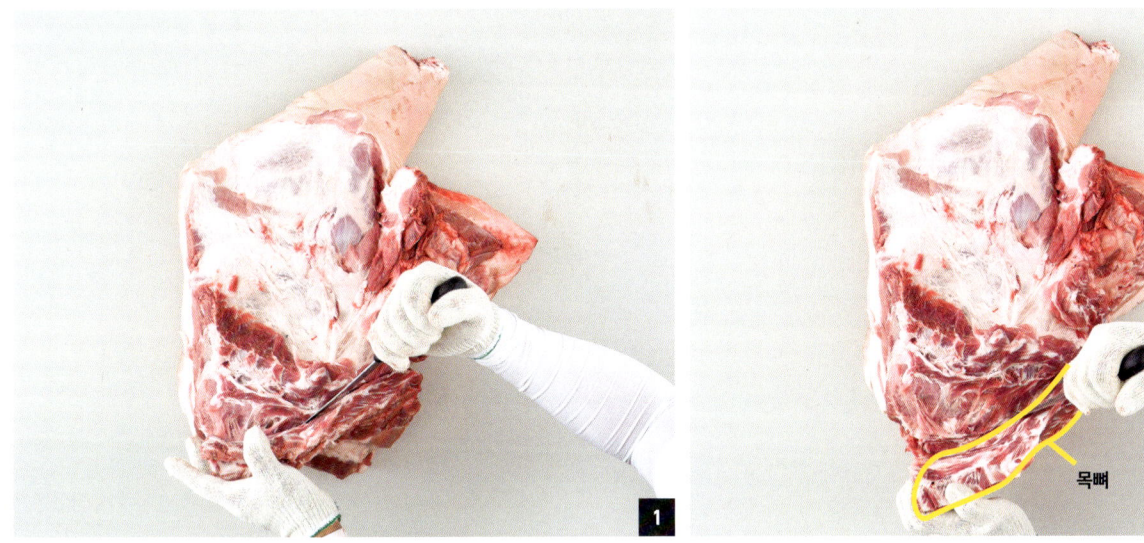

1~2 목뼈가 90도로 꺾일 정도로 들리면 그때부터는 목살쪽에 칼이 들어가지 않도록 조심스럽게 작업해야 한다.

바로잡기

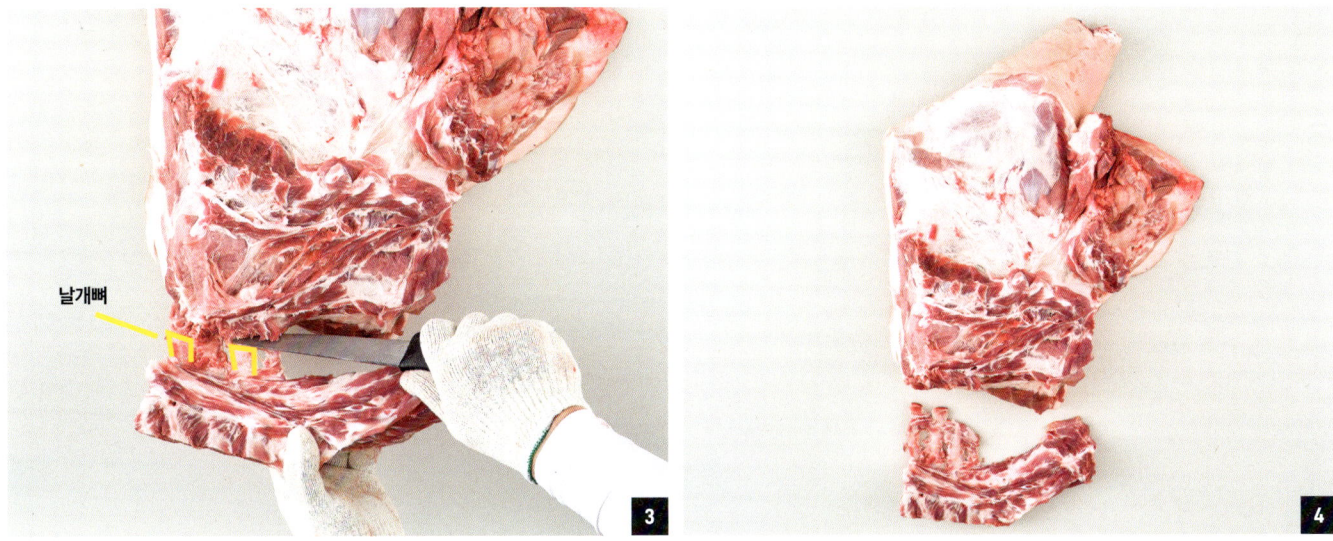

3~4 칼날을 최대한 뼈쪽으로 향하게 하여 목뼈를 분리한다. 이때 왼쪽 끝에는 사진처럼 생긴 날개뼈가 있으니 뼈나 살이 잘리지 않게 잘 찾아가며 작업한다.

05 목살 분리

바로잡기

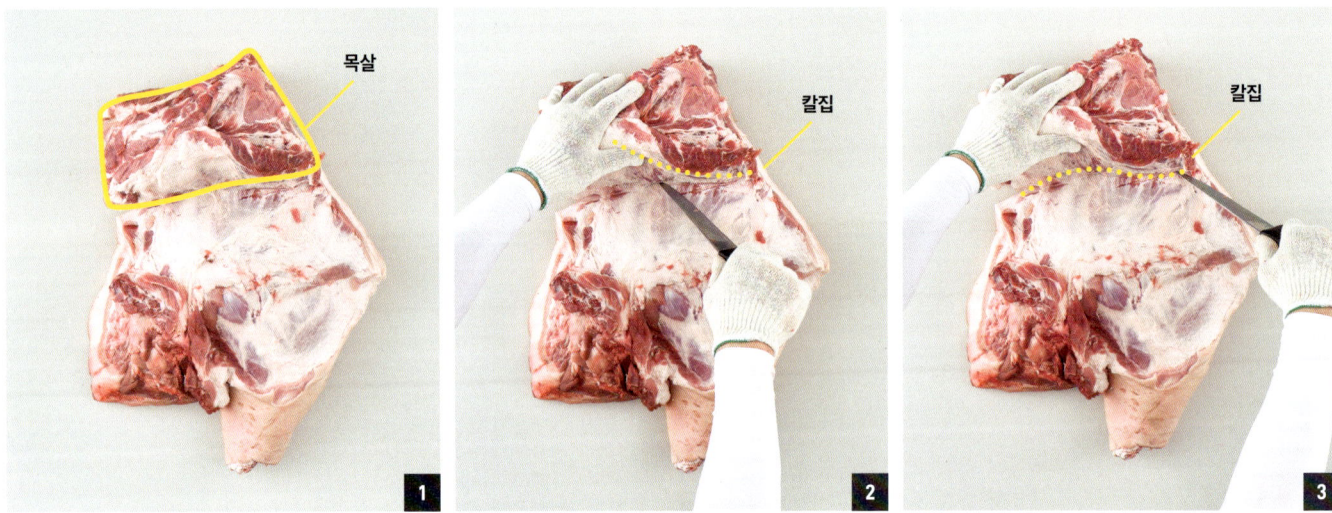

1 목뼈 제거 후 앞다리를 180도로 돌려 사진처럼 놓는다.
2~3 목살과 앞다리살의 경계를 따라 앞다리살 아래에 있는 견갑골 위쪽을 왼쪽에서 오른쪽으로 가며 칼집을 내어준다. 골막이 확실이 보일 때까지 반복한다.

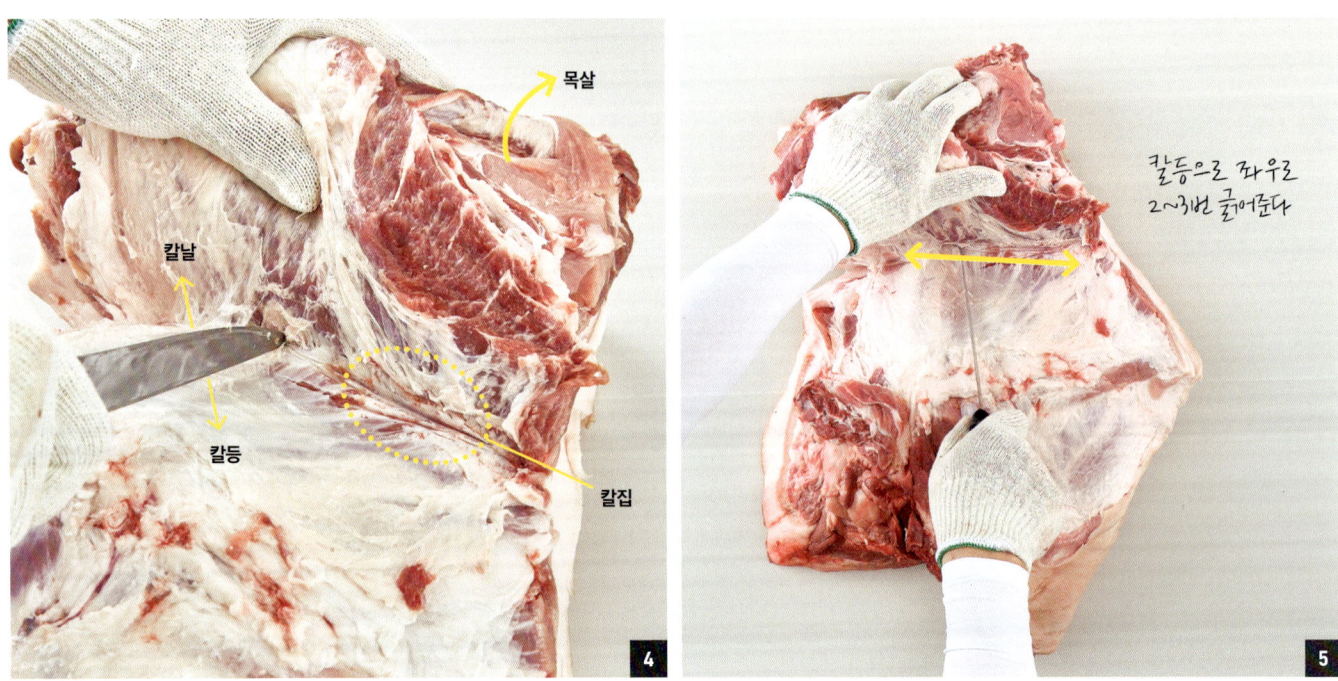

4 칼날을 뒤집어 사진처럼 고기 위에 칼을 직각으로 세워 놓는다.
5 칼등으로 견갑골을 좌우로 3~4번 긁어준다. 이때 왼손으로 목살을 잡고 위쪽으로 밀어올리면서 작업한다.

단족 제거 → 갈비 목뼈 경계선 톱질하기 → 갈비 분리 → 목뼈 제거 → (목살 분리) → 전완골 제거 → 견갑골 제거 → 상완골 제거 → 항정살 분리 → 앞사태살 분리 → 정형

바로잡기

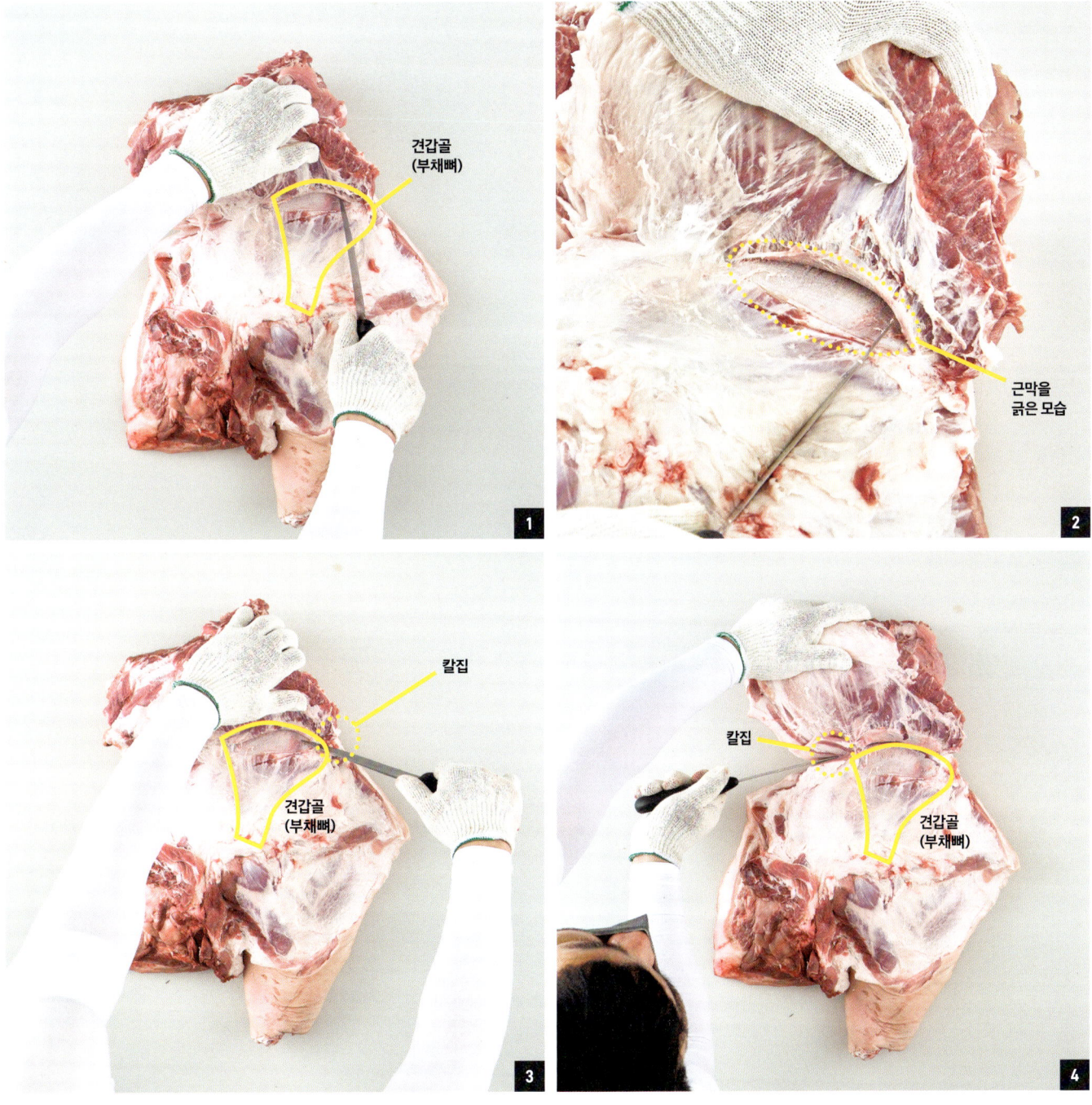

1~2 칼등으로 견갑골 위를 좌우로 긁다보면 **2**의 사진처럼 견갑골이 보인다. 이때 왼손으로 목살을 잡고 위쪽 12시 방향으로 밀어준다.
3~4 칼을 바로잡기하여 견갑골 좌우측에 붙어있는 골막에 칼집을 낸다.

05 목살 분리

바로잡기

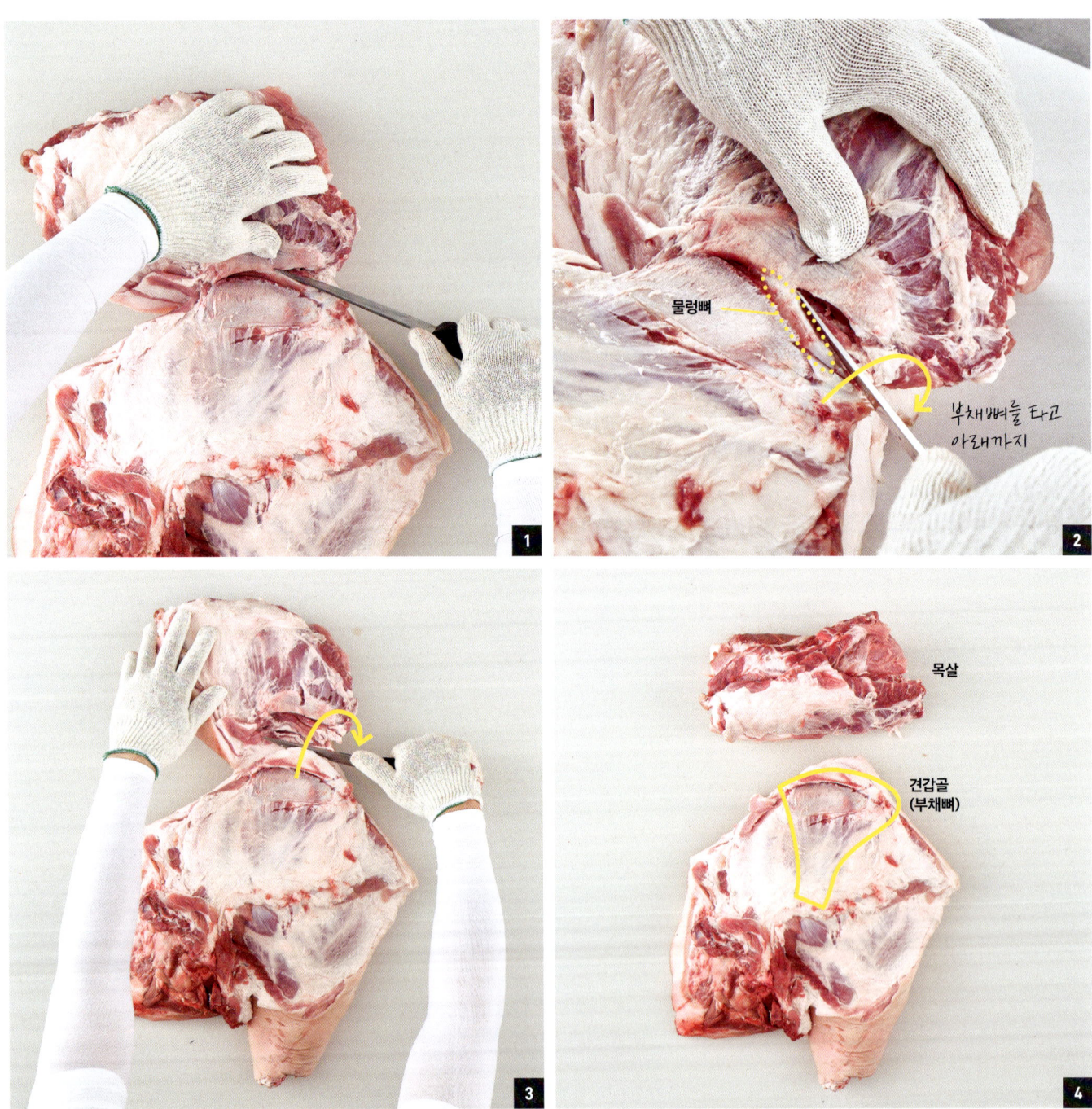

1 왼손으로 목살을 잡고 위쪽 12시 방향으로 밀어내면서 견갑골 끝자락에 위치한 물렁뼈가 나타나면 칼로 잘라 목살을 도려낸다.
2~4 이때 견갑골에 붙어 있는 물렁뼈의 모양을 따라 아래쪽까지 포물선을 그리며 칼질을 하여 목살을 분리하는 게 맞다.

06 전완골 제거

바로잡기

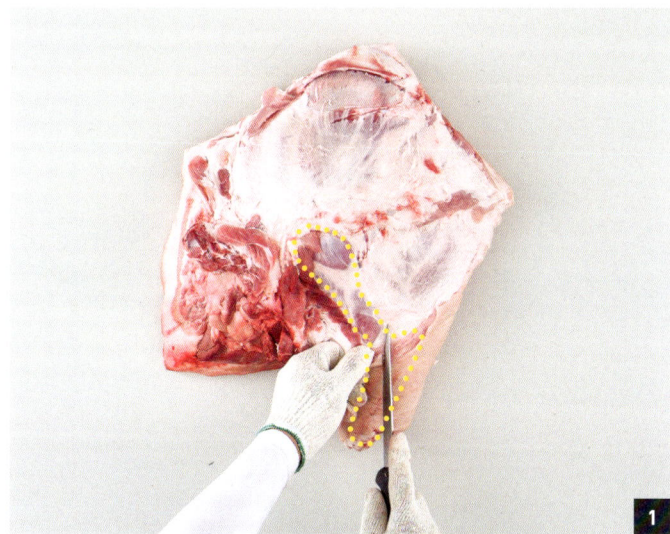 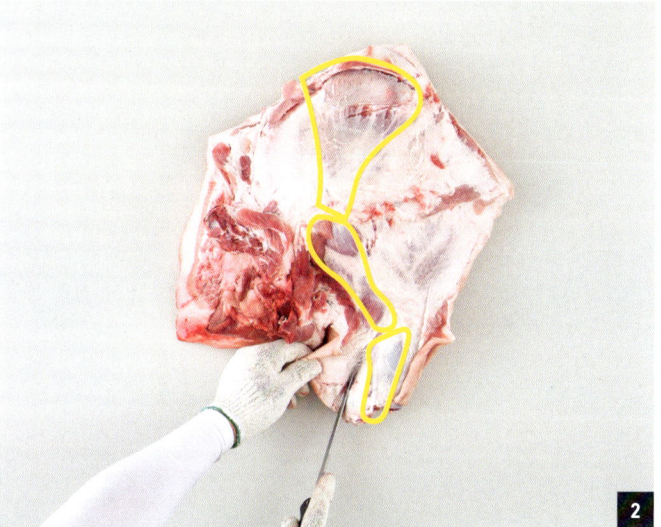

1~2 전완골을 덮고 있는 앞사태 껍데기에 칼집을 내어 벌려준다. 이때 칼을 전완골의 왼쪽에 있다.

바깥잡기

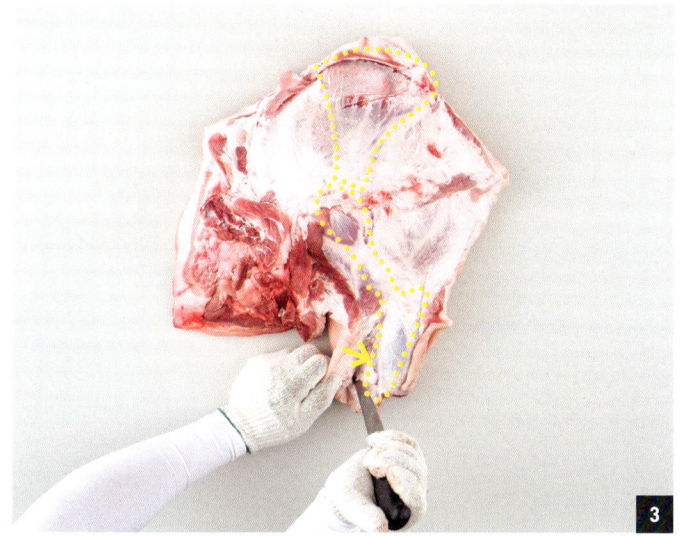 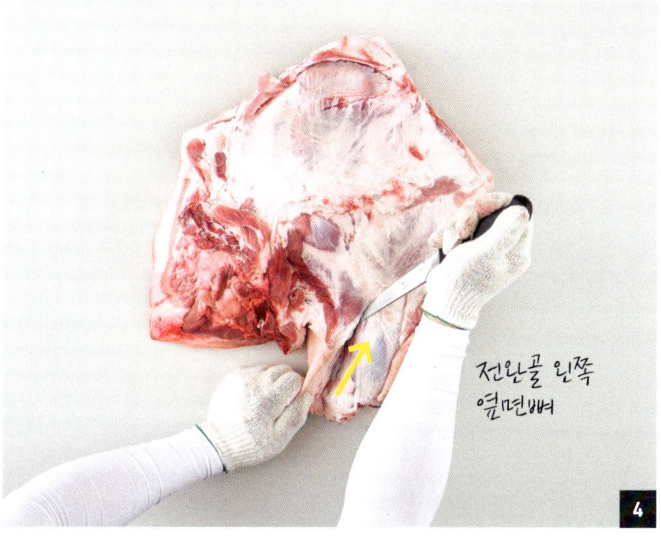

3 칼을 바꿔 잡고 전완골의 왼쪽에 칼을 대어 아래쪽의 사태를 벌려준다.

4 전완골의 왼쪽 옆면을 타고 1시 방향으로 뼈를 긁어올라 가며 칼질을 한다.

06 전완골 제거

바깥잡기

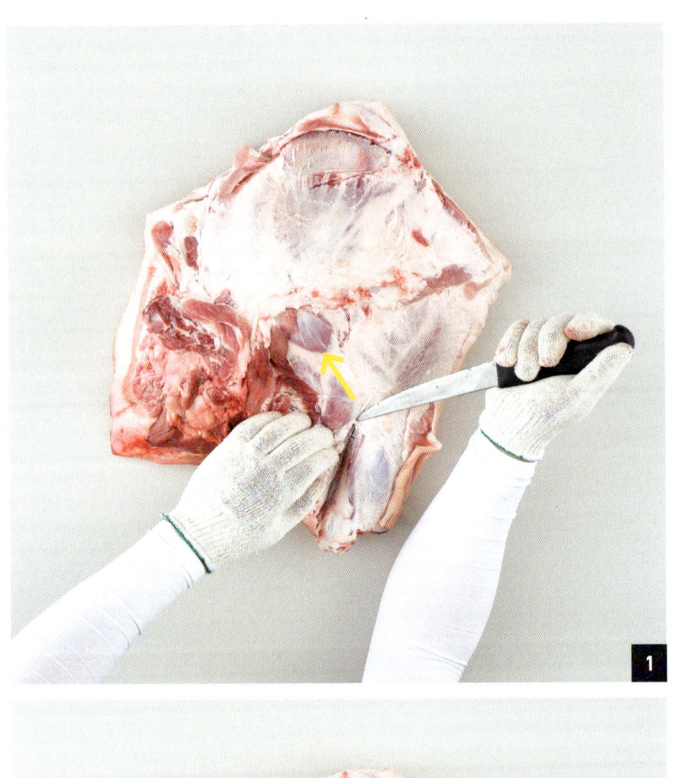
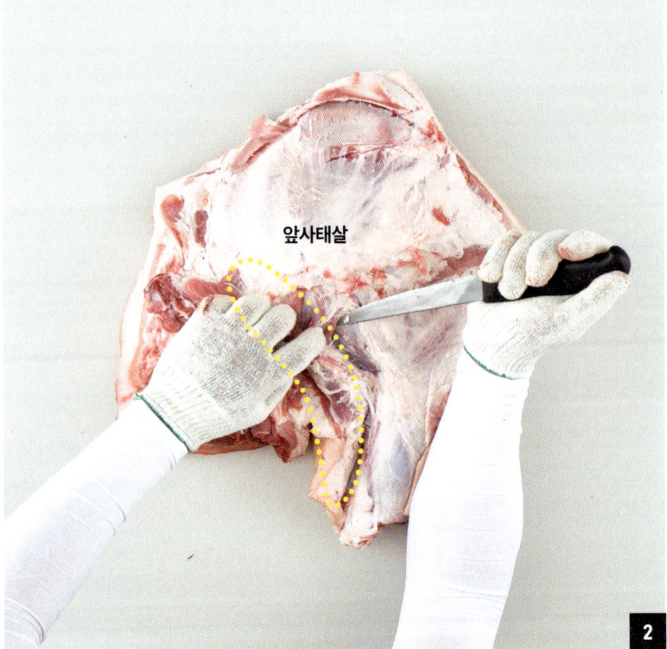
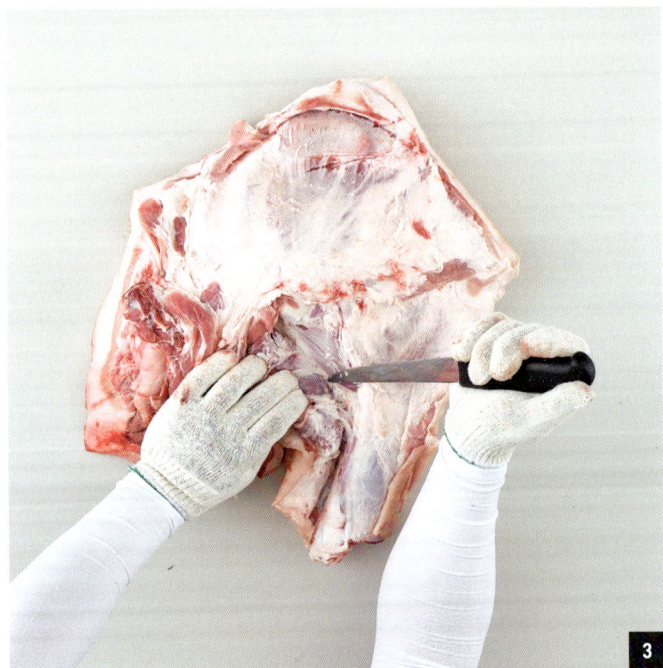
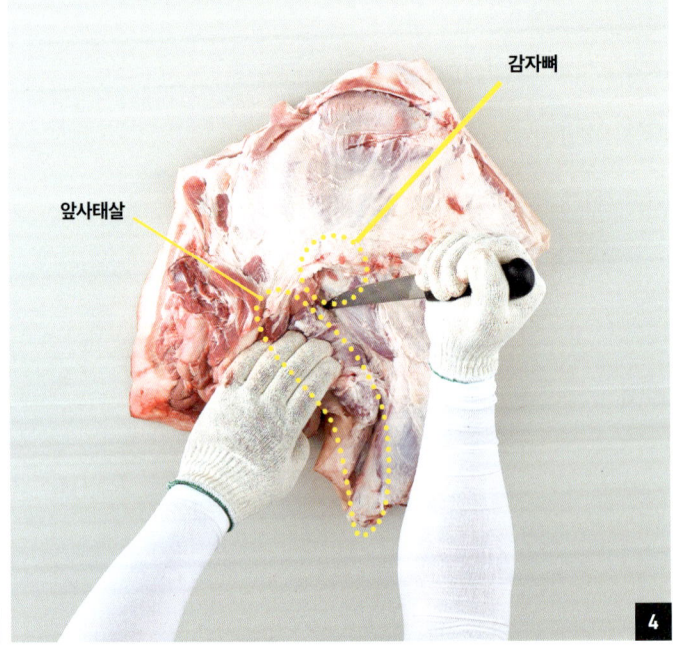

1~2 칼을 상완골과 평행한 방향으로 놓고 왼쪽 위, 11시 방향으로 뼈를 타고 긁어준다.
3 상완골을 타고 긁어 올라갈 때 왼손은 사태살을 잡고 왼쪽으로 계속 당겨준다.
4 사태살을 당겨주면서 상완골 위쪽에 있는 통칭 '감자뼈'가 있는 곳까지 긁어준다.

단족 제거 → 갈비 목뼈 경계선 톱질하기 → 갈비 분리 → 목뼈 제거 → 목살 분리 → (전완골 제거) → 견갑골 제거 → 상완골 제거 → 항정살 분리 → 앞사태살 분리 → 정형

안쪽잡기

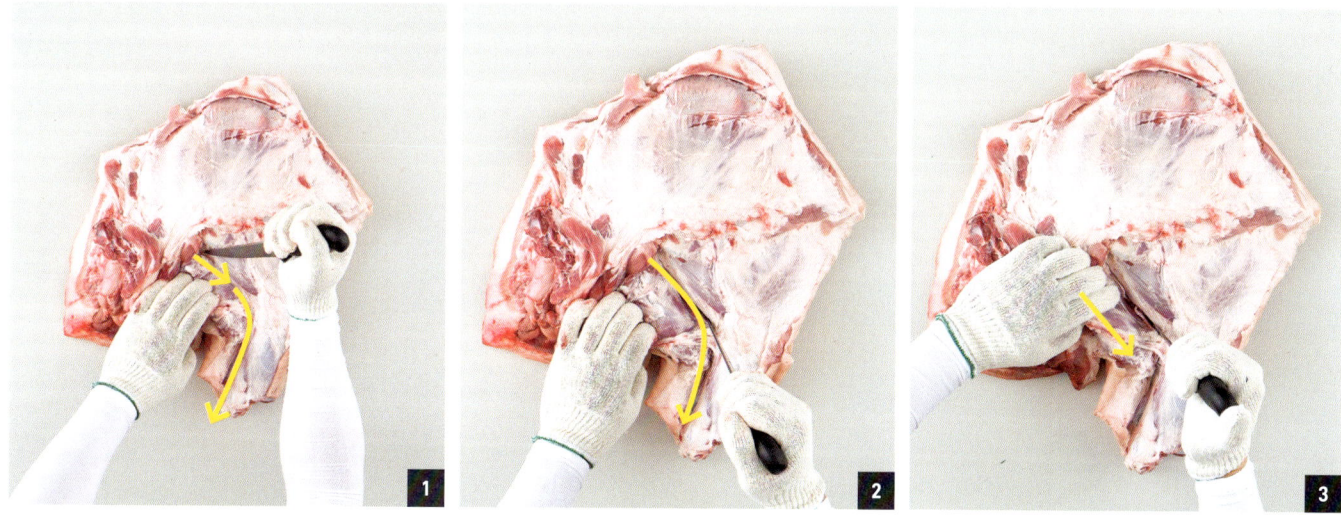

1~3 칼을 바꾸어 잡고 다시 아래 방향으로 상완골을 긁어주면서 타고 내려온다. 상완골 위쪽에서 하태골 아래쪽까지 쭉 내려가며 칼을 그어준다. 이때 뼈 옆면을 칼로 긁어 내려오는 느낌이 맞다.

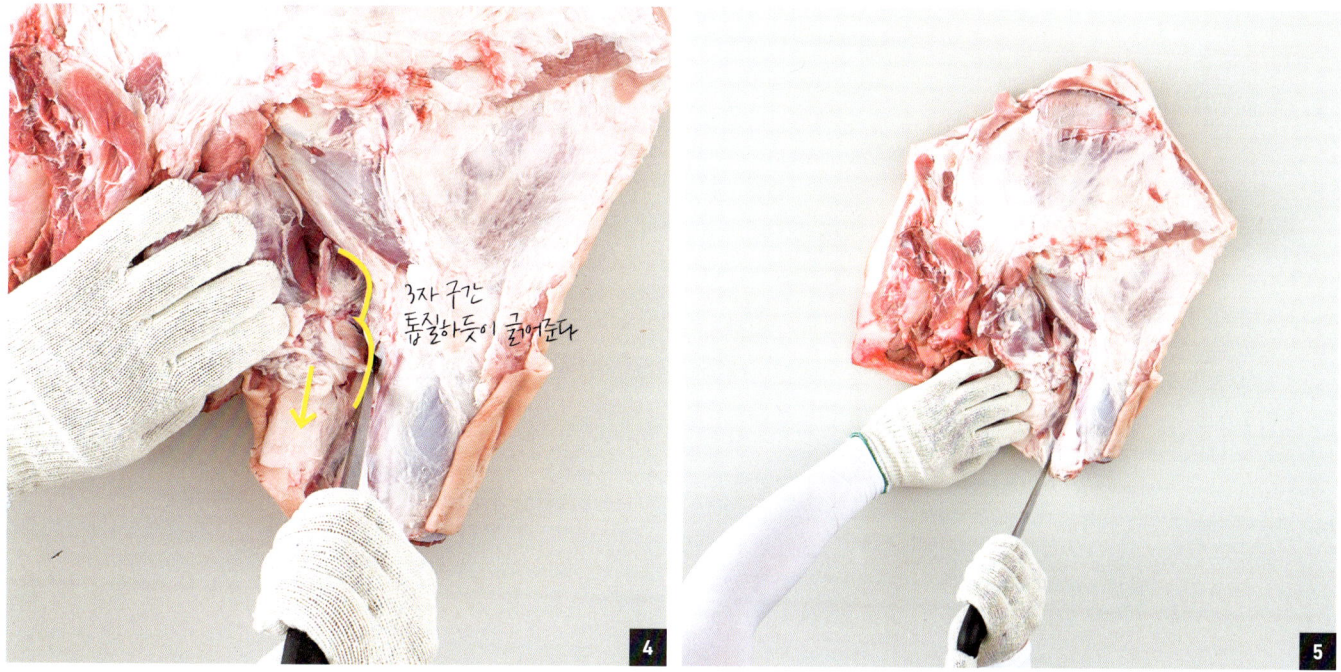

3자 구간 톱질하듯이 긁어준다

4~5 중간에 뼈가 3자처럼 생긴 곳 역시 칼을 뼈에 바짝 붙여 그 모양을 따라가며 칼질한다. 굴곡이 있으니 톱질하듯 긁으며 칼질해야 한다.

돼지 앞다리(오른쪽) 발골·정형

06 전완골 제거

안쪽잡기

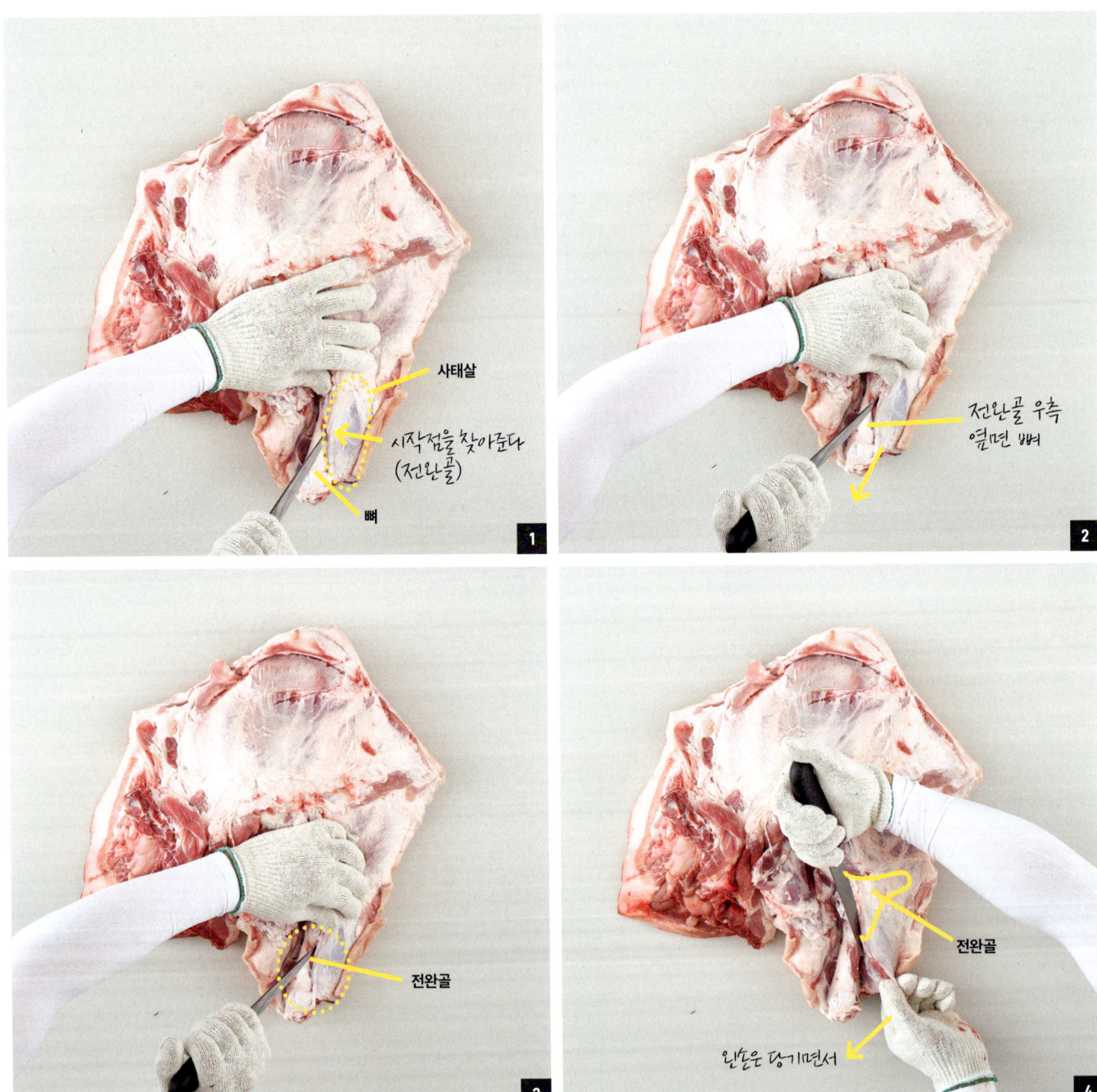

1~3 전완골 좌측의 살을 뼈와 분리했으니 이번에는 뼈 우측에 칼을 대고 아래쪽으로 뼈를 긁으면서 사태를 벌려준다.
4 몸을 우측으로 이동하여 사진처럼 왼손으로 사태살을 잡고 뼈를 타고 긁듯이 칼질한다. 이때 4 의 사진을 참고하여 전완골의 툭 튀어나온 뼈 생김새를 염두에 두자.

단족 제거 → 갈비 목뼈 경계선 톱질하기 → 갈비 분리 → 목뼈 제거 → 목살 분리 → 전완골 제거 → 견갑골 제거 → 상완골 제거 → 항정살 분리 → 앞사태살 분리 → 정형

안쪽잡기

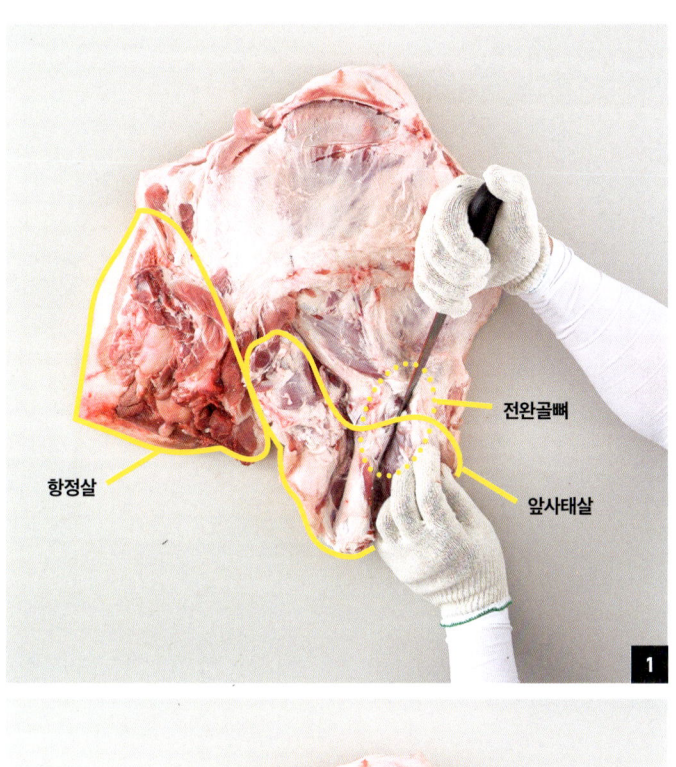
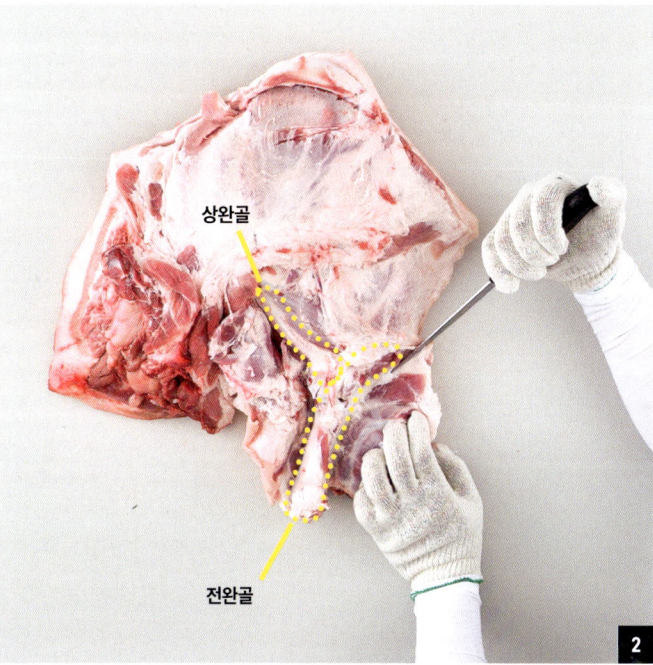
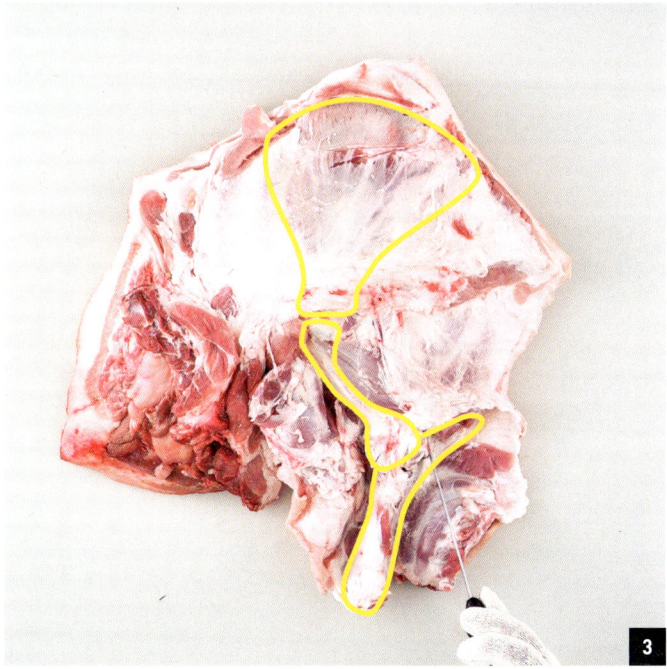
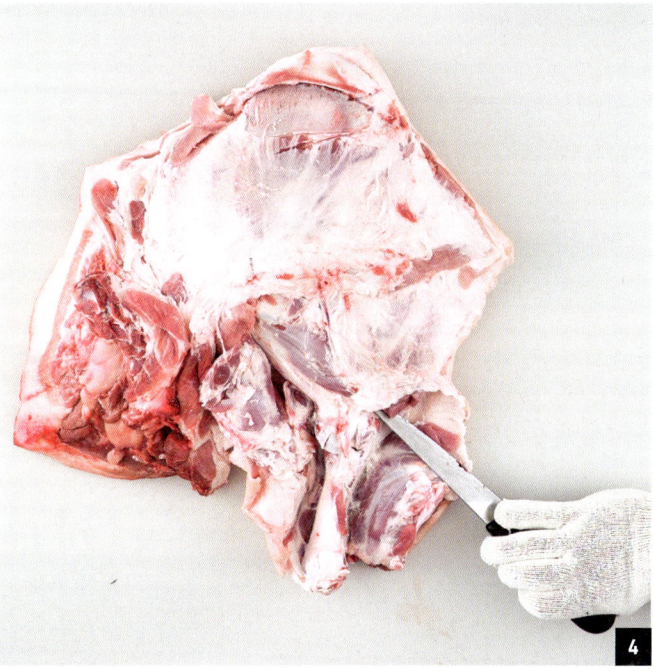

1~2 왼손으로 앞사태살을 잡아당기면서 전완골의 돌출된 뼈가 보일때까지 칼로 긁어준다.
3 상완골과 전완골 연결부위에 사진처럼 칼을 댄다.
4 사진처럼 전완골의 돌출된 뼈와 칼면이 수평이 되도록 놓고 살을 걷어준다.

06 전완골 제거

안쪽잡기

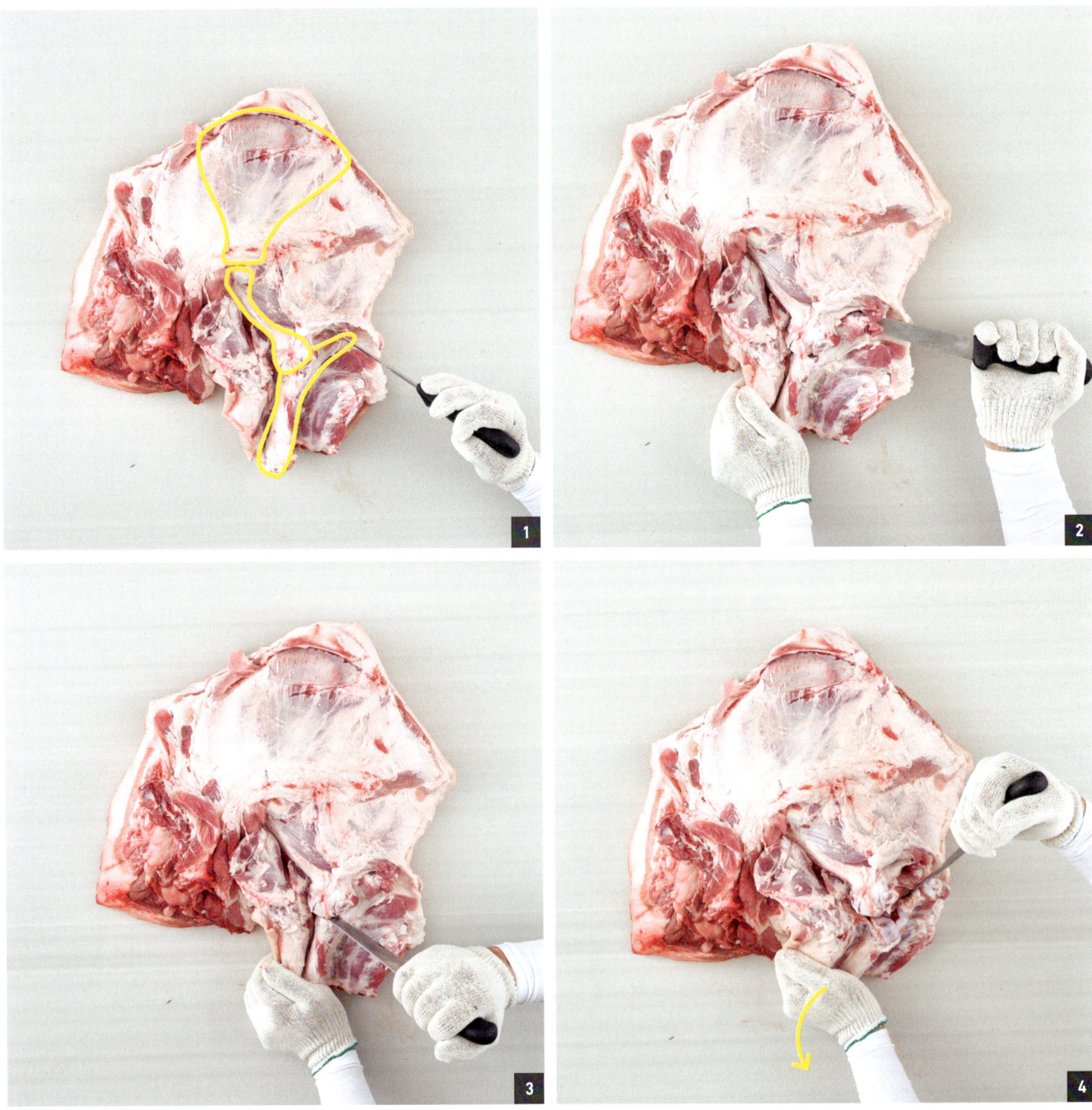

1 전완골 돌출부위를 따라 칼로 긁어가며 완전히 찾아준다.
2 칼면을 전완골 아래쪽 뼈와 수평을 맞추어 눕혀 놓고 칼질하여 살을 분리한다.
3~4 전완골과 상완골의 연결부위를 칼로 절단한다. 연결부위를 절단하면서 왼손으로 전완골을 아래로 눌러 꺾는다.

단족 제거 → 갈비 목뼈 경계선 톱질하기 → 갈비 분리 → 목뼈 제거 → 목살 분리 → (전완골 제거) → 견갑골 제거 → 상완골 제거 → 항정살 분리 → 앞사태살 분리 → 정형

바로잡기

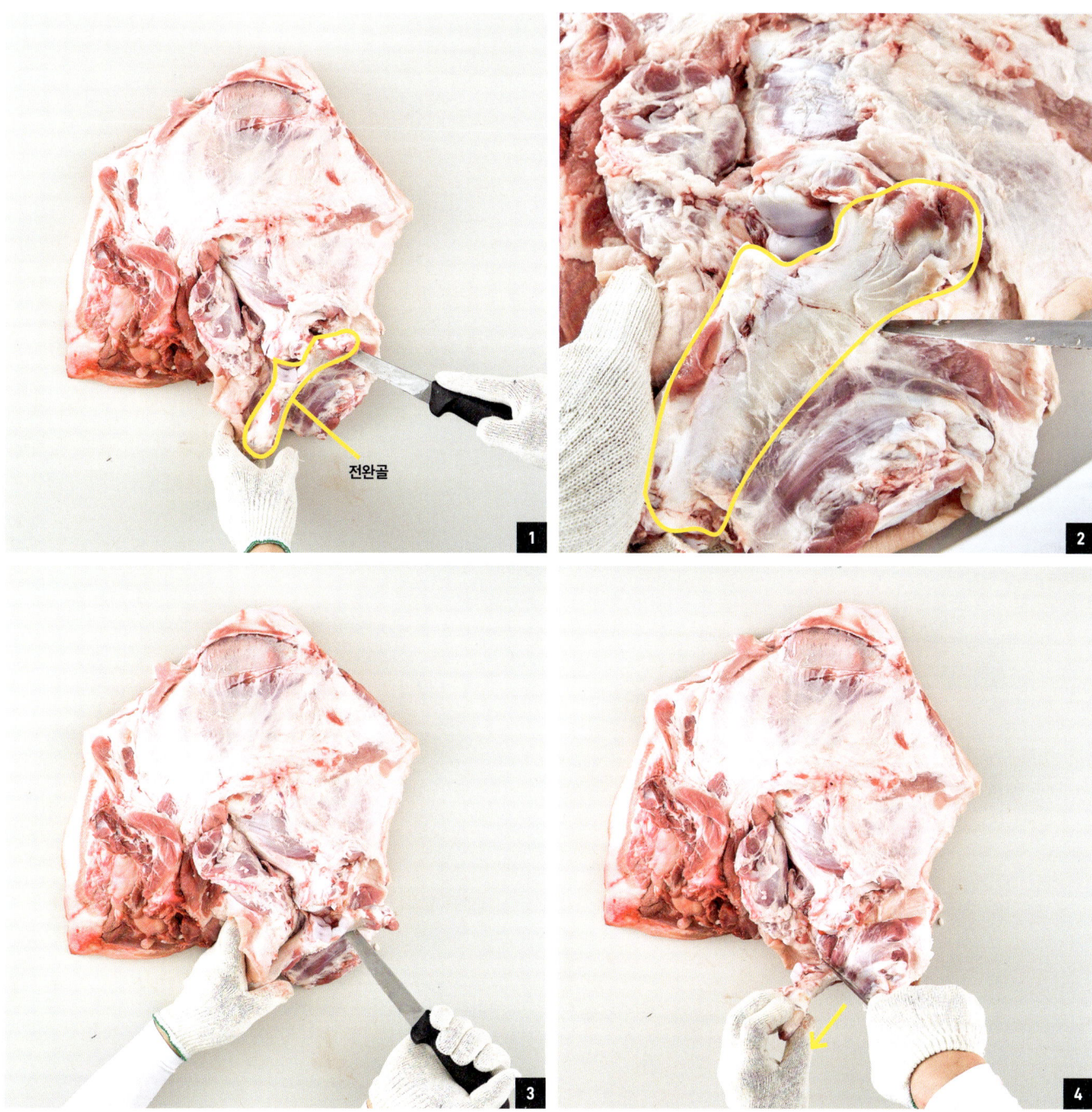

1 전완골 아래쪽에 칼집 넣고 지그시 누르면서 뼈를 따라 도려낸다.
2 사진처럼 뼈를 감싸고 있는 근막을 쉽게 찾을 수 있다. 이 근막을 따라가며 칼질을 하면 된다.
3~4 이때 일부 분리된 전완골의 위쪽을 잡고 뼈를 들어올리며 칼질하여 도려내면 수월하다.

06 전완골 제거

바로잡기

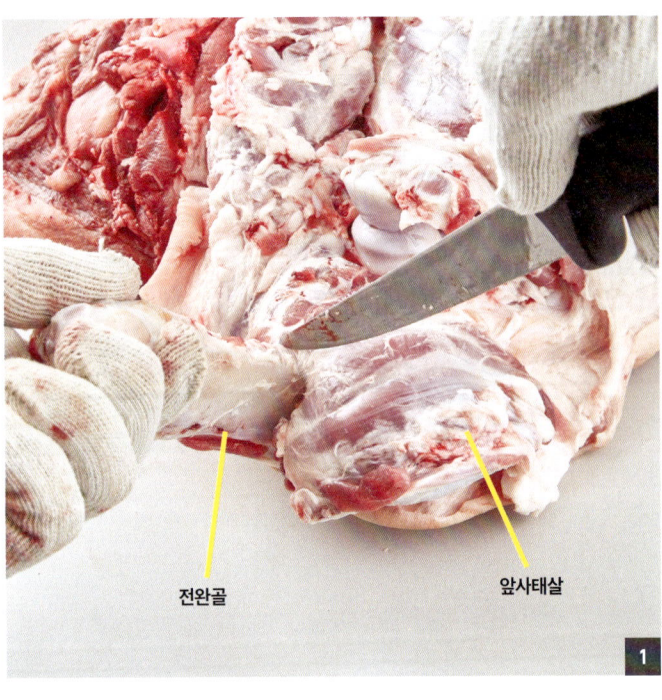 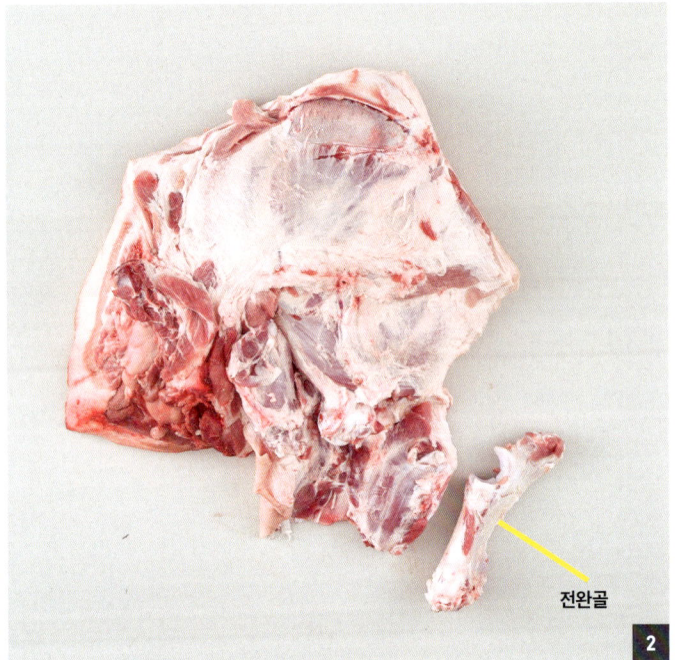

1 앞사태살에 칼이 들어가지 않게 칼날을 최대한 뼈쪽으로 향하게 하여 골막을 긁어낸다.
2 전완골이 완전히 분리된 모습이다.

단족 제거 → 갈비 목뼈 경계선 톱질하기 → 갈비 분리 → 목뼈 제거 → 목살 분리 → 전완골 제거 →(견갑골 제거)→ 상완골 제거 → 항정살 분리 → 앞사태살 분리 → 정형

07 견갑골(부채뼈) 제거

바깥잡기

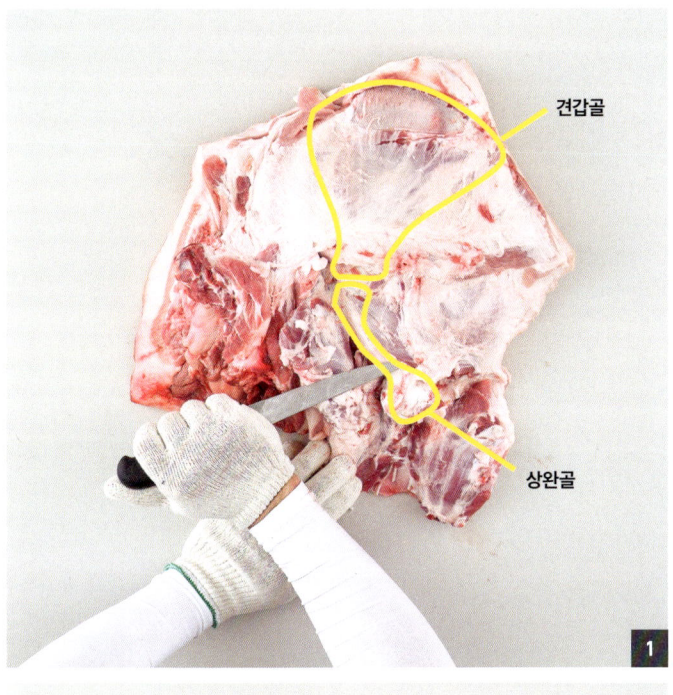
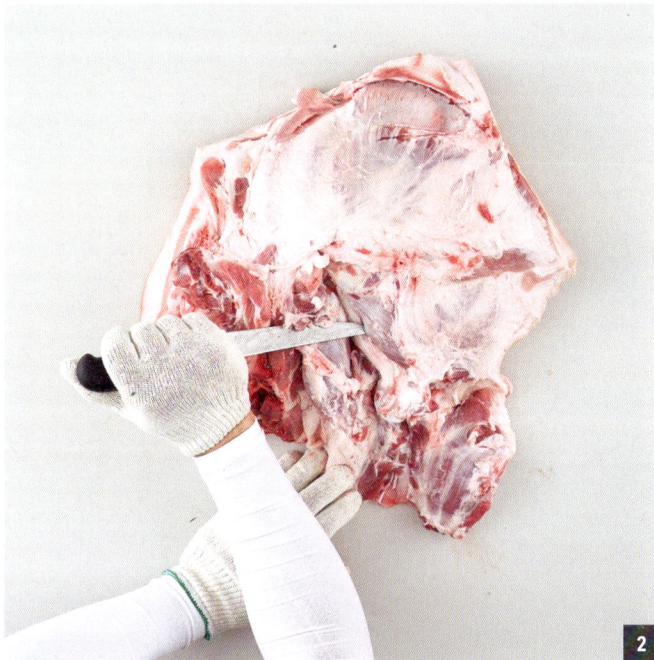
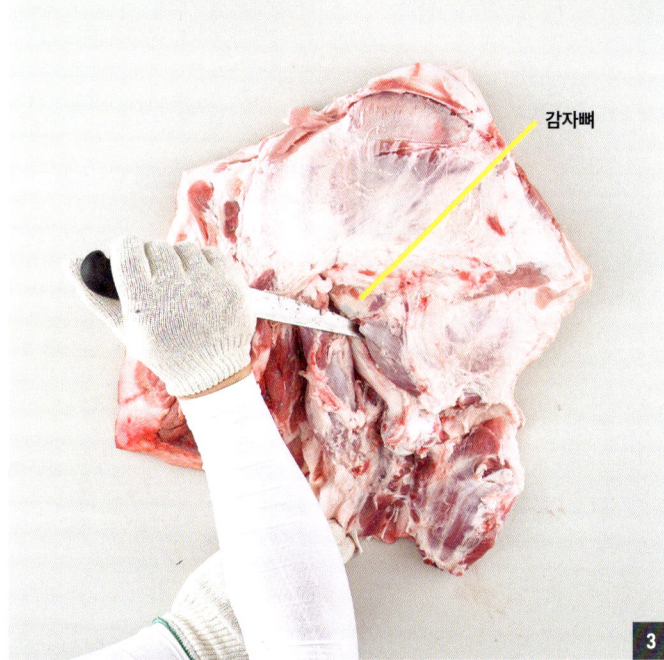
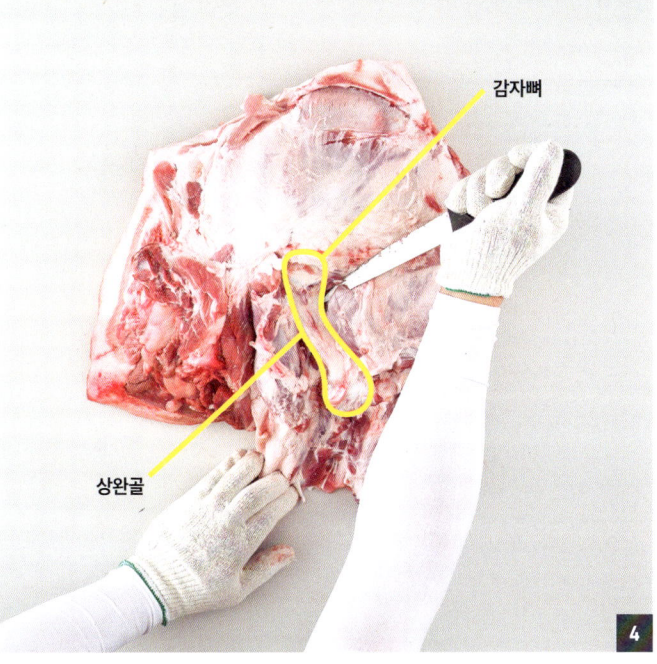

1-2 상완골 아래쪽에 칼날을 뼈와 평행하게 눕혀 놓은 후 뼈를 타고 칼질하여 사태살을 도려낸다.

3 상완골 위쪽에 있는 위치한 통칭 '감자뼈'까지 칼질을 한다.

4 감자뼈에 칼이 닿으면 칼을 오른쪽 1시 방향으로 틀어서 감자뼈를 긁으며 사태살을 분리한다.

07 견갑골(부채뼈) 제거

안쪽잡기

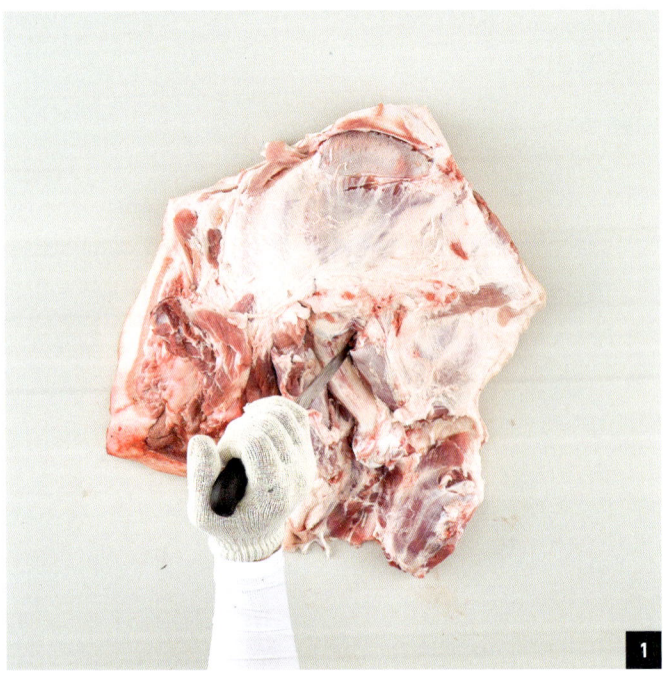

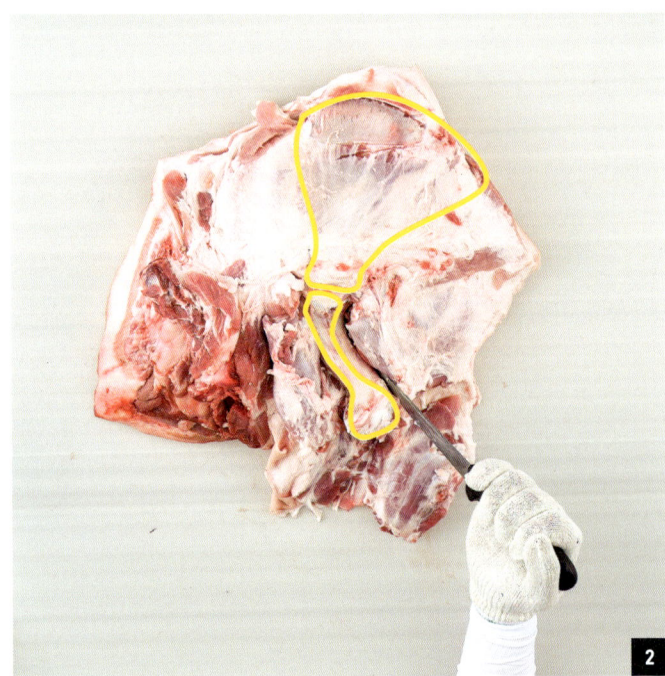

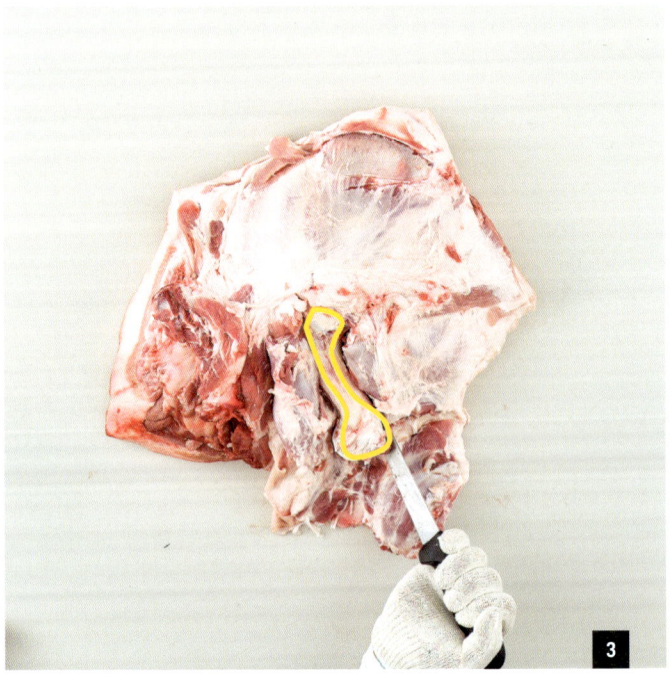

1 상완골 우측 상단에서부터 아래쪽으로 뼈를 타고 긁어준다.
2~3 상완골 우측하단에 움푹패인 곳에 칼을 넣어 뼈에서 살을 분리한다. 이때 살에서 거의 떨어진 것 같은 상완골을 완전히 분리하지는 않는다. 그 이유는 견갑골(부채뼈) 발골을 쉽게 하기 위해서이다.

단족 제거 → 갈비 목뼈 경계선 톱질하기 → 갈비 분리 → 목뼈 제거 → 목살 분리 → 전완골 제거 → 견갑골 제거 → 상완골 제거 → 항정살 분리 → 앞사태살 분리 → 정형

바로잡기

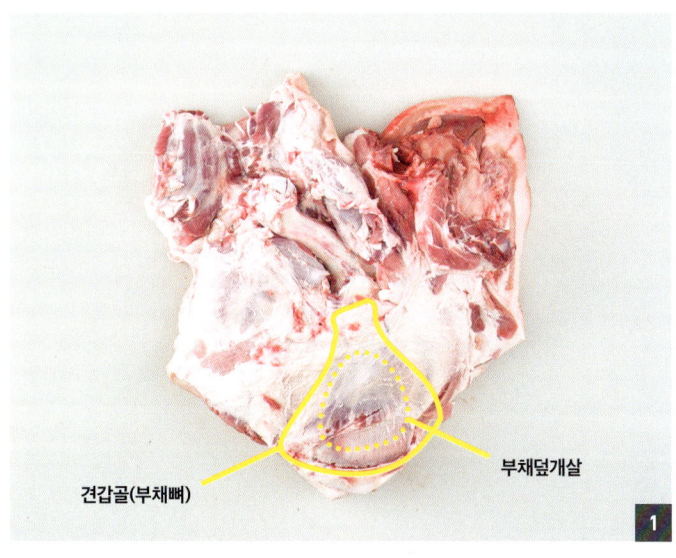
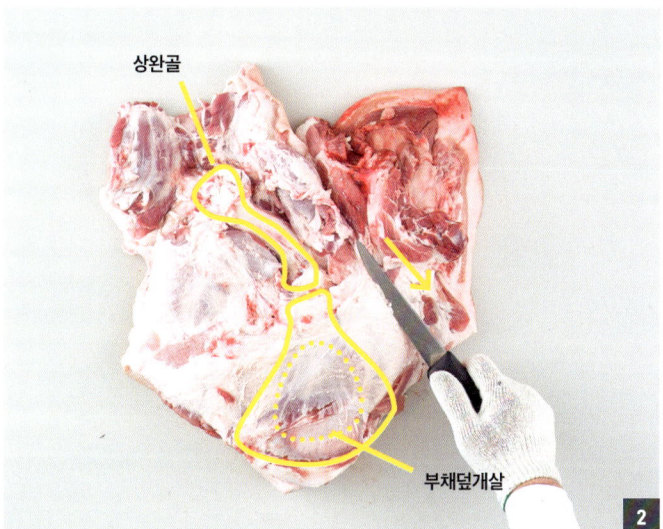

1 앞다리를 사진처럼 180도 돌려 놓는다.
2 견갑골을 덮고 있는 부채덮개살의 경계선을 찾기 위해 윗지방을 칼로 걷어내어 제거한다.

안쪽잡기

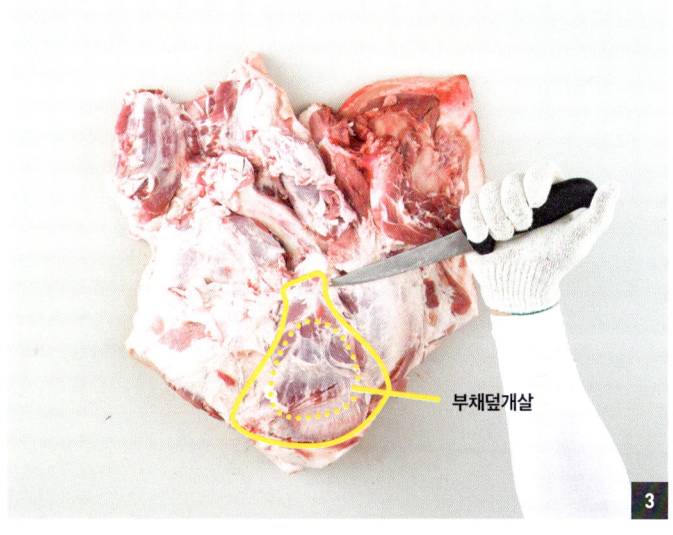
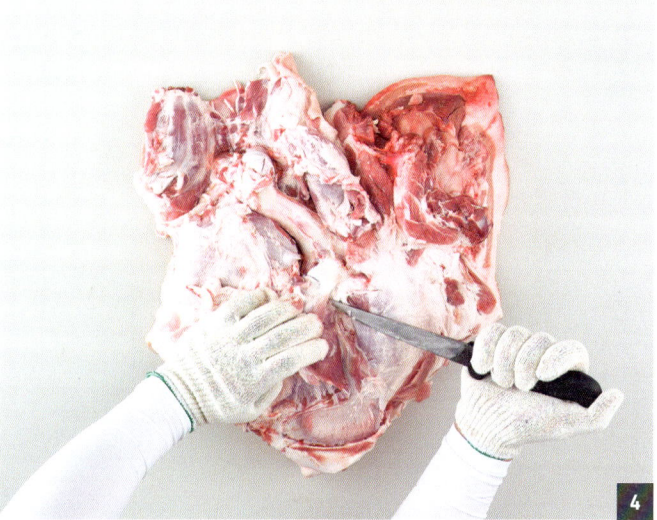

3 칼을 안쪽잡기로 바꾸고, 견갑골 위쪽에서부터 아래쪽으로 뼈를 타고 골막을 긁어준다.
4 왼손으로 부채덮개살을 잡고 왼쪽으로 젖히면서 부채덮개살과 견갑골 사이에 위치한 골막을 칼로 긁어준다.

07 견갑골(부채뼈) 제거

🔪 안쪽잡기

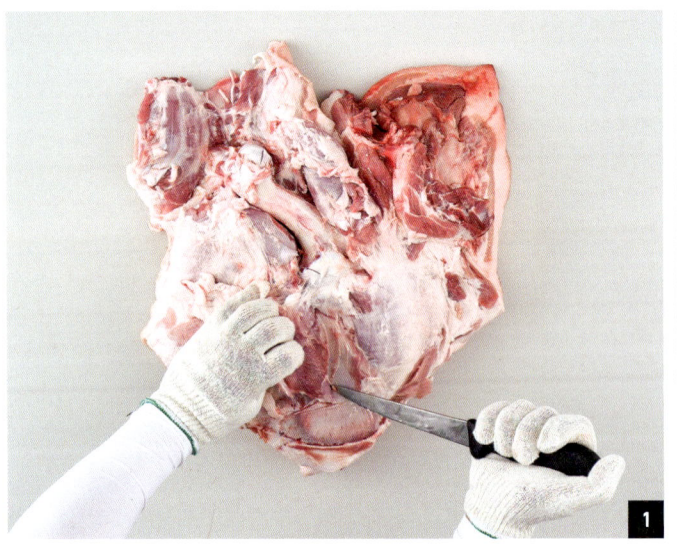 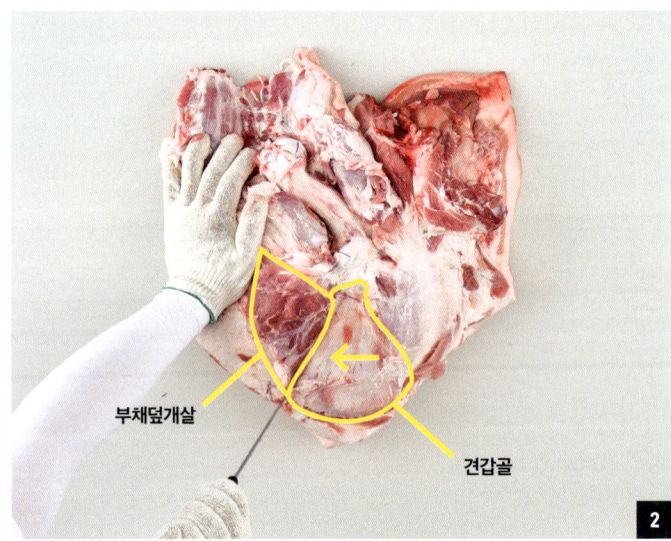

1 견갑골과 부채덮개살 사이의 골막을 찾아 확실히 긁어준다.
2 골막을 확실히 긁었으면 왼손을 이용하여 부채덮개살을 왼쪽 위, 11시 방향으로 힘주어 밀어올린다.

🔪 바깥잡기

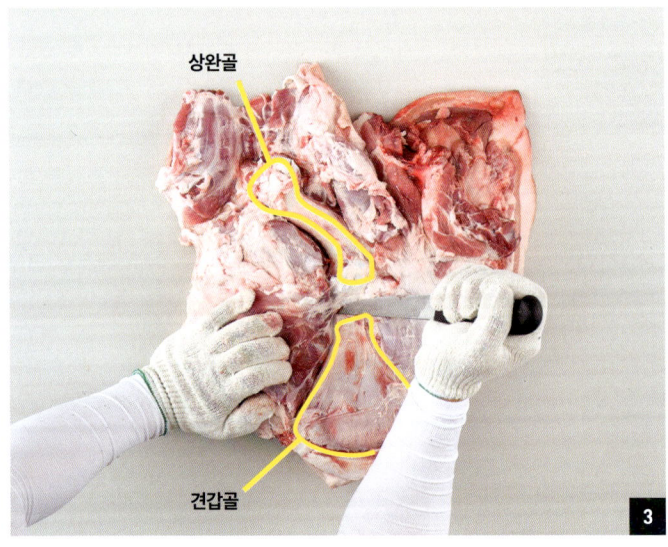 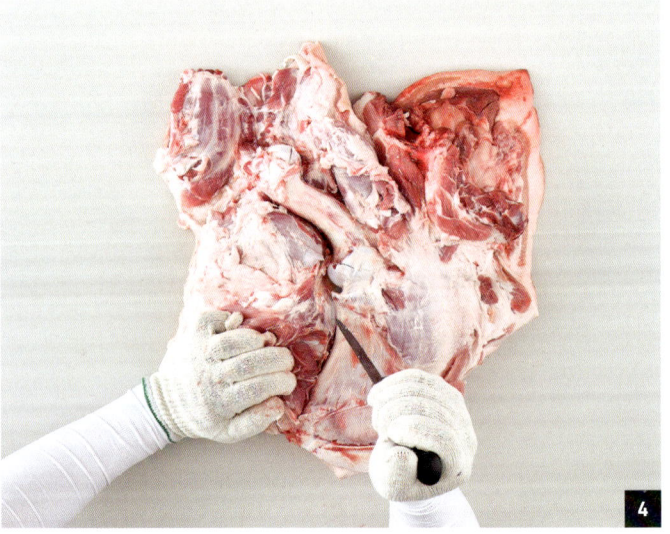

3 바깥잡기를 이용하여 견갑골 왼쪽에 붙어 있는 골막을 찾아 뼈를 따라 위쪽 방향으로 긁어준다. 이때, 칼끝이 살쪽으로 들어가지 않도록 주의해야 한다. 4 칼을 수직으로 세워 견갑골 목부분을 확실하게 드러나도록 한다.

단족 제거 → 갈비 목뼈 경계선 톱질하기 → 갈비 분리 → 목뼈 제거 → 목살 분리 → 전완골 제거 → (견갑골 제거) → 상완골 제거 → 항정살 분리 → 앞사태살 분리 → 정형

안쪽잡기

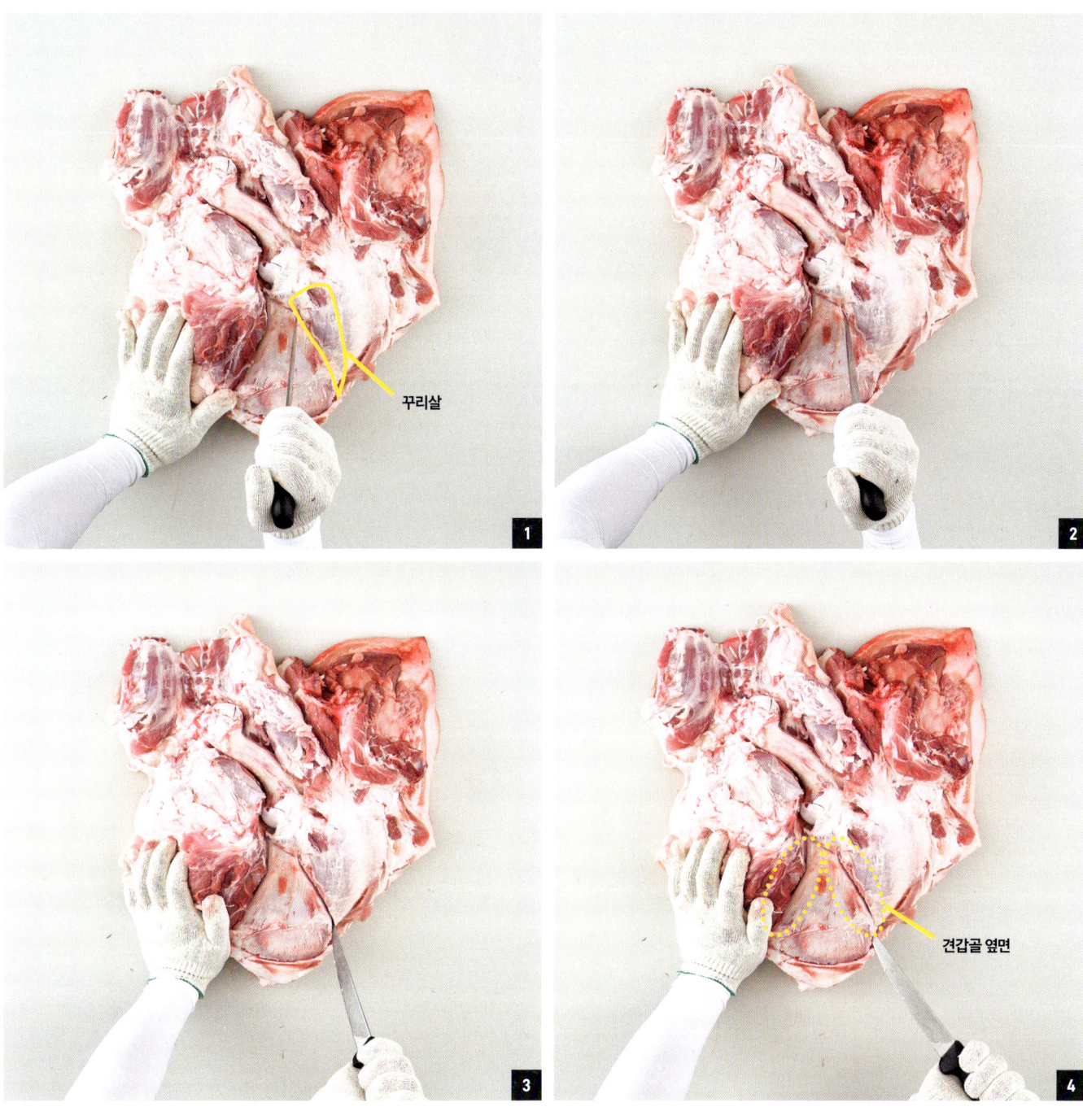

1~3 견갑골 우측에 위치한 꾸리살이 손상되지 않도록 견갑골 옆면을 **3** 의 사진처럼 완전히 뼈가 드러나 보이도록 긁어준다.
4 견갑골의 맨 아래 부분에서는 칼날을 눕혀 놓고 꾸리살과 견갑골 사이를 벌려준다.

07 견갑골(부채뼈) 제거

안쪽잡기

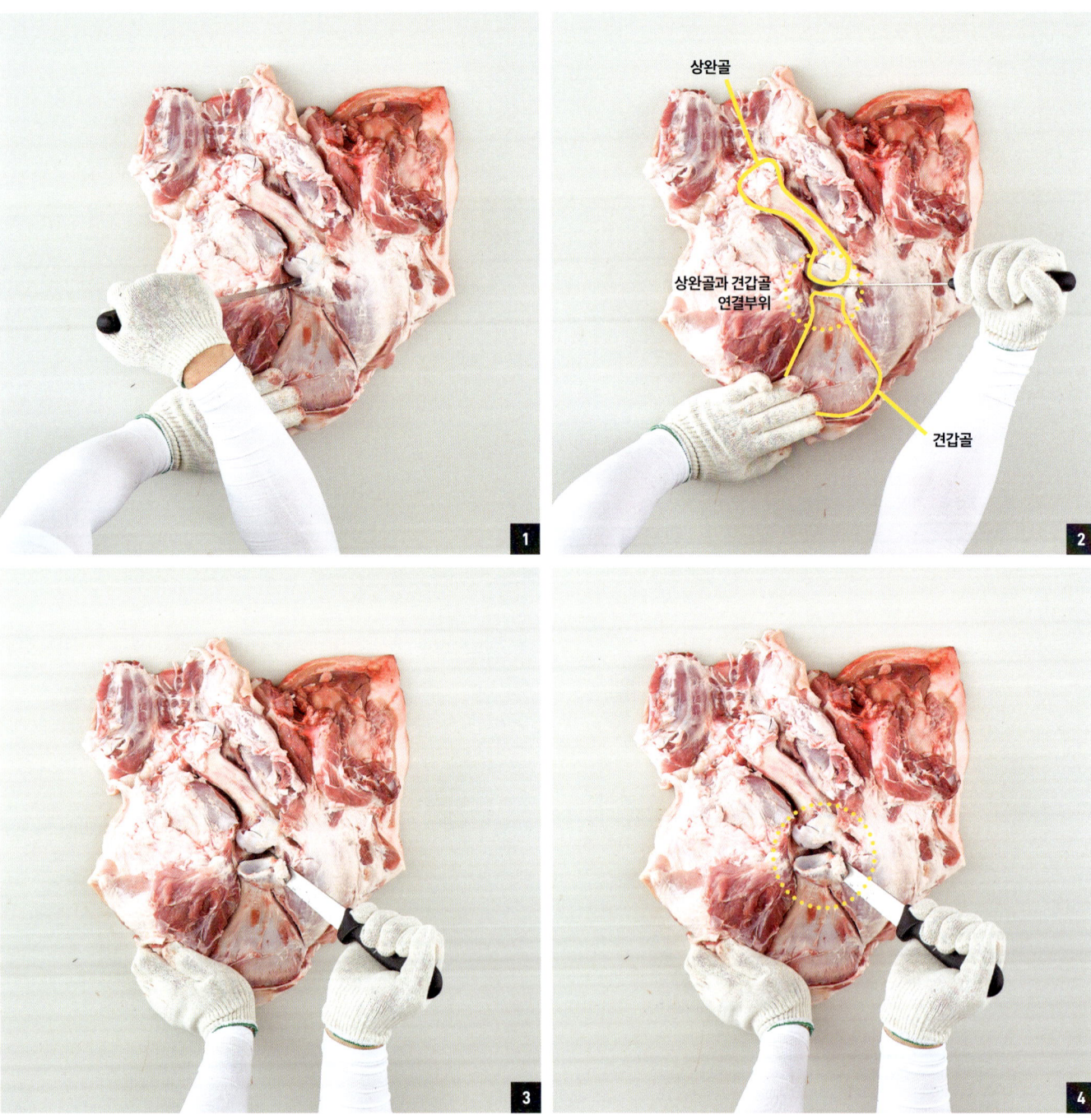

1~2 상완골과 견갑골 연결부위의 힘줄을 칼로 그어 자른다.
3~4 왼손으로 견갑골 아랫쪽을 누르고 견갑골 목부분에 살이 붙어 있지 않도록 뼈를 타고 칼의 방향을 바꾸며 살과 뼈를 잘 분리한다.

단족 제거 → 갈비 목뼈 경계선 톱질하기 → 갈비 분리 → 목뼈 제거 → 목살 분리 → 전완골 제거 → (견갑골 제거) → 상완골 제거 → 항정살 분리 → 앞사태살 분리 → 정형

안쪽잡기

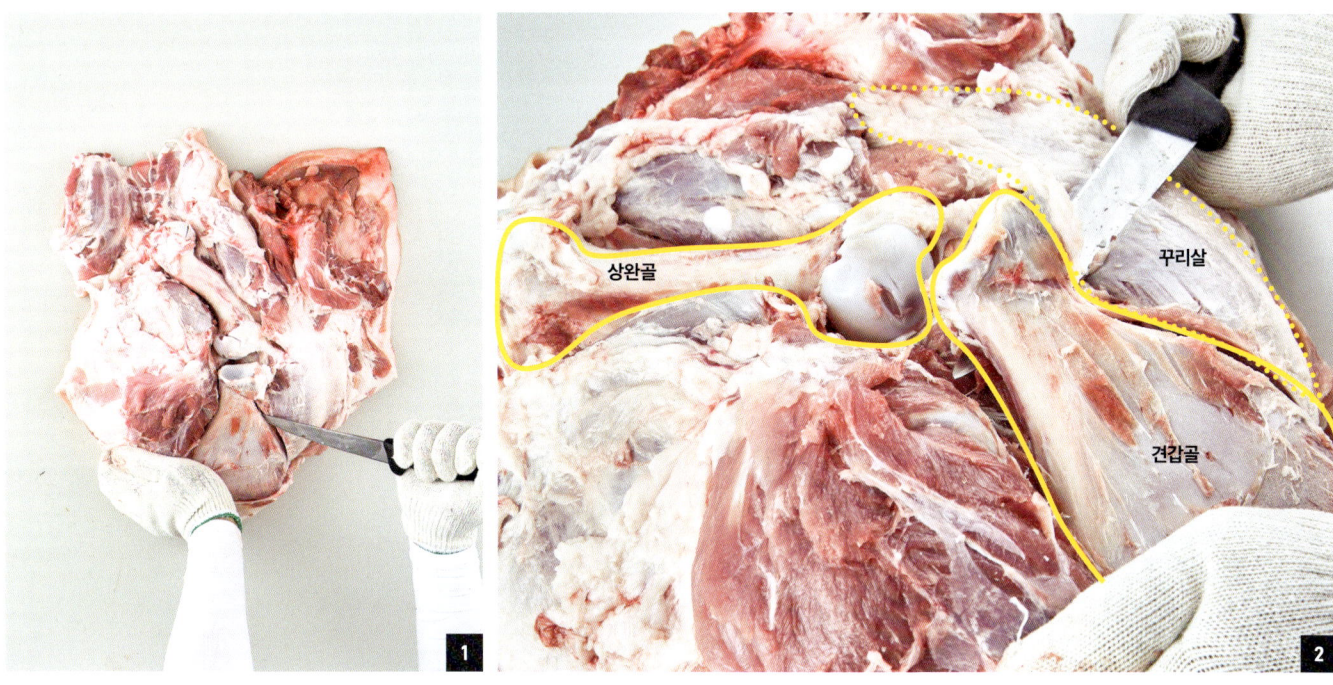

1 견갑골 아래쪽(안쪽)단에 붙어있는 골막을 제거한다.
2 견갑골 목 아래쪽에 칼을 넣어 골막을 긁어준다.

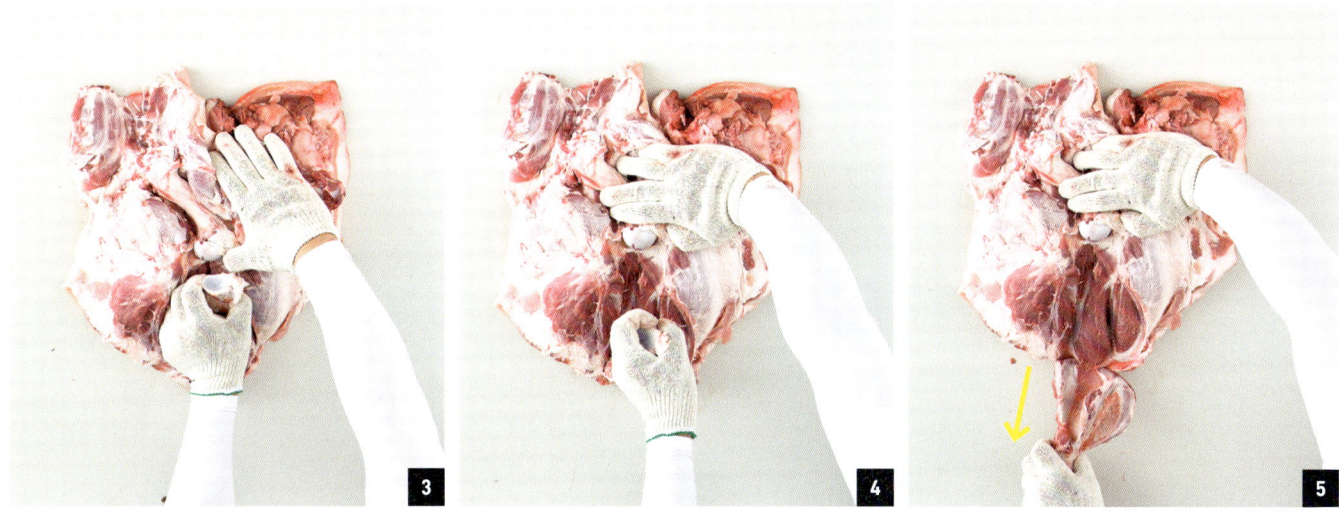

3~4 견갑골 아래쪽 골막을 확실히 분리하였으면 오른쪽 엄지손가락을 이용하여 상완골을 누른다. 왼손은 견갑골의 목부분을 잡아 몸쪽 방향으로 당긴다.
5 사진처럼 뼈가 완전히 꺾이도록 끝까지 당긴다.

07 견갑골(부채뼈) 제거

바로잡기

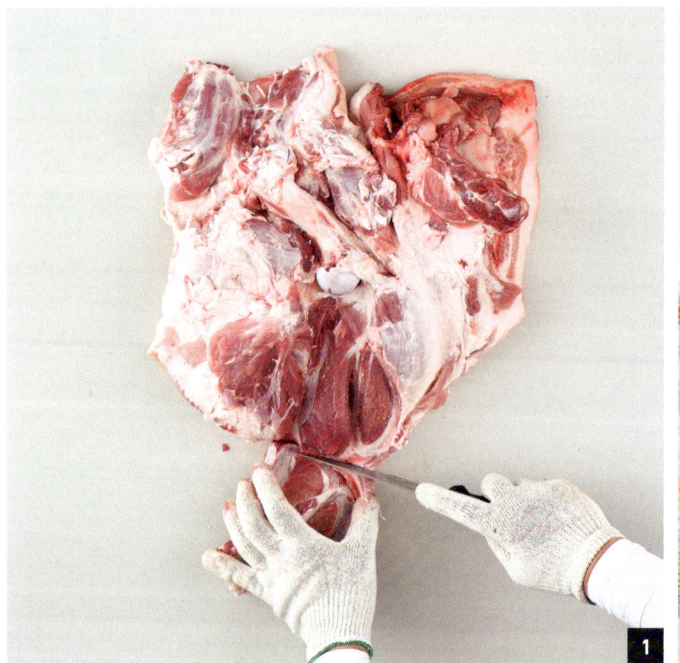
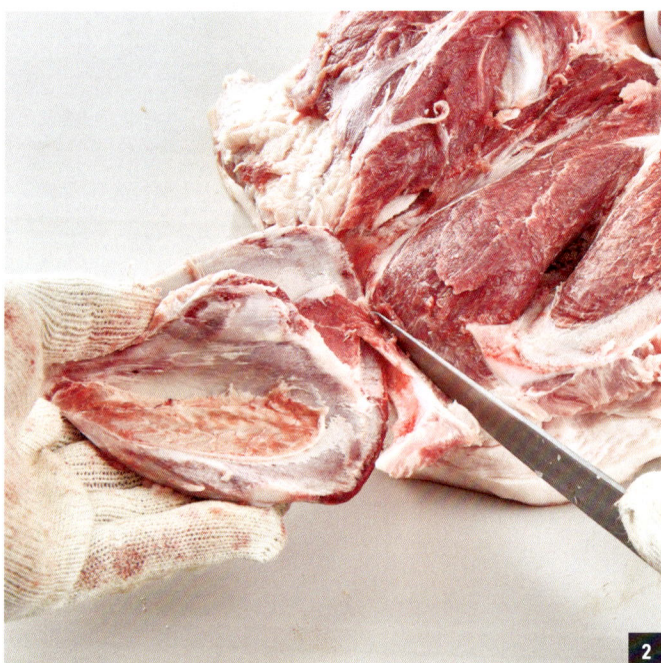
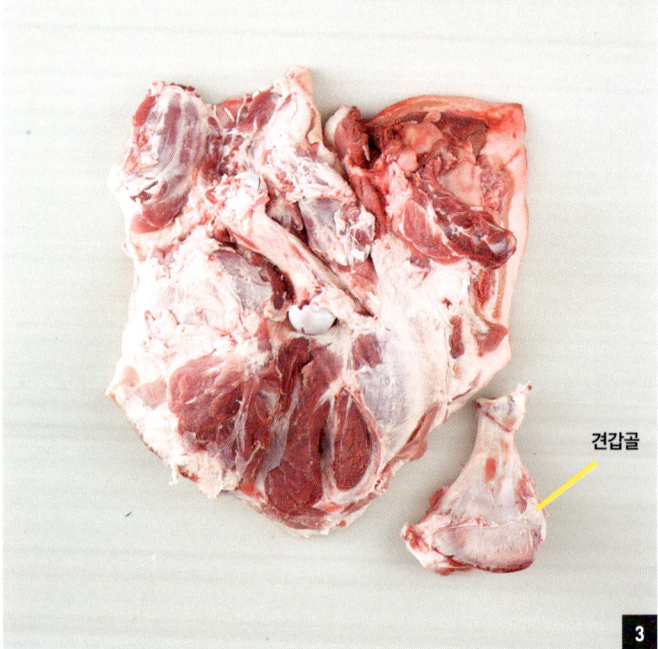

1~2 견갑골 끝쪽에 물렁뼈가 보이므로 그 부분을 칼을 절단한다.
3 잘 분리된 견갑골의 모습이다.

08 상완골 제거

안쪽잡기

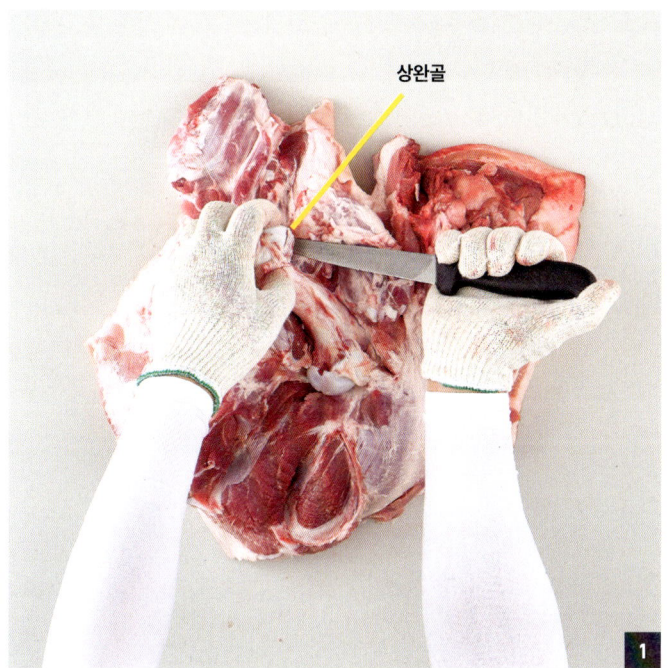
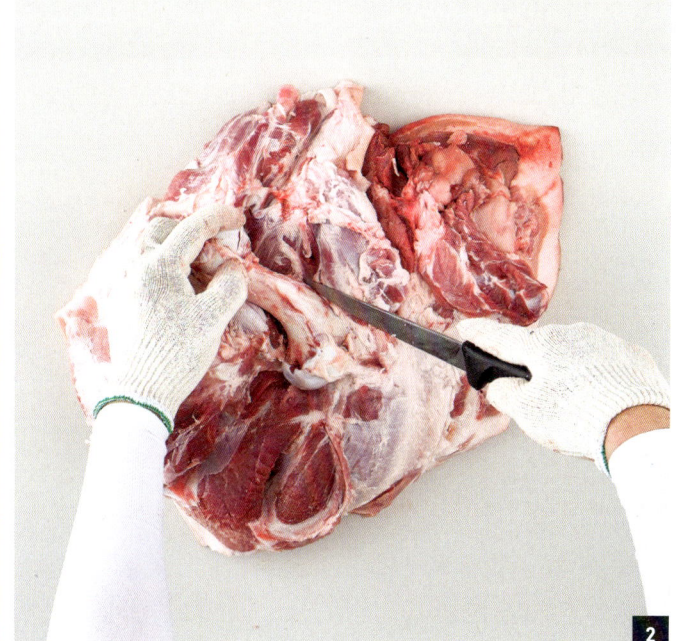

1~2 왼손으로 상완골을 잡고 들어올리면서 뼈 아래쪽에 붙어있는 살을 칼로 걷어낸다.

바로잡기

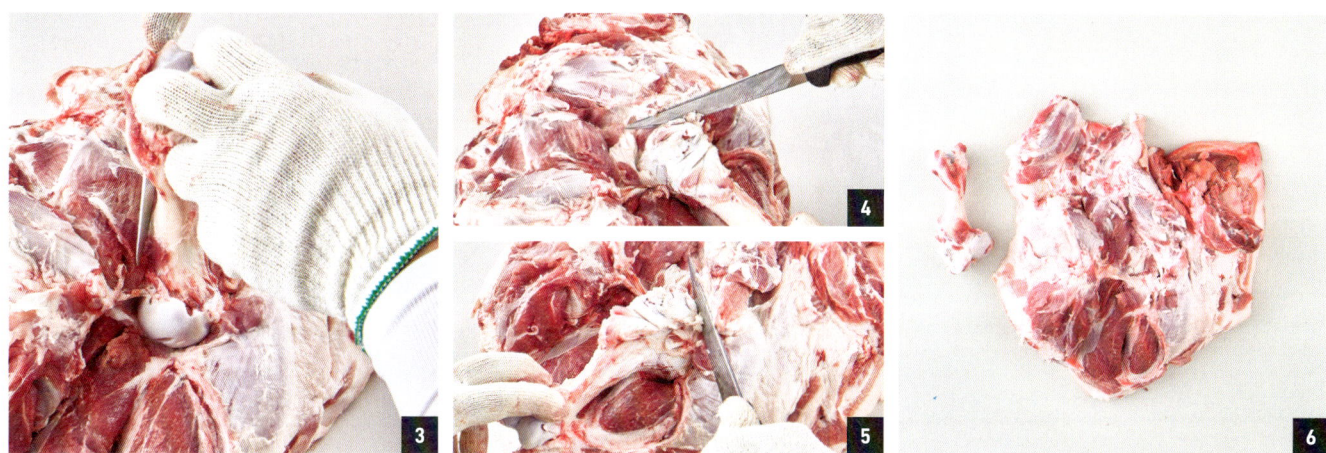

3~4 상완골에 붙어있는 남은 살 부분을 칼로 걷어낸다. 이때 상완골 상단부에 있는 살은 뼈의 모양에 맞게 원형을 그리며 걷어낸다.
5~6 상완골 상단부 모양에 맞게 끝까지 살을 걷어내어 상완골을 완전히 분리한다.

09 항정살 분리

※ 09 항정살 분리, 10 앞사태살 분리 과정에는 뼈를 빼는 작업은 없지만 발골과정에 포함된다.

바로잡기

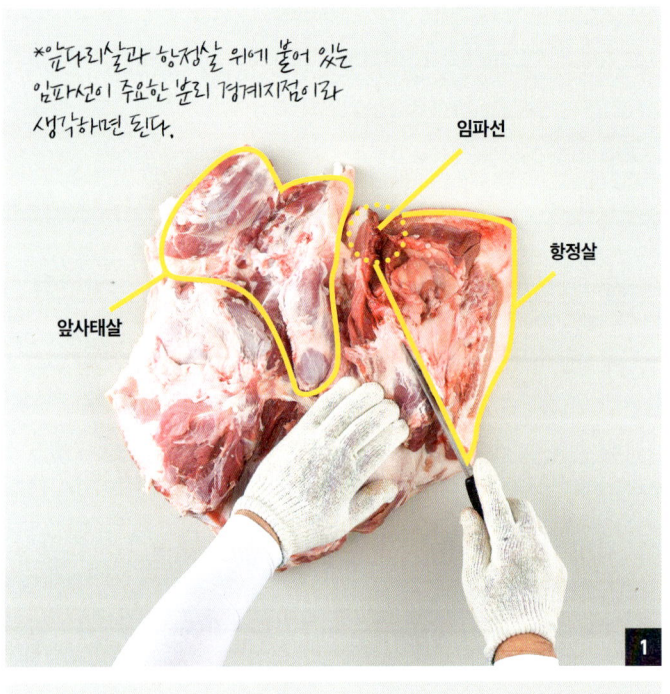
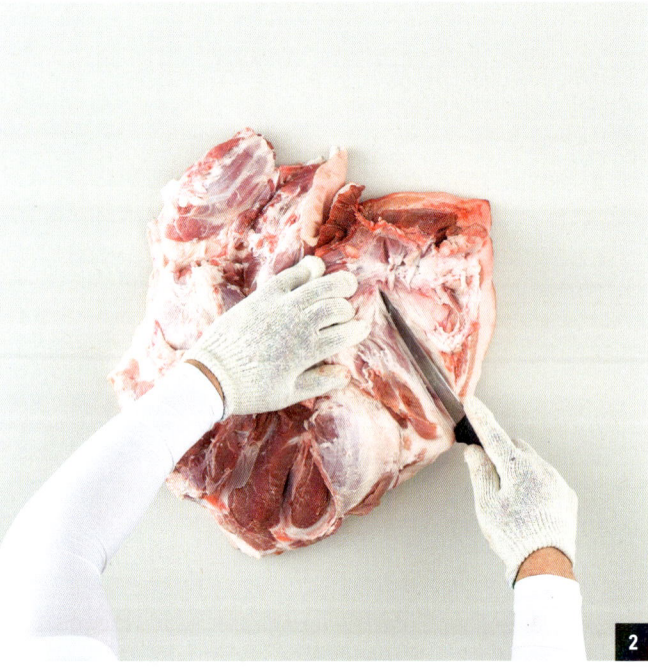

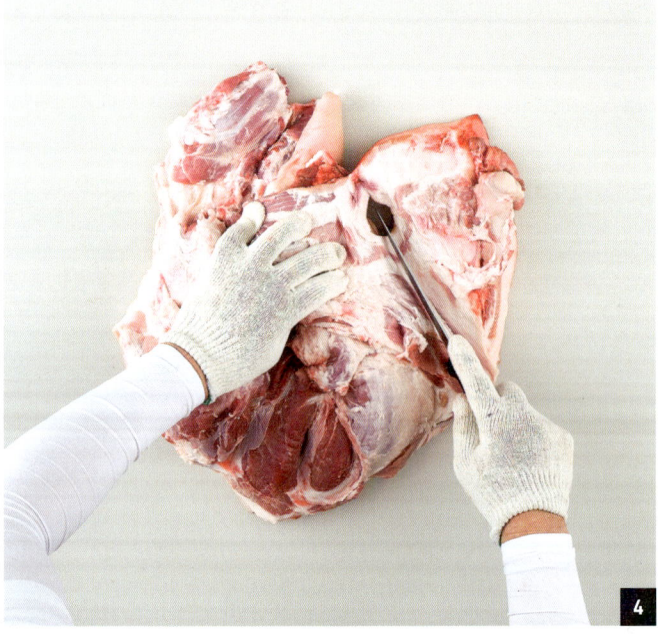

1 앞다리살과 항정살을 덮고 있는 겉살을 근막이 보일 정도로 걷어낸다.
2 앞다리살과 항정살 사이의 지방을 걷어내면서 경계선을 찾는다.
3~4 **2**번과 동일하게 경계선을 찾아간다. 이때 앞다리살을 왼쪽으로 당기면서 작업한다. 경계선을 찾으면 선을 따라 칼을 그어준다.

단족 제거 → 갈비 목뼈 경계선 톱질하기 → 갈비 분리 → 목뼈 제거 → 목살 분리 → 전완골 제거 → 견갑골 제거 → 상완골 제거 → 항정살 분리 → 앞사태살 분리 → 정형

바로잡기

1~3 경계선을 따라 칼질을 하여 항정살을 분리한다.
4 잘 분리된 항정살 모습이다.

10 앞사태살 분리

바로잡기

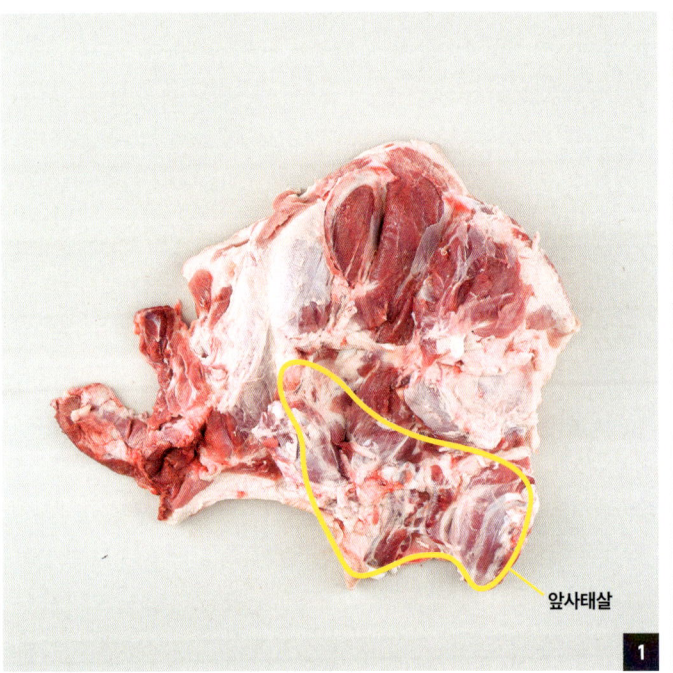
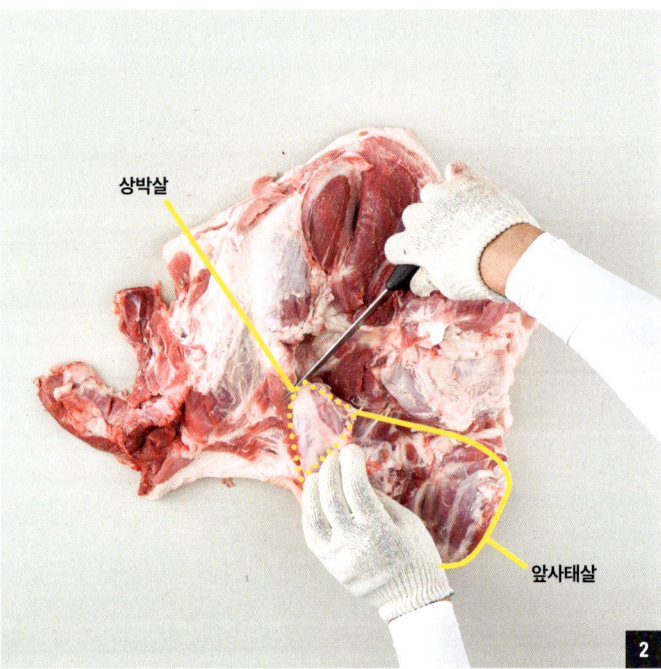
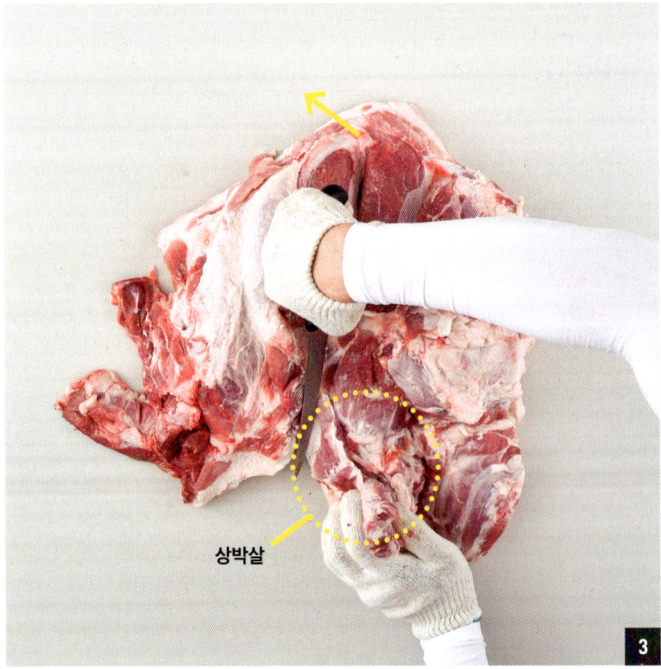
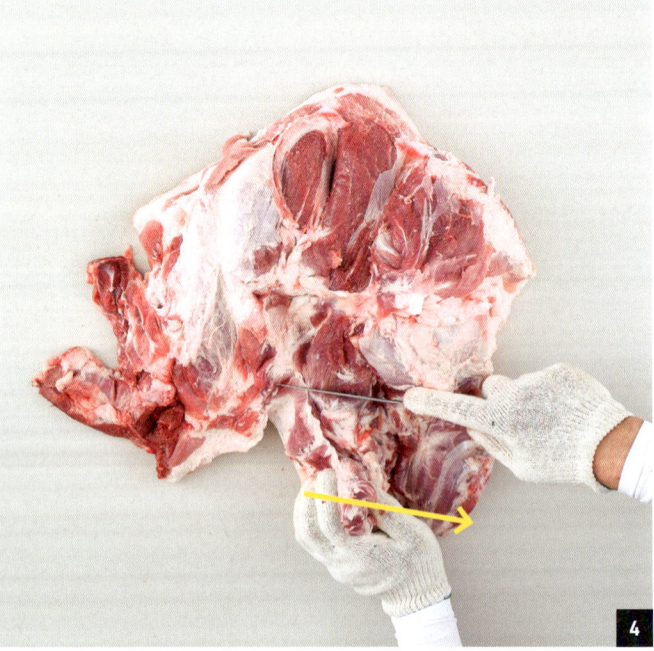

1 앞다리를 180도 돌려 사진처럼 놓는다.
2~3 앞사태살의 좌측에 위치한 상박살을 찾아준다.
4 앞다리살 아래쪽과 평행이 되게 하여 앞사태살의 경계선을 찾아준다.

단족 제거 → 갈비 목뼈 경계선 톱질하기 → 갈비 분리 → 목뼈 제거 → 목살 분리 → 전완골 제거 → 견갑골 제거 → 상완골 제거 → 항정살 분리 → (앞사태살 분리) → 정형

🔪 바로잡기

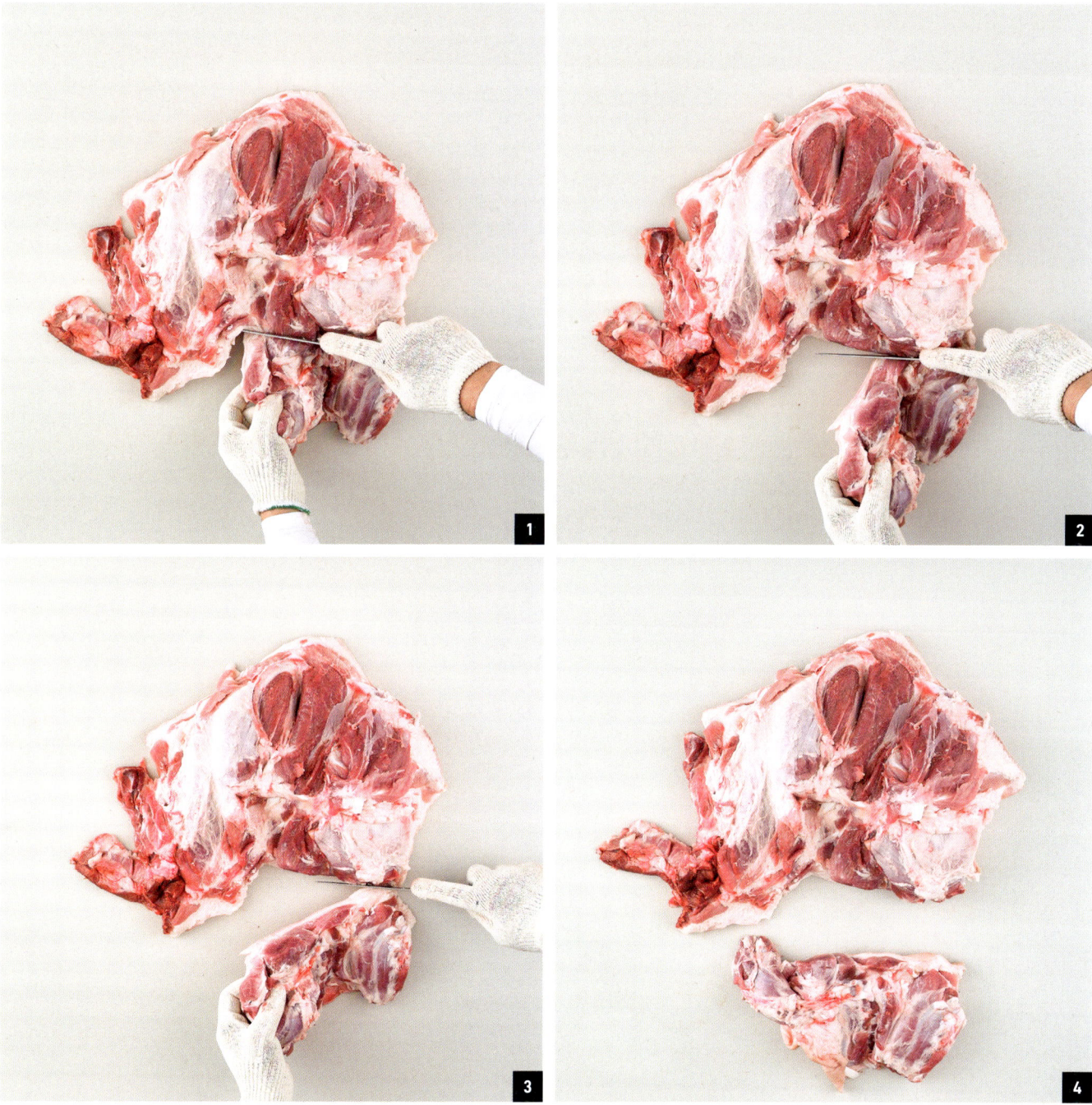

1~3 경계선을 따라 칼질을 하여 앞사태살을 분리한다.
4 잘 분리된 앞사태살 모습이다.

11 앞다리 정형

※ 식육처리 숙련자가 아니라면 정형과정 시에는 반드시 정형칼을 사용해야 작업이 수월하고 안전하다.

가. 앞사태살 정형

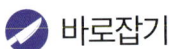 바로잡기

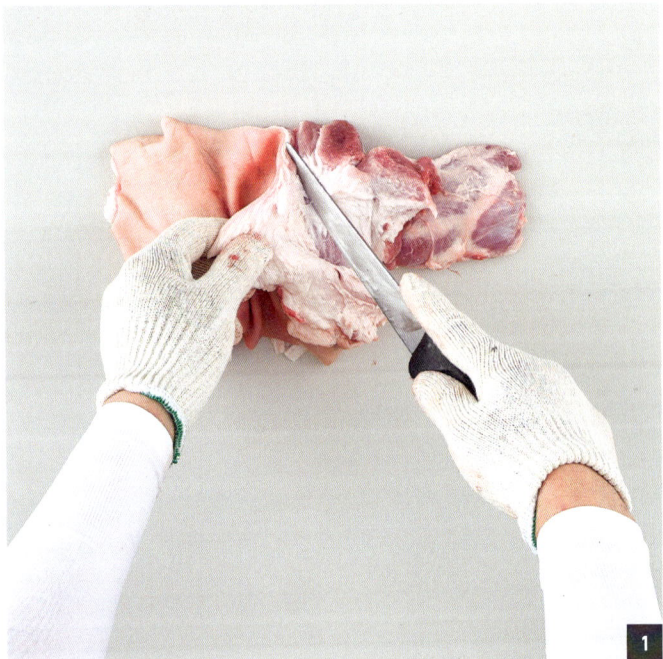
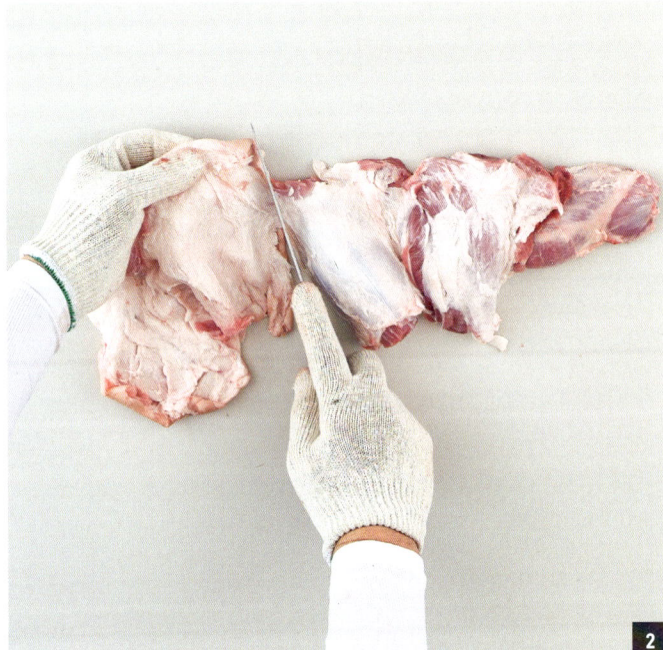

1~3 앞사태살의 근막을 따라 칼질을 하여 껍데기를 걷어낸다.

단족 제거 → 갈비 목뼈 경계선 톱질하기 → 갈비 분리 → 목뼈 제거 → 목살 분리 → 전완골 제거 → 견갑골 제거 → 상완골 제거 → 항정살 분리 → 앞사태살 분리 → 정형

나. 항정살 정형

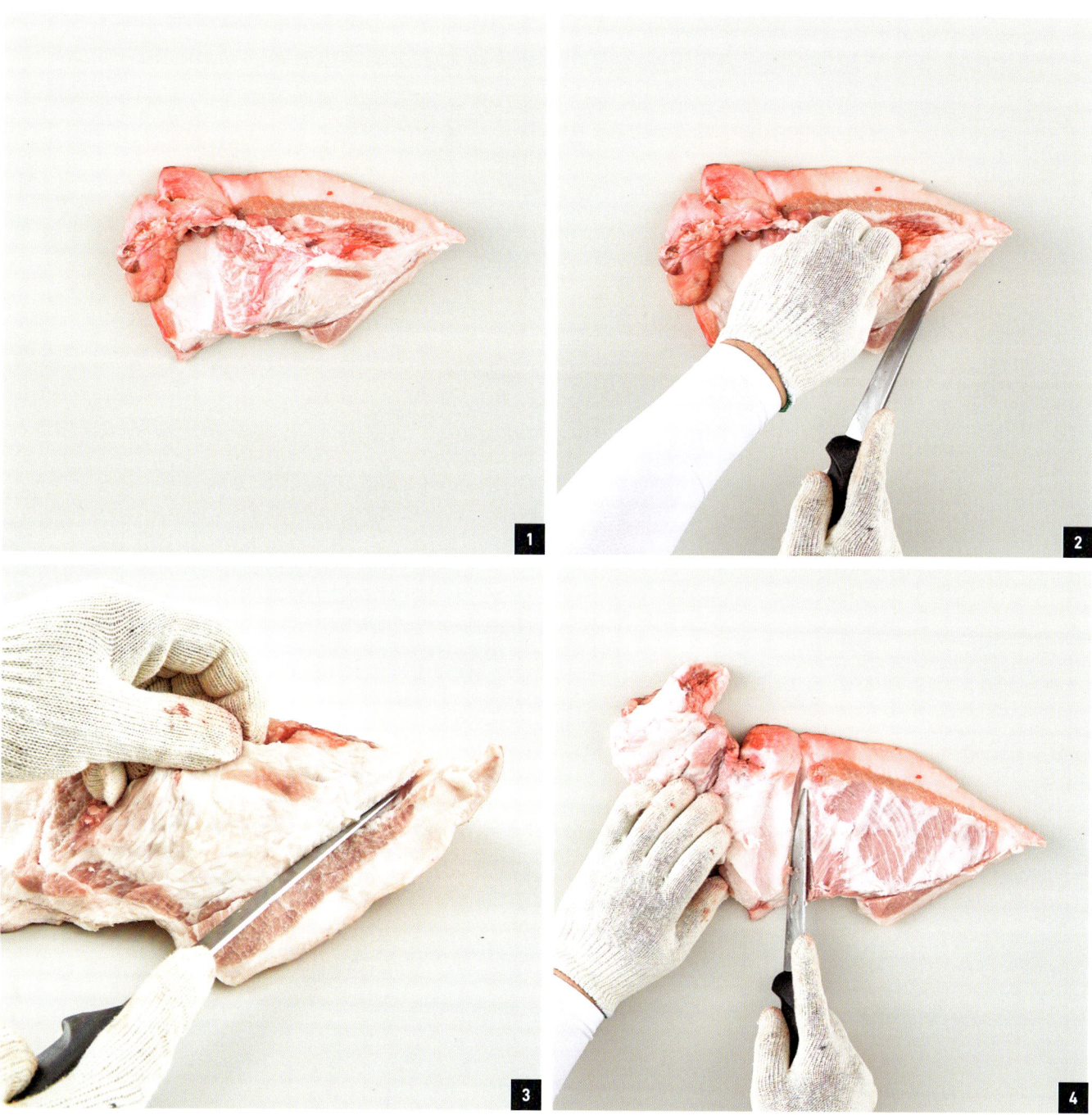

1~4 항정살의 옆면을 보며 살이 벗겨지지 않게 지방 부분만 칼로 걷어낸다.

나. 항정살 정형

1~4 항정살을 뒤집어 놓고 살이 떨어지지 않게 조심하며 지방과 껍데기를 걷어낸다.

단족 제거 → 갈비 목뼈 경계선 톱질하기 → 갈비 분리 → 목뼈 제거 → 목살 분리 → 전완골 제거 → 견갑골 제거 → 상완골 제거 → 항정살 분리 → 앞사태살 분리 → 정형

다. 갈비 정형

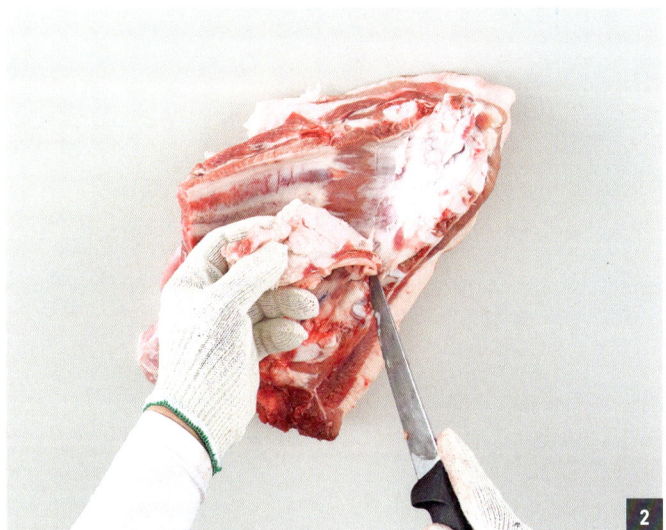

1~2 갈비 옆면의 떡기름을 칼로 도려내 제거한다.

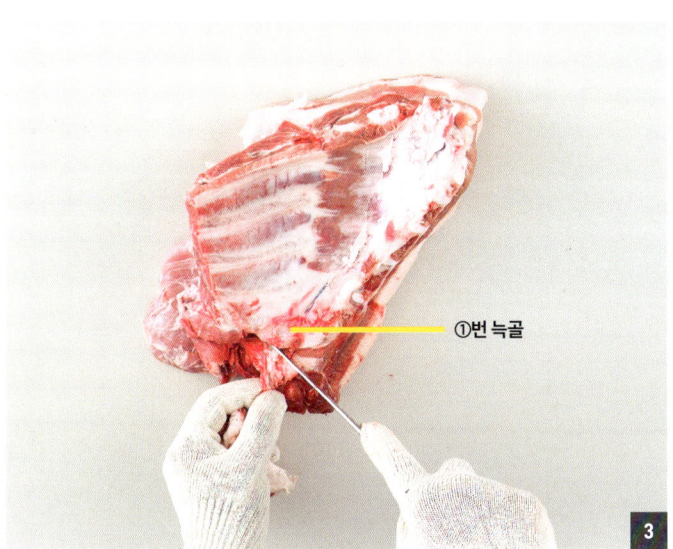
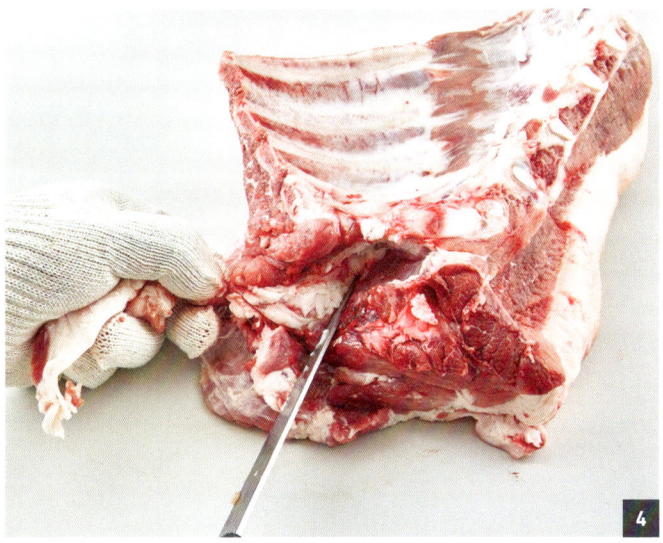

3~4 ①번 늑골 아래쪽에 있는 임파선, 지방, 림프샘을 칼로 도려내 제거한다.

다. 갈비 정형

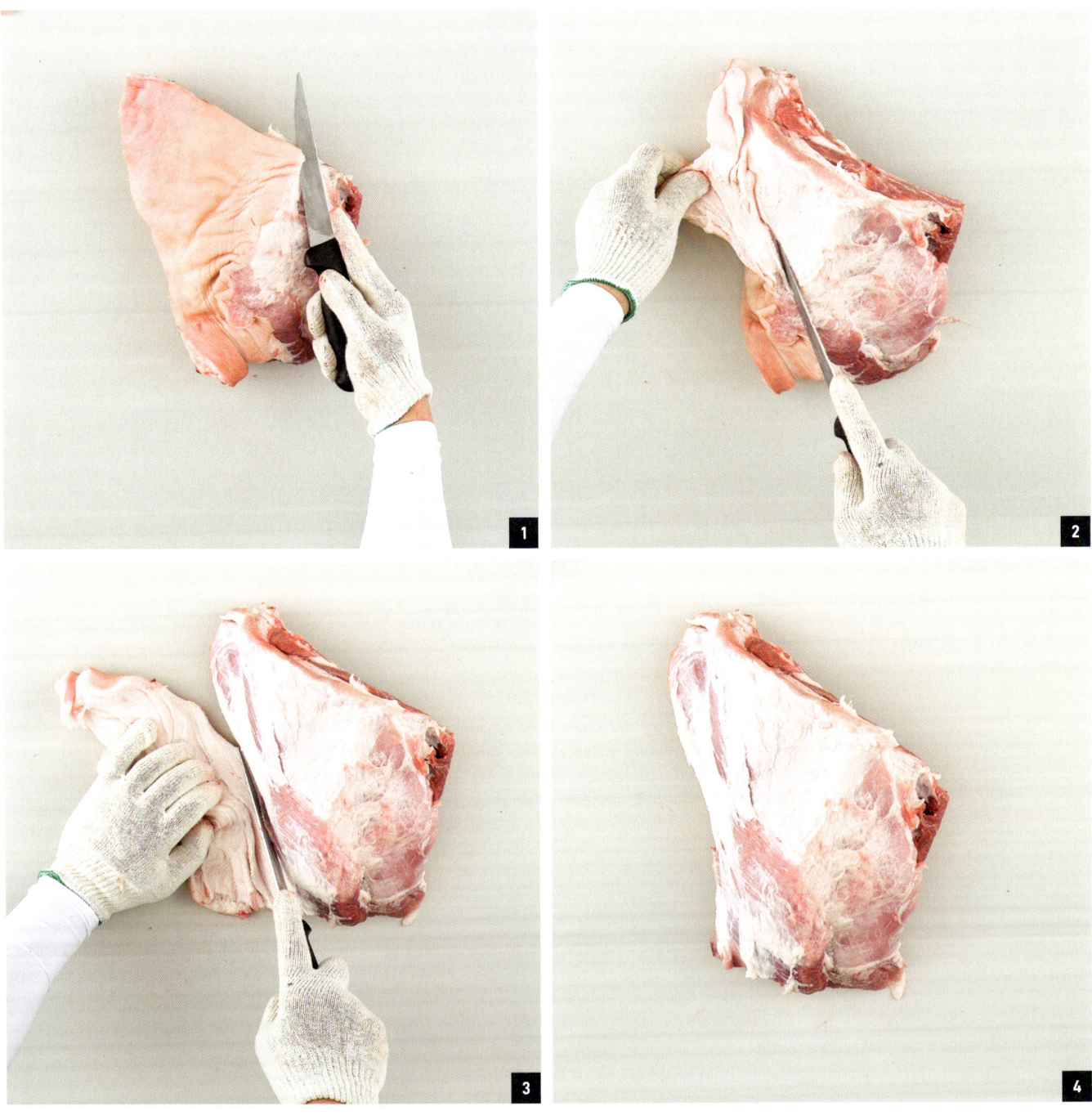

1~4 갈비를 뒤집어 놓고 껍데기와 지방을 칼로 걷어낸다. 이때 살점이 떨어지지 않도록 주의한다.

라. 목살 정형

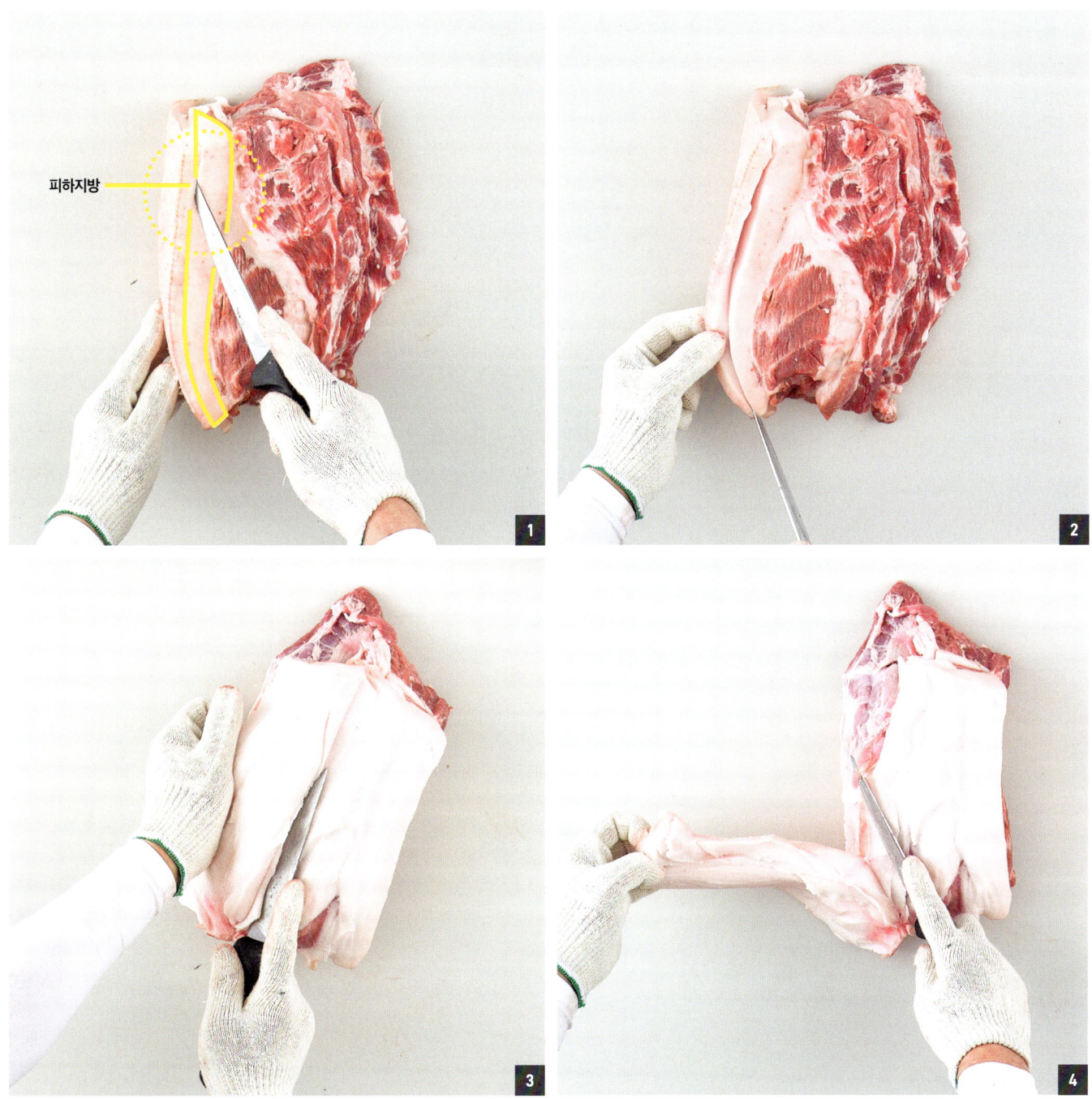

1~4 목살의 피하지방과 함께 껍데기를 사진처럼 떼어낸다.

라. 목살 정형

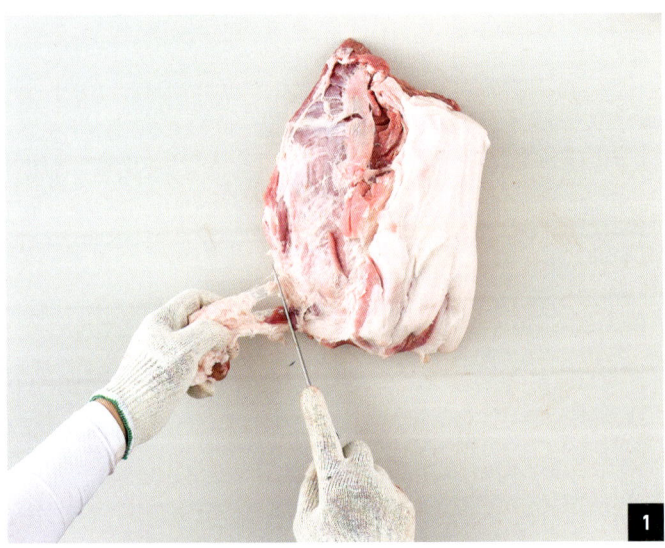

1 목살에 붙어 있는 떡지방을 제거한다. 이때 임파선이 붙어있는 경우가 있는데 함께 떼어내 제거한다.

2~3 목살 지방의 가장자리를 5~7mm 정도씩 각을 쳐내 깔끔하게 정리한다.

단족 제거 → 갈비 목뼈 경계선 톱질하기 → 갈비 분리 → 목뼈 제거 → 목살 분리 → 전완골 제거 → 견갑골 제거 → 상완골 제거 → 항정살 분리 → 앞사태살 분리 → 정형

마. 앞다리살 정형

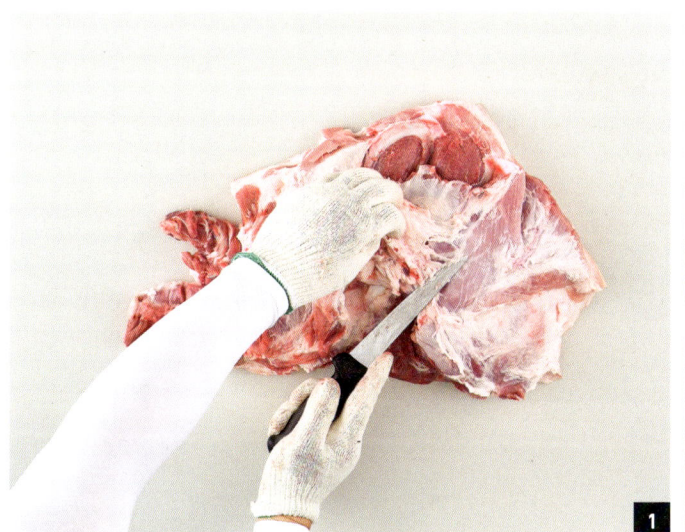
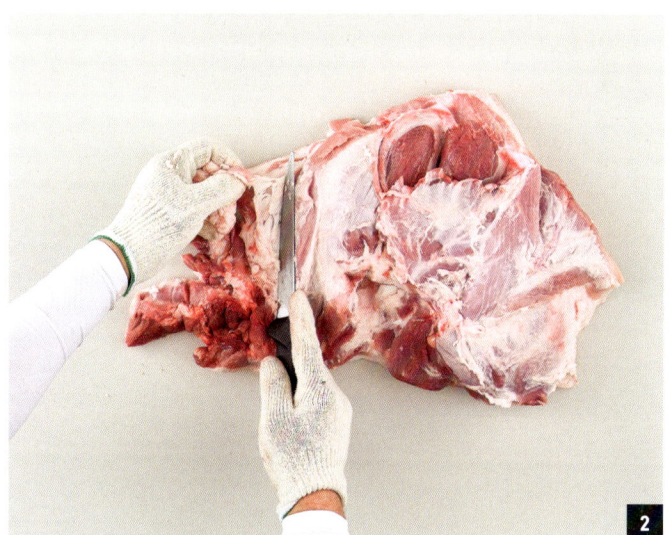

1~2 앞다리살에 붙어 있는 떡지방을 제거한다.

3 항정살이 분리된 쪽에 위치한 임파선, 림프샘, 지방을 제거한다.

마. 앞다리살 정형

1~2 앞다리살을 사진처럼 뒤집어 놓고 가장자리를 5~7mm 정도씩 각을 쳐내 깔끔하게 정리한다.

단독 제거 → 갈비 목뼈 경계선 톱질하기 → 갈비 분리 → 목뼈 제거 → 목살 분리 → 전완골 제거 → 견갑골 제거 → 상완골 제거 → 항정살 분리 → 앞사태살 분리 → 정형

12 완료

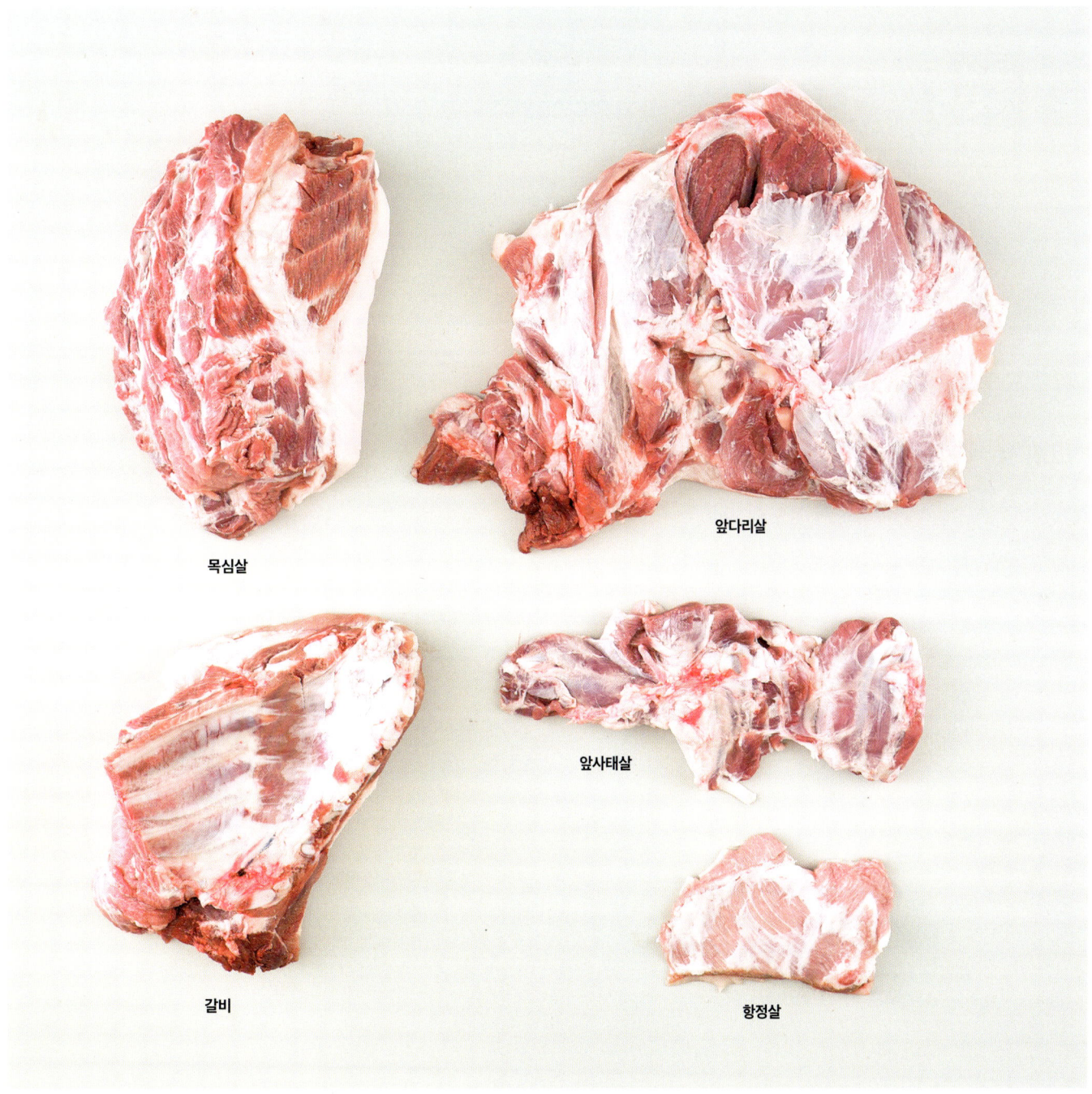

목심살 / 앞다리살 / 앞사태살 / 갈비 / 항정살

실기대 위에 발골과 정형을 마친 앞다리의 고기를 사진처럼 가지런하게 놓아둔다.

돼지 앞다리(왼쪽) 발골·정형

왼쪽 앞다리의 작업 과정은 오른쪽과 비슷하여 비교적 약식으로 정리하였다.
그러나 뼈의 위치와 작업 편의를 고려하면 발골 순서와 칼의 방향이 조금씩 달라지니 이 점에 유의한다.

돼지 앞다리(왼쪽)
발골
동영상 보기

미리 보는 작업 순서

단족 제거
↓
갈비 목뼈 경계선 톱질하기
↓
목뼈 제거
↓
갈비 분리
↓
목살 분리
↓
전완골 제거
↓
견갑골 제거
↓
상완골 제거
↓
항정살 분리
↓
앞사태살 분리
↓
정형

돼지 앞다리(왼쪽) 구조 알기

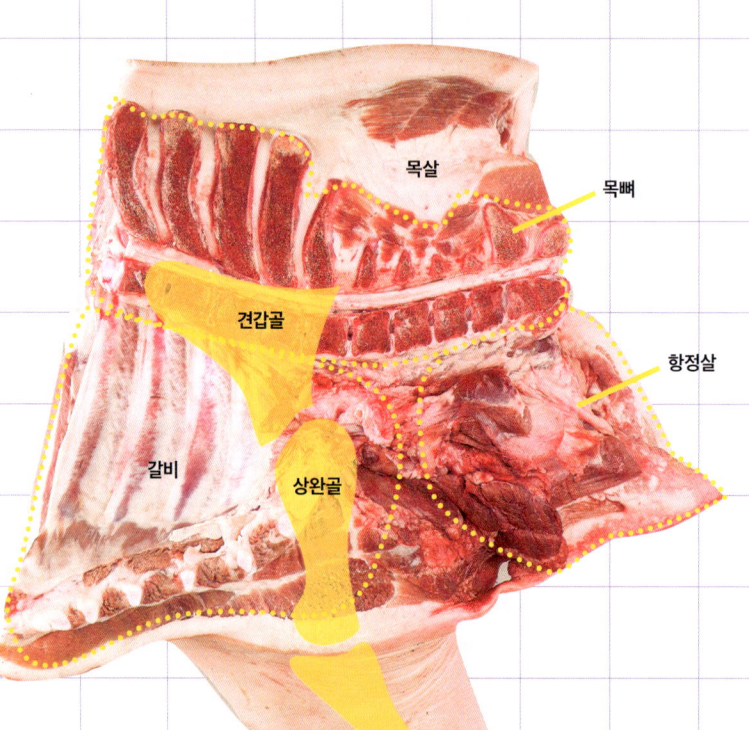

01 단족 제거

안쪽잡기

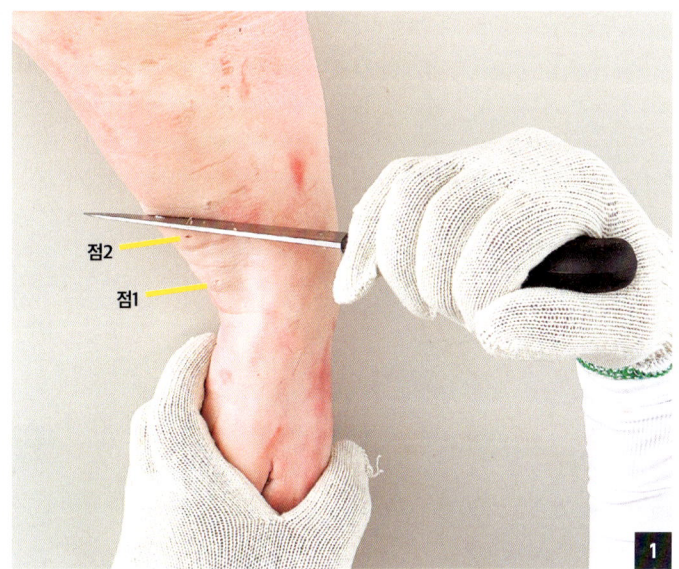
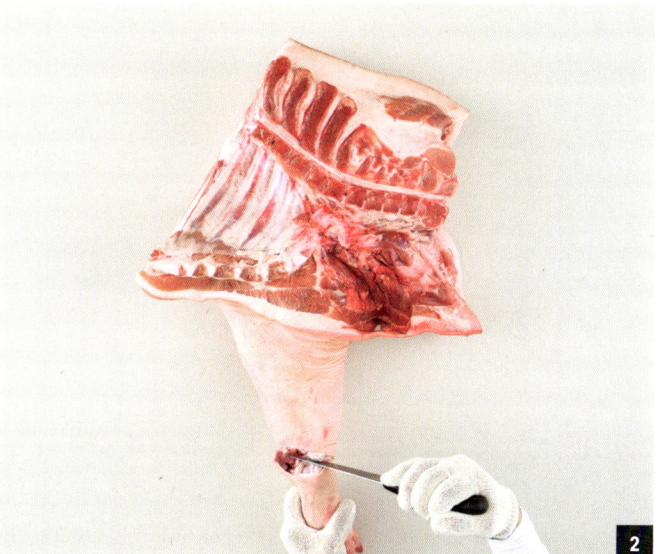
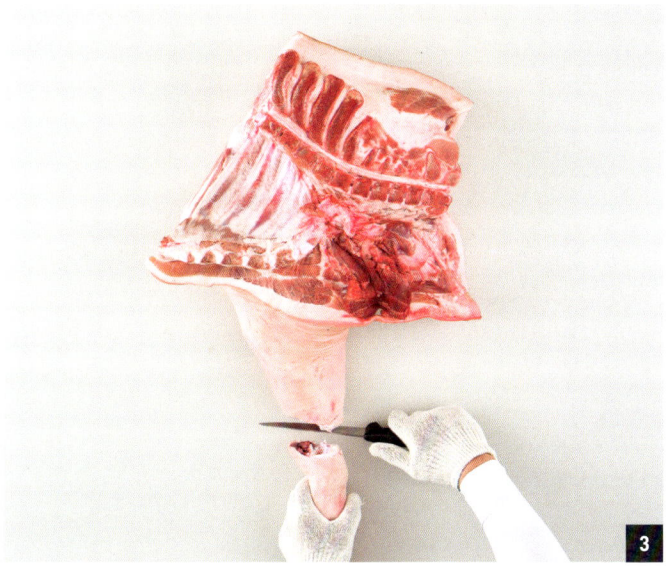
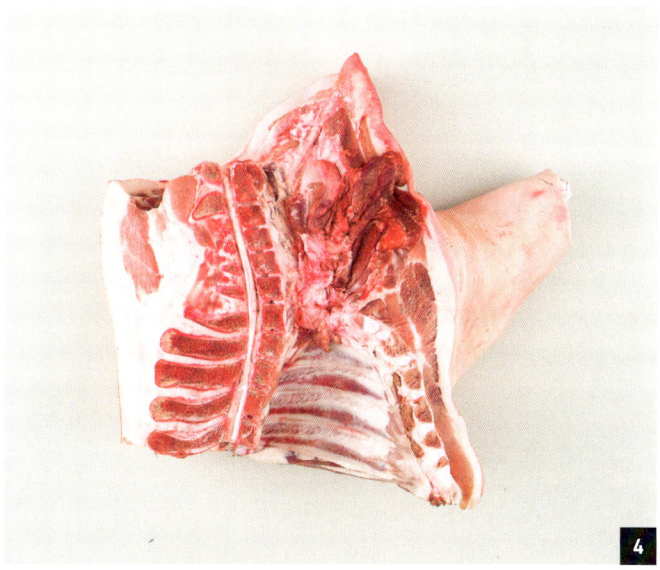

1 단족을 보면 두 개의 점이 있다 그중 위쪽에 있는, 사진 속 두 번째 점에 칼을 넣어 칼집을 깊이 낸다.

2~3 왼손으로 단족의 끝을 잡고 흔들리는 방향으로 꺾으면서 관절 사이에 위치한 연결 부위를 칼로 끊어준다. 관절 사이에 칼을 넣다 보면 잘 들어가는 곳이 있다. 그곳을 찾아 끊으면 수월하다.

4 단족을 제거한 앞다리는 사진처럼 시계반대 방향으로 90도 돌려놓는다. 이렇게 두면 다음 작업이 수월하다.

단족 제거 → 갈비 목뼈 경계선 톱질하기 → 목뼈 제거 → 갈비 분리 → 목살 분리 → 전완골 제거 → 견갑골 제거 → 상완골 제거 → 항정살 분리 → 앞사태살 분리 → 정형

02 갈비와 목뼈 경계선 톱질하기

🔪 안쪽잡기

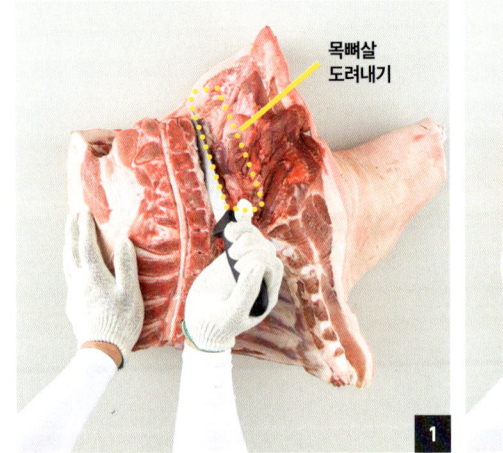 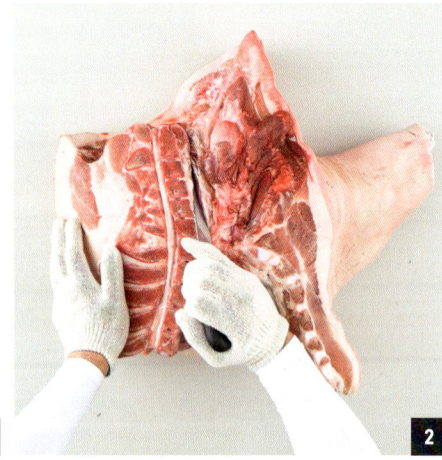 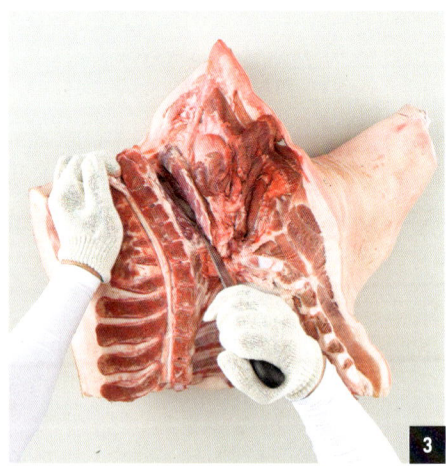

1~3 목뼈 우측에 있는 살과의 경계선을 칼로 찾는다. 살과 뼈 사이의 근막이 보일 때까지 칼끝으로 긁듯이 칼질하며 살 부분을 오른쪽(뼈 반대쪽)으로 걷어준다. 살을 자르는 게 아니라 뼈에서 칼로 떠내듯 작업하는 것이다.

🔪 톱질하기

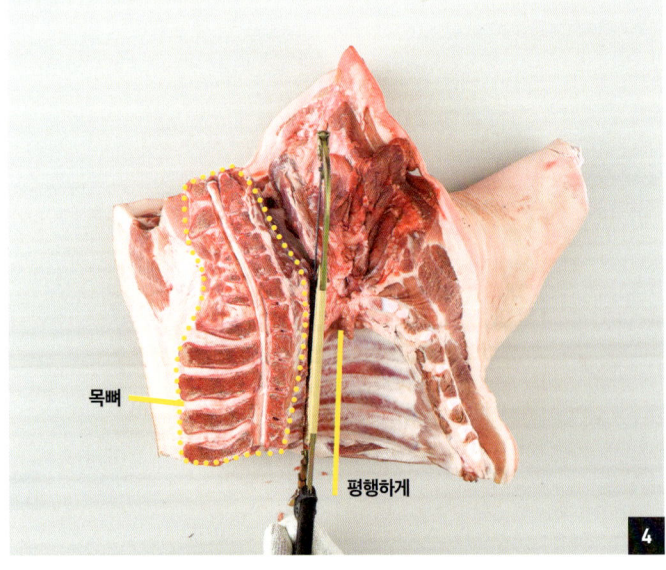 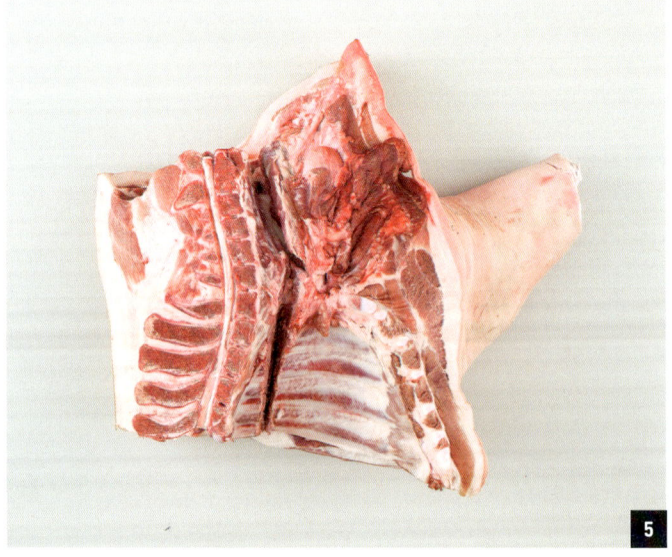

4 갈비와 목뼈 경계지점에 평행이 되도록 톱날 위치를 잡는다.
5 톱을 수직으로 세워 톱질하여 갈비뼈를 절단한다. 이때 뼈 아래에 위치한 앞다리살을 자르지 않도록 조심스럽게 뼈에만 톱질한다. 톱질을 끝내면 사진과 같은 모양이 된다.

단족 제거 → 갈비 목뼈 경계선 톱질하기 → 목뼈 제거 → 갈비 분리 → 목살 분리 → 전완골 제거 → 견갑골 제거 → 상완골 제거 → 항정살 분리 → 앞사태살 분리 → 정형

03 목뼈 제거

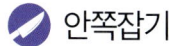 안쪽잡기

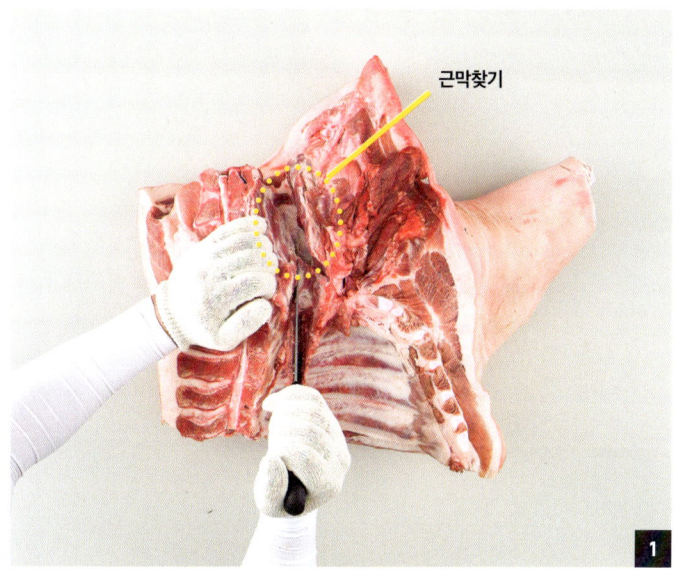
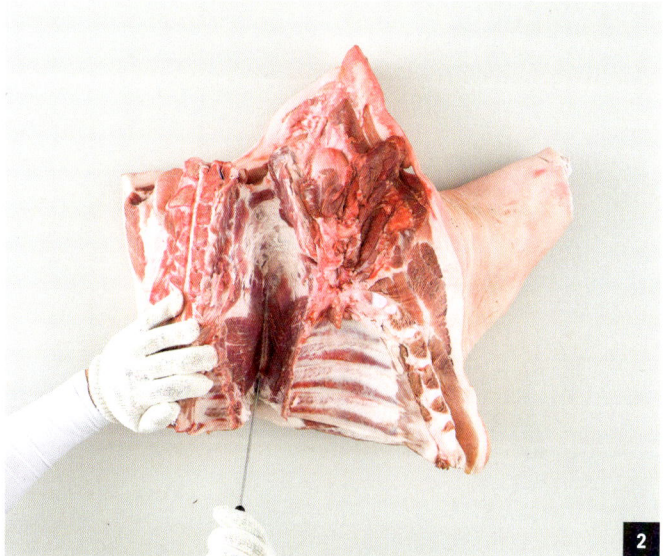

1 톱질한 틈을 벌려 갈비뼈 아래에 위치한 앞다리살의 근막을 찾는다. 근막을 찾을 때 왼손으로 갈비 부분을 눌러 최대한 톱질된 사이를 벌려주면서 근막에 칼질을 하여 분리한다.
2 작업이 끝나면 사진처럼 살과 뼈가 벌어진다.

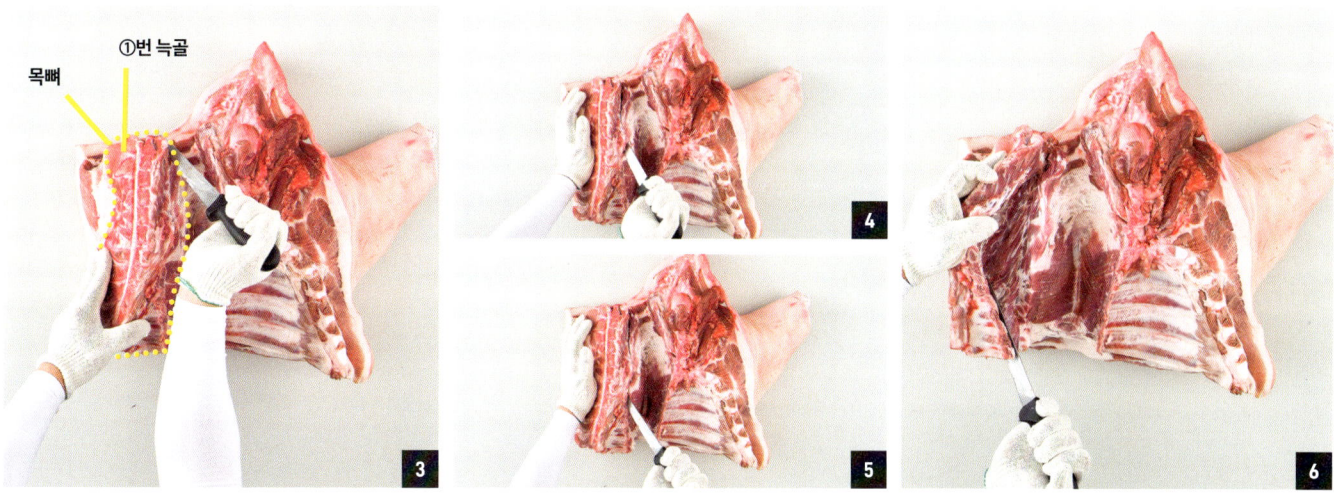

1~4 ①번 늑골뼈 아래에 칼을 붙여 갈비뼈가 있는 곳까지 살을 긁어낸다. 이때 왼손으로 살집을 벌려주며 칼이 살에 들어가지 않게 뼈 쪽에 바짝 붙여 긁듯이 칼질한다.

03 목뼈 제거

안쪽잡기

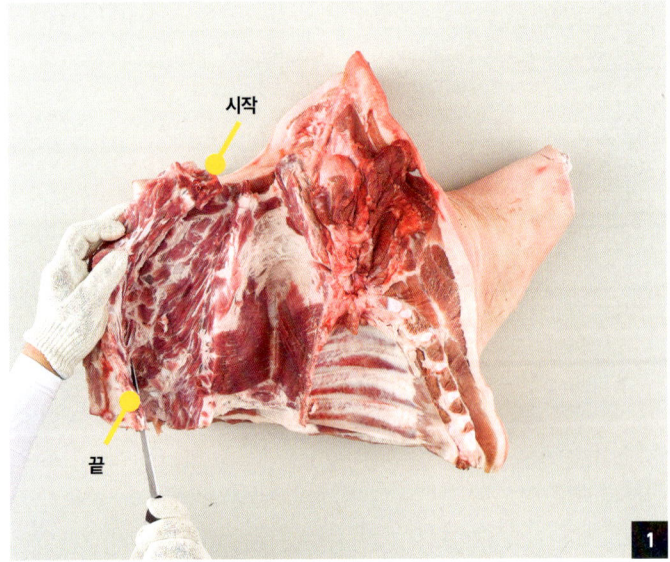 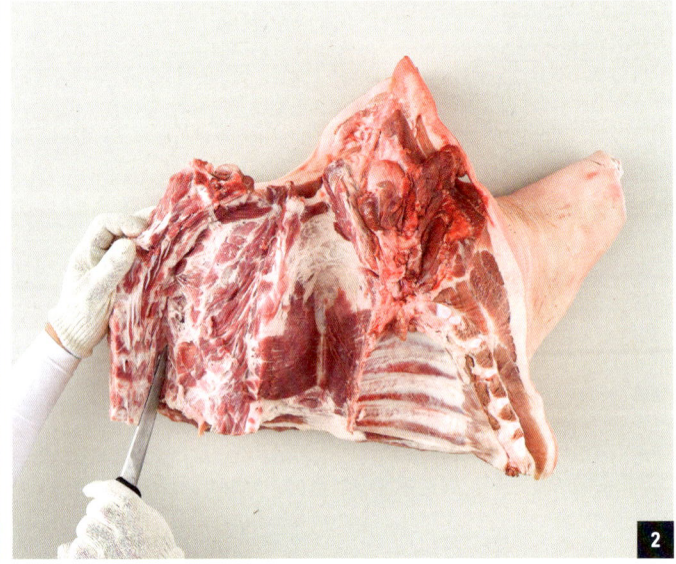

1~2 목뼈가 90도 이상 열리면 목살에 칼이 들어가지 않도록 더욱 조심스럽게 작업한다.

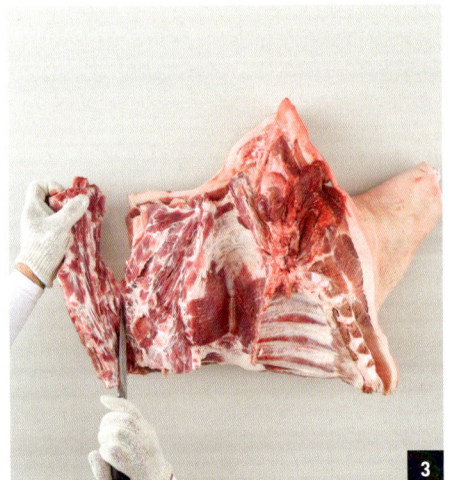 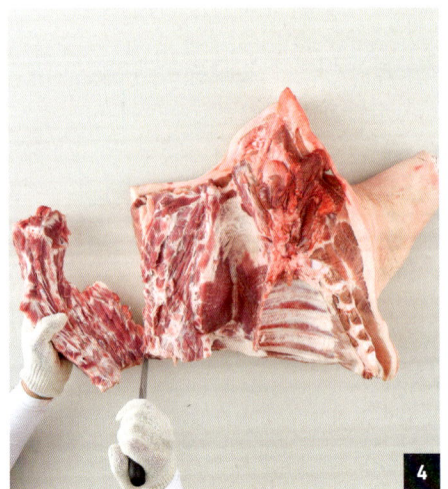 

3~5 칼날을 최대한 뼈쪽으로 붙여 목뼈를 분리한다. 이때 오른쪽 아랫부분에 튀어나온 날개뼈가 있으니 잘 찾아가며 뼈나 살이 잘리지 않게 작업한다.

04 갈비 분리

바로잡기

 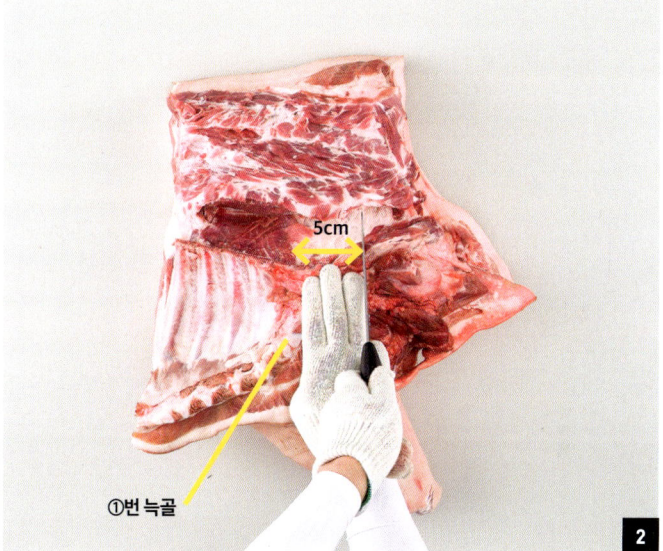

1 앞다리를 사진처럼 시계방향으로 90도 돌려놓는다.
2 ①번 늑골뼈를 기준으로 오른쪽 5cm 정도 위치에 칼로 표시를 한다.

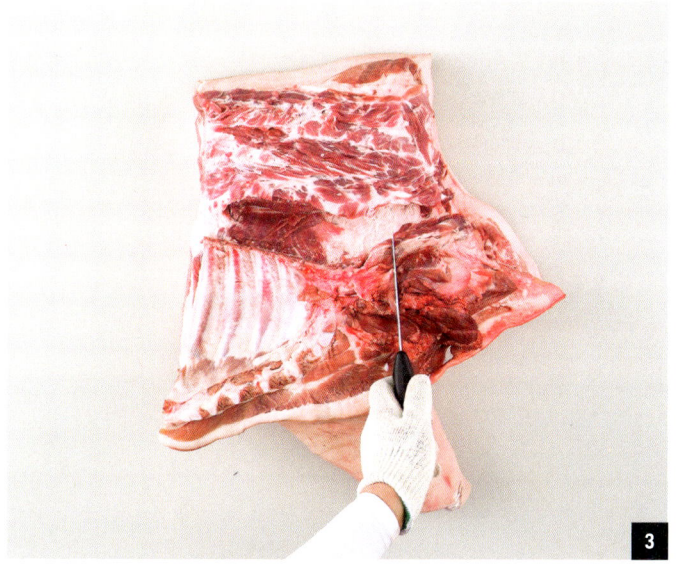 

3~4 표시한 곳을 칼로 자르며 근막이 보일 때까지 절개한다.

04 갈비 분리

바로잡기

  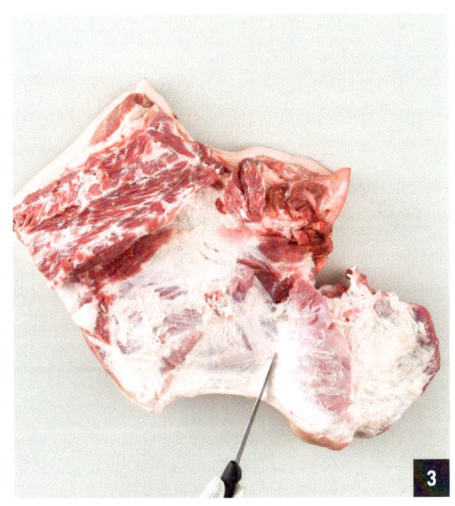

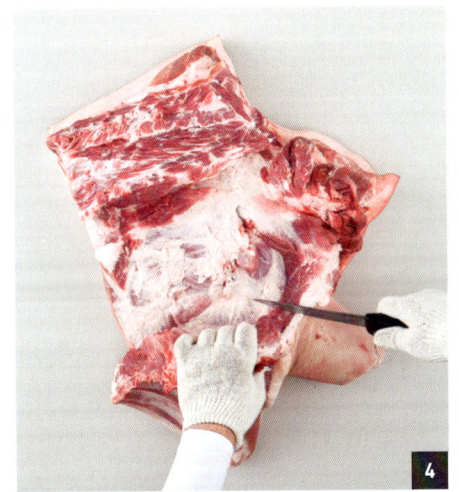 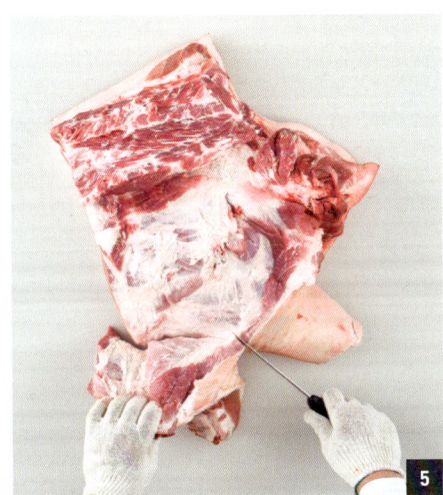 

1~2 갈비덧살과 앞다리살 사이의 경계선에 위치한 근막을 찾아준다.

3~6 왼손으로 갈비를 들어올리며 조심스럽게 근막을 찾으며 칼질한다. 근막이 드러날수록 왼손으로 갈비를 잡아당기며 칼질하여 갈비를 분리한다.

05 목살 분리

바로잡기

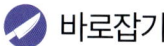

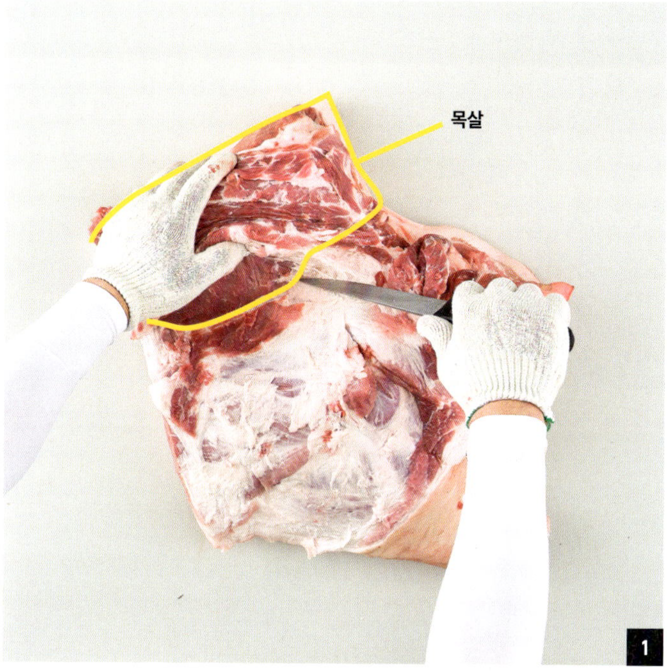

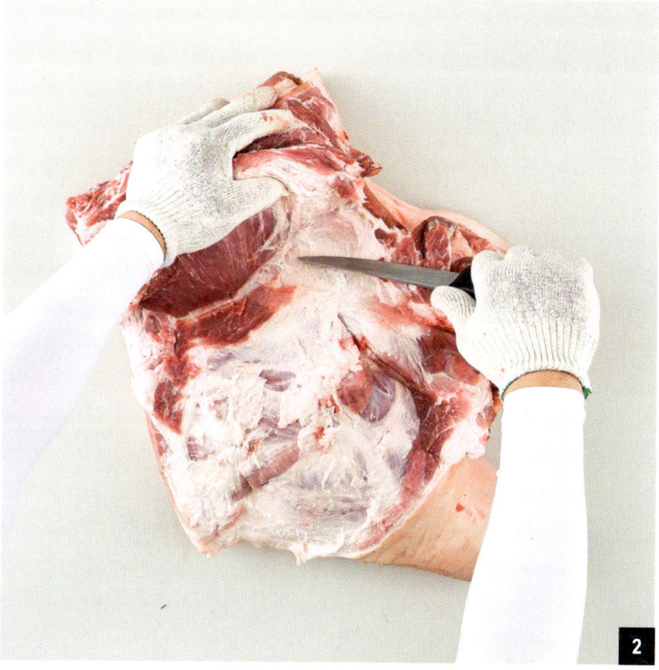

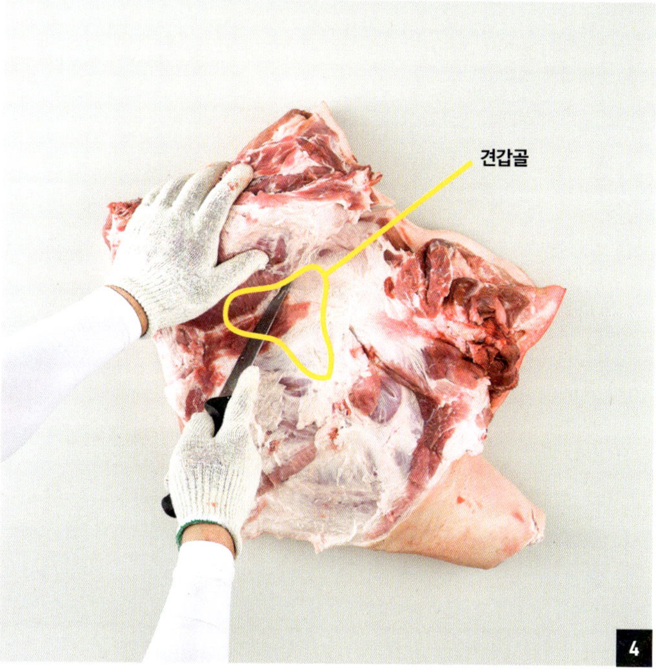

1 목살과 앞다리살의 경계에 있는 근막을 따라 칼끝으로 칼질하여 목살을 벌려준다.
2~4 이때, 왼손으로 목살을 잡고 위로 밀면서 작업하면 근막을 찾기가 더 수월하다. 앞다리 쪽에 있는 딱딱하고 넓은 뼈가 견갑골(부채뼈)이다.

05 목살 분리

바로잡기

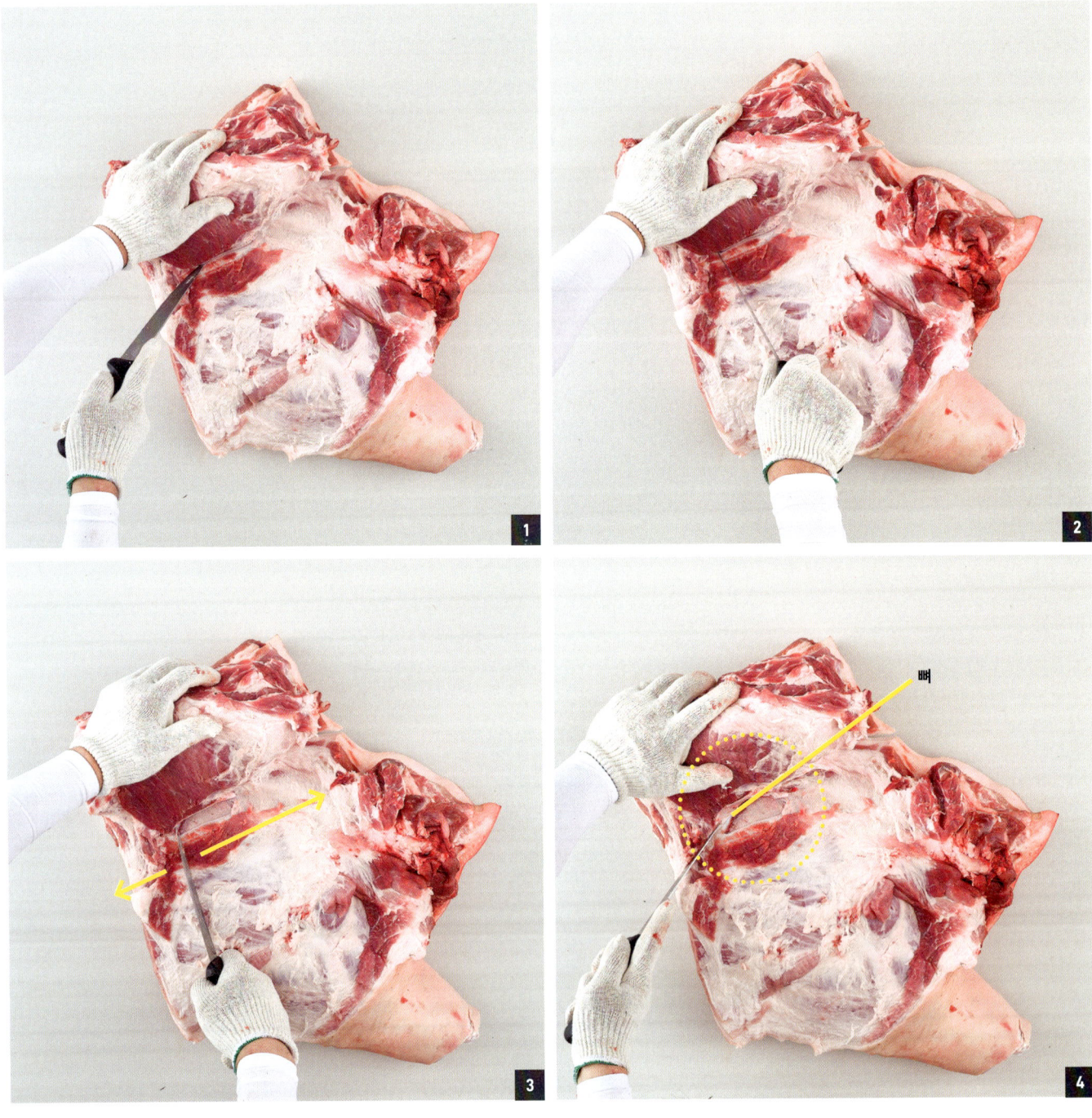

1~2 목살과 앞다리살의 경계를 따라 앞다리살 아래에 있는 견갑골 위쪽을 오른쪽에서 왼쪽으로 가며 칼집을 내어준다. 골막이 확실하게 보일 때까지 반복한다.

3~4 칼을 뒤집어 사진처럼 칼날이 위로 가도록 칼을 세운 다음 칼등으로 칼집을 낸 견갑골을 좌우로 3~4번 긁어준다.

단족 제거 → 갈비 목뼈 경계선 톱질하기 → 목뼈 제거 → 갈비 분리 → (목살 분리) → 전완골 제거 → 견갑골 제거 → 상완골 제거 → 항정살 분리 → 앞사태살 분리 → 정형

🔪 바로잡기

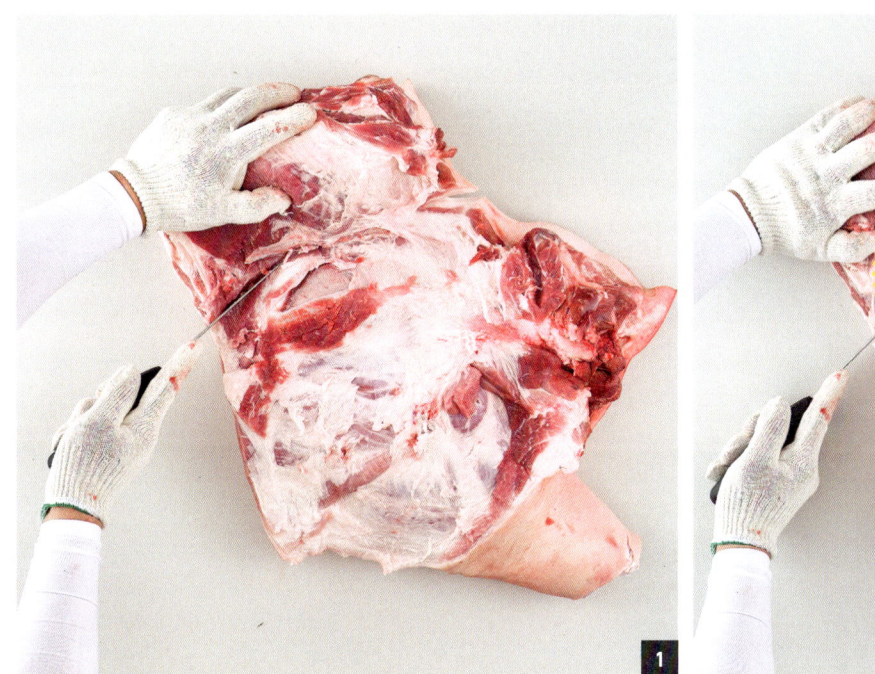
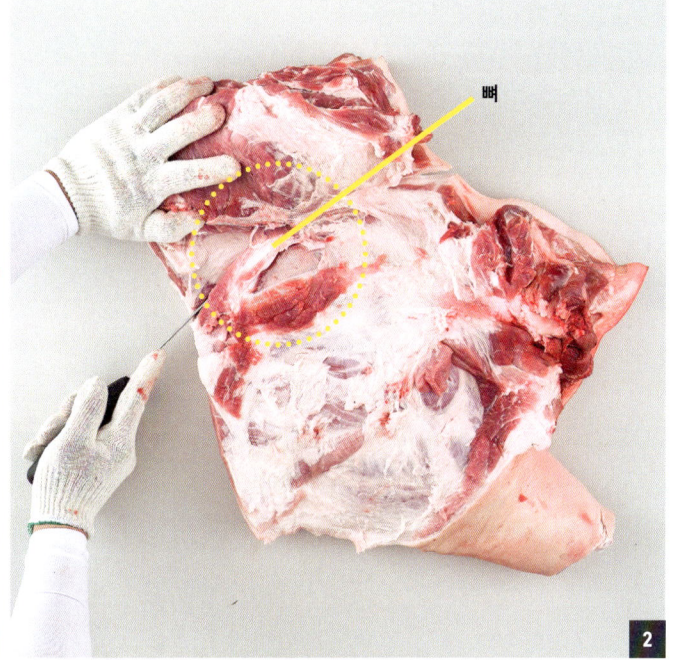

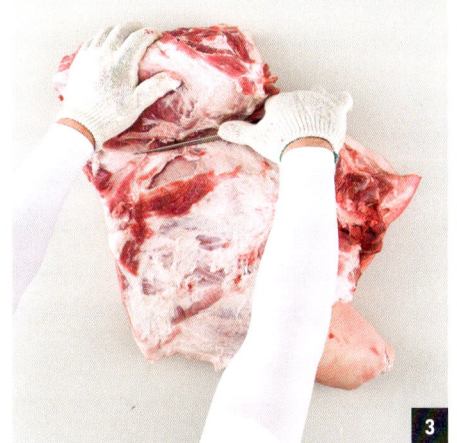
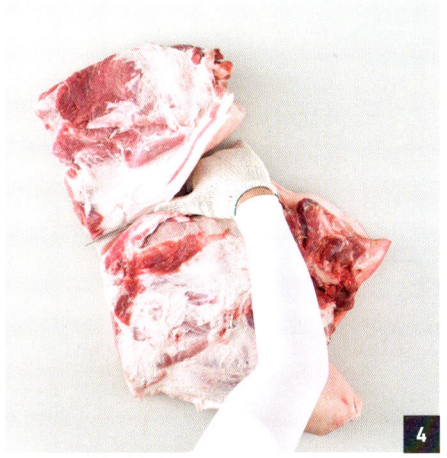

1~2 칼등으로 좌우로 긁다 보면 사진처럼 뼈가 보인다. 이때 왼손은 목살을 위쪽 12시 방향으로 밀어준다.
3~5 견갑골 끝자락에 위치한 물렁뼈가 나타나면 칼로 잘라 목살을 떼어낸다. 이때 견갑골에 붙어있는 물렁뼈의 모양을 따라 아래쪽까지 포물선을 그리며 칼질을 하며 목살을 분리하는 게 맞다.

06 전완골 제거

🔪 바로잡기

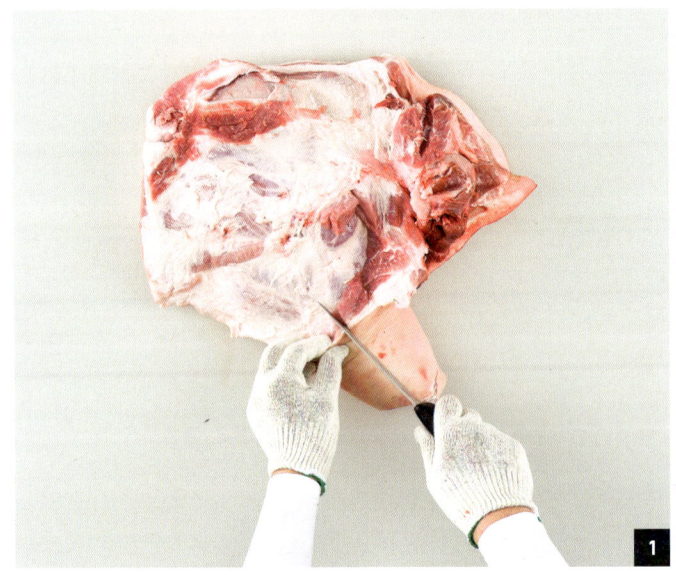 

1~2 전완골을 찾기 위해 앞사태 위쪽의 껍데기에 칼집을 내어 벌려준다.

🔪 안쪽잡기

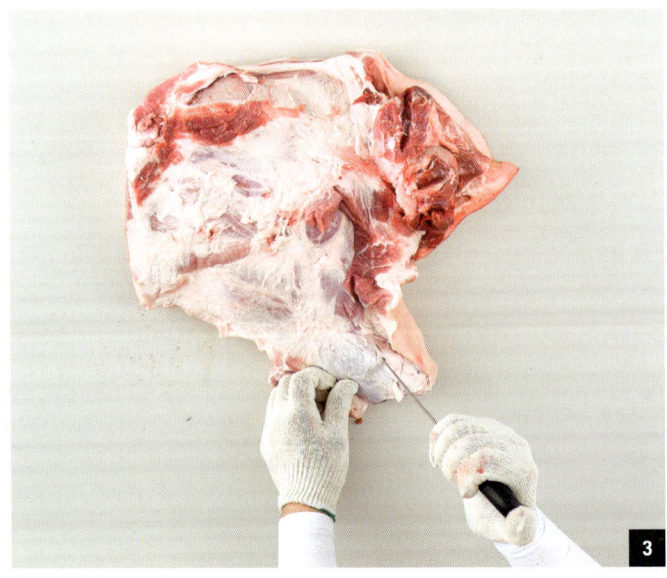 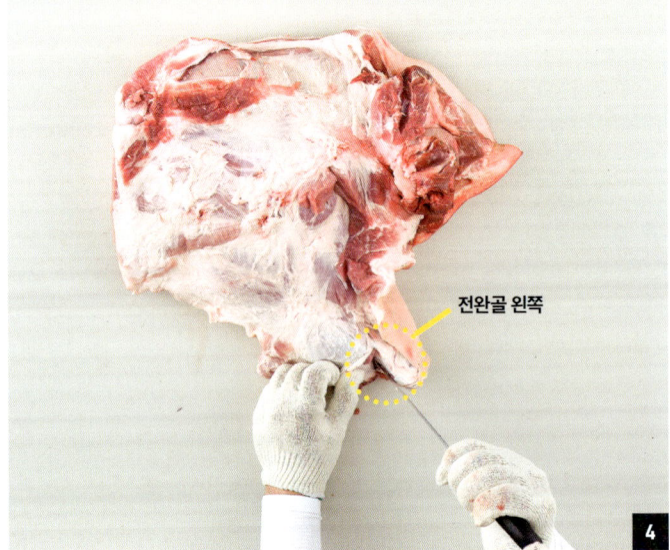

3~4 칼을 바꿔 잡고 전완골 왼쪽에 칼을 대고 아래쪽부터 사태를 벌려준다.

단족 제거 → 갈비 목뼈 경계선 톱질하기 → 목뼈 제거 → 갈비 분리 → 목살 분리 → (전완골 제거) → 견갑골 제거 → 상완골 제거 → 항정살 분리 → 앞사태살 분리 → 정형

바깥잡기

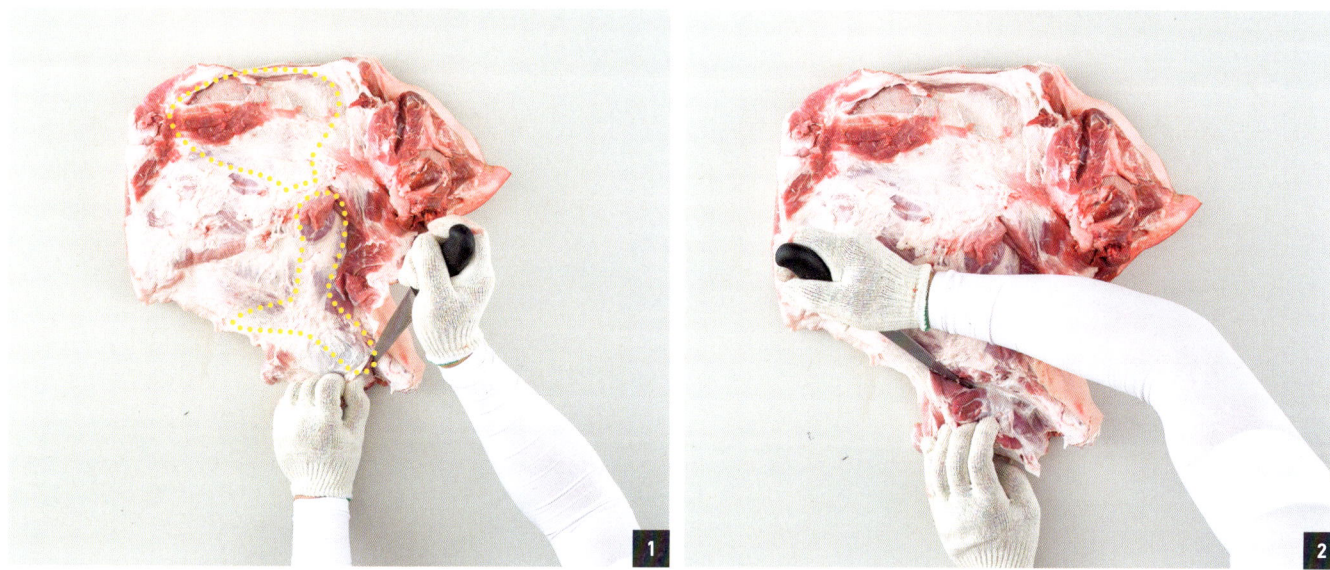

1~2 칼을 바꿔 잡고 전완골의 왼쪽 옆면을 타고 왼쪽 위 11시 방향으로 뼈를 긁어가며 칼질을 한다.

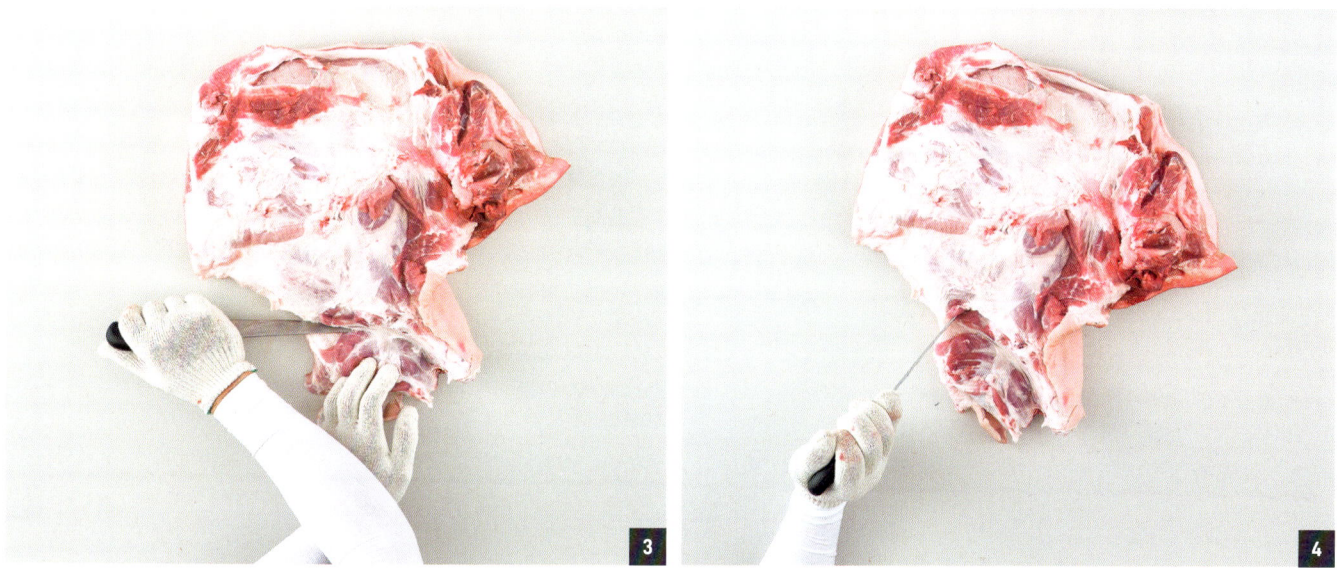

3~4 전완골의 돌출된 뼈가 보일 때까지 칼로 긁어준다.

06 전완골 제거

안쪽잡기

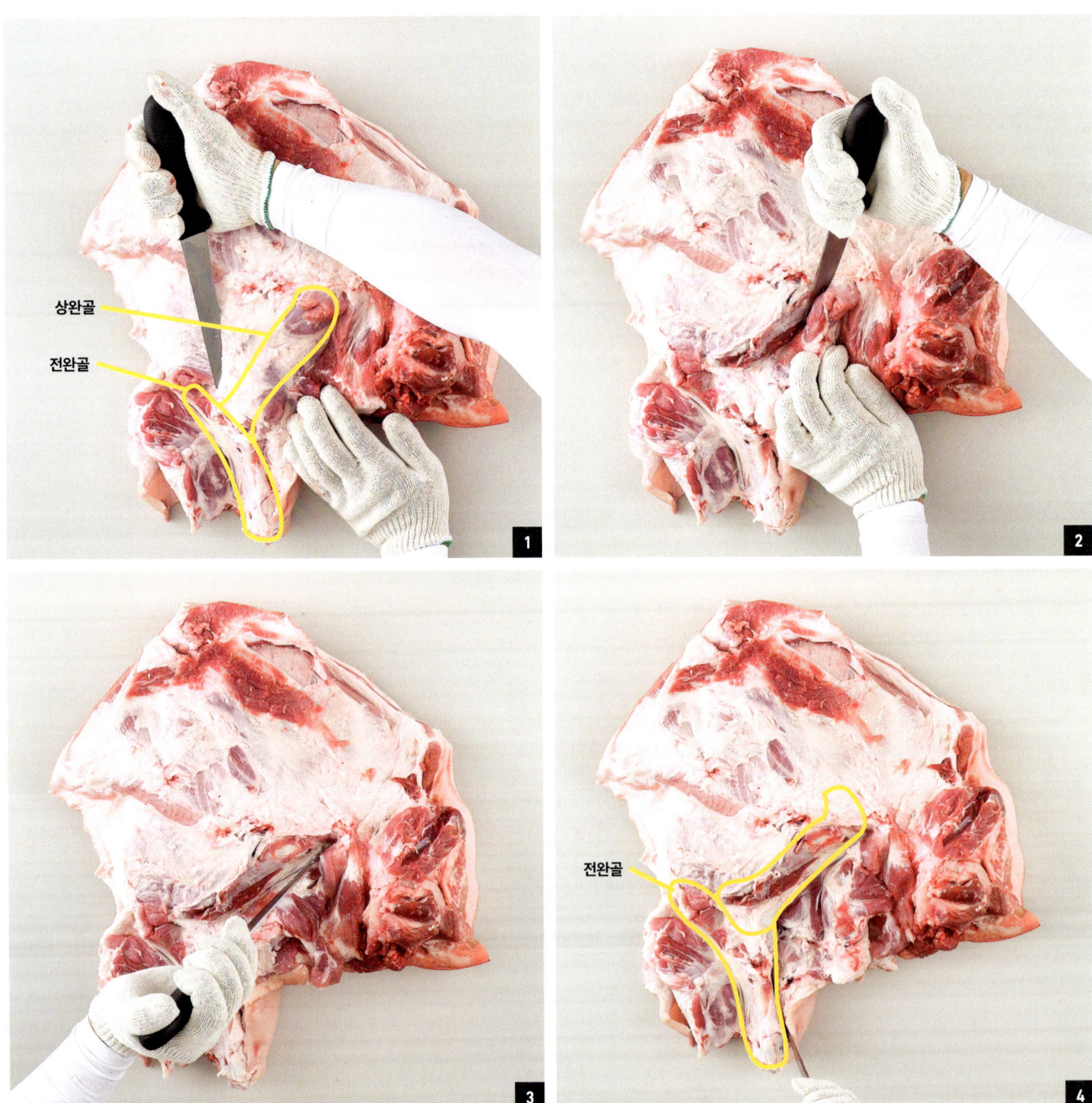

1 상완골과 전완골 연결부위에 사진처럼 칼을 댄다.
2 전완골 돌출된 뼈와 칼면이 수평이 되도록 하여 살을 걷어준다.
3~4 칼날의 방향을 바꿔 왼쪽 아래로 뼈를 타고 칼로 긁어 내려온다. 상완골 아래에서 전완골까지 쭉 그어준다.

단족 제거 → 갈비 목뼈 경계선 톱질하기 → 목뼈 제거 → 갈비 분리 → 목살 분리 → (전완골 제거) → 견갑골 제거 → 상완골 제거 → 항정살 분리 → 앞사태살 분리 → 정형

바깥잡기

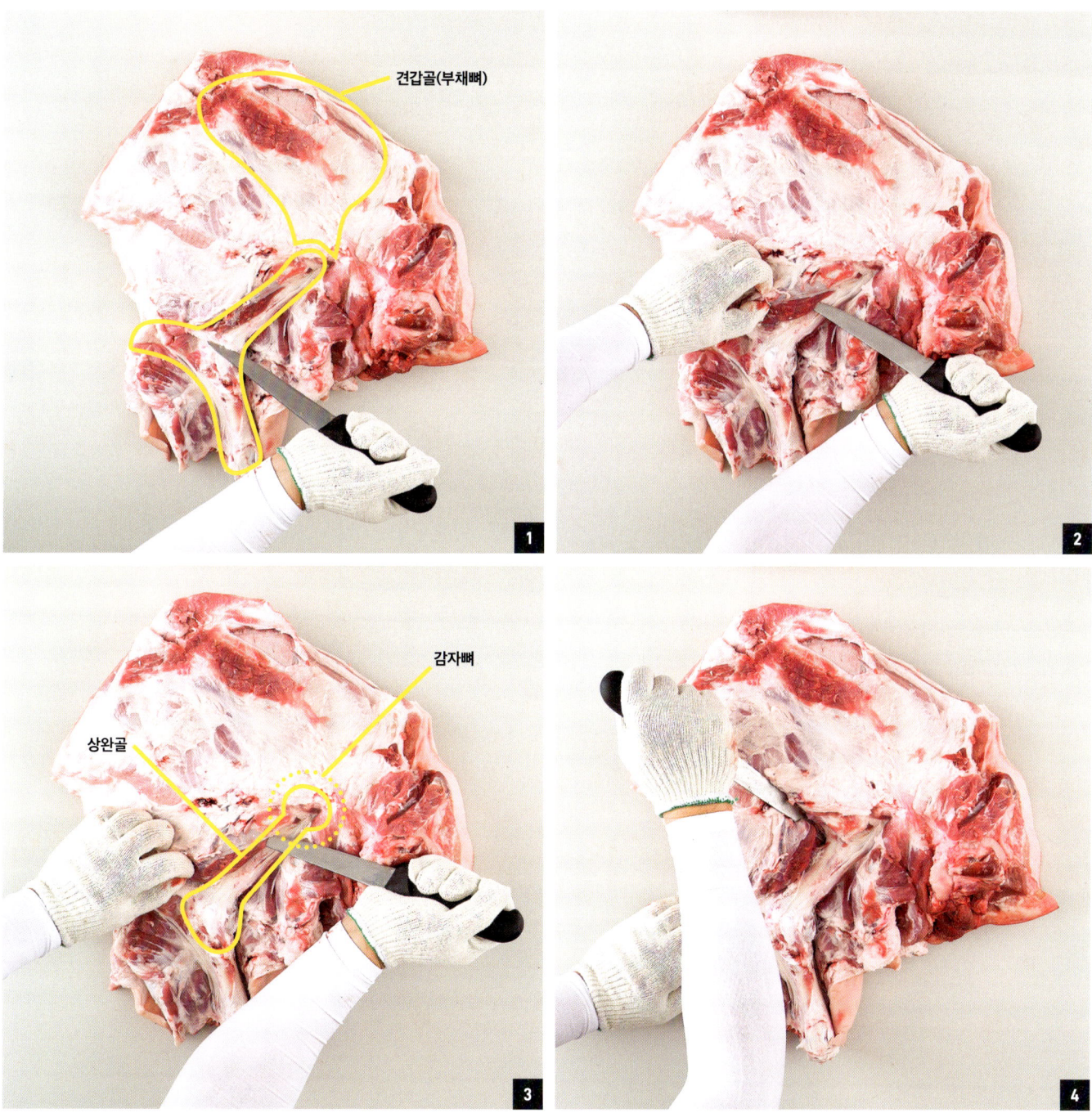

1~2 상완골 아래쪽 뼈와 칼날이 평행이 되도록 눕힌 후 뼈를 타고 사태살을 도려낸다.
3~4 상완골 위쪽에 위치한 통칭 '감자뼈'가 나타나면 뼈의 모양에 따라 칼을 긁으며 사태살을 도려낸다.

06 전완골 제거

안쪽잡기

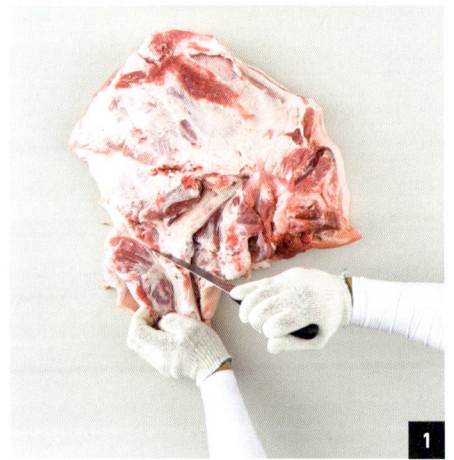 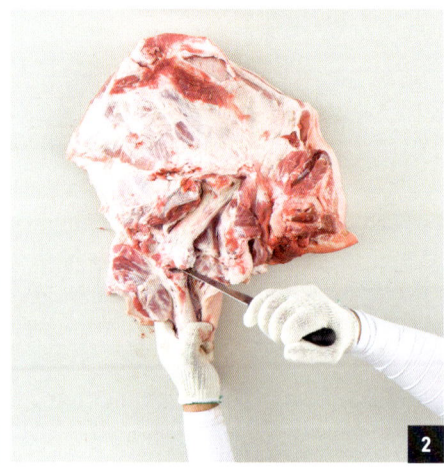 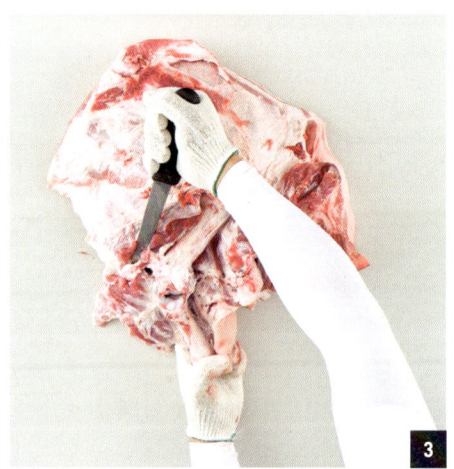

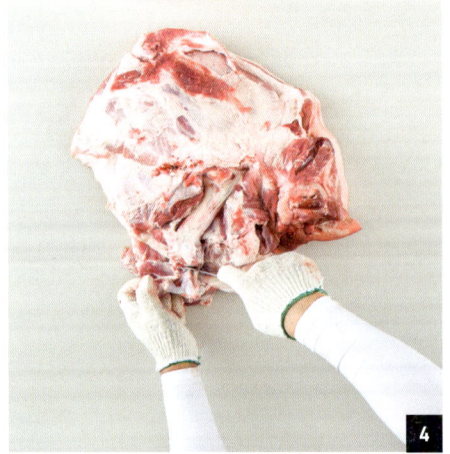 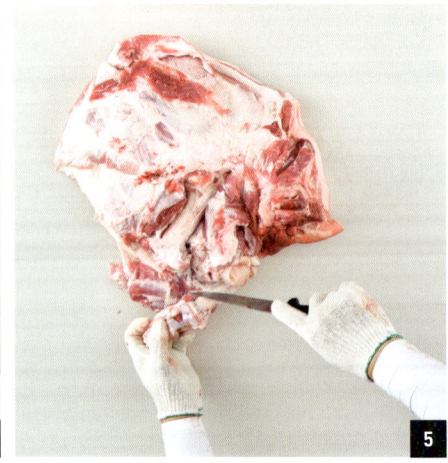 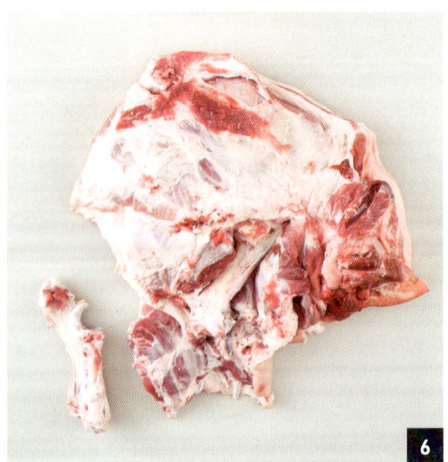

1~2 전완골과 상완골의 연결부위를 칼로 절단한다.
3~4 연결부위를 절단하면서 왼손으로 전완골을 아래로 눌러 꺾는다.
5~6 앞사태살에 칼이 들어가지 않게 조심하며 칼날을 최대한 뼈쪽으로 향하여 골막을 긁어내 전완골을 분리한다.

단족 제거 → 갈비 목뼈 경계선 톱질하기 → 목뼈 제거 → 갈비 분리 → 목살 분리 → (전완골 제거) → (견갑골 제거) → 상완골 제거 → 항정살 분리 → 앞사태살 분리 → 정형

07 견갑골(부채뼈) 제거

안쪽잡기

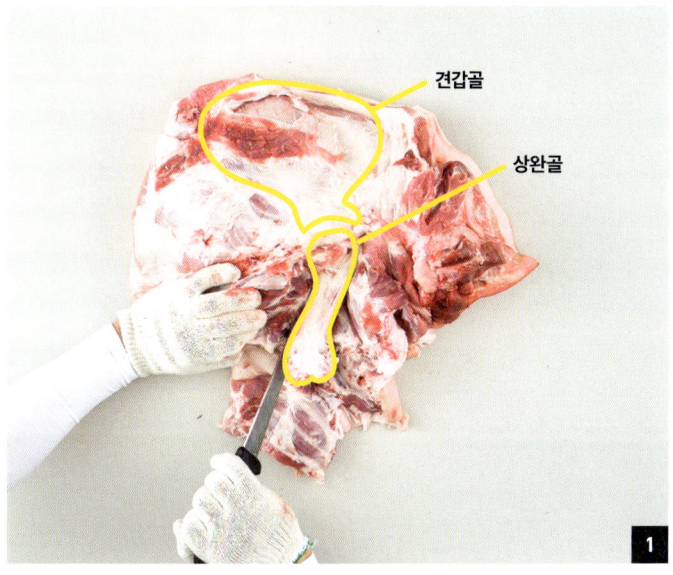

1 나중에 상완골이 쉽게 떨어질 수 있도록 상완골 아래쪽에 있는 살을 칼로 걷어낸다.
2 사진처럼 앞다리를 시계반대 방향으로 90도 돌려놓는다.

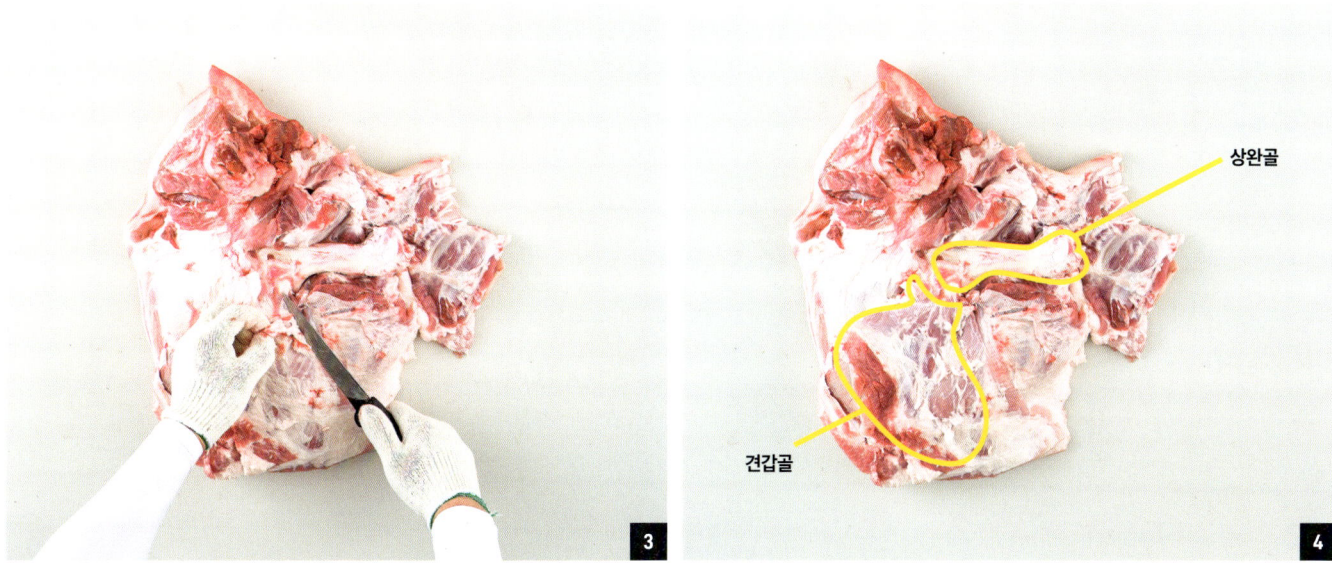

3~4 견갑골을 덮고 있는 부채덮개살의 경계선을 찾기 위해 윗지방을 칼로 도려내어 제거한다.

07 견갑골(부채뼈) 제거

🔪 안쪽잡기

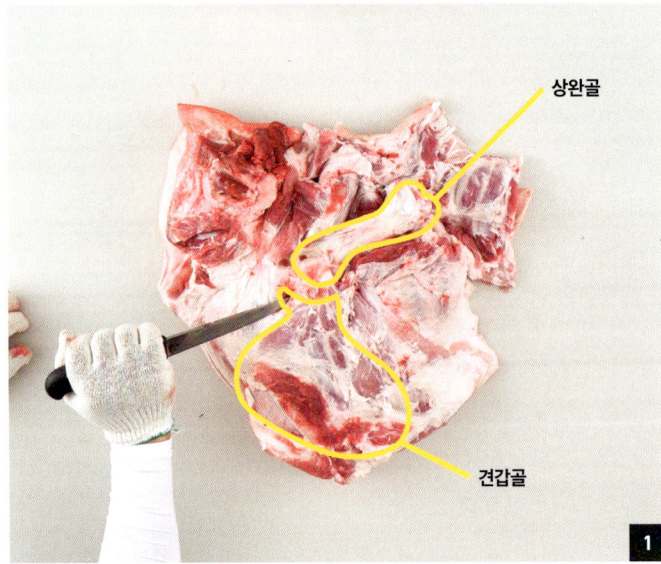

1 견갑골 왼쪽에 칼을 대고 위에서부터 아래쪽으로 뼈를 타고 골막을 긁어준다.

🔪 바로잡기

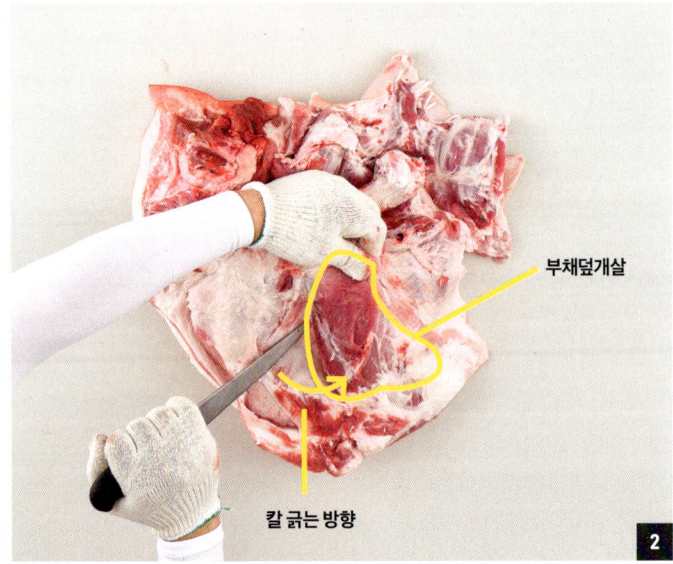

2 왼손으로 부채덮개살을 들어올리면서 부채덮개살과 견갑골 사이에 위치한 골막을 긁어준다. 골막을 확실히 긁었으면 부채덮개살을 오른쪽 위 1시 방향으로 밀어 접어 둔다.

🔪 안쪽잡기

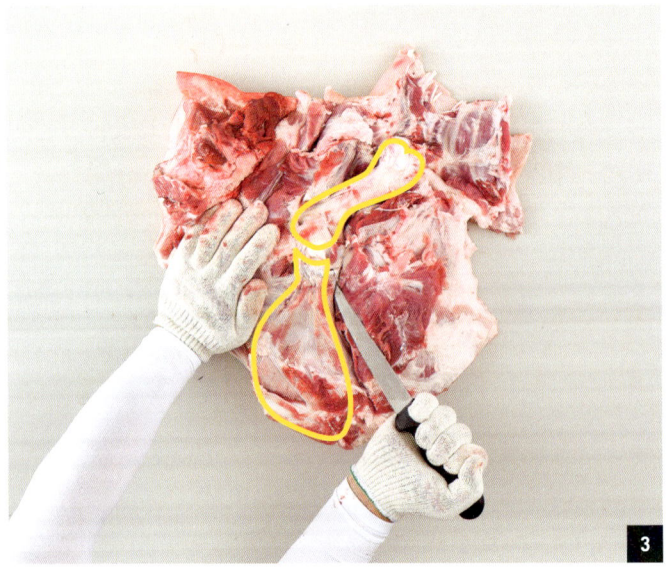

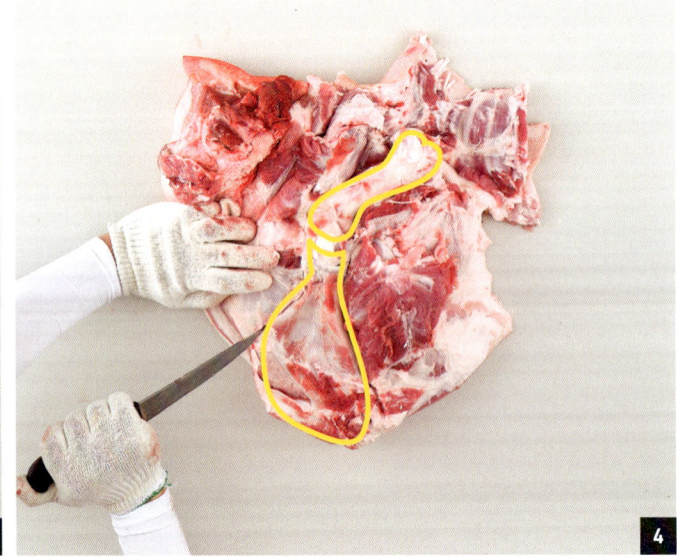

3 견갑골 오른쪽에 위치한 골막을 사진처럼 칼을 눕혀 조심스럽게 긁어준다. 이때 칼끝이 살을 뚫고 들어가지 않게 주의한다.

4 견갑골의 목부분부터 아래까지 칼을 세워 왼쪽의 골막을 긁어준다.

단족 제거 → 갈비 목뼈 경계선 톱질하기 → 목뼈 제거 → 갈비 분리 → 목살 분리 → 전완골 제거 → (견갑골 제거) → 상완골 제거 → 항정살 분리 → 앞사태살 분리 → 정형

안쪽잡기

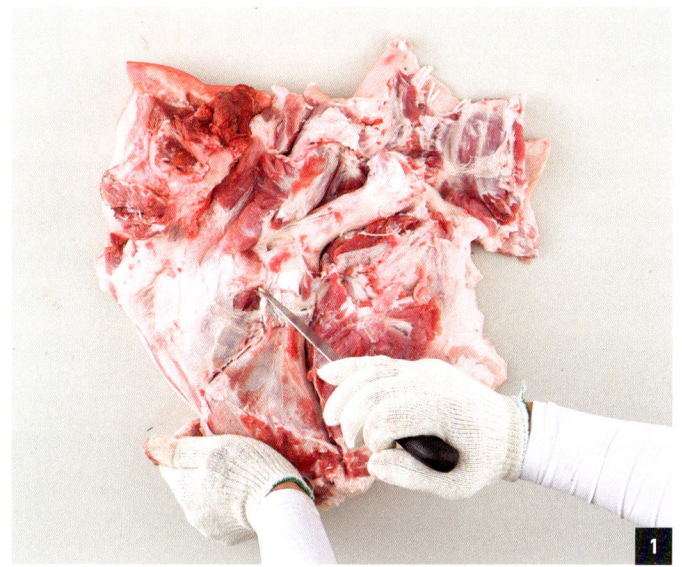
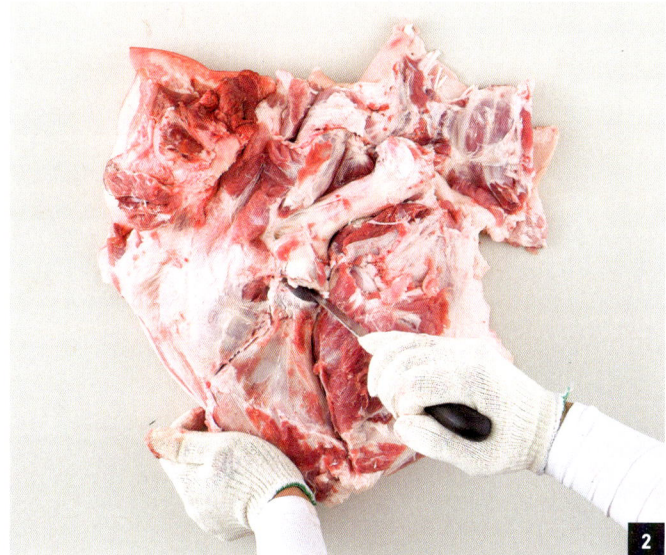
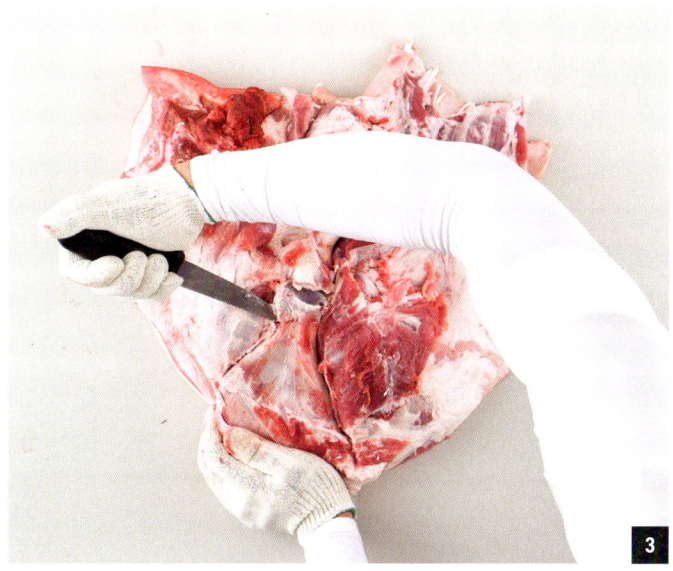
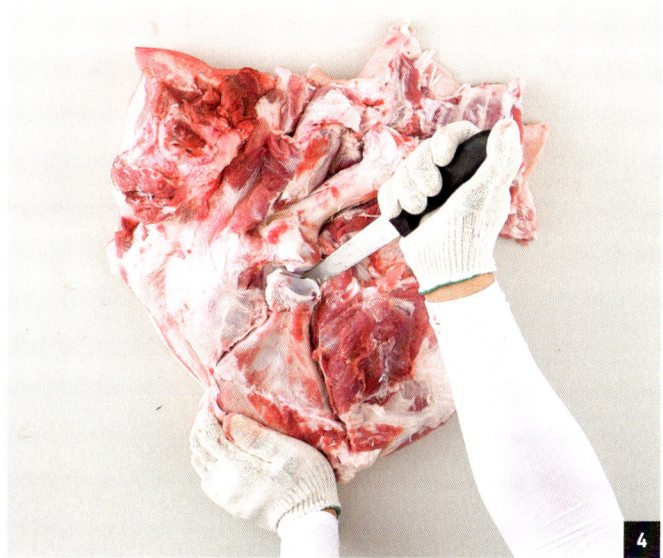

1~2 상완골과 견갑골의 연결부위에 있는 힘줄을 칼로 그어 끊는다.
3~4 왼손으로 견갑골의 아랫부분을 누르면서 위쪽의 목 아랫부분에 칼을 넣어 골막을 긁어준다.

07 견갑골(부채뼈) 제거

바로잡기

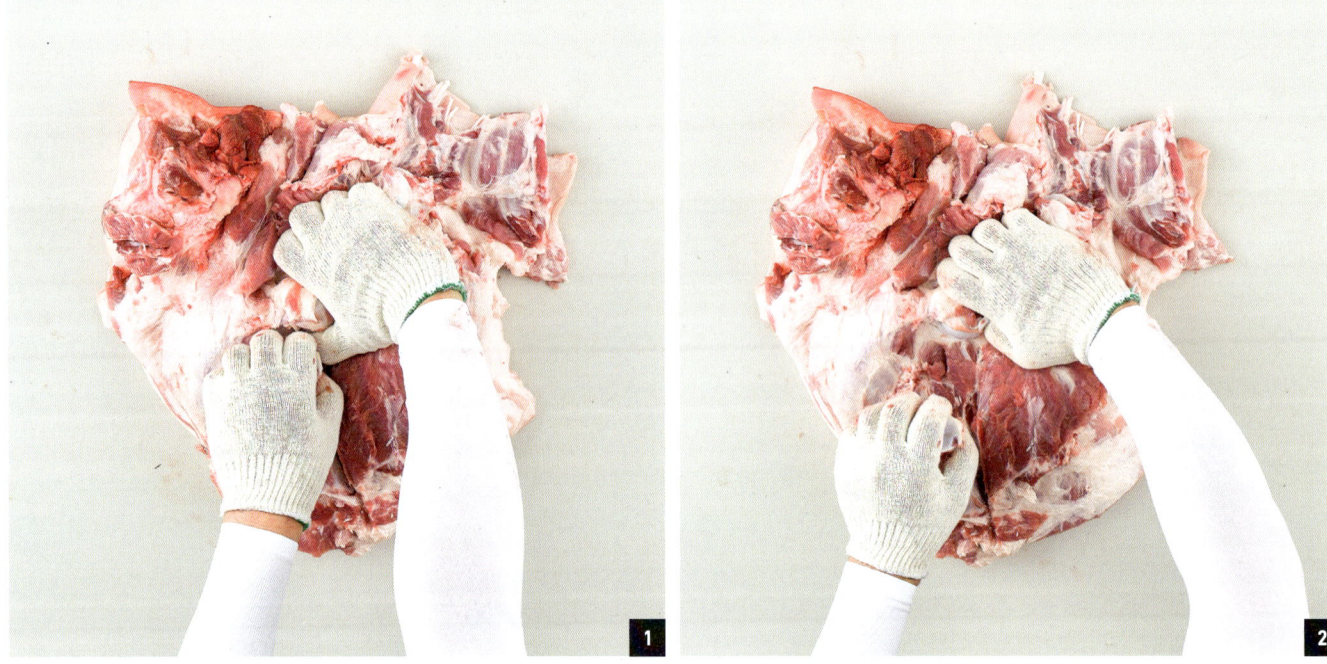

1~2 견갑골 아래쪽 골막을 확실히 분리했다면 오른손 엄지손가락을 이용해 상완골을 지지하고, 왼손으로 견갑골의 목부분을 잡고 몸 방향으로 당겨 올린다.

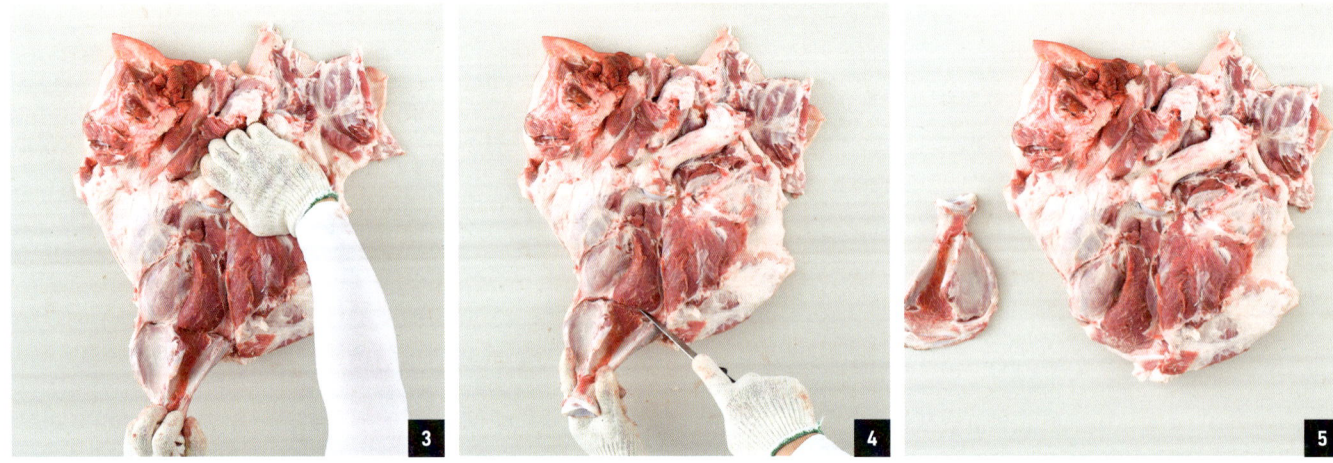

3 왼손의 힘을 이용하여 끝까지 잡아당겨 사진처럼 꺾는다.
4~5 견갑골 아래쪽에 연결되어 있던 물렁뼈가 나타나면 칼로 절단하여 견갑골을 완전히 분리한다.

단족 제거 → 갈비 목뼈 경계선 톱질하기 → 목뼈 제거 → 갈비 분리 → 목살 분리 → 전완골 제거 → 견갑골 제거 → 상완골 제거 → 항정살 분리 → 앞사태살 분리 → 정형

08 상완골 제거

🔪 안쪽잡기

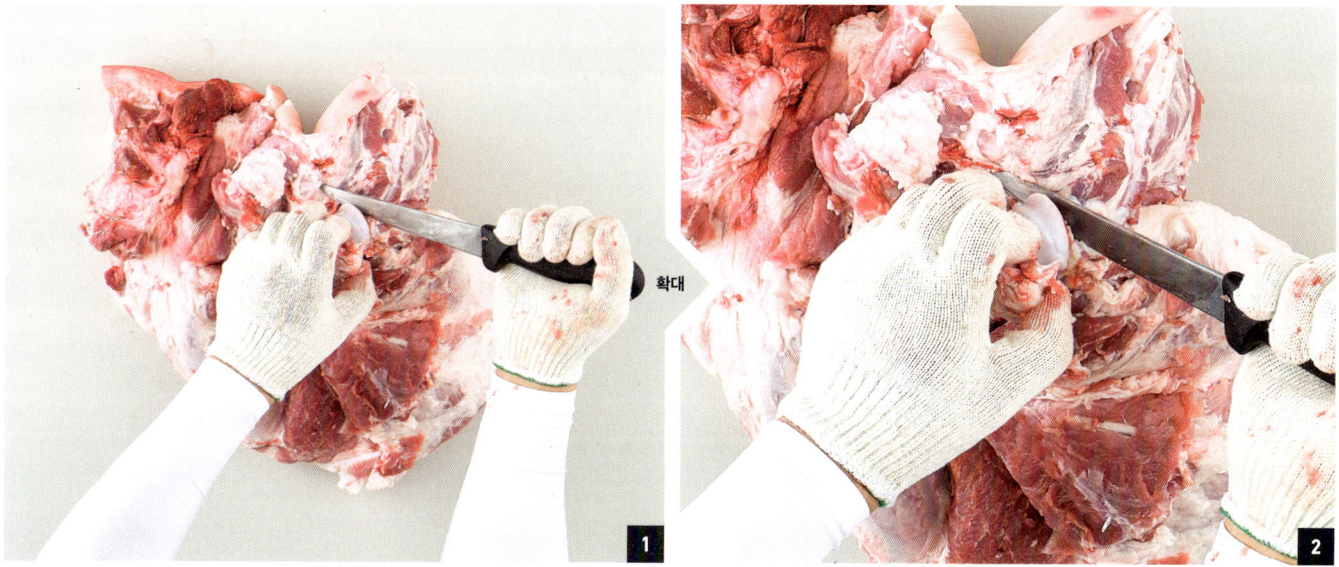

1~2 왼손으로 상완골을 잡고 들어올리면서 뼈 아래쪽에 붙어있는 살을 칼로 걷어낸다.

🔪 바로잡기

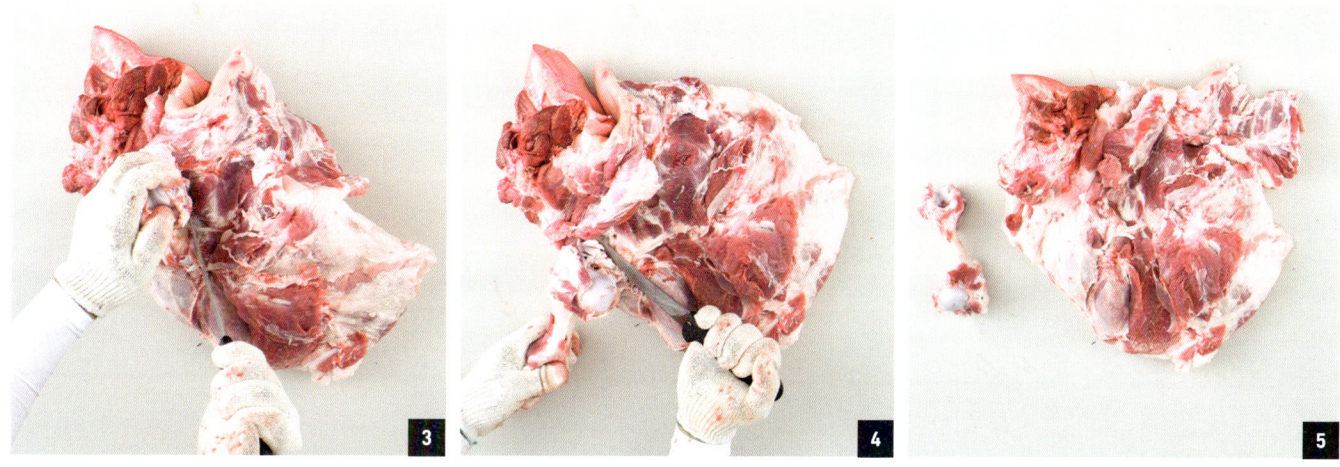

3~4 상완골에 붙어있는 남은 살을 칼로 걷어낸다. 이때 상완골 상단부에 있는 살은 뼈의 모양에 맞게 원형을 그리며 도려낸다.

5 상완골 상단부 모양에 맞게 끝까지 살을 도려내어 뼈를 분리한다.

09 항정살 분리

※ 09 항정살 분리, 10 앞사태살 분리 과정에는 뼈를 빼는 작업은 없지만 발골과정에 포함된다.

바로잡기

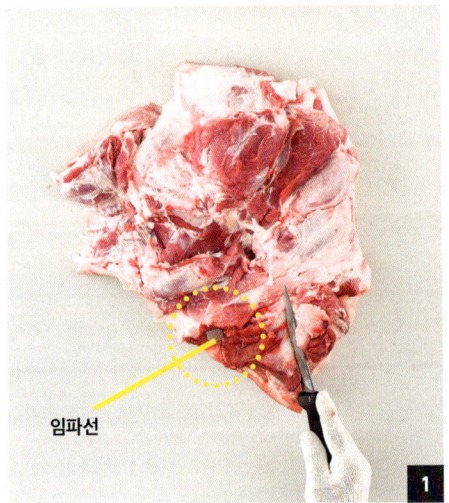
임파선

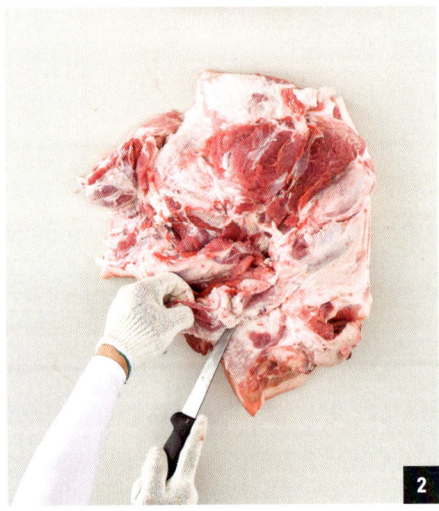

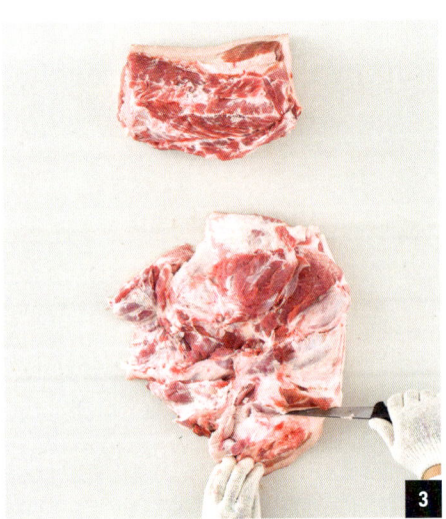

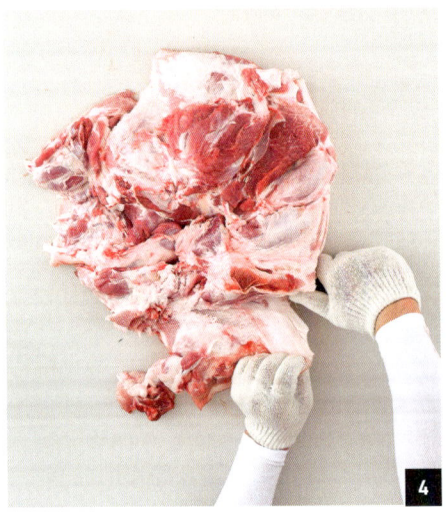

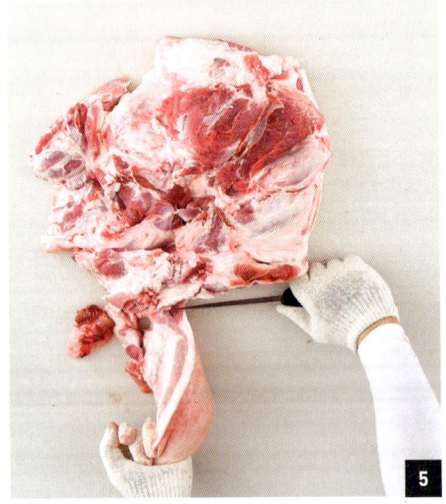

1 앞다리살과 항정살을 덮고 있는 살을 칼로 살짝 걷어낸다. 칼로 앞다리살과 항정살 위의 붙어 있는 임파선이 주요한 분리 경계지점이라 생각하면 된다.
2 앞다리살과 항정살 사이의 지방을 걷어내면서 경계선을 찾는다.
3~4 2 번 과정과 동일하게 경계선을 찾아간다. 이때 항정살을 몸쪽으로 당기면서 작업하면 수월하다. 경계선을 찾으면 선을 따라 칼을 그어준다.
5~6 경계선을 따라 칼질하여 항정살을 완전히 분리한다.

10 앞사태살 분리

바로잡기

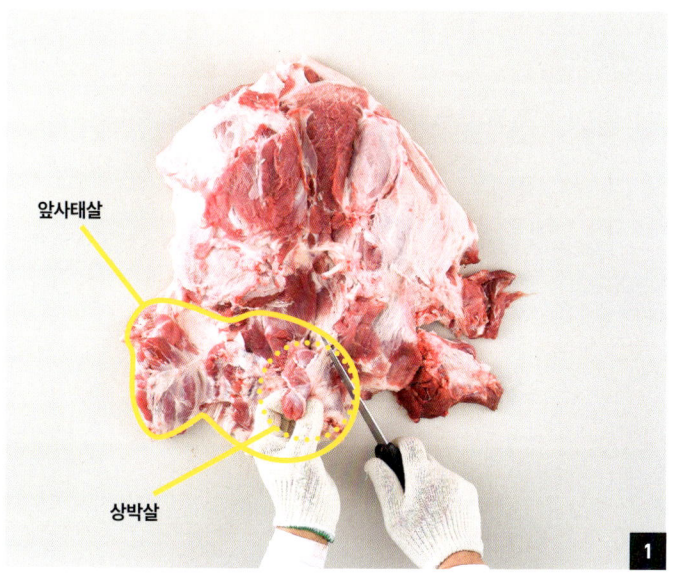
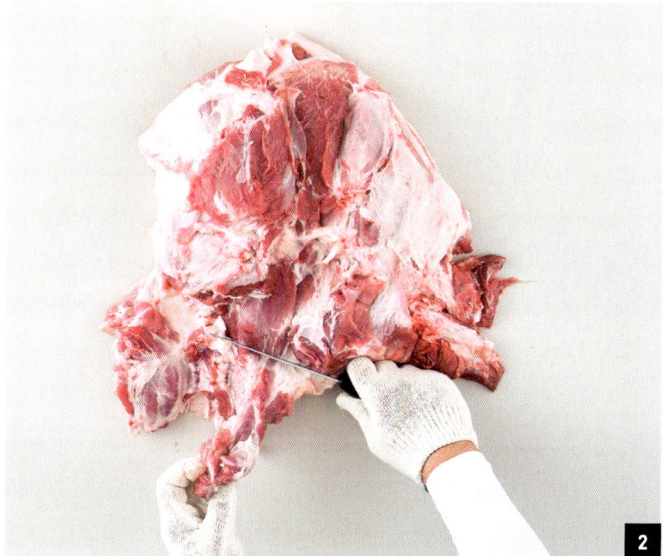

1 앞사태살의 우측에 있는 우측 상박살을 찾아준다.
2 앞다리살 아래쪽과 평행이 되게 하여 앞사태살의 경계선을 찾아준다.

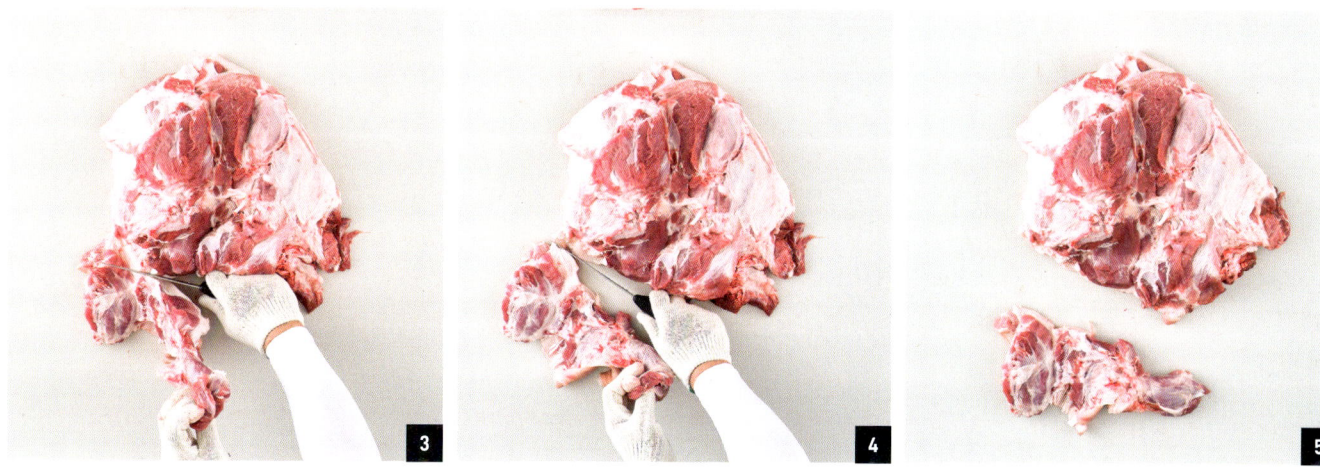

3~5 경계선을 따라 칼질하여 앞사태살을 분리한다.

11 정형 및 완료

앞다리(오른쪽)의 정형 부분 194~203쪽을 참고하여 마무리한다.

돼지 몸통(오른쪽) 발골·정형

몸통 부분은 좌/우의 작업 과정이 크게 다르지 않기 때문에 오른쪽 부분만 기술하였다.

돼지 몸통(오른쪽)
발골
동영상 보기

돼지 몸통(왼쪽)
발골
동영상 보기

미리 보는 작업 순서

복막 분리
↓
토시살 분리
↓
갈매기살 분리
↓
안심 분리
↓
갈비뼈, 오돌뼈 경계선 제거
↓
갈비뼈 제거
↓
등뼈 제거
↓
등심 분리
↓
등심덧살 분리
↓
정형

돼지 몸통 구조 알기

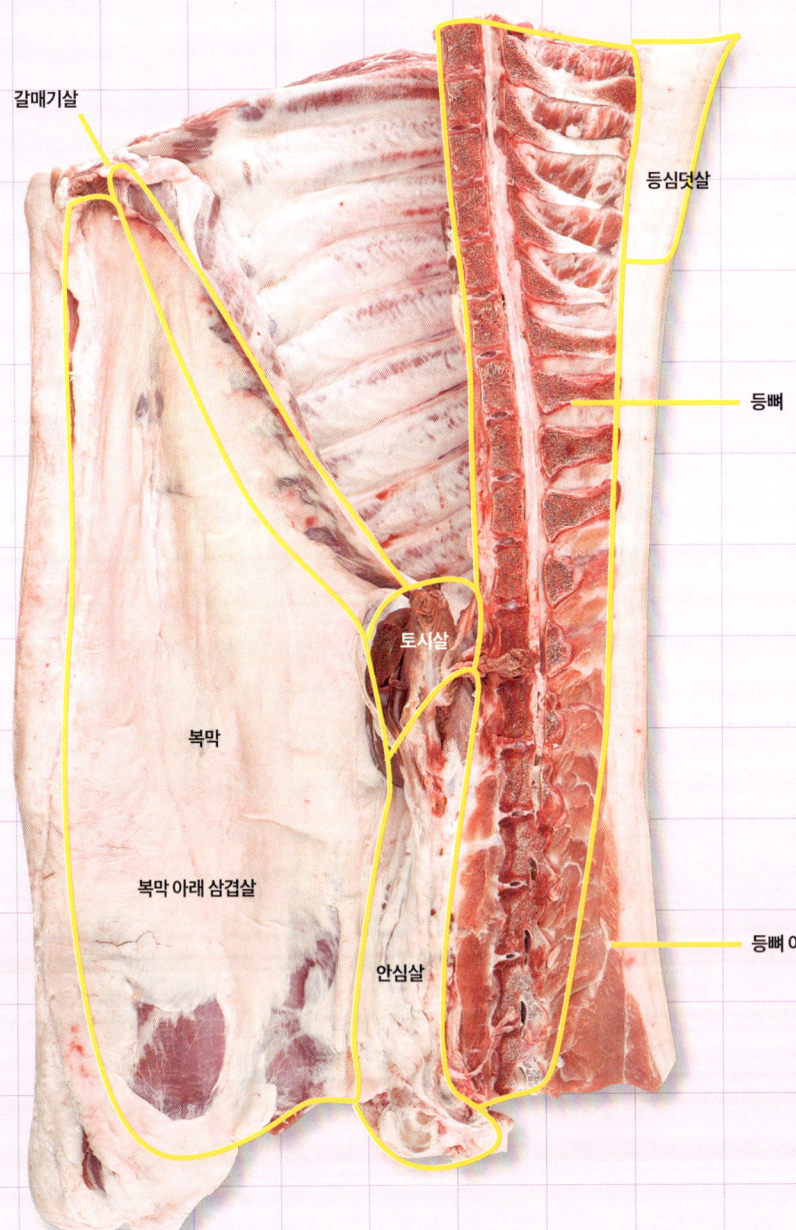

복막 분리 → 토시살 분리 → 갈매기살 분리 → 안심 분리 → 갈비뼈, 오돌뼈 경계선 제거 → 갈비뼈 제거 → 등뼈 제거 → 등심 분리 → 등심덧살 분리 → 정형

01 복막 분리

바로잡기

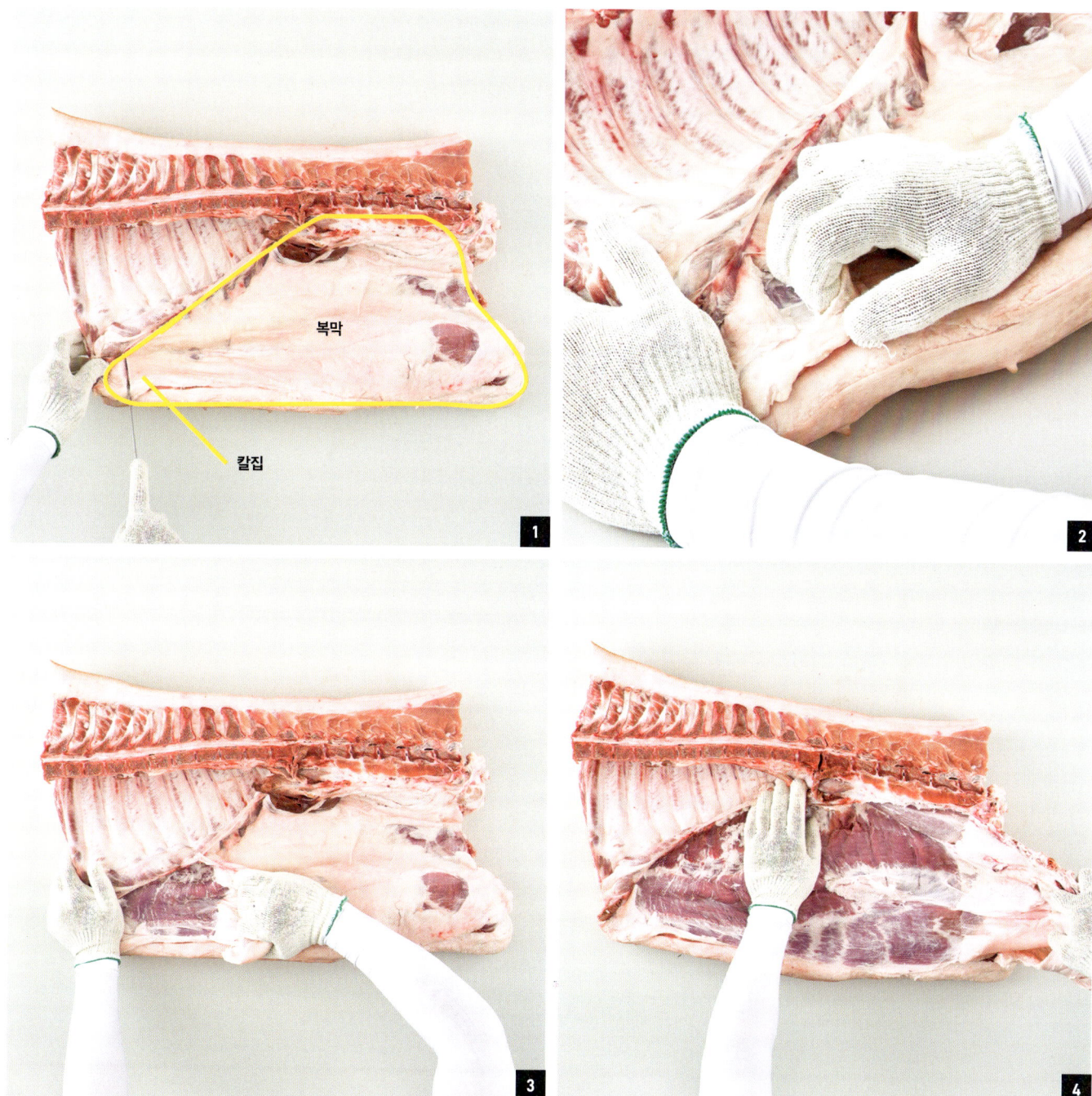

1 사진을 참고하여 복막 왼쪽 끝에 세로로 칼집을 내어준다. 지육을 자르기 위해서가 아니라 복막을 벗겨내기 위해 칼집을 내는 것이다.

2~3 칼집을 낸 복막에 손가락을 넣어 힘껏 잡아당긴다. 쉽게 잡아 당겨지지 않으면 칼집을 조금 더 내거나 근막을 칼끝으로 살살 긁어 본다.

4 잡아당길 때 살집이 같이 뜯기지 않도록 왼손으로 살 부분을 누르며 천천히 복막을 벗긴다. 끝까지, 완전히 벗겨 낸다.

02 토시살 분리

바로잡기

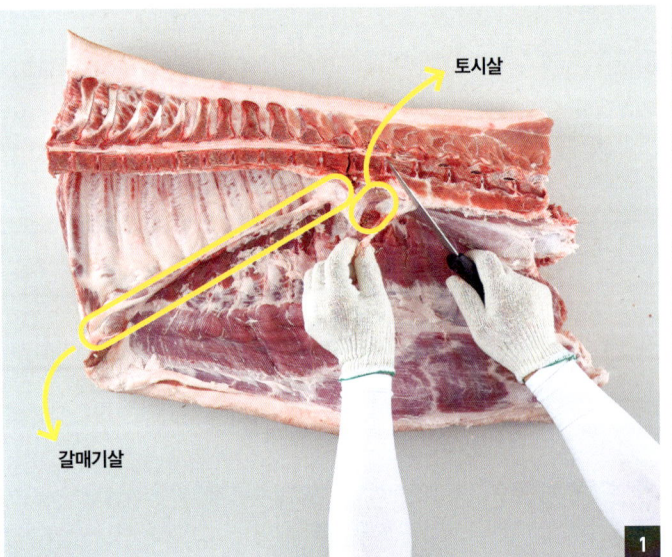
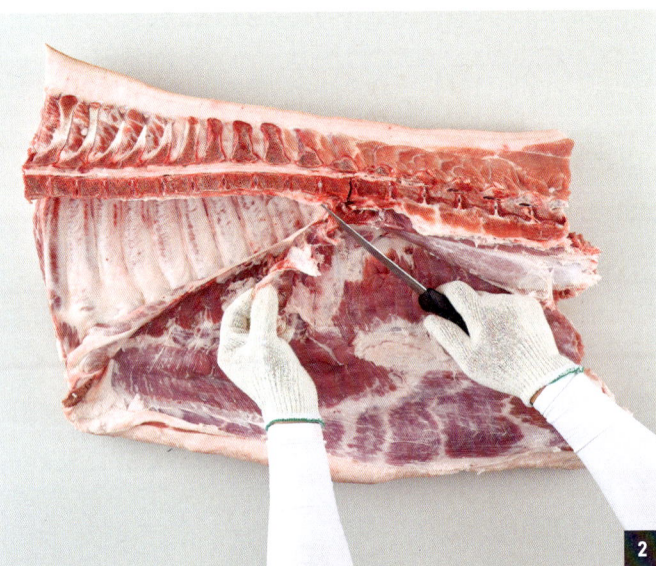

1~2 갈매기살의 오른쪽 위에 있는 토시살을 왼손으로 잡아당기면서 칼로 근막을 찾아가며 살살 떼어낸다.
3 떼어낸 토시살은 따로 잘 둔다.

03 갈매기살 분리

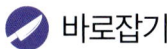 바로잡기

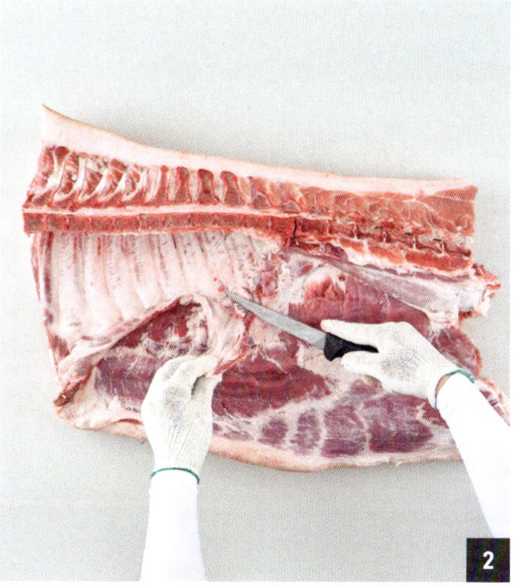

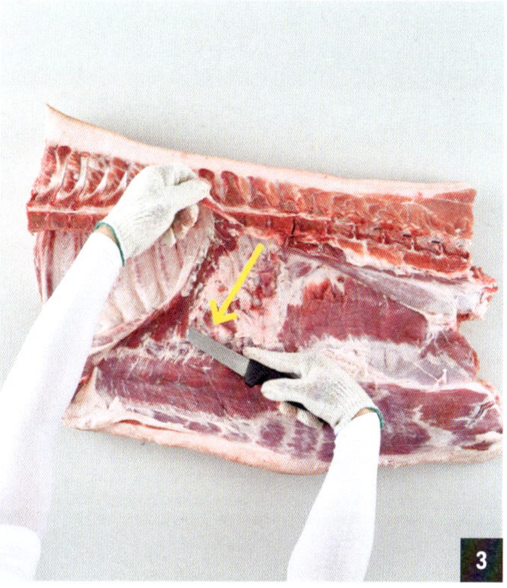

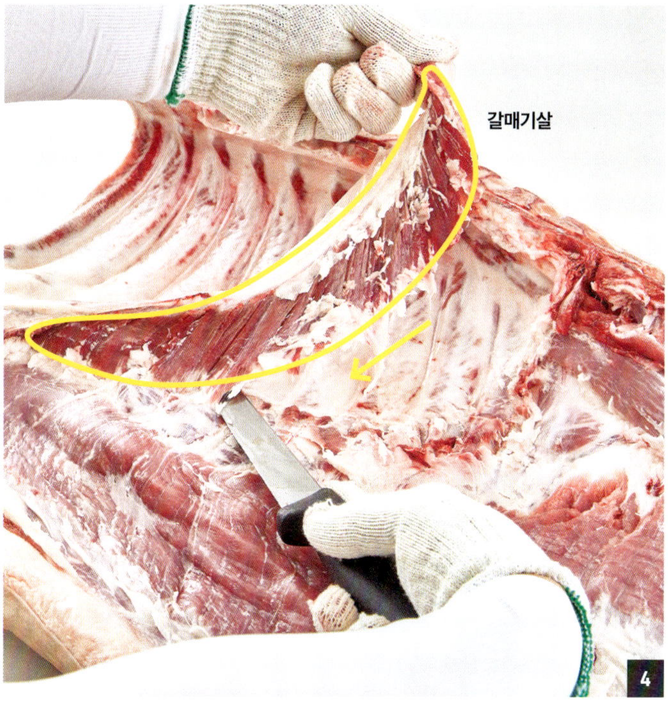

1~4 사진을 참고하여 갈매기살을 잡고 몸쪽으로 잡아당기면서 칼끝으로 살과 지방을 분리하며 떼어낸다.
5 떼어낸 갈매기살은 따로 잘 둔다.

04 안심 분리

바깥잡기

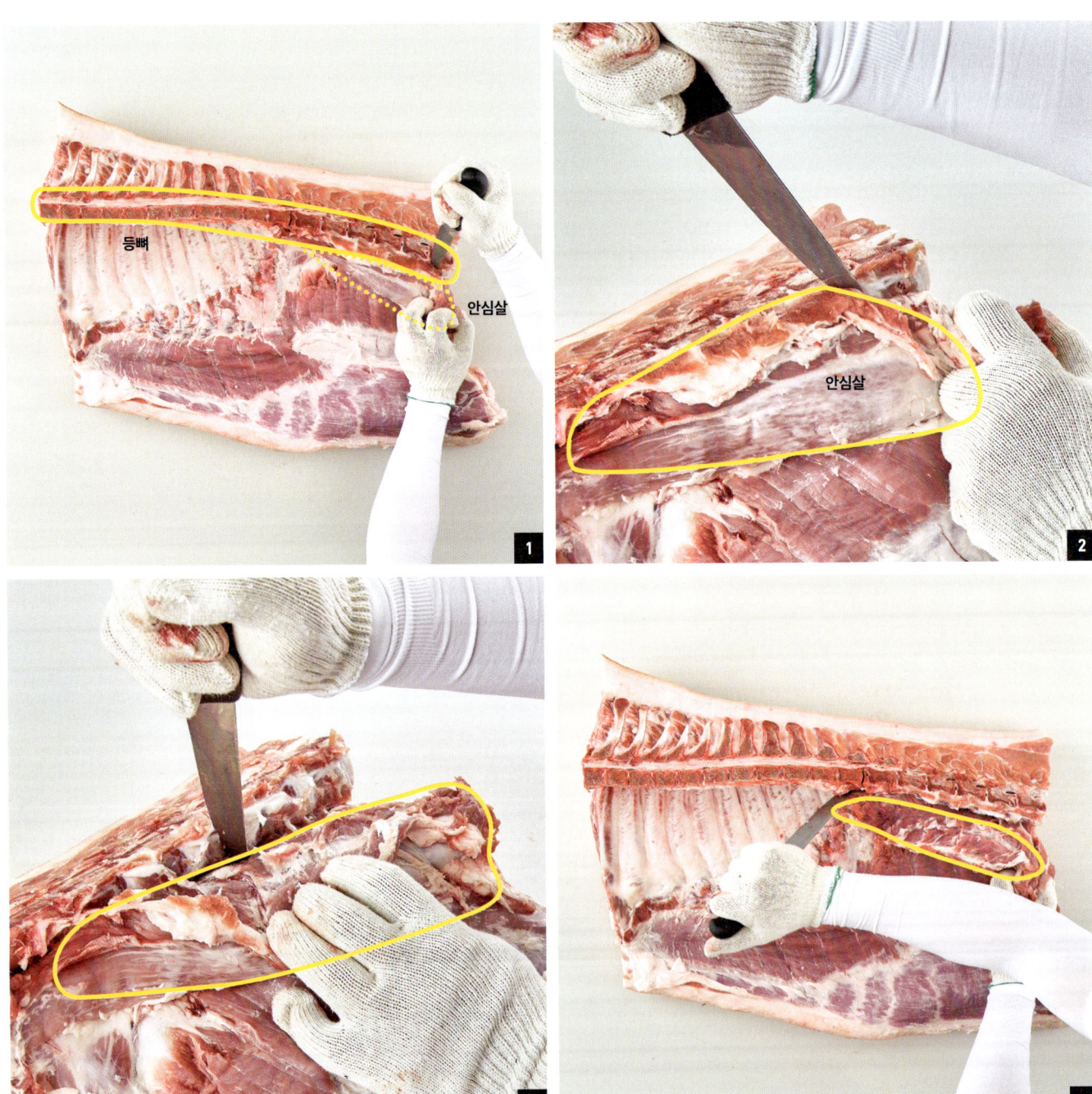

1-3 안심과 등뼈 사이의 경계선을 찾아 뼈에 살이 붙지 않게 칼끝으로 긁어준다. 이때 왼손은 안심살을 몸 방향으로 잡아당겨 뼈와 살 사이를 벌려주며 작업하면 수월하다.

4 칼끝으로 뼈와 살집 사이의 경계를 따라 긁으며 안심살 끝까지 칼집을 완전히 낸다.

복막 분리 → 토시살 분리 → 갈매기살 분리 → (안심 분리) → 갈비뼈, 오돌뼈 경계선 제거 → 갈비뼈 제거 → 등뼈 제거 → 등심 분리 → 등심덧살 분리 → 정형

바로잡기

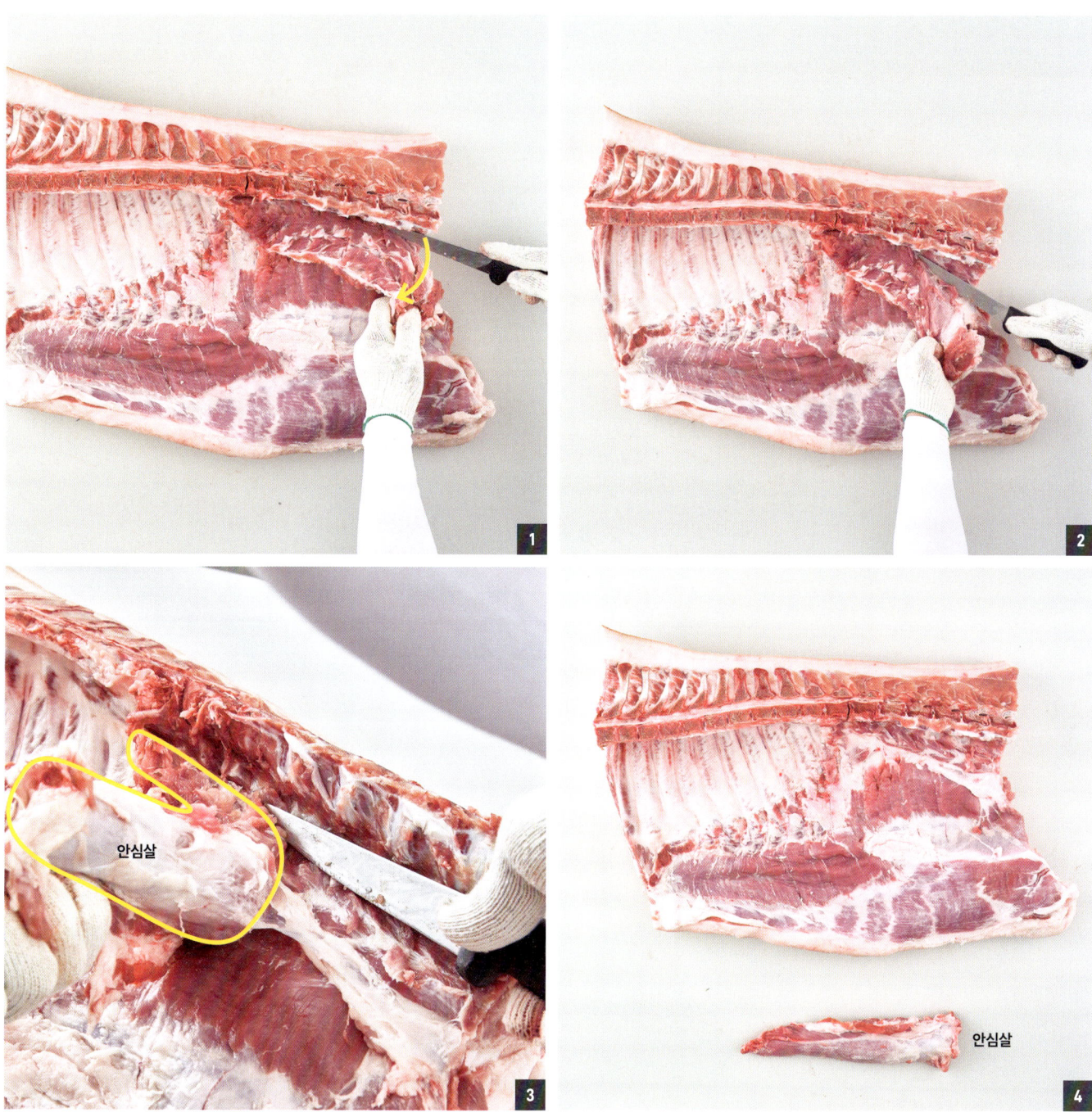

1~3 칼을 바로잡기로 바꾸고 안심살을 등뼈에서 도려내듯이 떼어낸다. 이때 왼손은 안심살을 계속 몸쪽으로 살살 잡아당기면서 작업한다.
4 떼어낸 안심살은 따로 잘 둔다.

05 갈비뼈와 오돌뼈의 경계선 제거

바로잡기

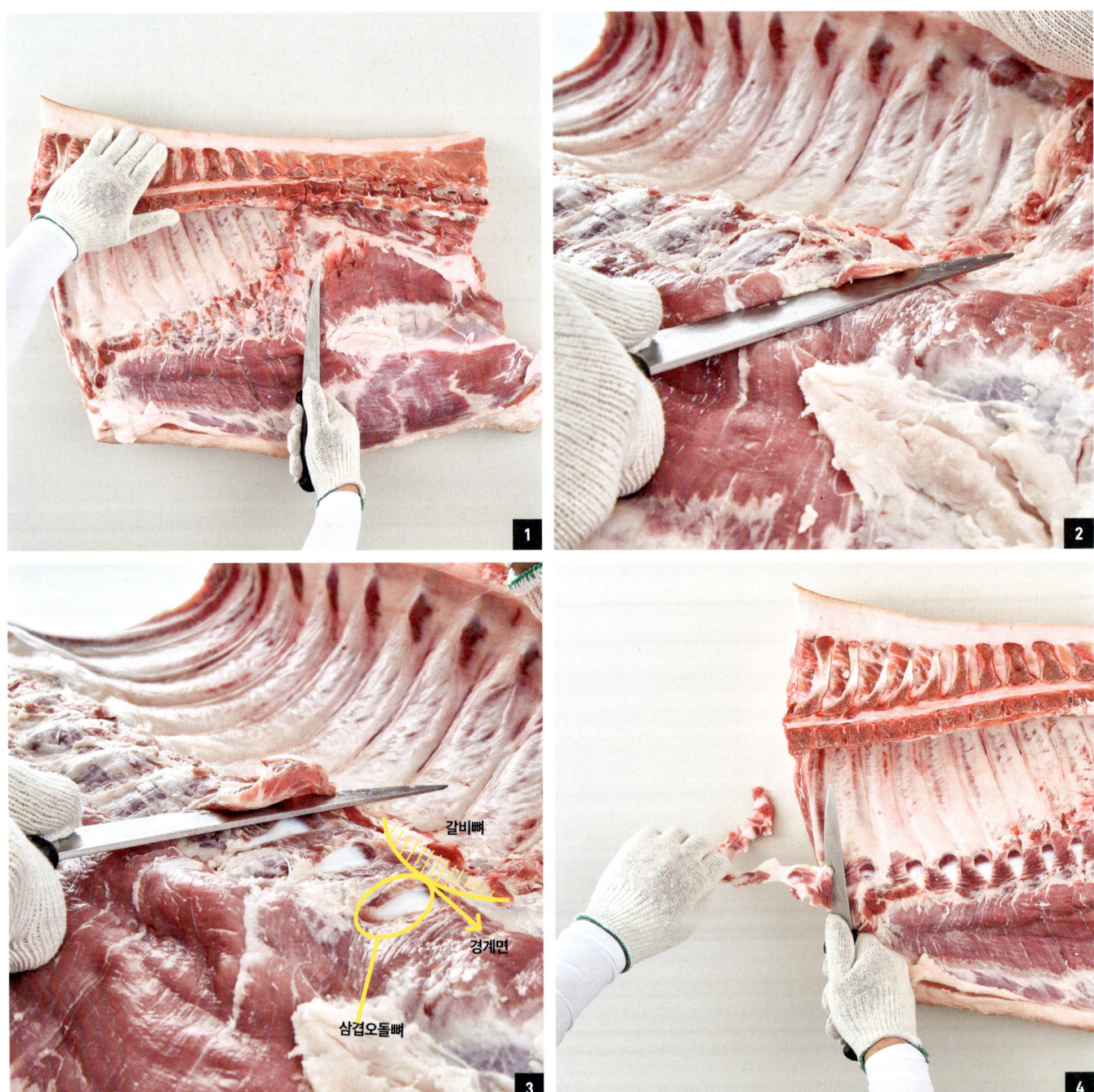

1~4 갈비뼈와 삼겹오돌뼈의 경계선을 따라 칼을 톱질하듯이 긁어낸다. 이 작업을 하는 이유는 삼겹살에서 갈비뼈를 쉽게 분리하기 위해서이다. 오돌뼈를 너무 깊게 잘라 살점이 붙어나오거나, 뼈 부스러기가 실기대를 벗어나 바닥에 떨어지면 감점의 요인이 될 수 있다.

복막 분리 → 토시살 분리 → 갈매기살 분리 → 안심 분리 → 갈비뼈, 오돌뼈 경계선 제거 → 갈비뼈 제거 → 등뼈 제거 → 등심 분리 → 등심덧살 분리 → 정형

06 갈비뼈 제거

안쪽잡기

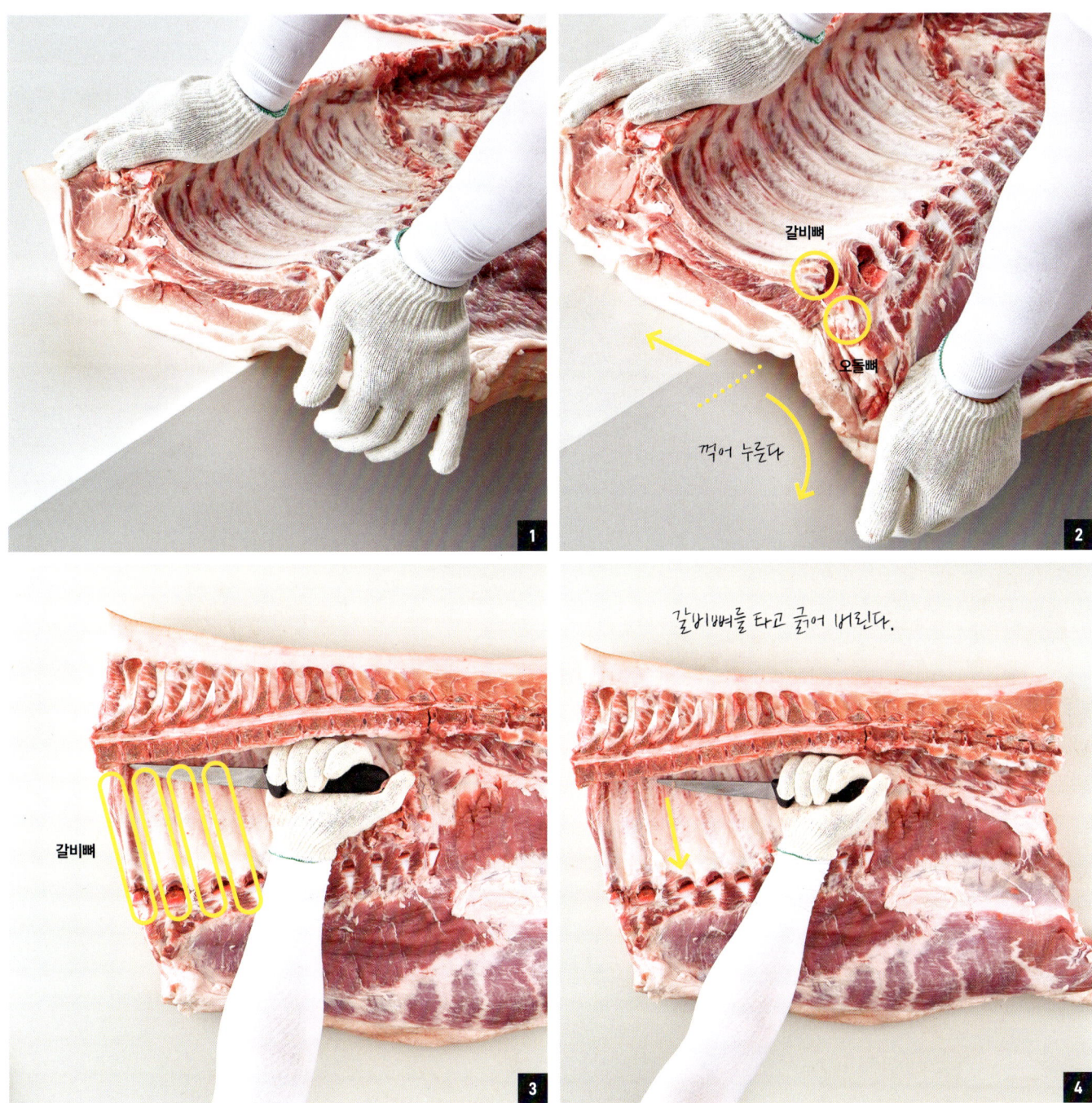

1 사진을 참고하여 삼겹살의 ⅓을 도마 밖으로 뺀다. 이때 삼겹살이 바닥에 떨어지지 않도록 실기대에 놓여 있는 부분은 오른손으로 단단히 잡는다. 2 오른손은 실기대 위에 놓여 있는 등뼈 쪽을 잡고 왼손에 자신의 체중을 실어 강하게 눌러서 지육을 꺾어 오돌뼈와 갈비뼈를 분리한다. 3~4 사진처럼 칼끝을 이용하여 갈비뼈 윗부분의 골막을 모두 긁어준다.

06 갈비뼈 제거

안쪽잡기

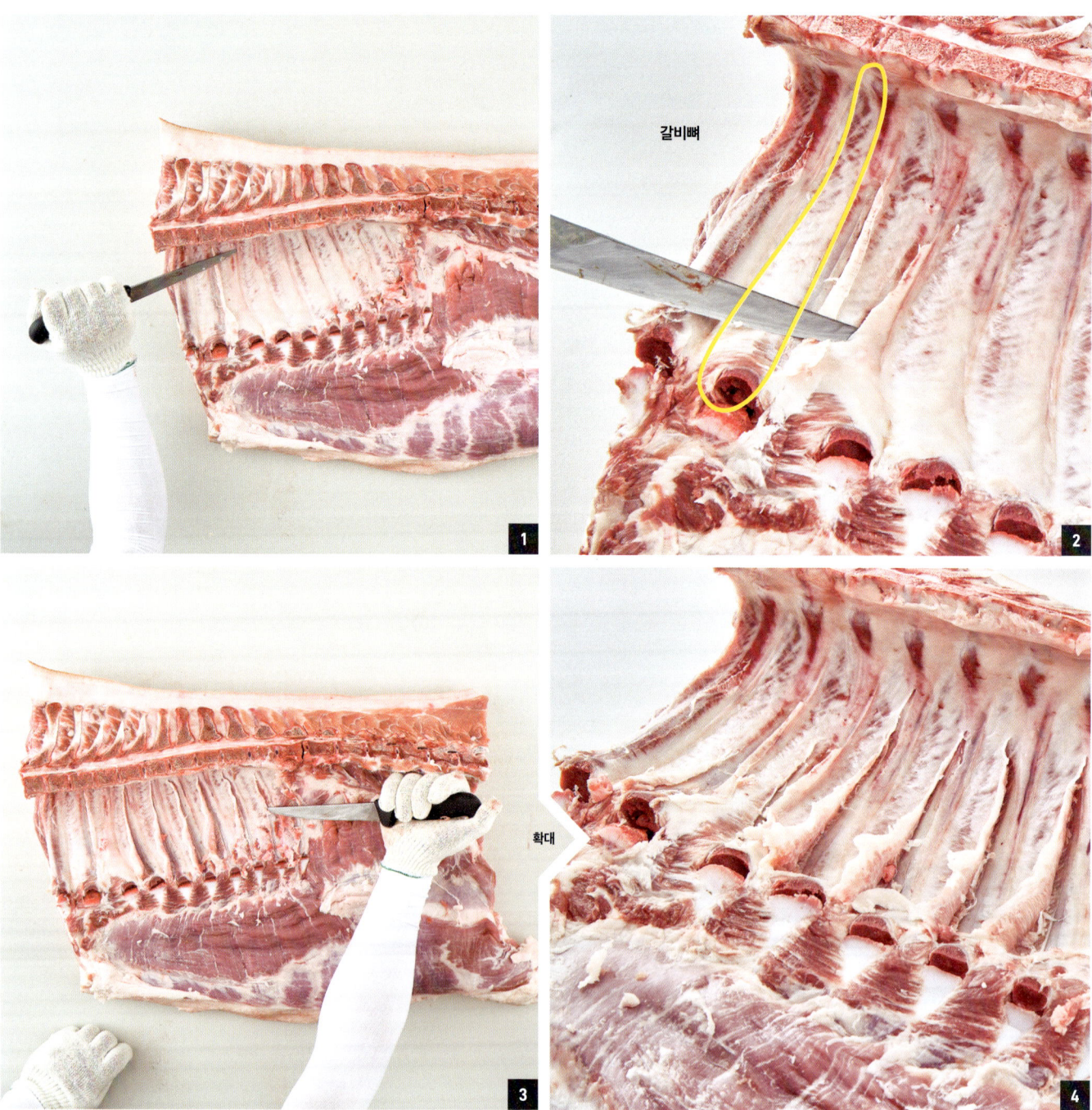

1~4 칼끝을 이용하여 갈비뼈가 확실하게 보일 수 있게 골막을 긁어준다. **3** 의 사진처럼 칼의 방향을 바꿔가면서 작업을 하면 편하다.

복막 분리 → 토시살 분리 → 갈매기살 분리 → 안심 분리 → 갈비뼈, 오돌뼈 경계선 제거 → (갈비뼈 제거) → 등뼈 제거 → 등심 분리 → 등심덧살 분리 → 정형

🔪 안쪽잡기

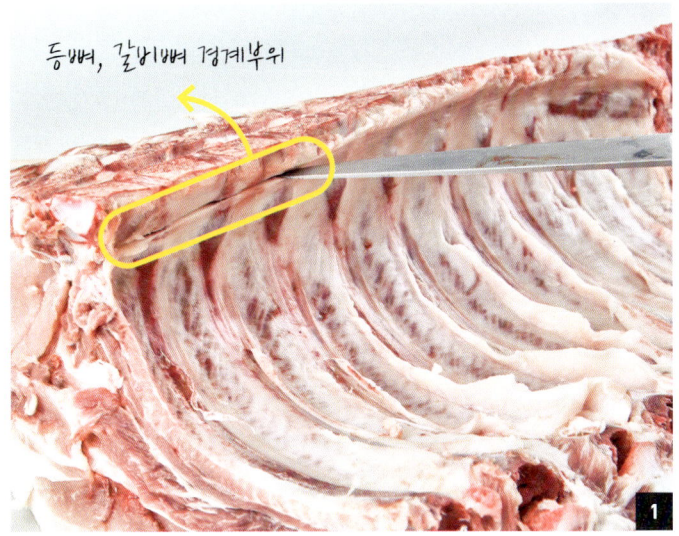 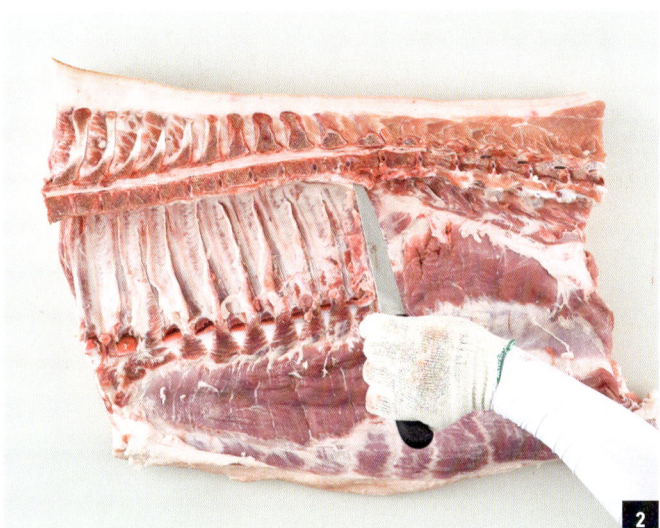

1~2 등뼈와 갈비뼈가 잘 분리될 수 있도록 경계 부위에 칼집을 내어준다.

🔪 바로잡기

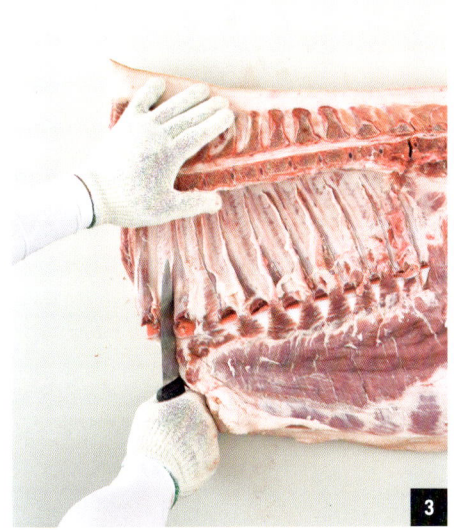 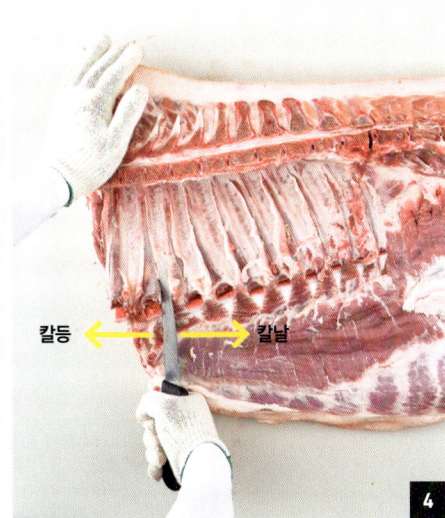 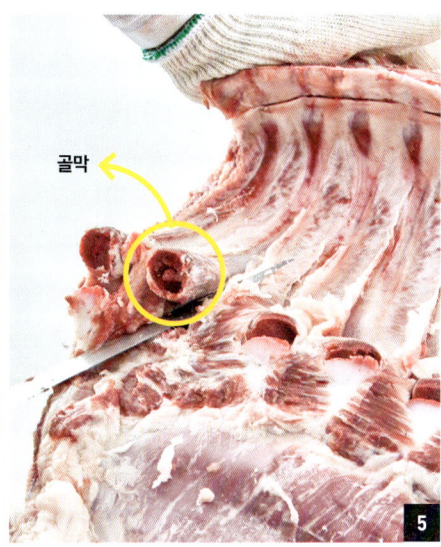

3~4 칼등을 이용하여 갈비뼈 양옆의 골막을 확실히 밀어낸다. 골막을 벗겨 뼈가 더 잘 드러나게 하기 위함이다.
5 좌우측 골막을 밀어낸 후 하단부위에 있는 골막도 칼등으로 확실히 밀어낸다.

06 갈비뼈 제거

🔪 삼겹뼈 칼 사용

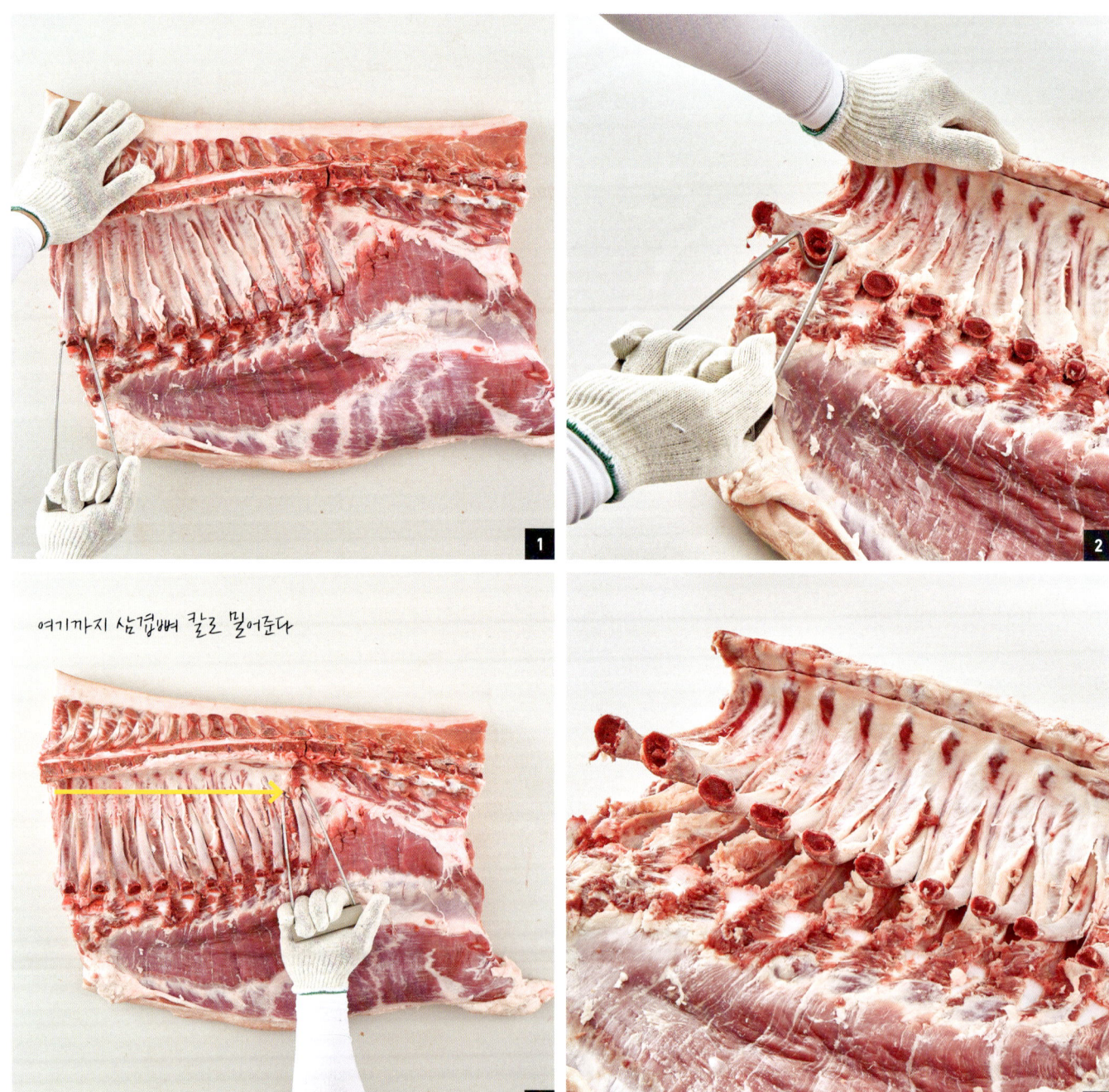

여기까지 삼겹뼈 칼로 밀어준다

1~3 사진을 참고하여 맨 왼쪽 갈비뼈 아래에 삼겹뼈 칼을 살짝 밀어 넣어 자리를 잡는다. 칼을 앞으로 밀 듯이 힘을 주며 골막이 벗겨지는 위치까지 쭉 밀어준다. 이때 몸통 전체가 밀리지 않도록 왼손은 등뼈를 단단히 잡아 고정한다.
4 왼쪽부터 하나씩 작업하여 갈비뼈를 모두 들어 올린다.

복막 분리 → 토시살 분리 → 갈매기살 분리 → 안심 분리 → 갈비뼈, 오돌뼈 경계선 제거 → (갈비뼈 제거) → 등뼈 제거 → 등심 분리 → 등심덧살 분리 → 정형

🔹 안쪽잡기

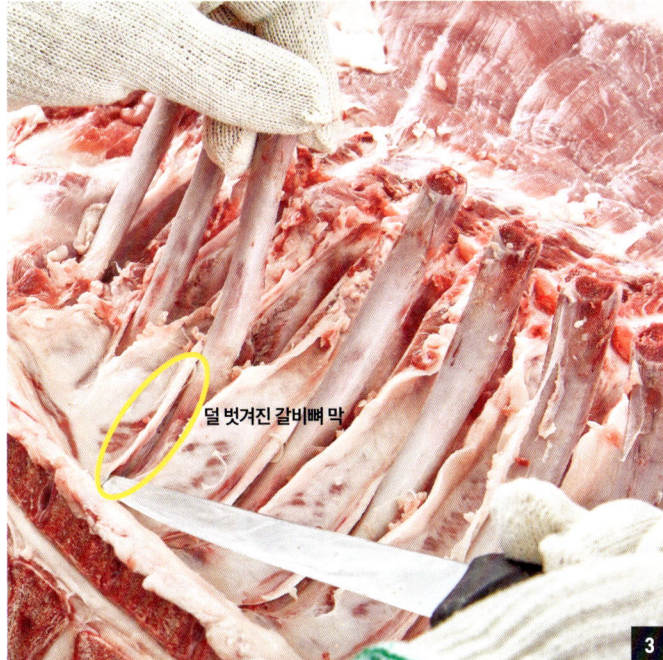

덜 벗겨진 갈비뼈 막

1 몸통을 사진처럼 180도 돌려 등뼈가 자신의 몸쪽으로 오도록 놓는다.
2~3 벗겨지지 않은 갈비뼈 위쪽 골막을 칼끝으로 끝까지 긁어준다.

06 갈비뼈 제거

안쪽잡기

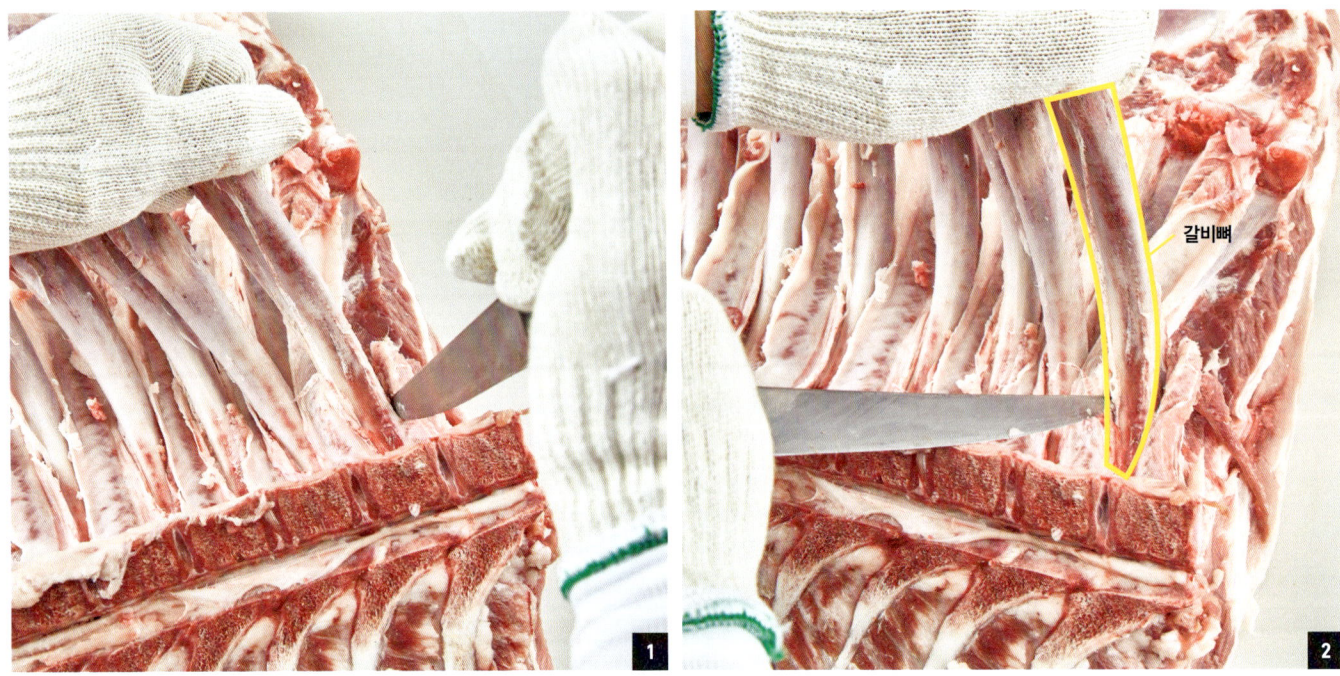

1~2 갈비뼈 양옆의 골막을 칼끝으로 등뼈에 닿을 때까지 긁어준다.

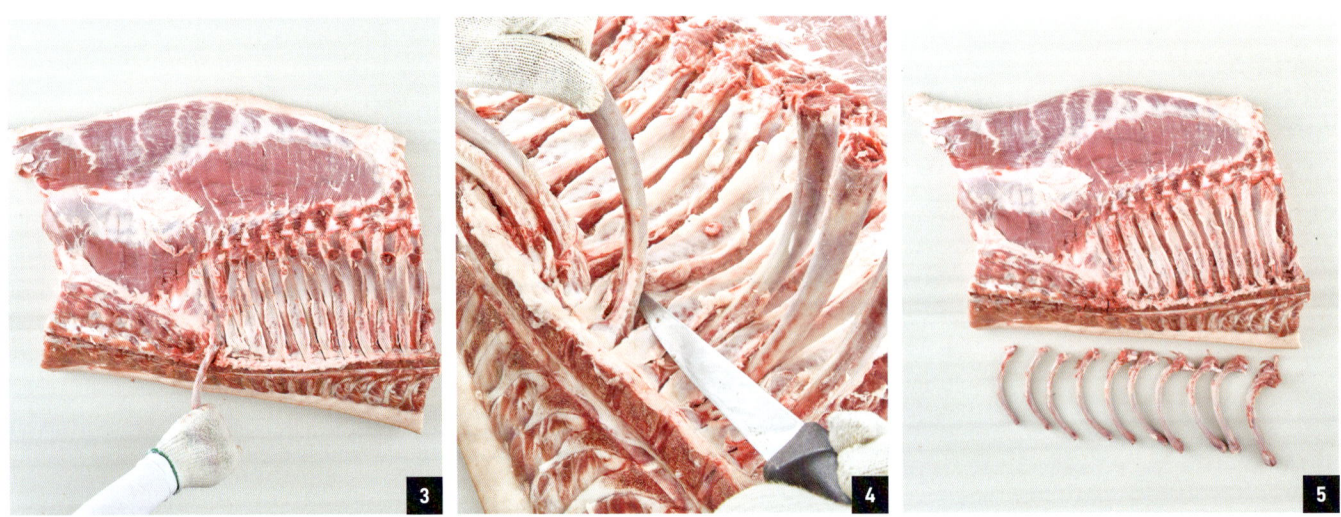

3 갈비뼈를 하나씩 잡고 자신의 몸쪽으로 힘껏 당겨 꺾는다.

4~5 살과 연결된 갈비뼈 끝을 칼끝으로 잘라 갈비뼈를 완전히 분리한다. 떼어낸 갈비뼈는 실기대 아래에 있는 뼈 통에 넣는다.

07 등뼈 제거

안쪽잡기

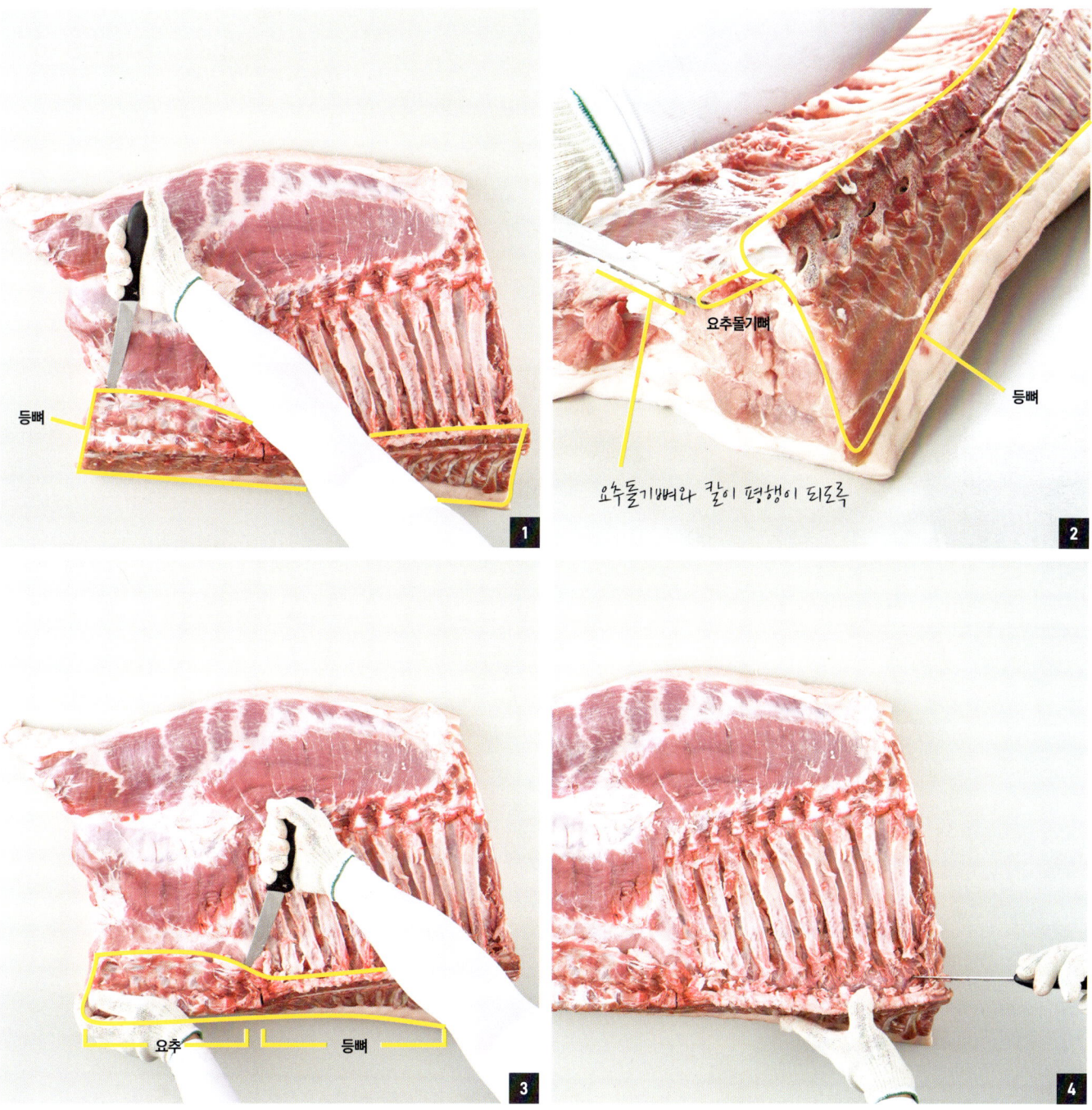

1~2 요추돌기뼈 아랫부분에 칼과 살집을 평행하게 되도록 놓고 살이 붙지 않게 긁어준다.
3~4 등뼈 위에서부터 요추를 만나는 지점까지 칼을 넣어 벌려준다.

07 등뼈 제거

안쪽잡기

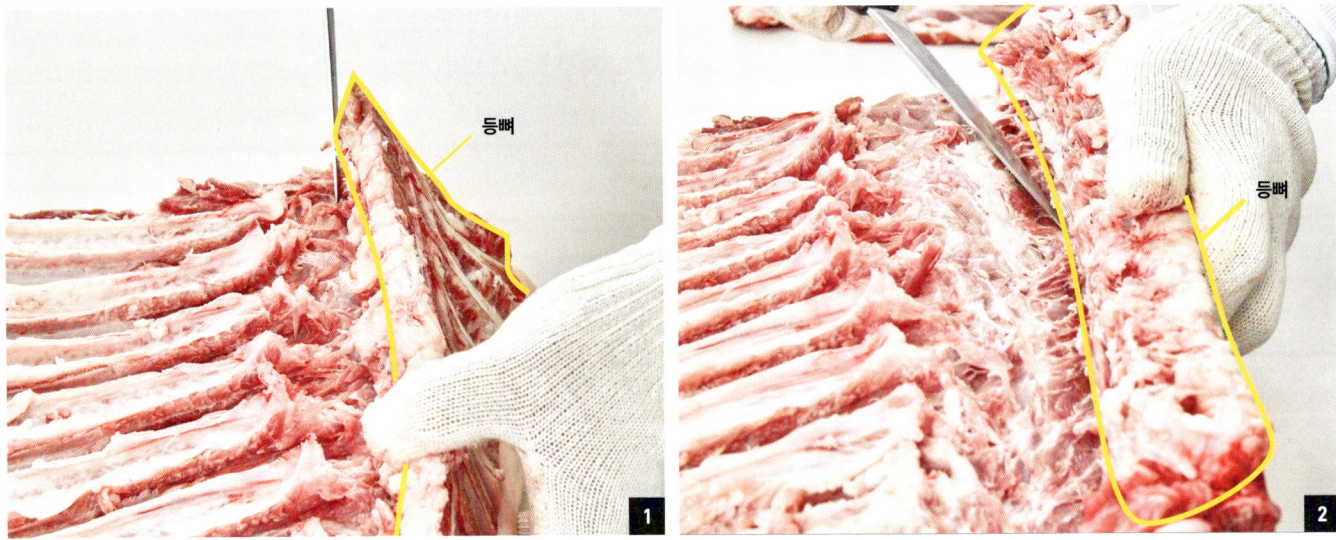

1~2 칼끝이 등뼈 쪽을 향하게 하여 칼날로 긁는 것처럼 칼질하며 살과 뼈를 최대한 벌려준다.

바로잡기

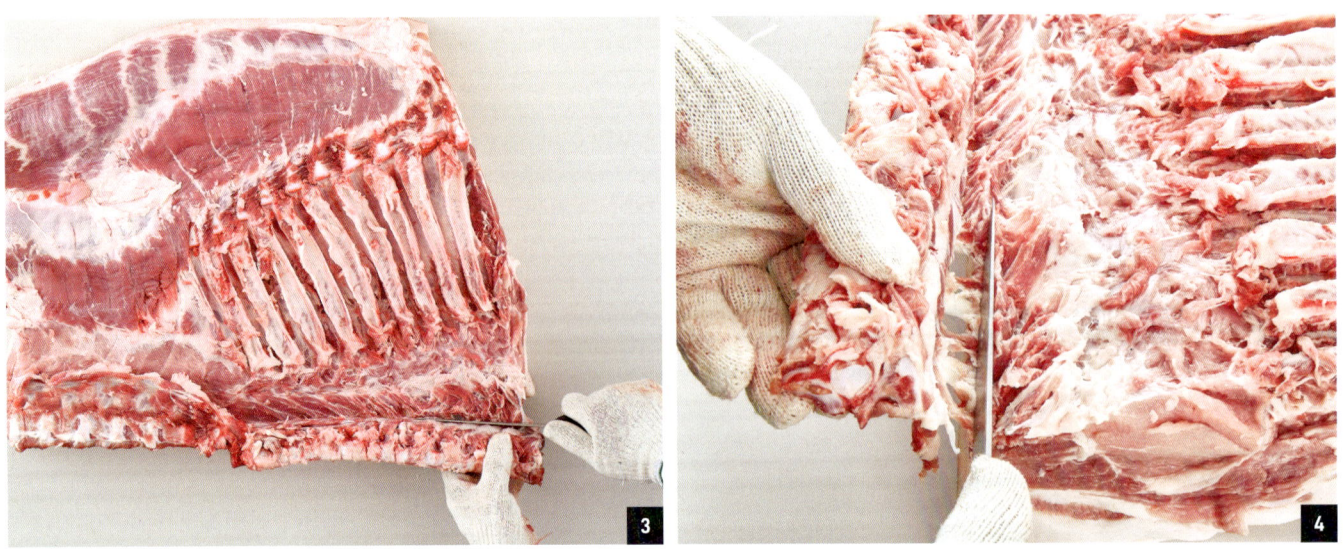

3~4 칼날로 뼈를 쓸어내리듯이 뼈에 바짝 붙여 칼질하여 뼈와 살을 분리한다.

복막 분리 → 토시살 분리 → 갈매기살 분리 → 안심 분리 → 갈비뼈, 오돌뼈 경계선 제거 → 갈비뼈 제거 → (등뼈 제거) → 등심 분리 → 등심덧살 분리 → 정형

바로잡기

1 등심살이 요추뼈에 최대한 붙지 않게 칼로 도려내듯 긁어준다.
2 등뼈를 분리하면 사진과 같은 모양이 된다.

08 등심 분리

바로잡기

1 몸통을 사진처럼 시계방향으로 90도 돌린다.
2~3 삼겹살과 등심살의 경계선이 되는 근막을 찾아본다.

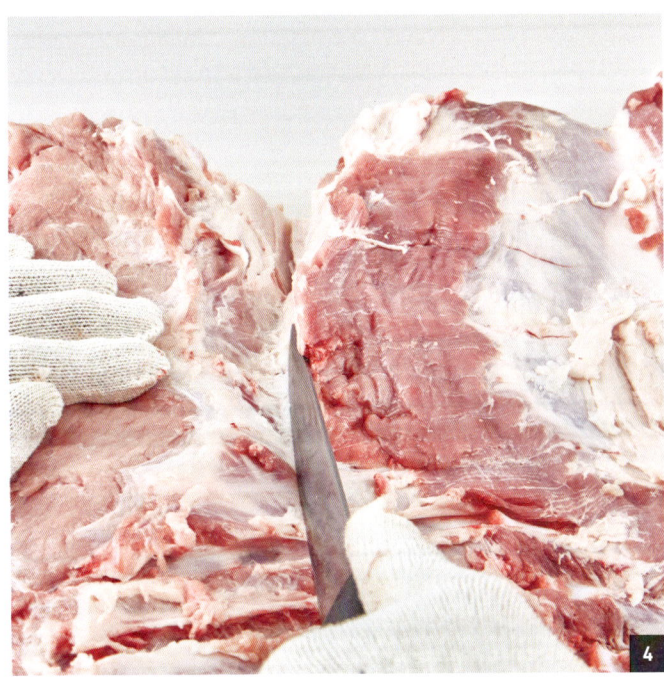
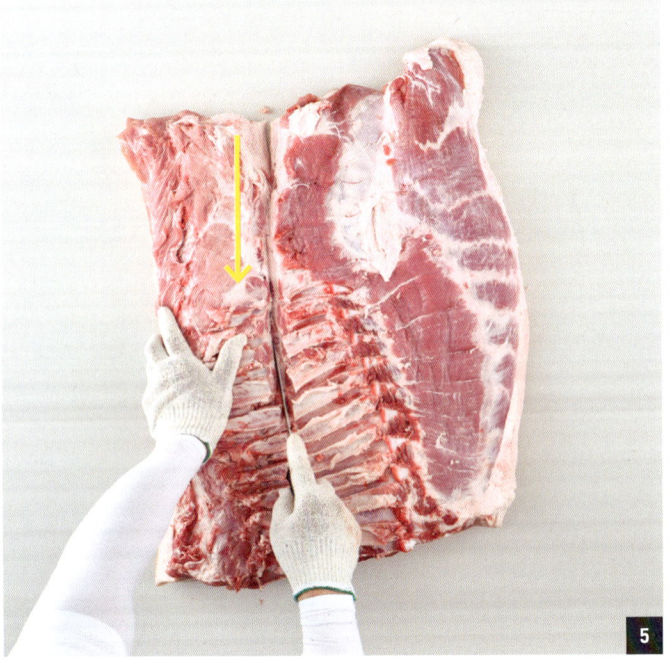

4~5 등심과 삼겹살 경계선에 있는 근막을 따라 칼끝으로 살살 그어주며 수직으로 내린다. 근막을 따라 작업하며 등심과 삼겹살 사이를 살살 벌려보면 근막이 더 잘 보인다.

복막 분리 → 토시살 분리 → 갈매기살 분리 → 안심 분리 → 갈비뼈, 오돌뼈 경계선 제거 → 갈비뼈 제거 → 등뼈 제거 → (등심 분리) → 등심덧살 분리 → 정형

바로잡기

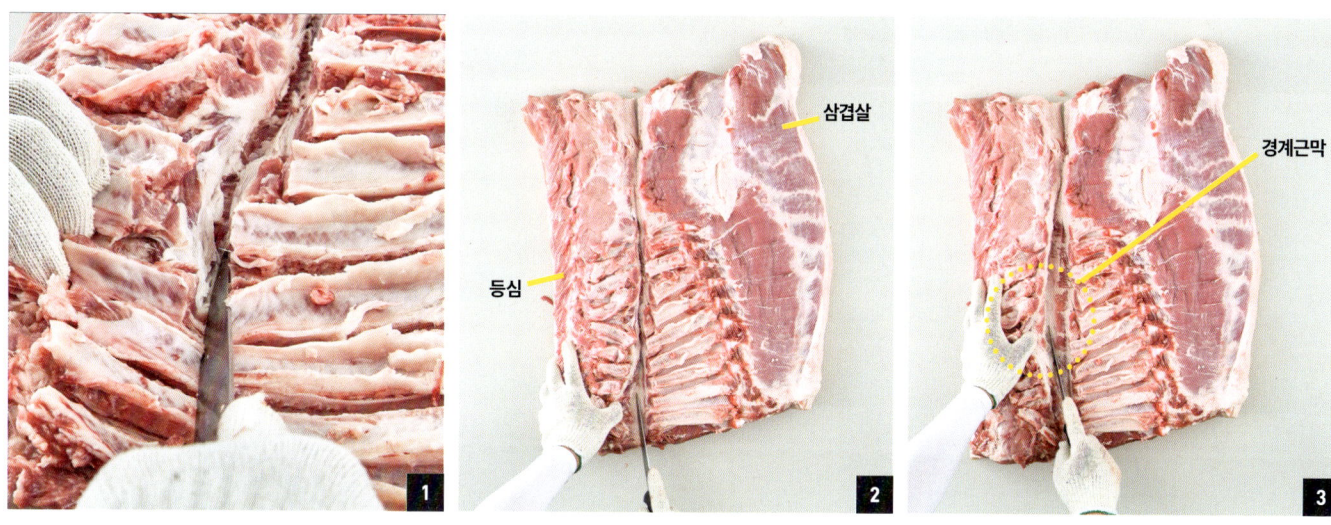

1~3 삼겹살 배쪽과 갈비살쪽까지 근막을 확실히 찾아준다.

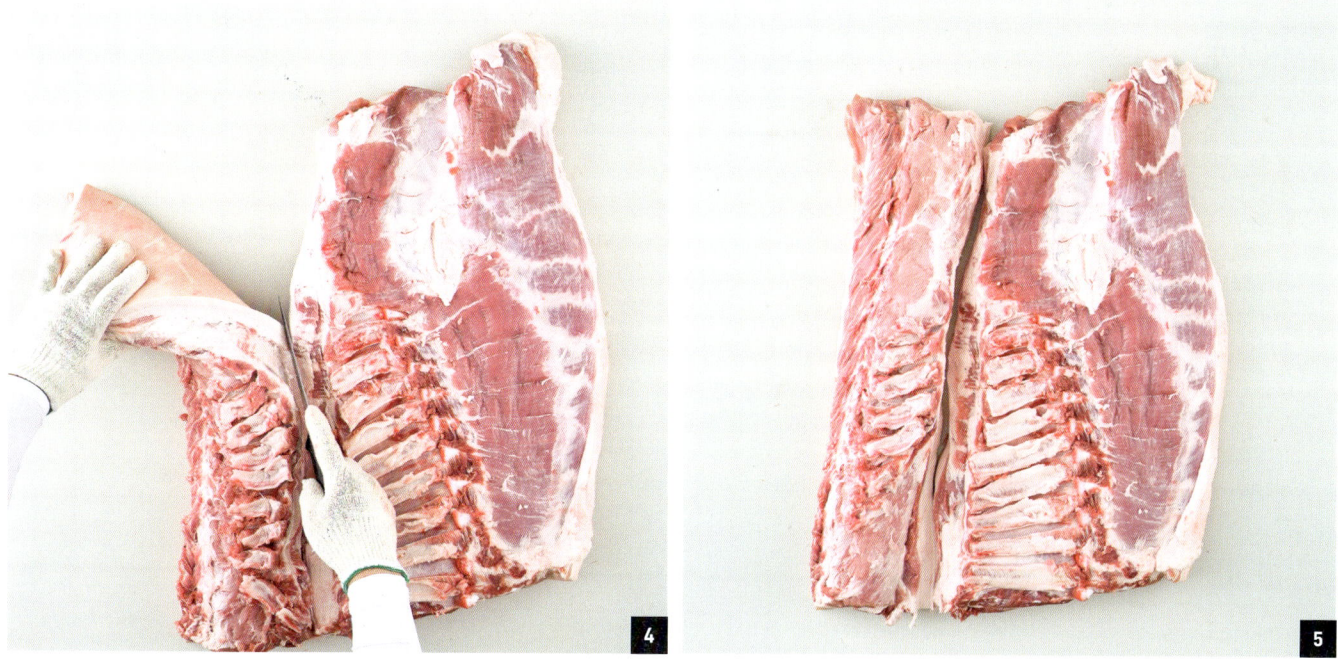

4~5 근막을 따라 칼질을 하여 등심살을 완전히 분리한다.

09 등심덧살 분리

🔪 바로잡기

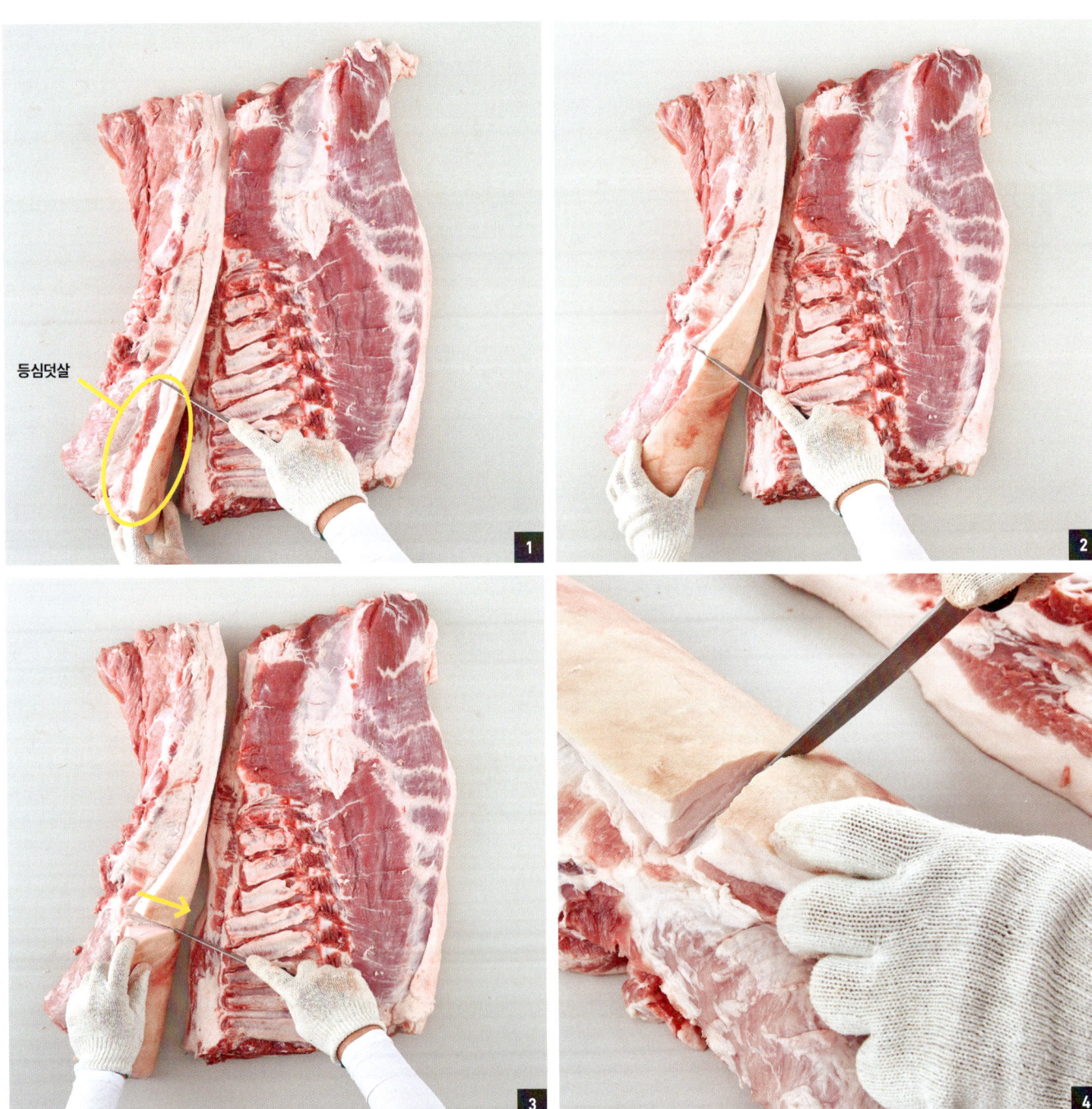

1~2 칼로 지방을 잘라 등심덧살과 지방 사이의 경계점을 찾는다.
3~4 등심살이 손상되지 않도록 칼로 지방부분을 자른다. 이때 왼손은 등심덧살을 잡아당기면서 작업한다.

복막 분리 → 토시살 분리 → 갈매기살 분리 → 안심 분리 → 갈비뼈, 오돌뼈 경계선 제거 → 갈비뼈 제거 → 등뼈 제거 → 등심 분리 → (등심덧살 분리) → 정형

바로잡기

1~2 등심덧살과 등심살의 경계 부분의 근막을 찾는다.
3 근막을 따라 긁듯이 칼질을 하여 등심덧살을 분리한다.

10 몸통 정형

※ 식육처리 숙련자가 아니라면 정형과정 시에는 반드시 정형칼을 사용해야 작업이 수월하고 안전하다.

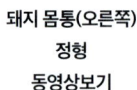
돼지 몸통(오른쪽) 정형 동영상보기

돼지 몸통(왼쪽) 정형 동영상보기

가. 등심덧살 정형

바로잡기

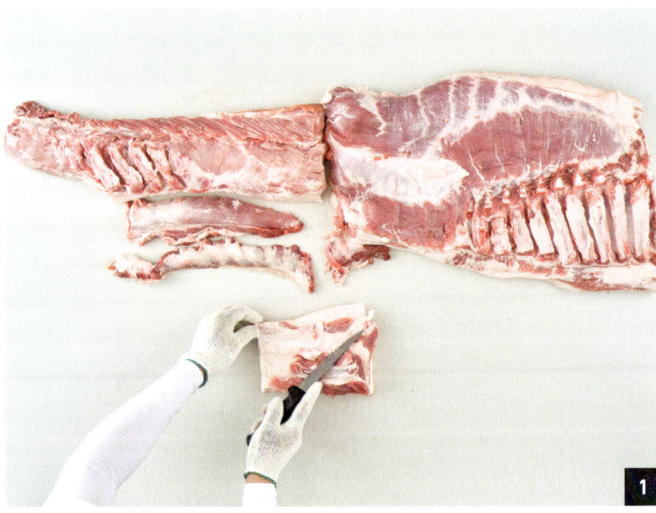
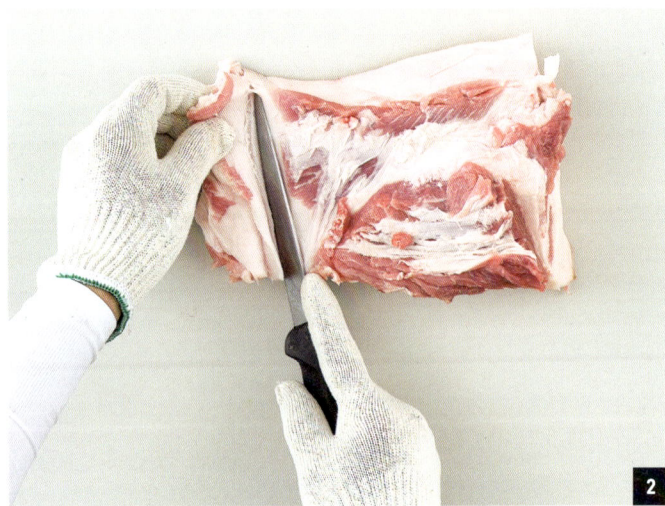

1~2 등심덧살의 살 부분이 손상되지 않도록 지방 부분만 저미듯 잘라낸다.

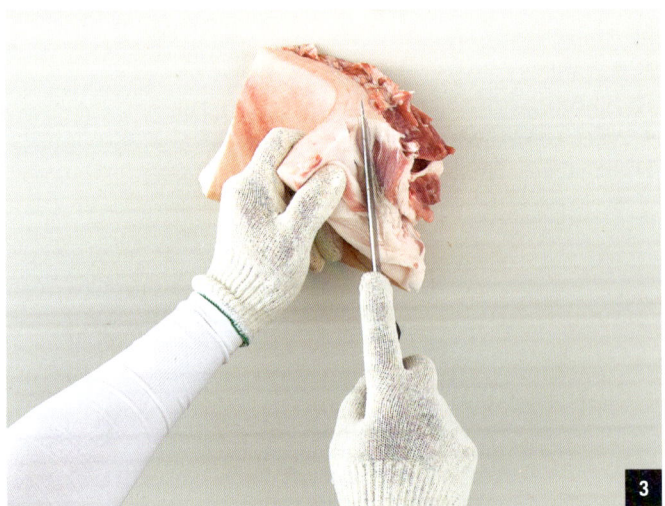

3~4 등심덧살을 뒤집어서 지방과 살의 경계에 있는 근막을 따라 칼질을 하여 지방을 잘라낸다.

나. 갈매기살 정형

🔪 바로잡기

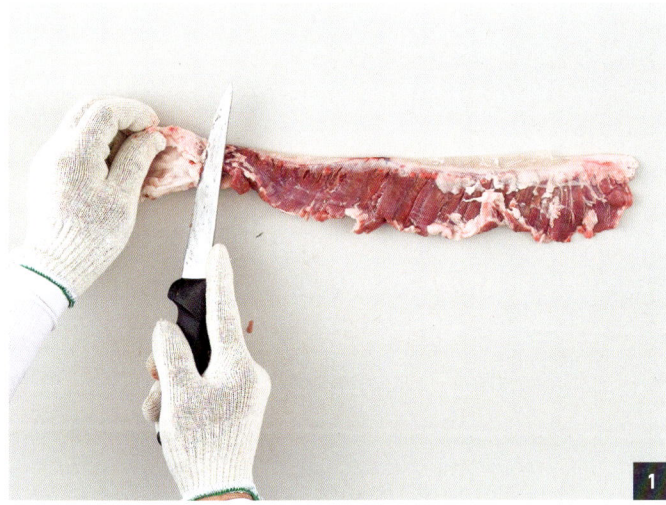
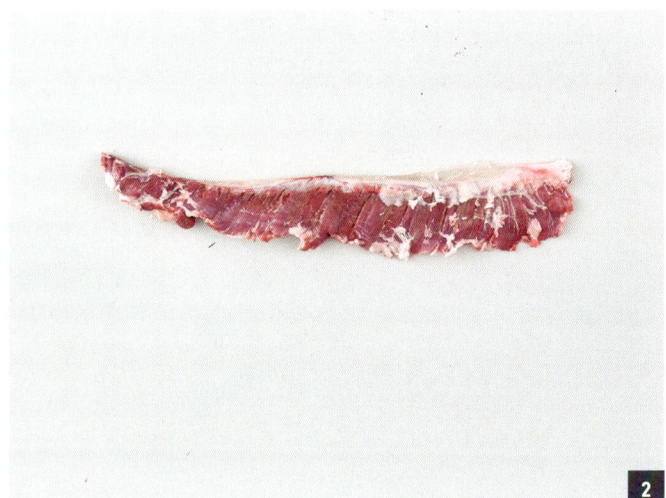

1~2 갈매기살에 붙어있는 근막은 제거하지 않고, 떡기름만 잘라서 제거한다.

다. 토시살 정형

🔪 바로잡기

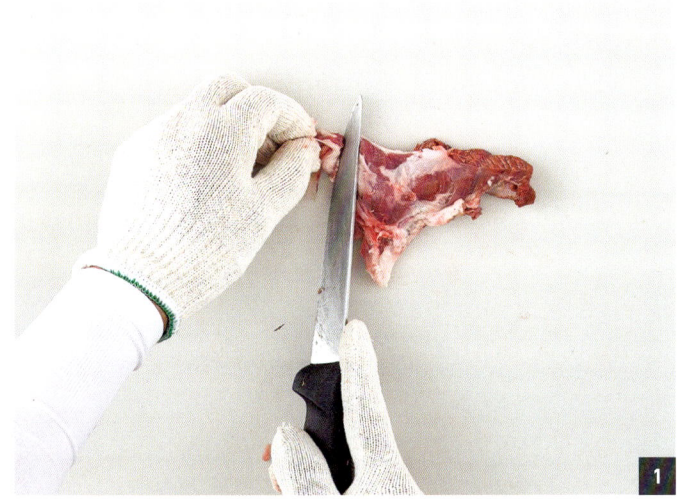
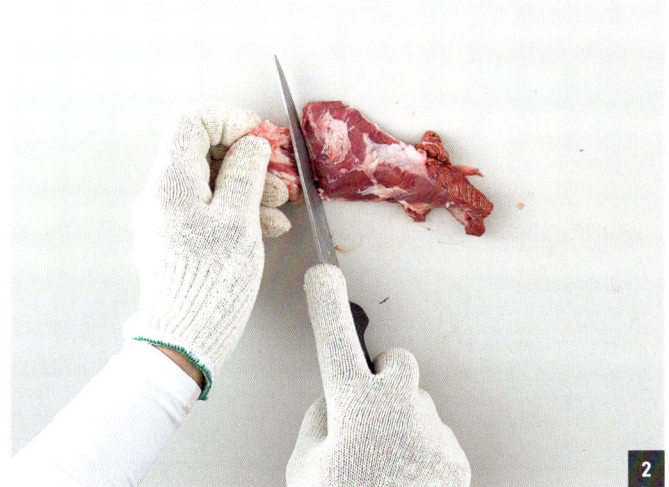

1~2 토시살에 붙어있는 막은 제거하지 않고 떡기름과 살짝 붙어있는 간만 제거한다.

라. 안심살 정형

 바로잡기

1 안심살에 붙어있는 물렁뼈와 떡기름을 제거한다.

마. 등심살 정형

 바로잡기

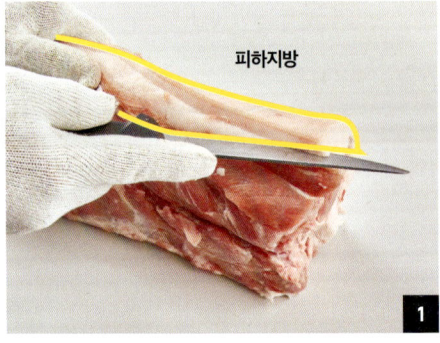 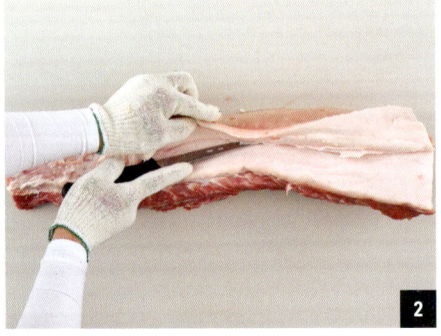 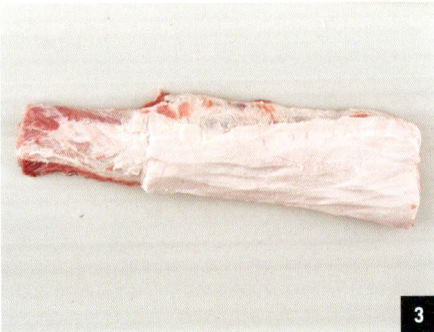

1 껍데기가 붙어있는 피하지방과 살 사이의 경계 근막을 찾는다.
2~3 근막을 따라 칼질을 하여 껍데기가 붙어 있는 지방 부분을 벗겨 낸다.

복막 분리 → 토시살 분리 → 갈매기살 분리 → 안심 분리 → 갈비뼈, 오돌뼈 경계선 제거 → 갈비뼈 제거 → 등뼈 제거 → 등심 분리 → 등심덧살 분리 → 정형

바. 삼겹살 정형

바로잡기

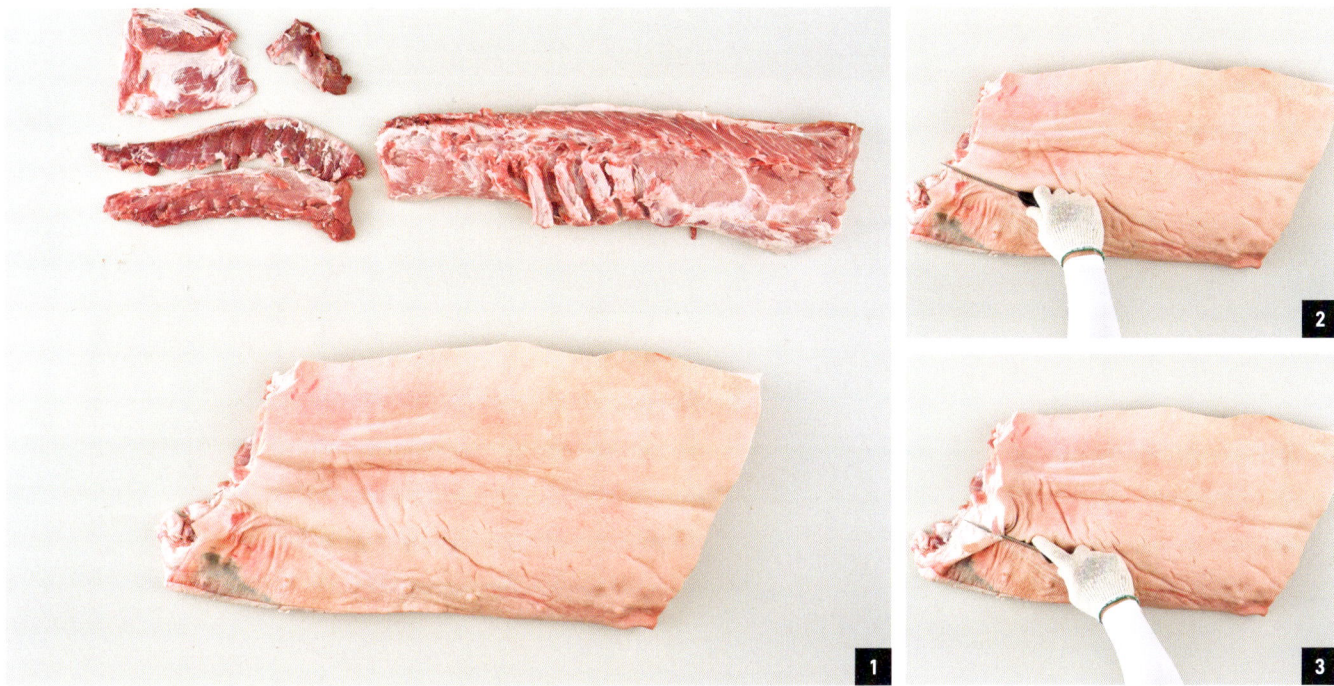

1 삼겹살 부분을 사진처럼 껍질이 위로 가도록 뒤집어 놓는다.
2~3 아래에서 ⅓ 위치에 칼을 데고 지방과 살의 경계 부분 근막까지 칼을 넣는다.

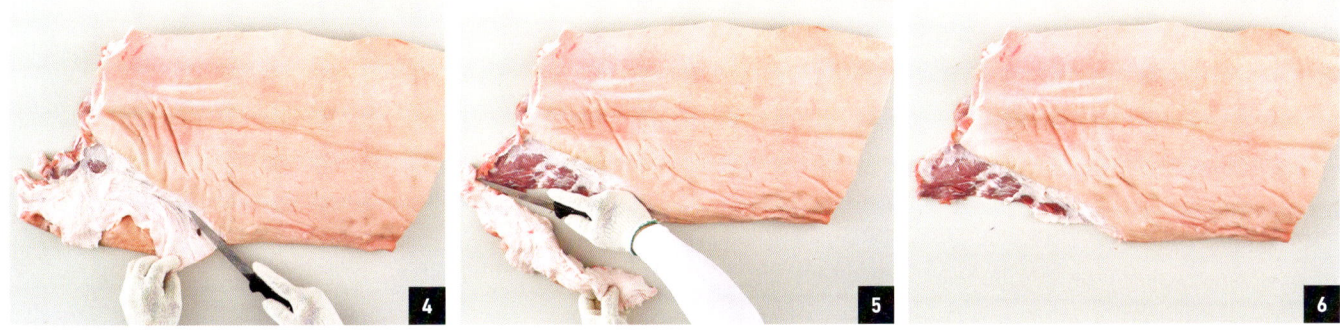

4 살점에 칼이 들어가지 않도록 근막을 따라 살살 칼질을 하여 껍질과 지방을 잘라 경계선을 만든다.
5~6 지방과 살점 사이의 근막을 따라 칼질을 하여 껍질이 있는 지방 부분을 완전히 벗겨낸다.

바. 삼겹살 정형

 바로잡기

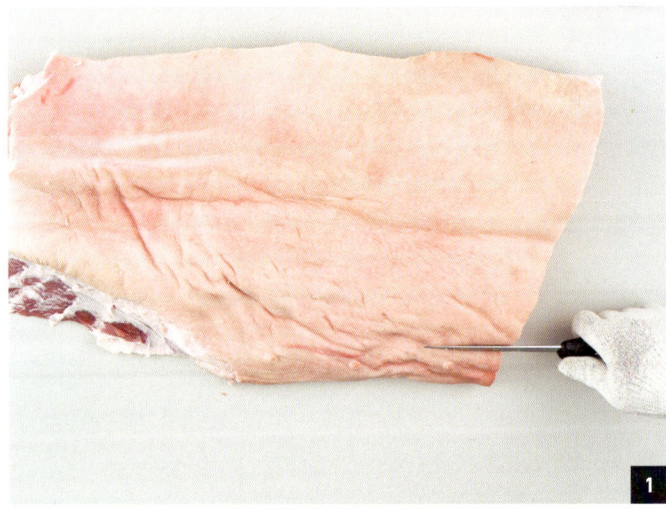
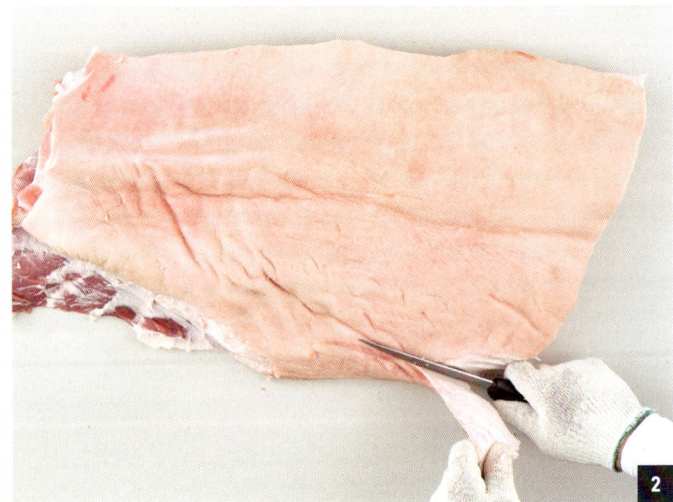

1~2 사진처럼 칼을 대고 지방 부분이 5~7mm 정도 드러나도록 껍질을 잘라낸다.

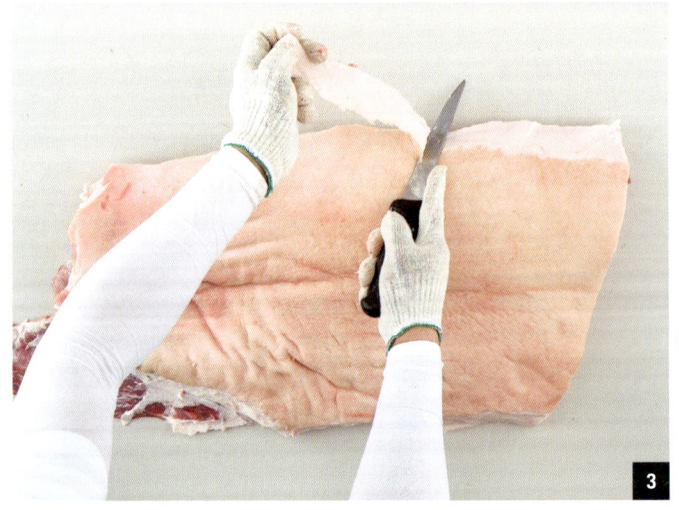
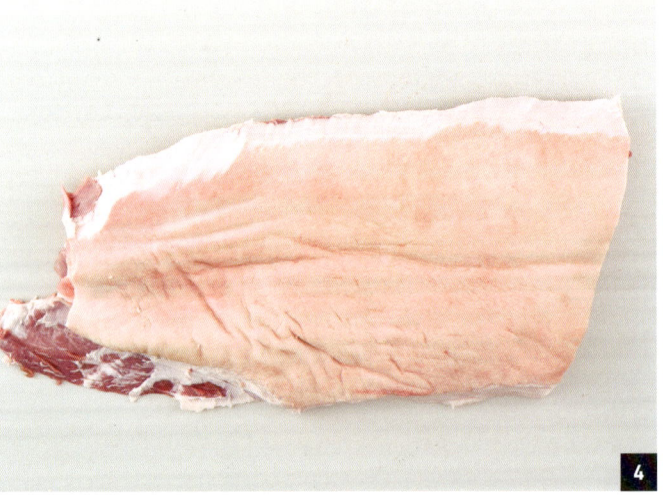

3~4 사진처럼 삼겹살의 위, 아래의 껍질과 지방 부분을 깎아내듯 잘라 깔끔하게 정리한다.

복막 분리 → 토시살 분리 → 갈매기살 분리 → 안심 분리 → 갈비뼈, 오돌뼈 경계선 제거 → 갈비뼈 제거 → 등뼈 제거 → 등심 분리 → 등심덧살 분리 → 정형

11 완료

실기대 위에 발골과 정형을 마친 몸통의 고기를 사진처럼 가지런하게 놓아둔다.

돼지 뒷다리(오른쪽) 발골·정형

돼지 뒷다리(오른쪽) 구조 알기

돼지 뒷다리(오른쪽)
발골
동영상 보기

미리 보는 작업 순서

단족 제거
↓
반골(엉덩이뼈) 제거
↓
대퇴골, 슬개골, 하퇴골 제거
↓
비골 제거
↓
사태살 분리
↓
아롱사태 분리
↓
정형

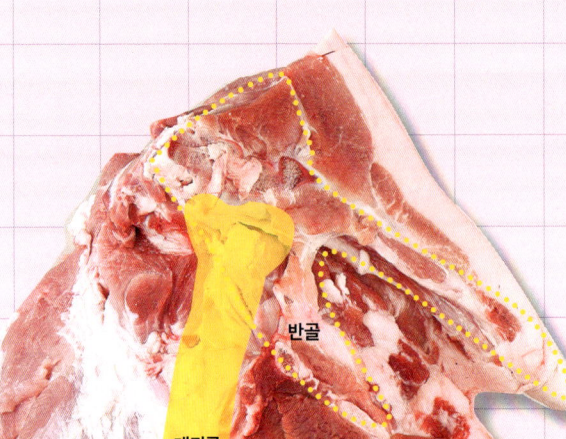

반골, 대퇴골, 슬개골, 하퇴골, 뒷사태, 단족

단족 제거 → 반골(엉덩이뼈) 제거 → 대퇴골, 슬개골, 하퇴골 제거 → 비골 제거 → 사태살 분리 → 아롱사태 분리 → 정형

01 단족 제거

바깥잡기

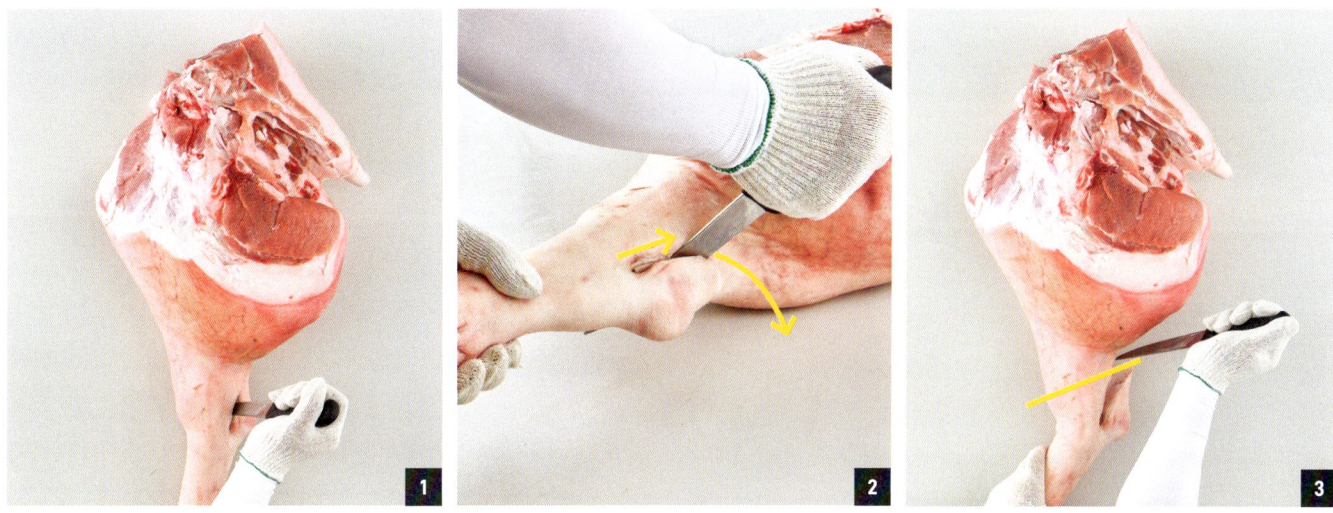

1~3 칼집이 미리 나 있는 아킬레스건 쪽에 칼을 넣고 우측 사선으로 끊어준다. 칼집이 난 방향에서 크게 벗어나지 않으니 과도하게 힘을 주지 않고 칼질한다. 이때 단족을 실기대 밖으로 빼서 손으로 잡고 작업하면 수월하다.

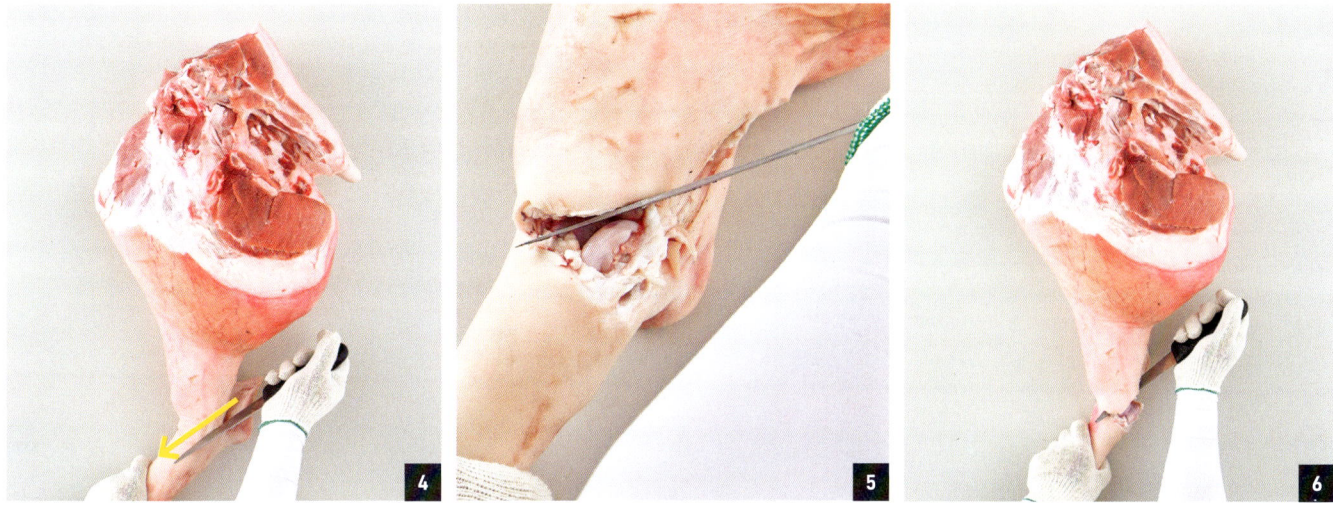

4~6 그림과 같은 방향으로 칼을 놓고 관절을 찾아 단족을 제거한다.

02 반골(엉덩이뼈) 제거

바로잡기

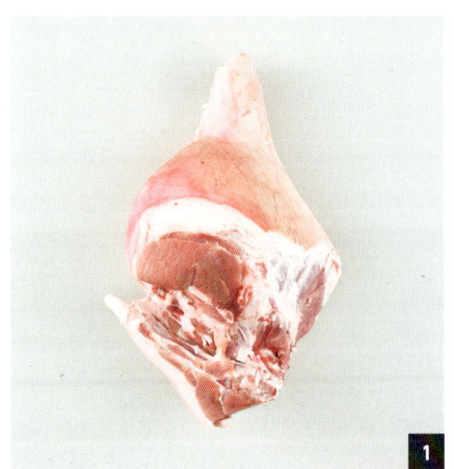
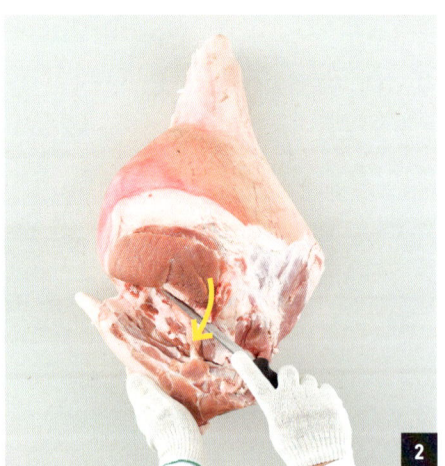

1 뒷다리를 사진처럼 위아래 방향이 바뀌게 돌려놓는다. 이렇게 놓으면 발골하기가 수월하다.

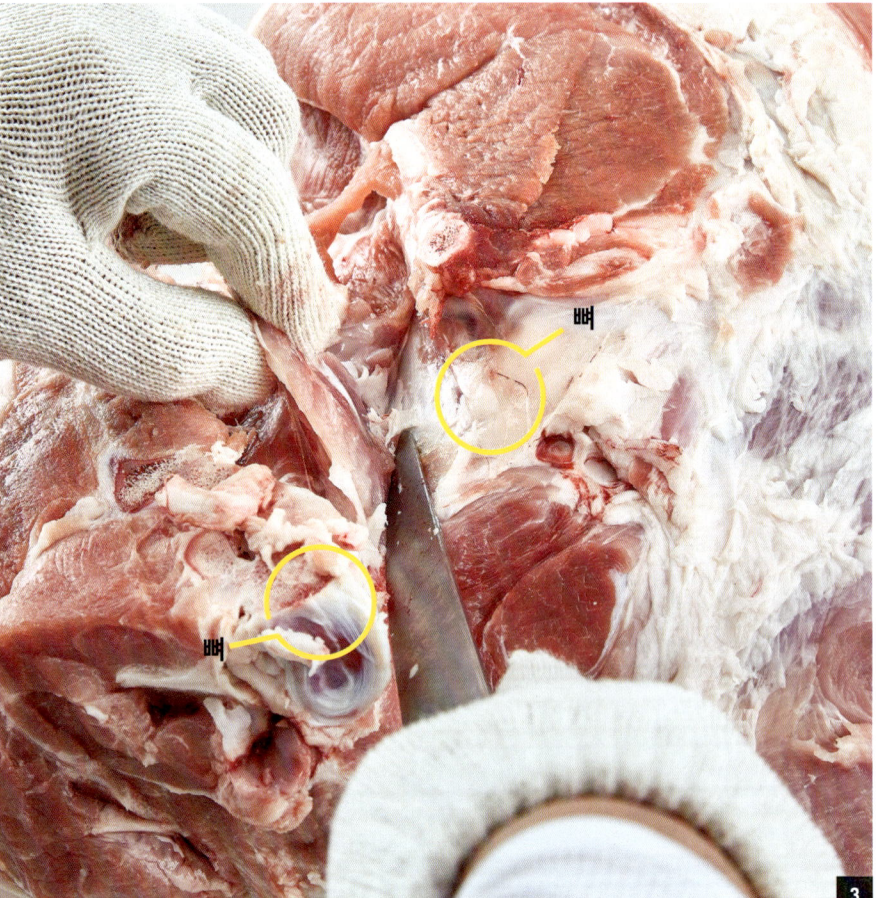
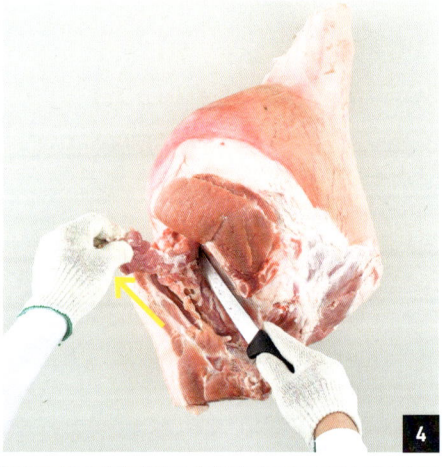
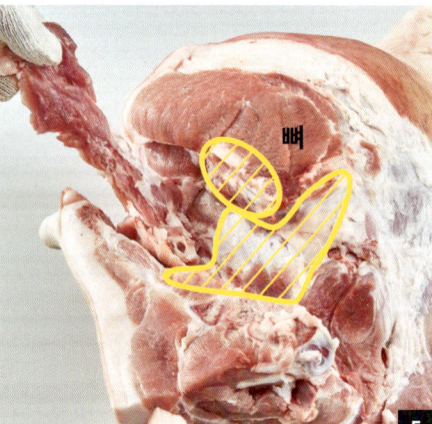

2~5 반골 윗면의 덮개살에 사진처럼 칼을 댄다. 반골뼈를 따라 칼로 살을 긁어내듯이 뼈 모양이 드러나도록 살을 걷어낸다. 이때 빠르게 작업하지 말고 뼈를 칼날로 긁듯이 천천히 작업한다.

단족 제거 → (반골(엉덩이뼈) 제거) → 대퇴골, 슬개골, 하퇴골 제거 → 비골 제거 → 사태살 분리 → 아롱사태 분리 → 정형

바깥잡기

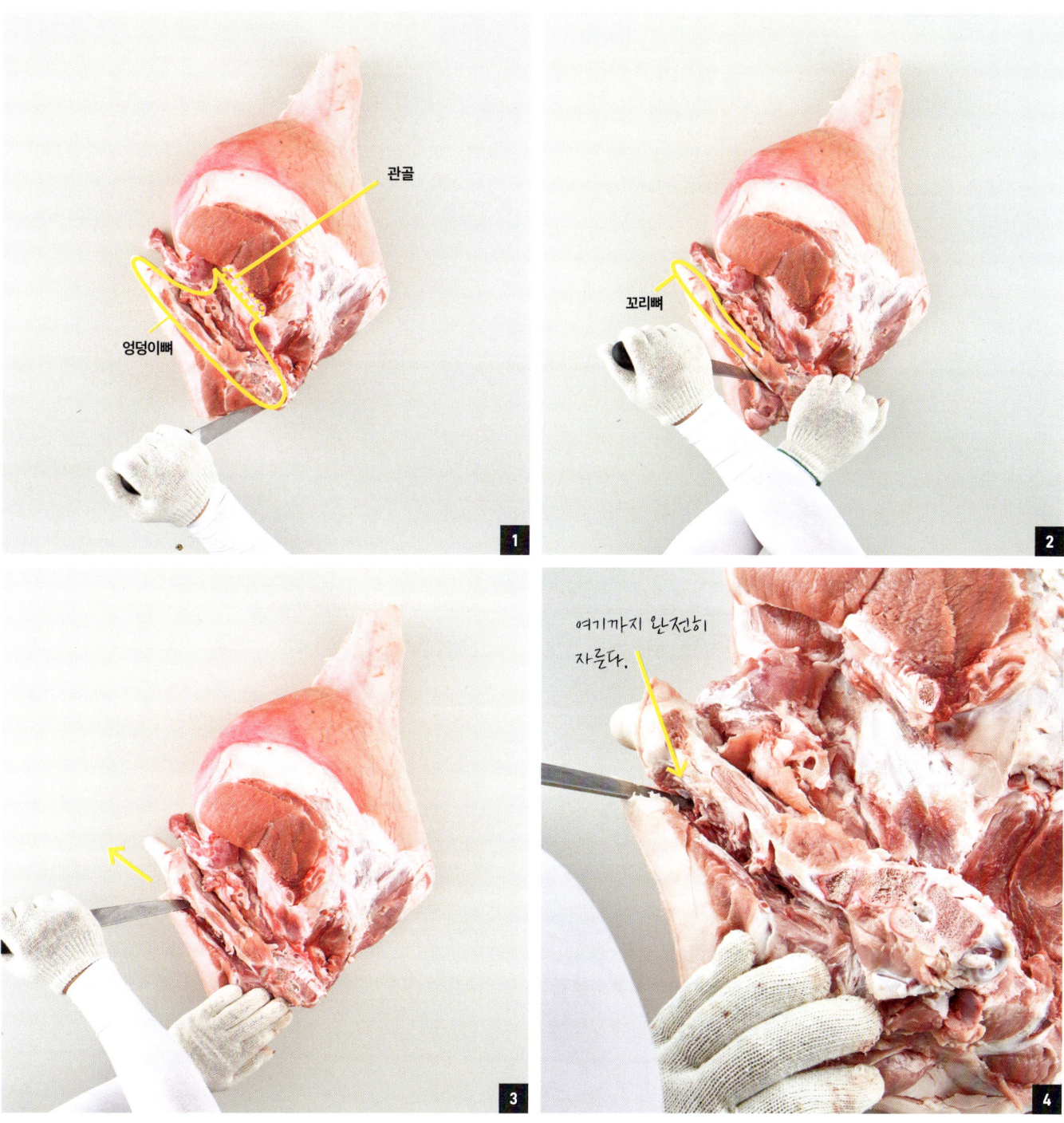

1~4 사진처럼 꼬리뼈 끝에 칼을 대고 뼈에 칼을 붙여 칼질한다. **4** 의 사진처럼 살이 끊어지도록 끝까지 칼질을 한다.

02 반골(엉덩이뼈) 제거

안쪽잡기

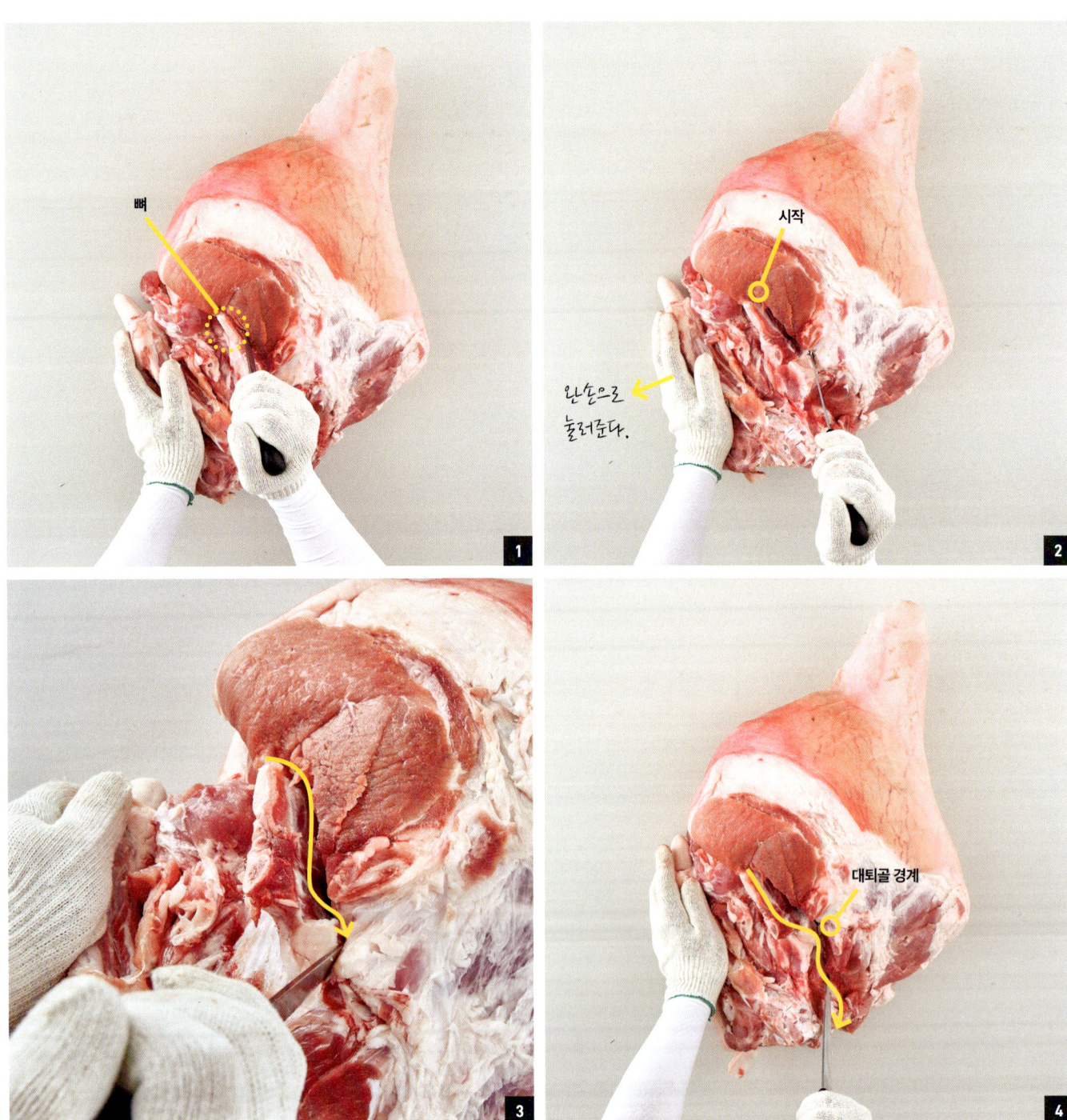

1~3 반골 위쪽에 있는 뼈를 따라 칼집을 내듯 칼질을 한다. **4** 중간에 대퇴골 경계인 3자 형태의 뼈가 나오니 천천히 뼈 모양을 살피며 칼질을 한다. 이때 왼손을 **4** 의 사진처럼 대고 지그시 눌러주면 뼈의 형태가 더 잘보여 칼질하기 수월하다.

단족 제거 → (반골(엉덩이뼈) 제거) → 대퇴골, 슬개골, 하퇴골 제거 → 비골 제거 → 사태살 분리 → 아롱사태 분리 → 정형

안쪽잡기

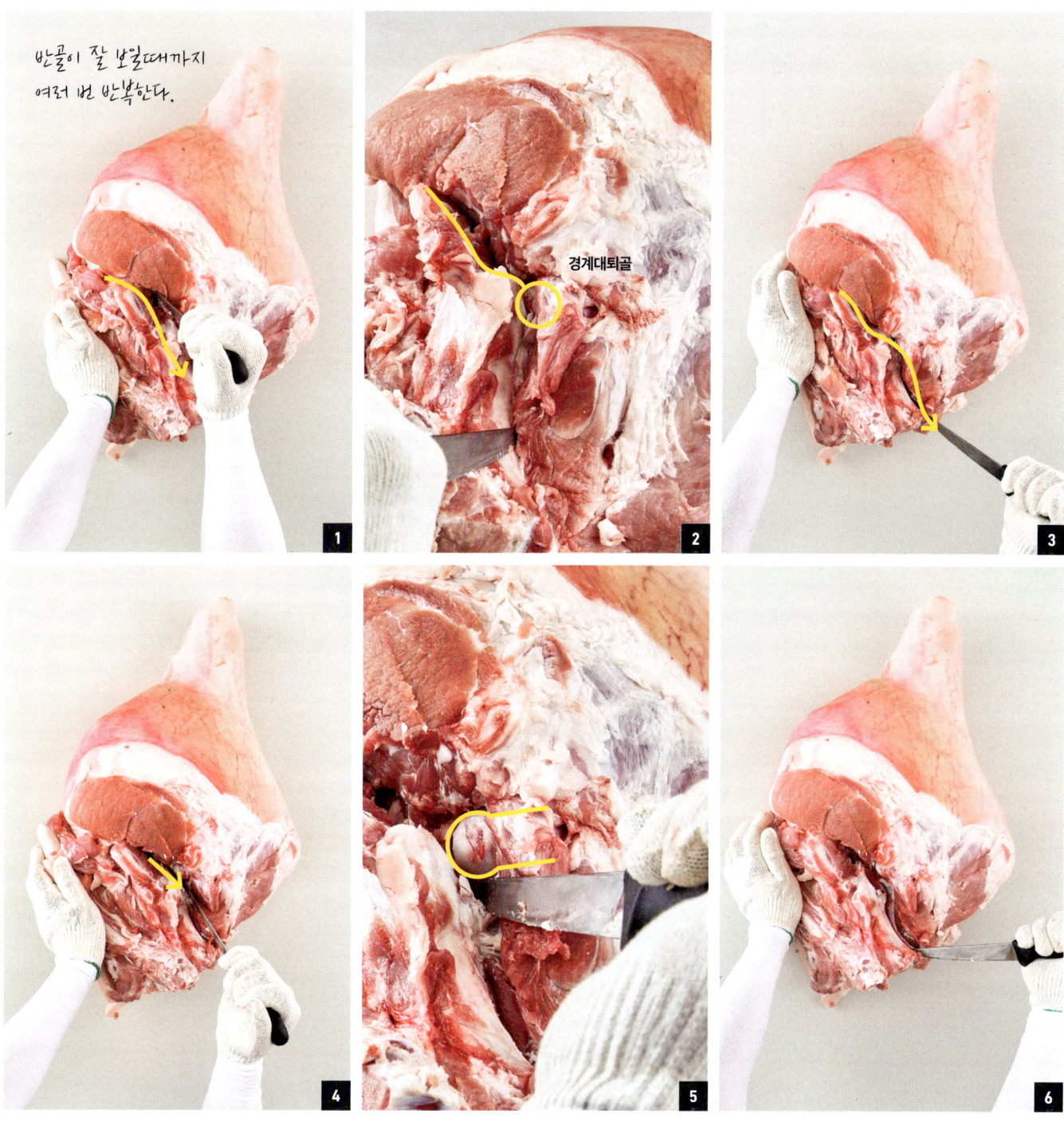

1~6 대퇴골 경계지점을 지나 아랫부분까지 칼질을 한다. 살이 뼈에 붙어 있지 않도록 살살 끝까지, 여러 번 칼질을 한다. 이때 도려내듯이 칼로 파는 느낌으로 하면 수월하다. 뼈가 잘 보일 때까지 반복적으로 칼질한다.

02 반골(엉덩이뼈) 제거

안쪽잡기

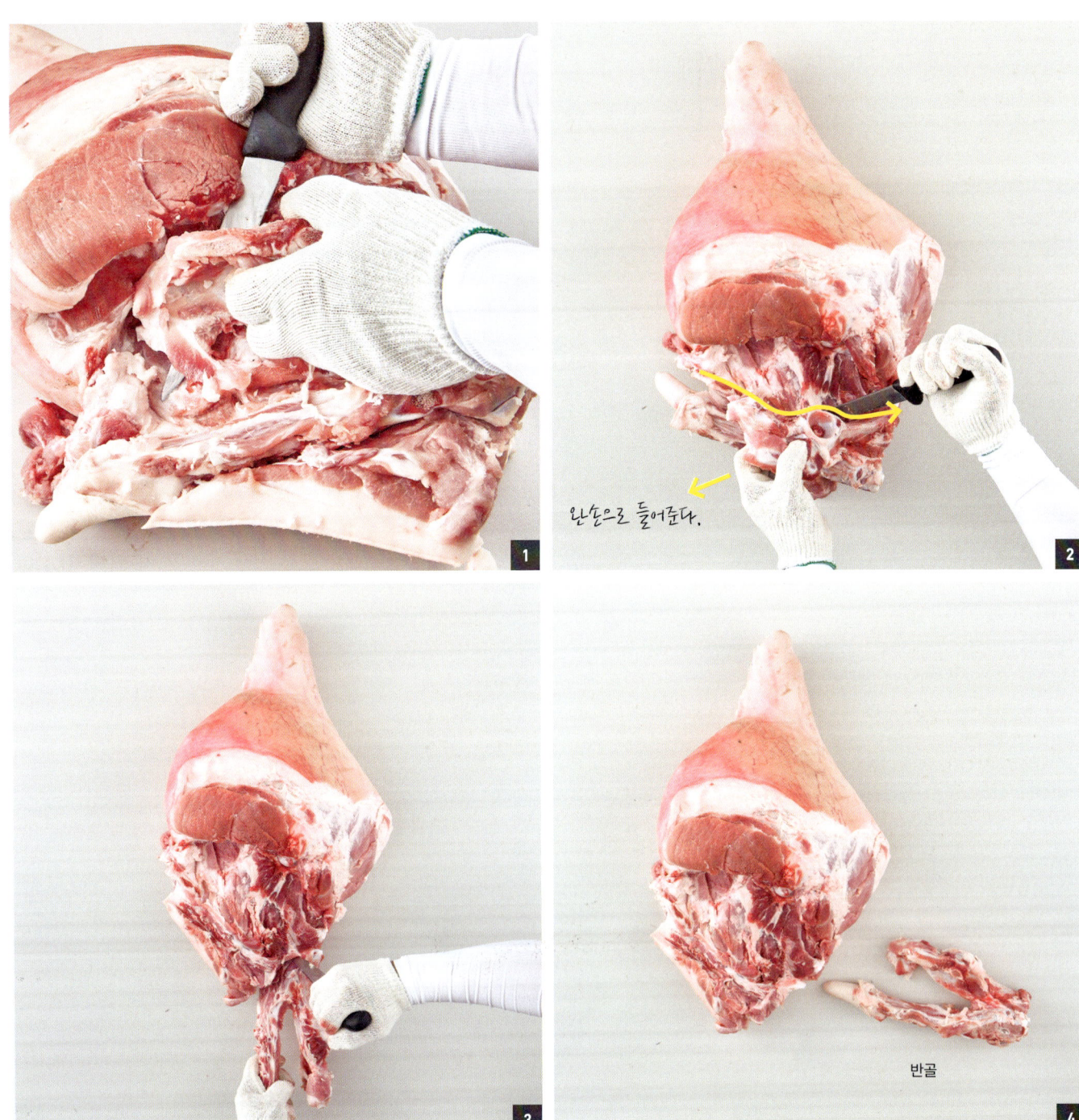

1~4 칼을 계속 긁듯이 칼질하여 사진처럼 반골을 떼어낸다. 떼어낸 뼈는 실기대 아래 뼈 통에 집어넣으면 된다.

단족 제거 → 반골(엉덩이뼈) 제거 → (대퇴골, 슬개골, 하퇴골 제거) → 비골 제거 → 사태살 분리 → 아롱사태 분리 → 정형

03 대퇴골·하퇴골·슬개골 제거

바로잡기

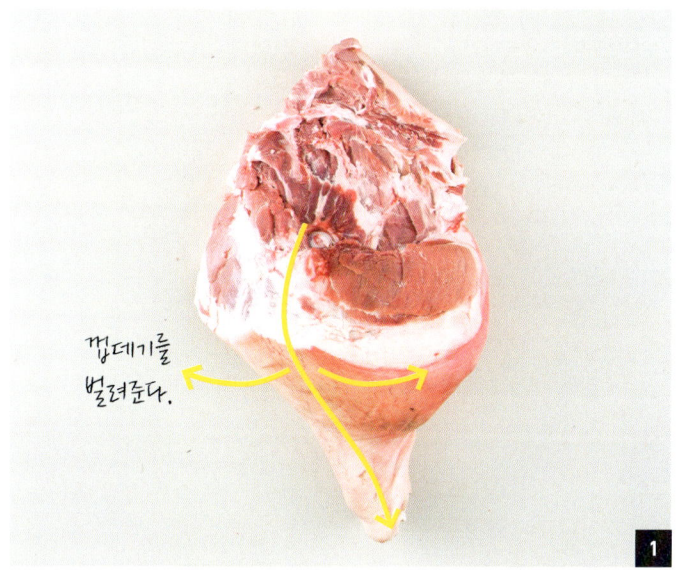

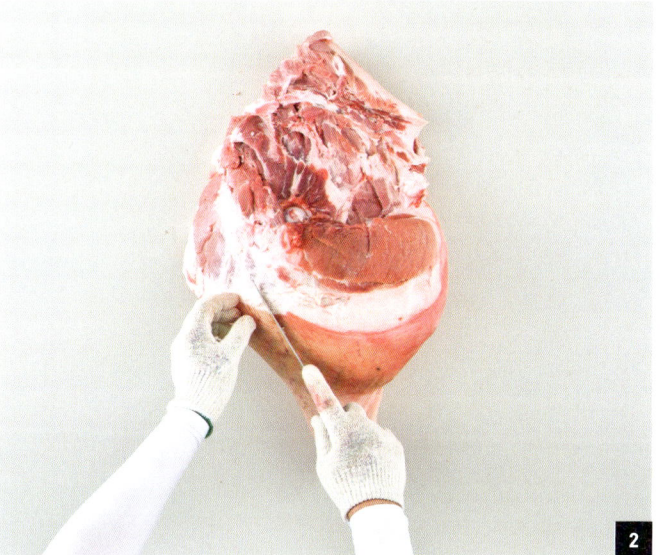

1~2 뒷다리를 다시 사진처럼 상하 방향이 바뀌도록 돌려놓는다. 이렇게 놓으면 발골하기가 수월하다. **1**의 그림처럼 가상의 선을 따라 칼질을 하며 뼈를 찾아야 한다. 발골을 위해 껍질 부분에 칼집을 내어 양쪽으로 펼쳐준다고 생각하며 작업한다.

안쪽잡기

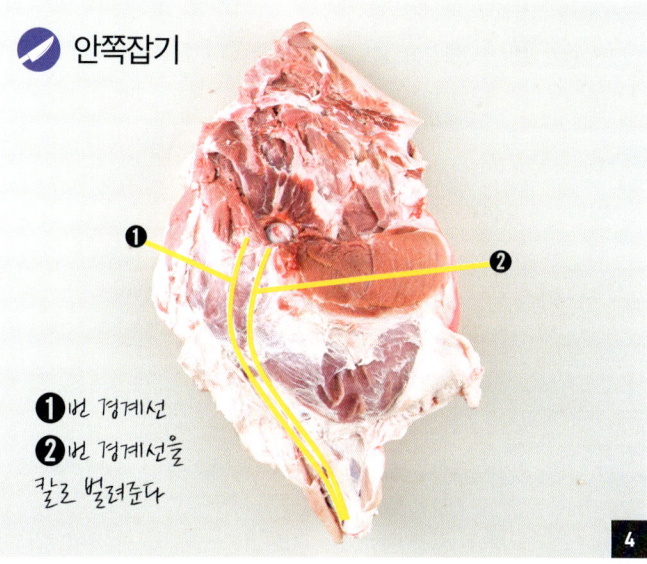

3 사진처럼 좌측 ⅓지점에서 칼집을 내며 시작해 아래로 내려오며 외피를 연다. 이때 칼을 깊이 넣지 않는다.

4 외피를 좌우로 열었으면 사진 위의 ①과 ②의 경계선이 보인다. 이때 ②의 경계선에 있는 근막을 따라 칼질을 한다. 실수로 ①의 경계선에 칼을 넣었어도 침착하게 아래로 내리며 근막을 찾으면 된다. 살을 분리하는 게 아니고 뼈를 빼내기 위한 과정이니 괜찮다.

03 대퇴골·하퇴골·슬개골 제거

안쪽잡기

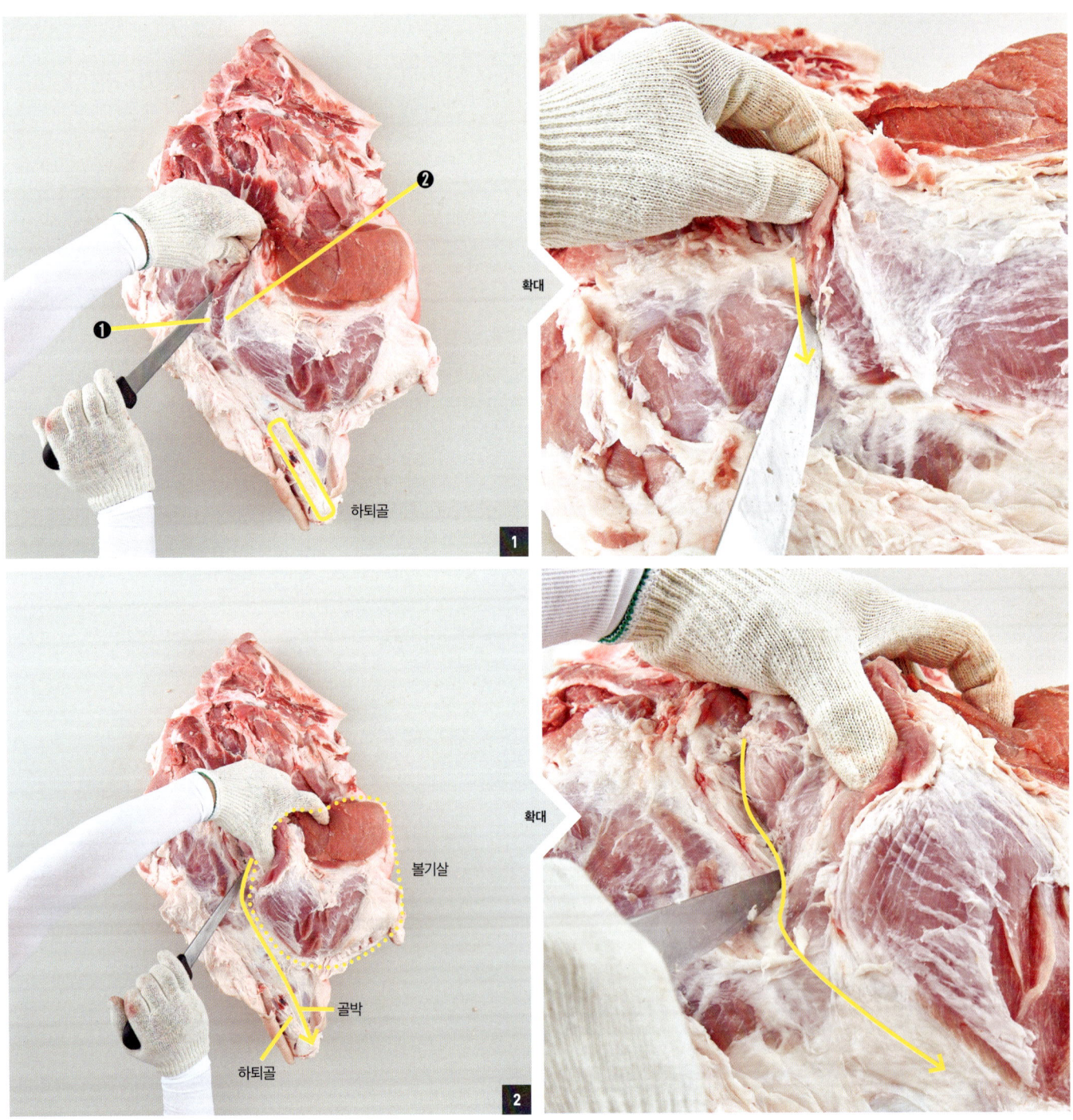

1~2 가상의 선을 기억하며 근막을 찾아가며 칼을 아래까지 내린다. 칼집을 내며 볼기살을 오른쪽으로 조금씩 열어주는 과정이다.

단족 제거 → 반골(엉덩이뼈) 제거 → 〔대퇴골, 슬개골, 하퇴골 제거〕 → 비골 제거 → 사태살 분리 → 아롱사태 분리 → 정형

안쪽잡기

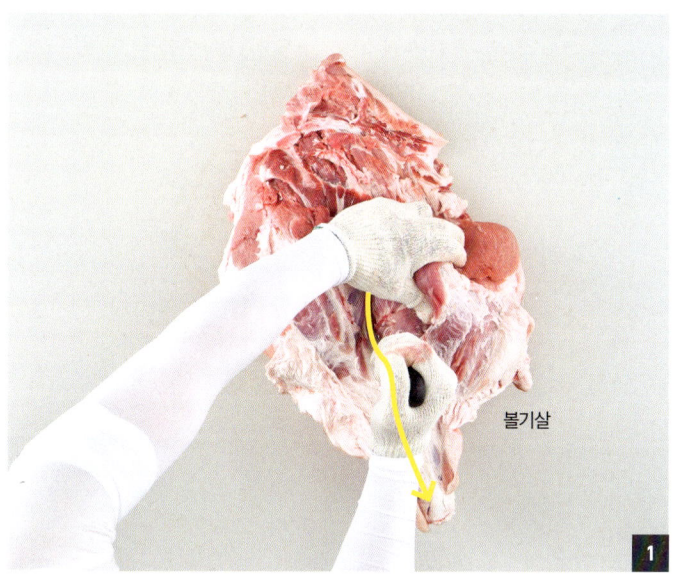

1 벌어진 볼기살 안쪽으로 칼을 집어넣어 대퇴골 옆면을 따라 칼을 그어준다.

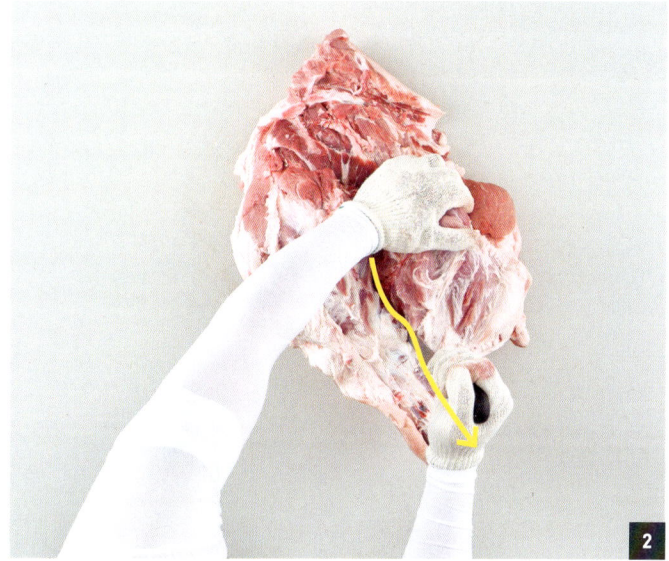

2 대퇴골과 하퇴골 3자 모양의 연결 부위를 칼로 톱질하듯이 긁어준다.

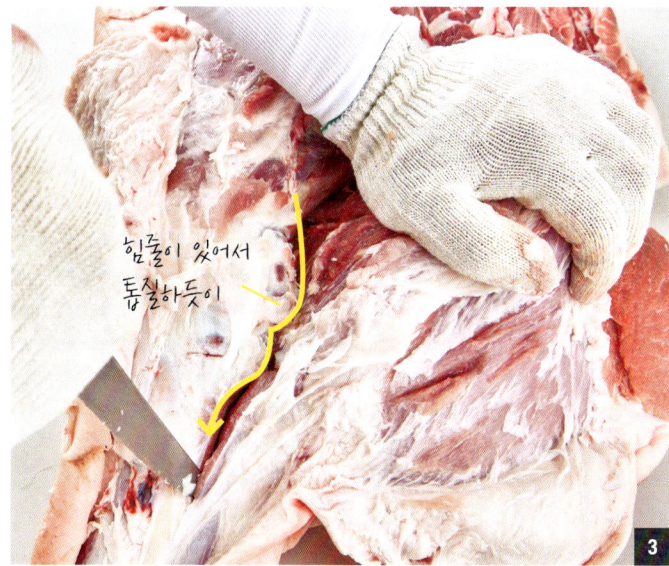

3 힘줄이 있어 칼이 한 번에 내려가지 않으니 살살 천천히 톱질하듯 칼질을 한다.

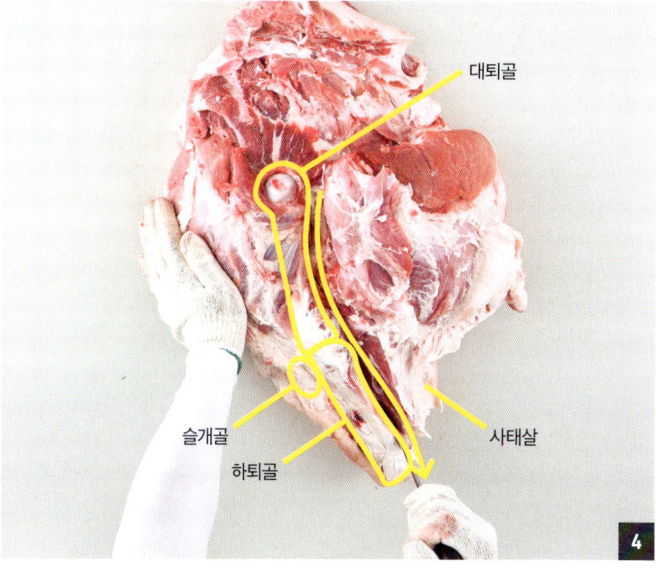

4 하퇴골 옆면을 위쪽부터 아래까지 칼로 긁어 내려간다. 우측의 사태살이 손상되지 않도록 주의한다.

03 대퇴골·하퇴골·슬개골 제거

바깥잡기

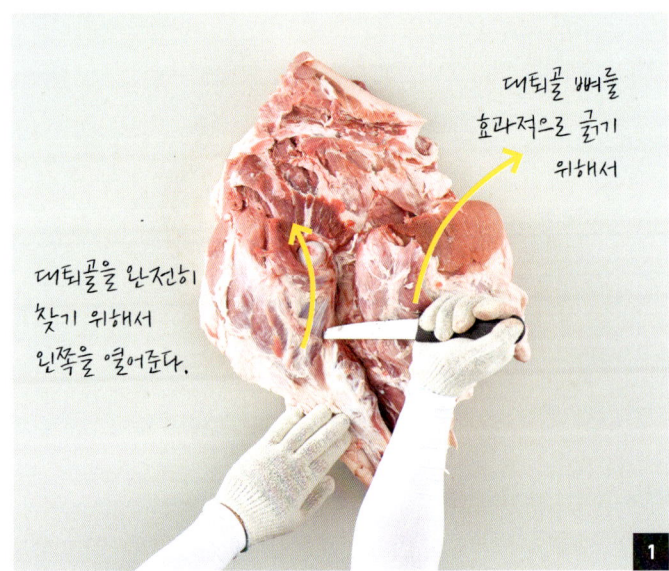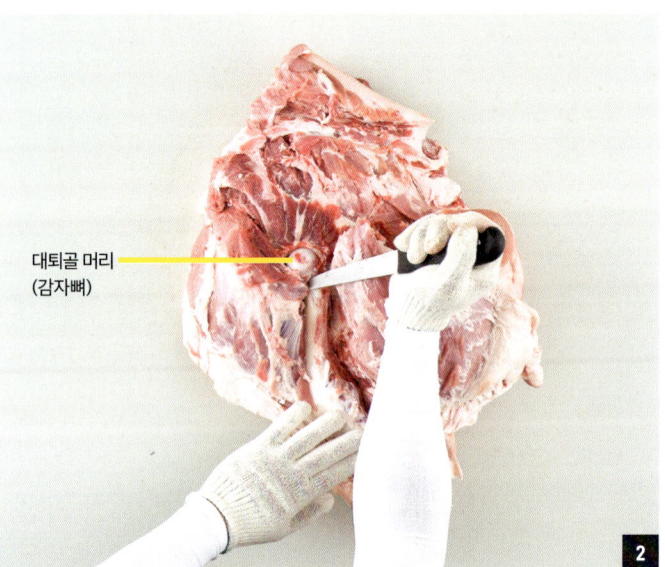

1~2 칼을 사진처럼 사선으로 눕혀 대퇴골에 댄다. 뼈를 타고 긁어 올라가듯이 감자뼈까지 칼질을 한다. 칼을 눕혀서 해야 작업이 수월하다. 여기까지 하면 하퇴골 양쪽 모두에 칼집을 넣은 것이 된다. 이 작업을 할 때 왼손으로 왼쪽 부분의 살을 눌러주면 뼈가 더 잘 드러나 보인다.

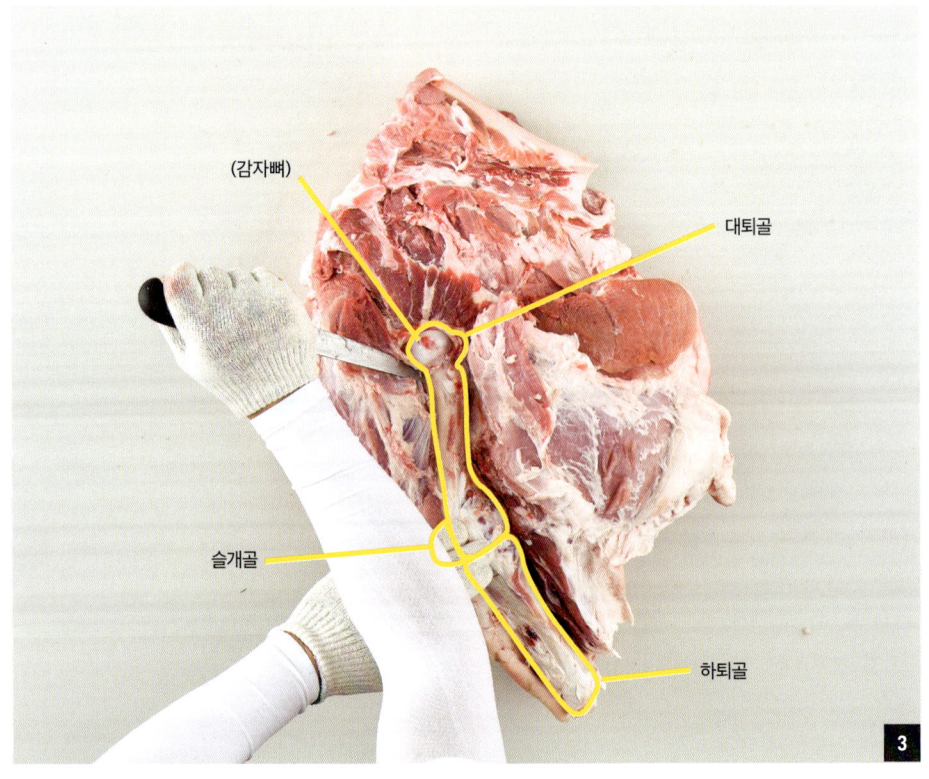

3 둥근 모양의 감자뼈 주변을 칼로 살살 긁어 뼈를 살에서 분리한다.

단족 제거 → 반골(엉덩이뼈) 제거 → **대퇴골, 슬개골, 하퇴골 제거** → 비골 제거 → 사태살 분리 → 아롱사태 분리 → 정형

🔪 안쪽잡기

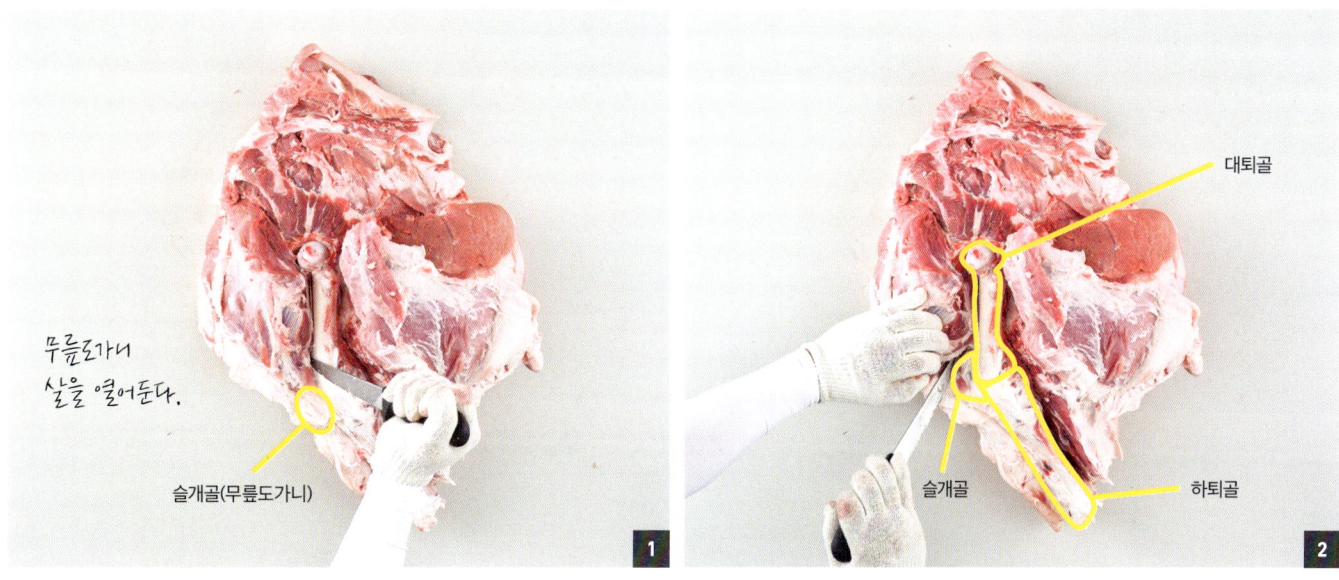

1~2 칼을 다시 사선으로 눕혀 슬개골이 보일 때까지 살을 뼈에서 걷어낸다. 칼을 눕혀서 해야 작업이 수월하다.

🔪 안쪽잡기

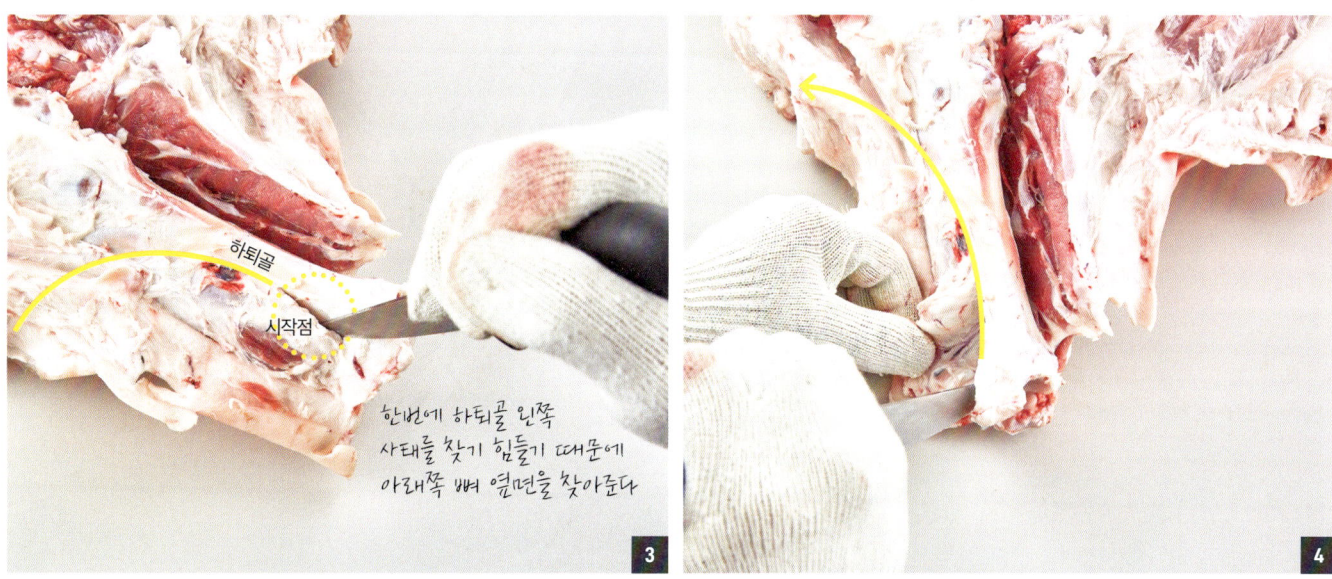

3~4 하퇴골 왼쪽 사태의 경계선을 찾기 위해 사진처럼 하퇴골 아래쪽 끄트머리의 뼈를 긁어 칼을 넣을 시작점을 찾는다. 뼈와 살의 경계선이 뚜렷이 보이지 않아 시작점을 찾기 어렵기 때문에 이렇게 칼집을 내어 시작점을 만든다.

03 대퇴골·하퇴골·슬개골 제거

🔪 바깥잡기

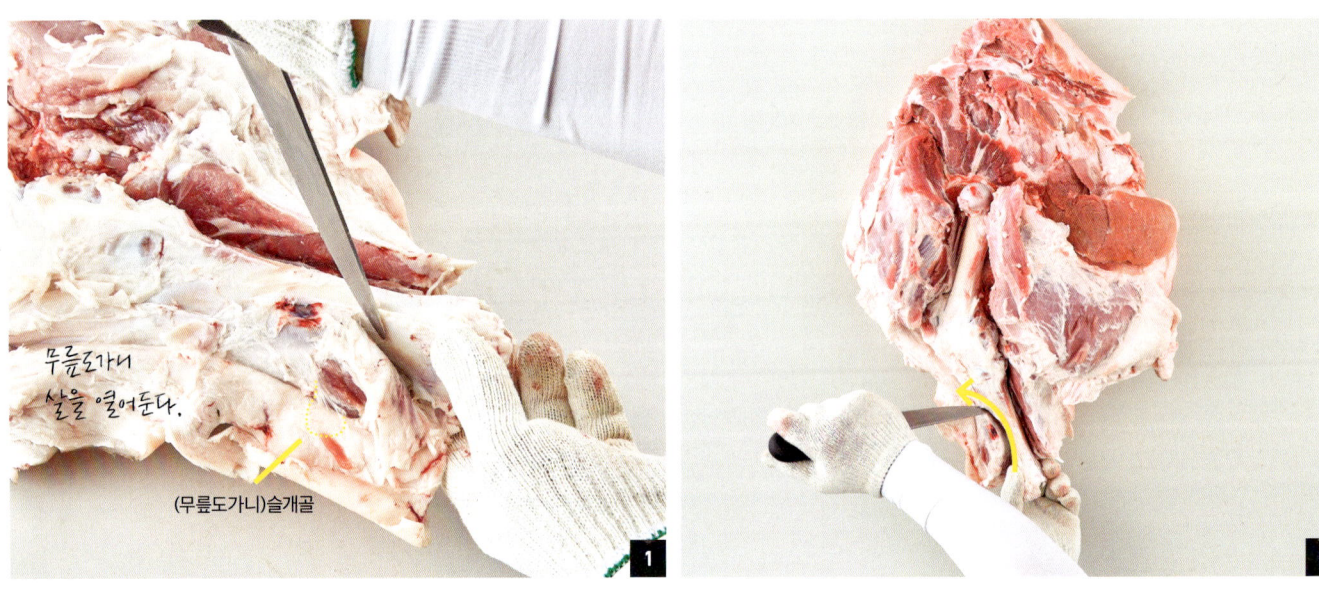

1~2 칼을 수직으로 세워 위로 올라가면서 하퇴골의 모양을 따라 긁어가며 칼질을 한다.

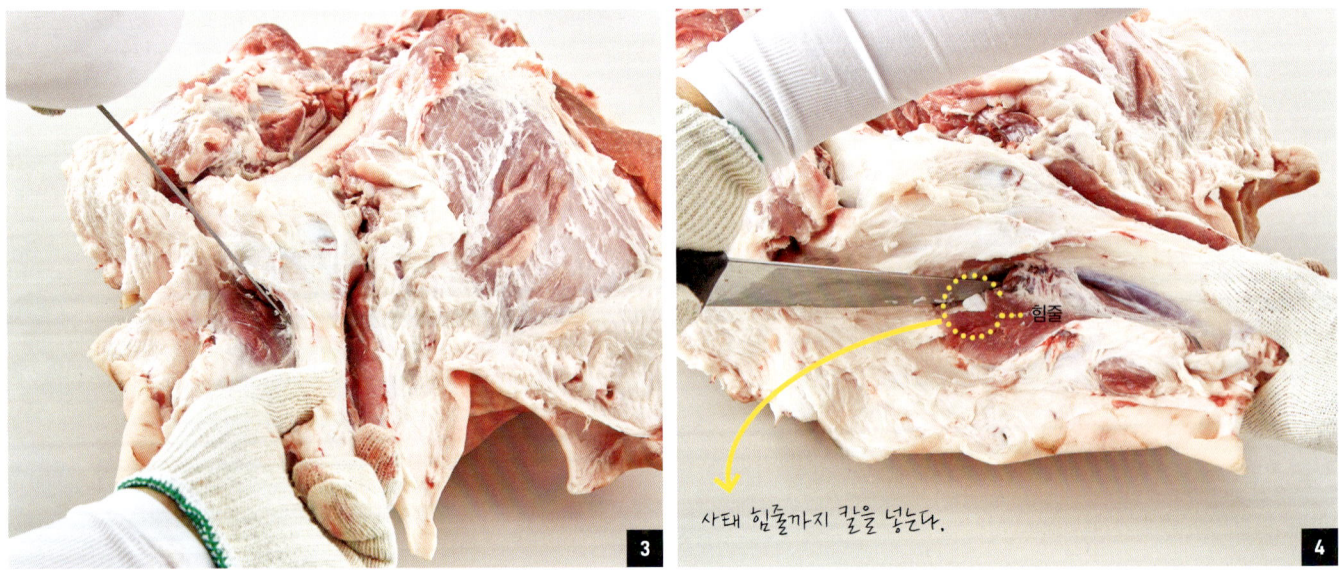

3~4 사태살에 붙어 있는 힘줄을 발견하면 칼로 끊어가면서 뼈를 타고 올라가며 칼질을 한다.

단족 제거 → 반골(엉덩이뼈) 제거 → (대퇴골, 슬개골, 하퇴골 제거) → 비골 제거 → 사태살 분리 → 아롱사태 분리 → 정형

안쪽잡기

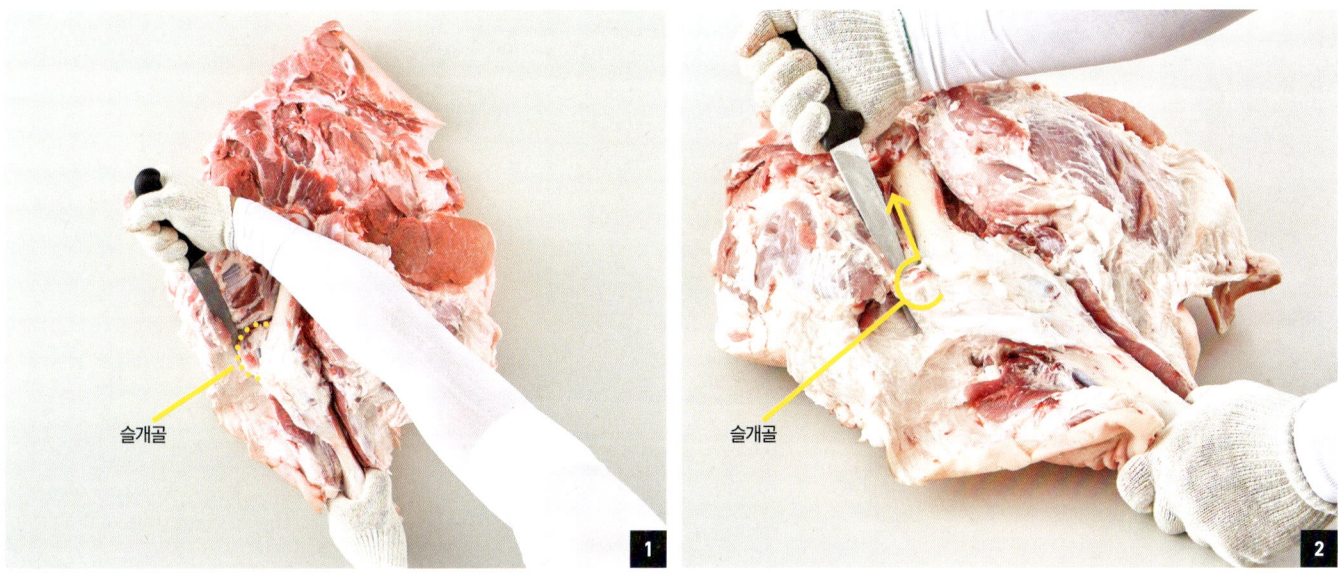

1~2 톡 튀어나와 있는 슬개골 위쪽부터 대퇴골 옆면에 붙어 있는 살을 걷어낸다.

비골 제거

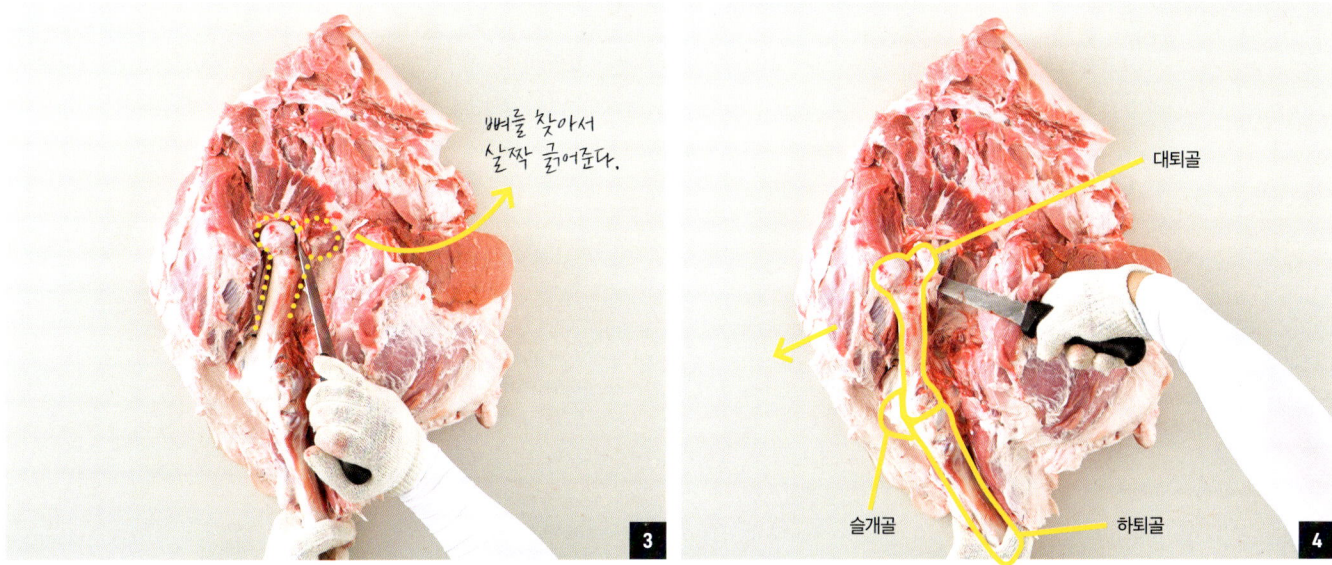

3~4 하퇴골 아래를 왼손으로 잡아 누르면서 대퇴골 위쪽의 감자뼈를 칼로 완전히 도려 살에서 떨어지게 한다.

03 대퇴골·하퇴골·슬개골 제거

바로잡기

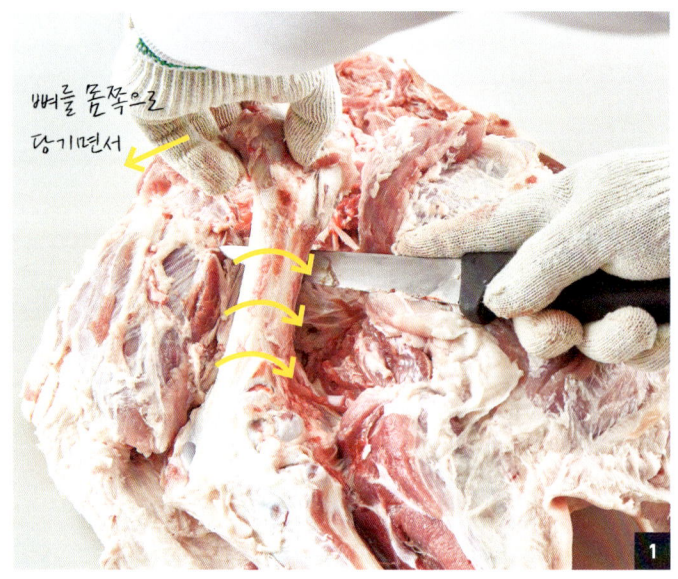

1 왼손으로 감자뼈를 잡아 당겨 들어 올리면서 칼을 뼈에 붙여 도려내듯이 칼질을 한다.

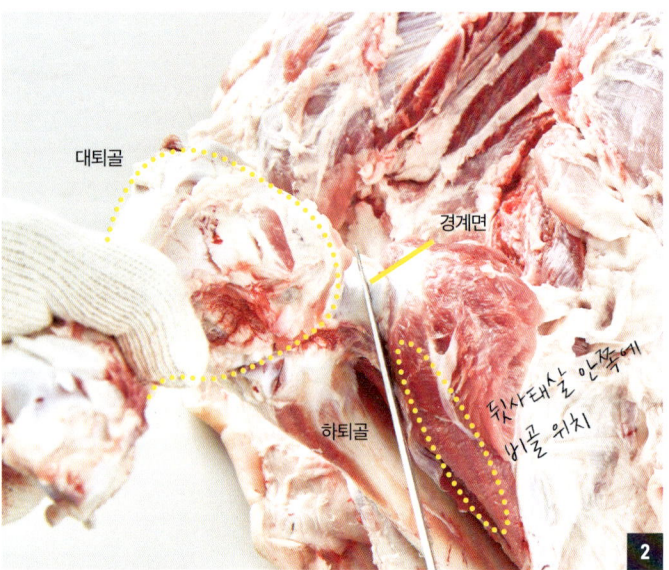

2 대퇴골과 비골 사이에 연골뼈가 나올 때까지 뼈를 들어올리며 칼질을 한다. 연골뼈가 보이면 그곳에 칼을 대고 톱질하듯이 썬다.

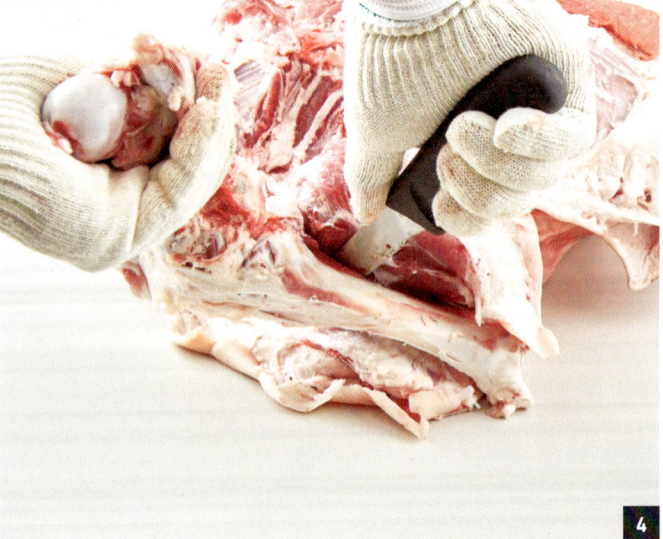

3~4 끊어진 연골 사이로 칼을 넣어 하퇴골 뼈를 따라 아래로 긁듯이 칼질한다.

단족 제거 → 반골(엉덩이뼈) 제거 → (대퇴골, 슬개골, 하퇴골 제거) → 비골 제거 → 사태살 분리 → 아롱사태 분리 → 정형

안쪽잡기

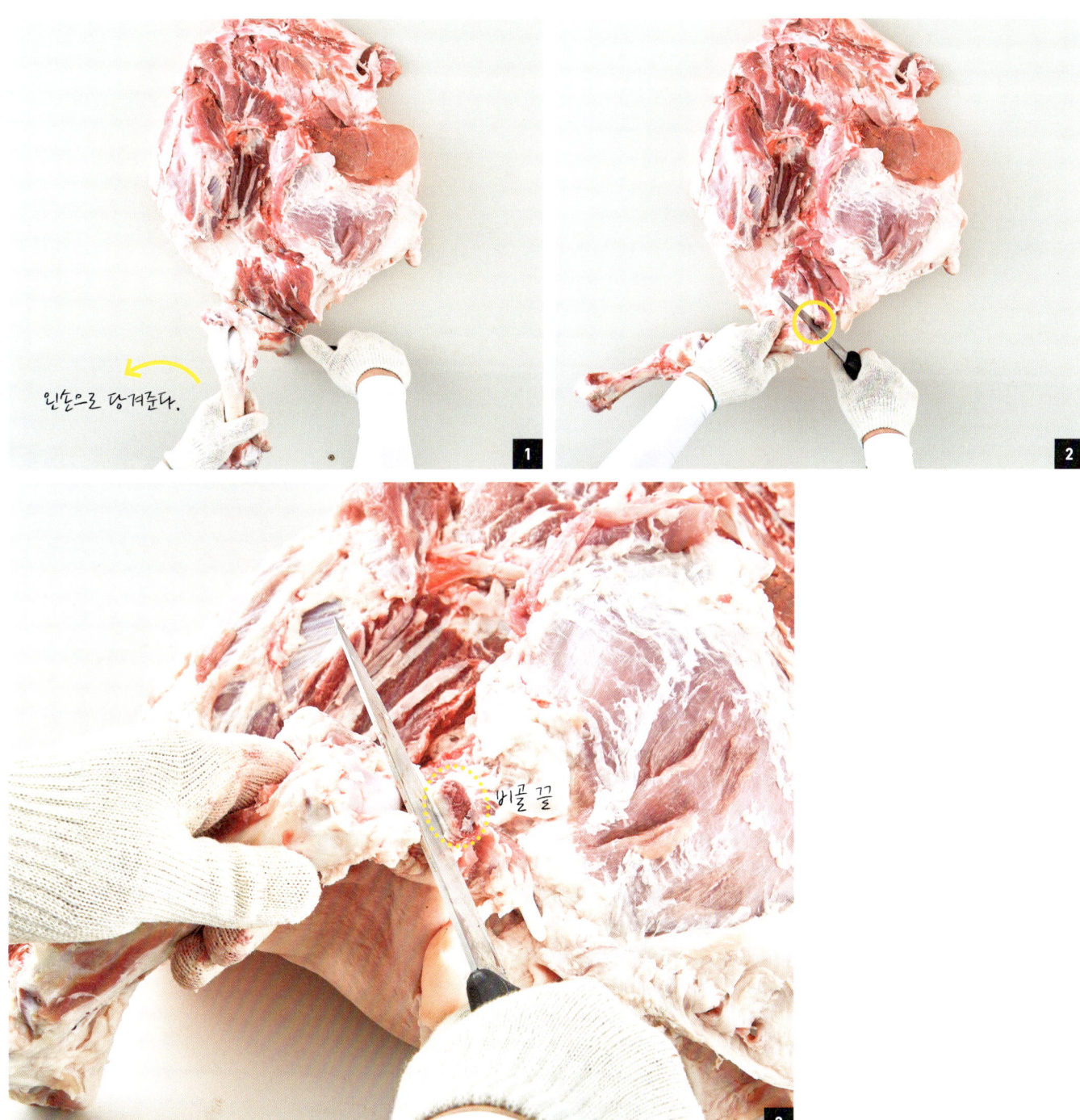

1~3 하퇴골 아래쪽과 비골 아래쪽에서 '쩍'하는 소리가 날 때까지 계속 칼을 밀어준다. 쩍하고 벌어진 틈 사이에 비골이 보인다.

04 비골 제거

🔪 바로잡기

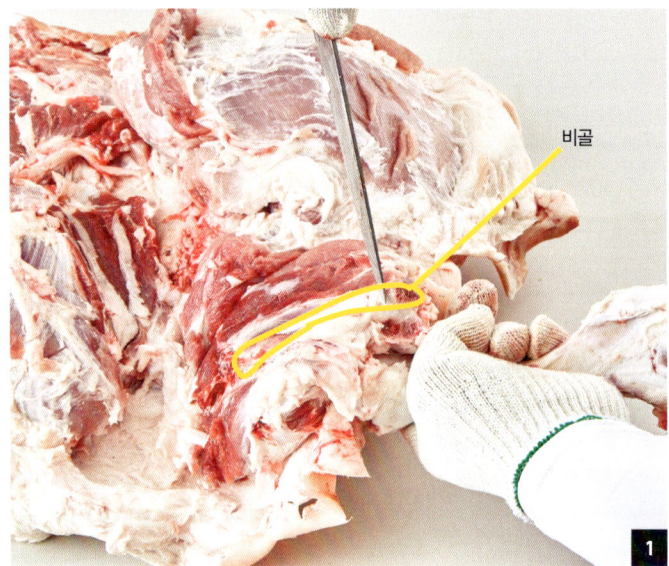
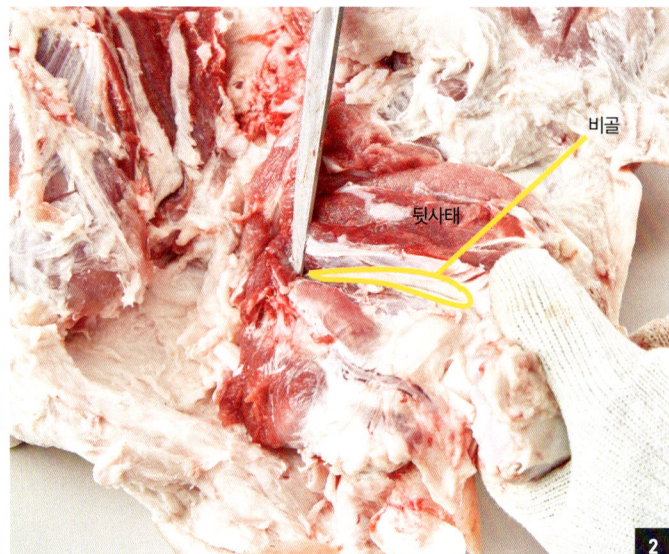

1~2 비골 왼쪽 옆면에 있는 골막을 칼끝으로 긁어준다.

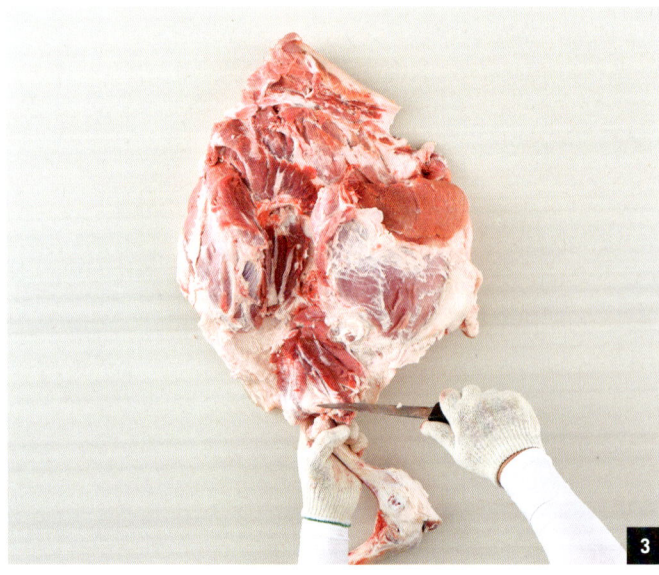
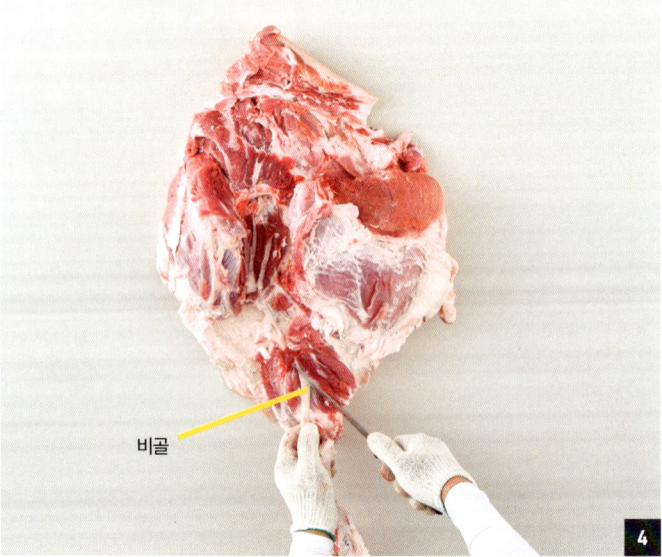

3~4 비골 윗면에 있는 골막을 칼끝으로 긁어준다.

단족 제거 → 반골(엉덩이뼈) 제거 → 대퇴골, 슬개골, 하퇴골 제거 → (비골 제거) → 사태살 분리 → 아롱사태 분리 → 정형

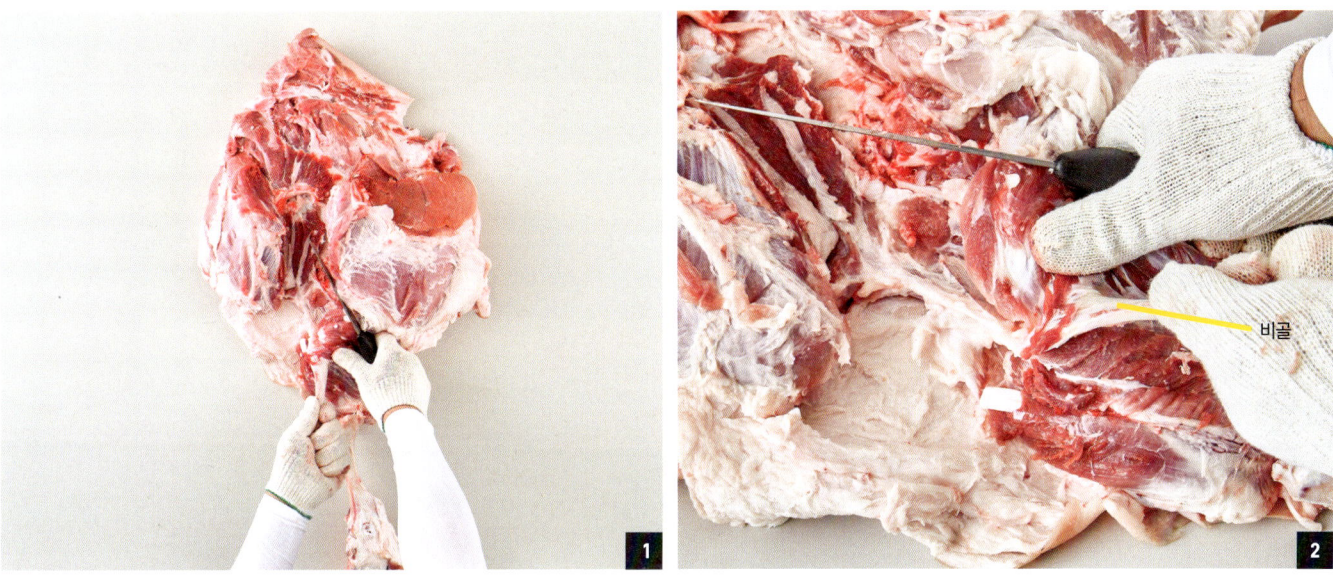

1~2 골막을 따라 사태살이 다치지 않게 엄지손가락으로 살을 밀면서 끝부분을 칼로 조심스럽게 도려낸다.

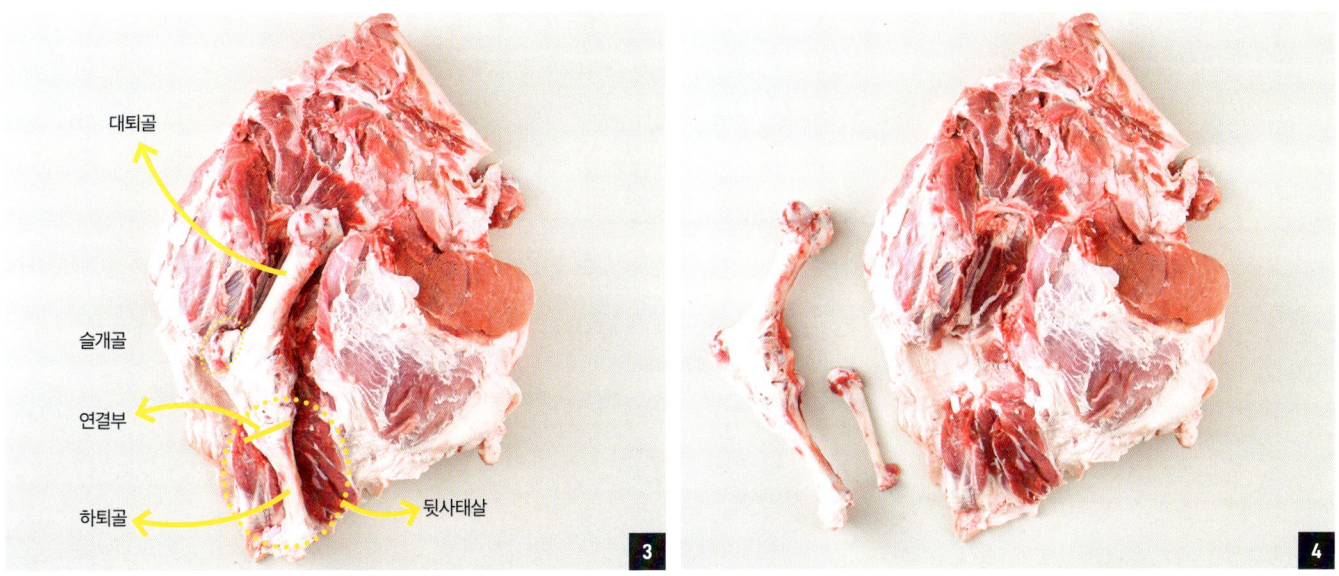

3~4 잘 발골된 상태의 뼈와 지육

05 사태살 분리
※ 05 사태살 분리, 06 아롱사태 분리 과정에는 뼈를 빼는 작업은 없지만 발골과정에 포함된다.

바로잡기

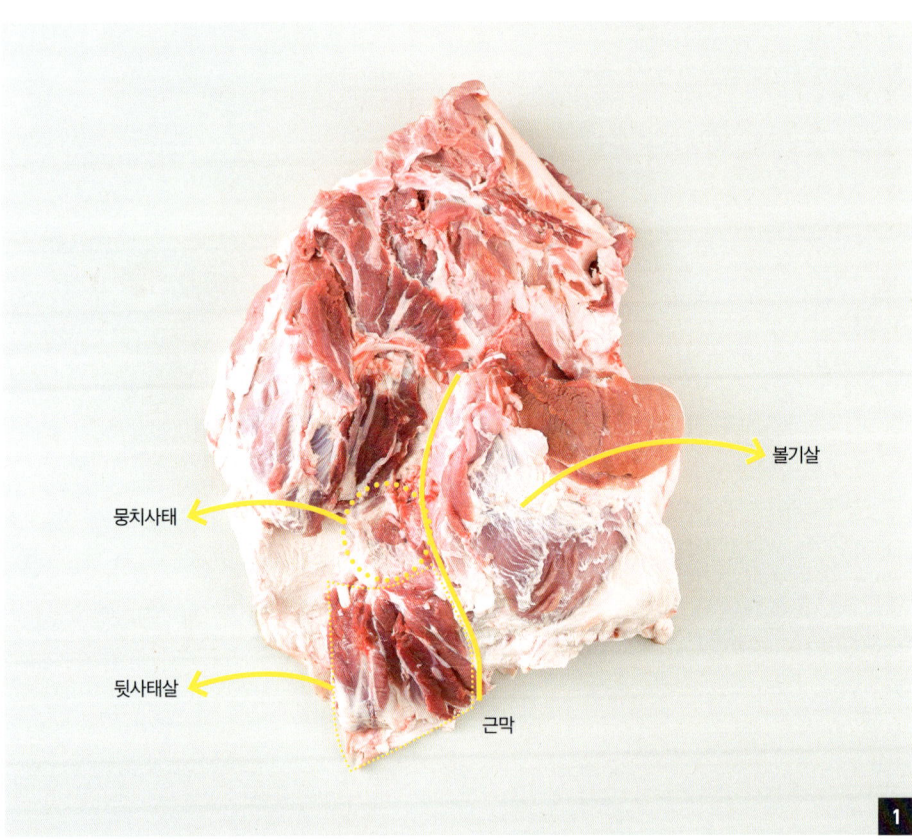

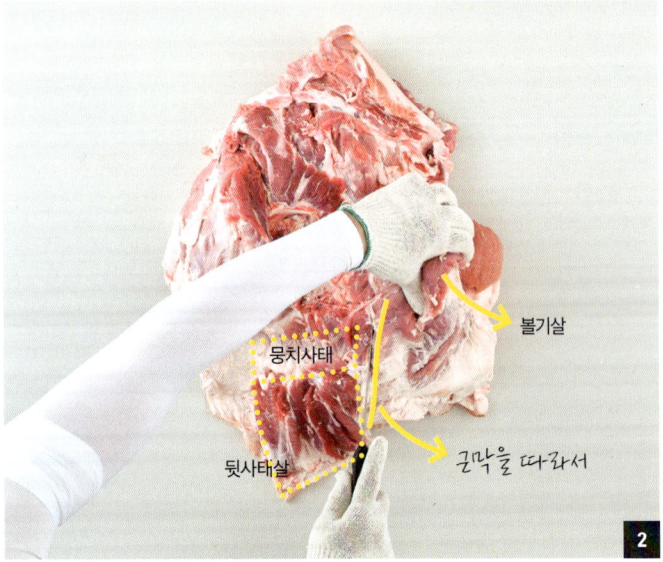
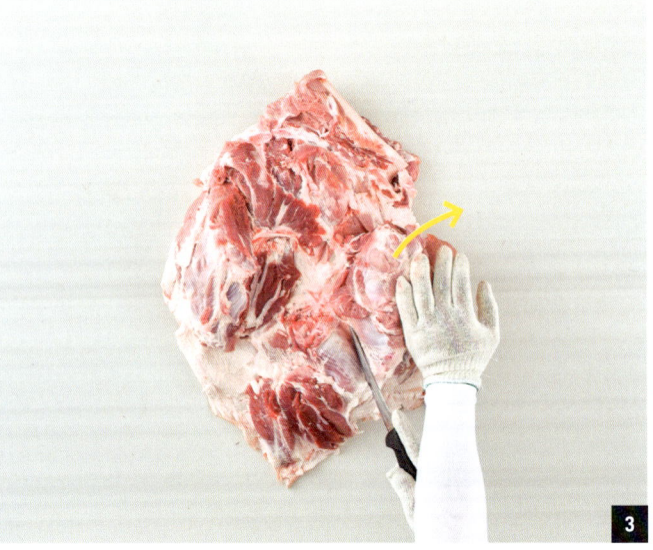

1~3 볼기살 아래쪽 근막을 따라 칼을 넣어 사태살을 분리한다. 이때 왼손으로 누르며 살을 열어주면 근막이 잘 보이기 때문에 작업하기 수월하다.

단족 제거 → 반골(엉덩이뼈) 제거 → 대퇴골, 슬개골, 하퇴골 제거 → 비골 제거 → (사태살 분리) → 아롱사태 분리 → 정형

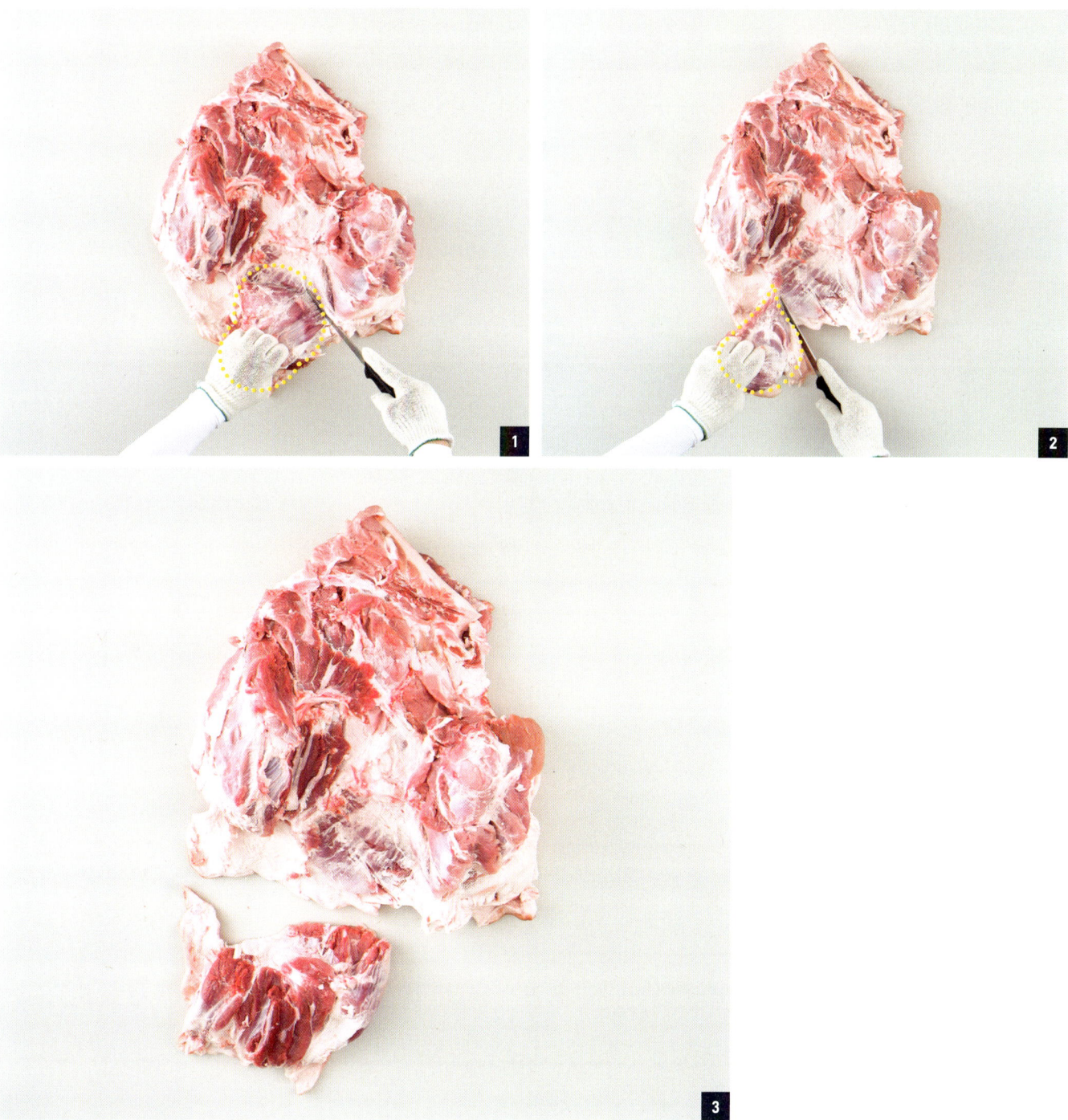

1~3 왼손으로 사태살을 잡아 당기면 근막이 더 잘 보인다 이를 따라 칼질을 하여 사태살을 완전히 분리하다.

06 아롱사태 분리

바로잡기

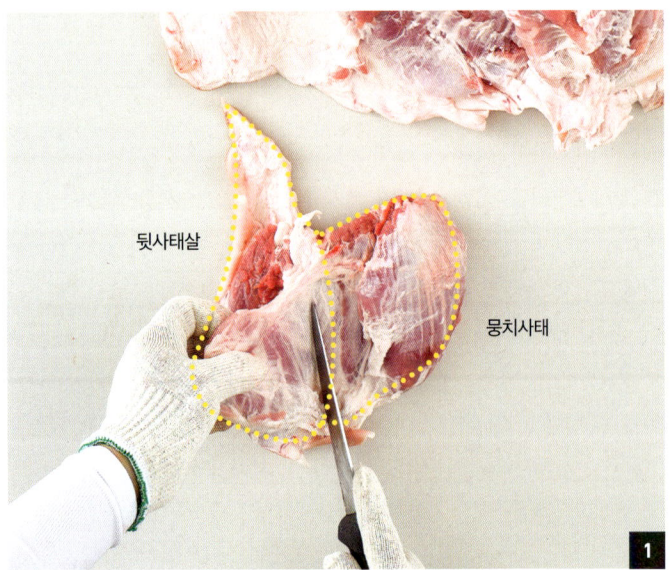
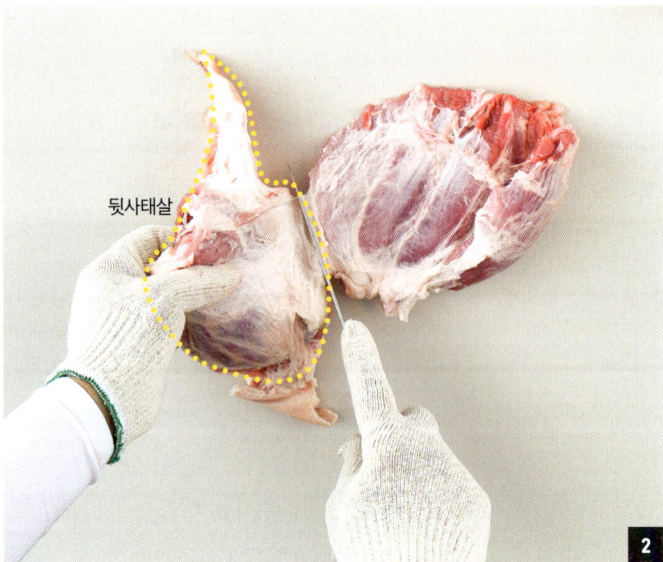

1~2 사진의 뒷사태살과 뭉치사태 사이의 근막을 따라 칼을 넣어 분리한다.

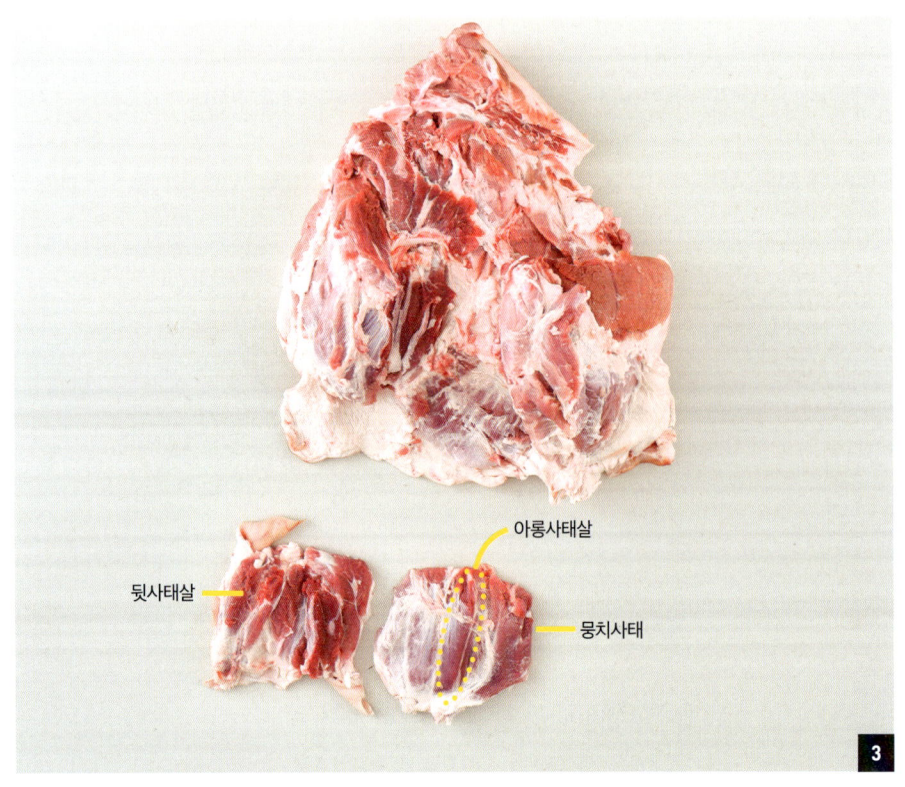

3 아롱사태와 뭉치사태 사이를 양손 엄지로 힘주어 벌린다.

단족 제거 → 반골(엉덩이뼈) 제거 → 대퇴골, 슬개골, 하퇴골 제거 → 비골 제거 → 사태살 분리 → (아롱사태 분리) → 정형

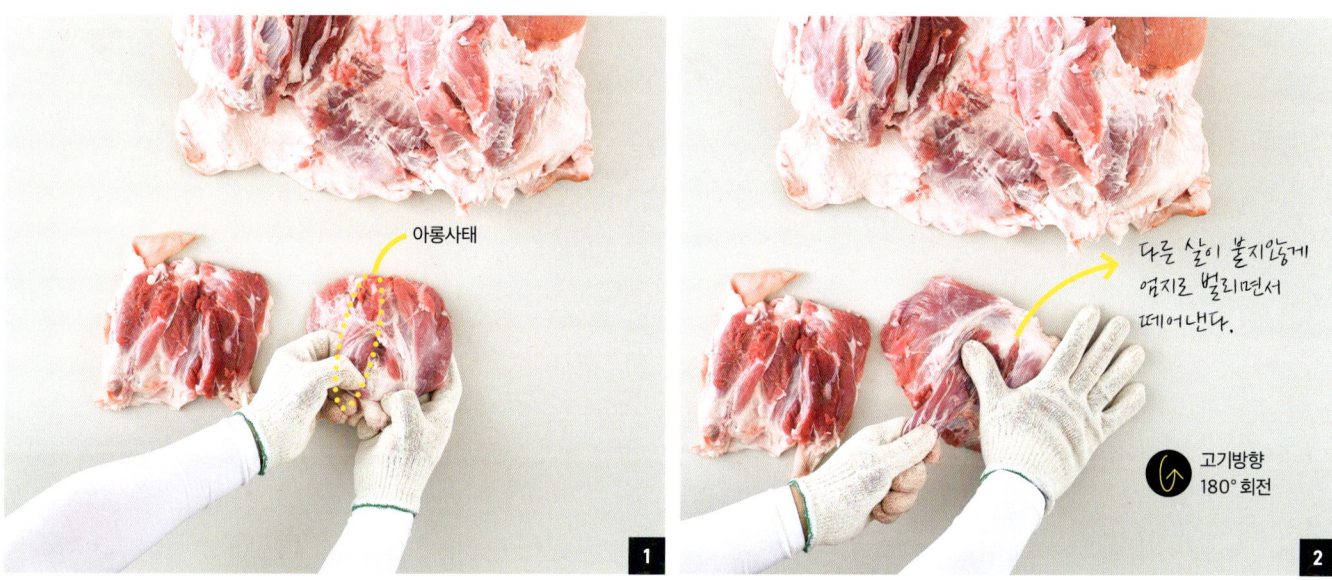

1~2 고기의 방향을 위아래가 바뀌게 돌린 다음 왼손으로 아롱사태를 잡고 뭉치사태는 오른손으로 지그시 누르며 아롱사태를 몸방향으로 당긴다.

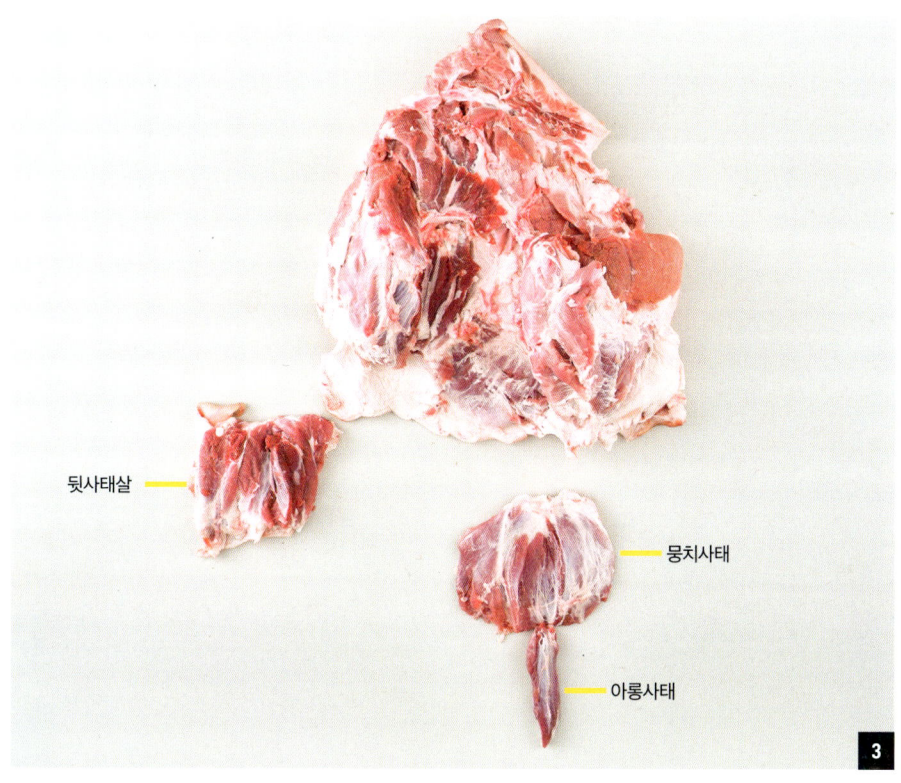

3 끝까지 당겨 아롱사태를 분리한다. 잘 분리되지 않는다면 칼로 끝을 살짝 잘라 분리하면 된다.

07 뒷다리 정형

※ 식육처리 숙련자가 아니라면 정형과정 시에는 반드시 정형칼을 사용해야 작업이 수월하고 안전하다.

가. 뭉치사태 정형

바로잡기

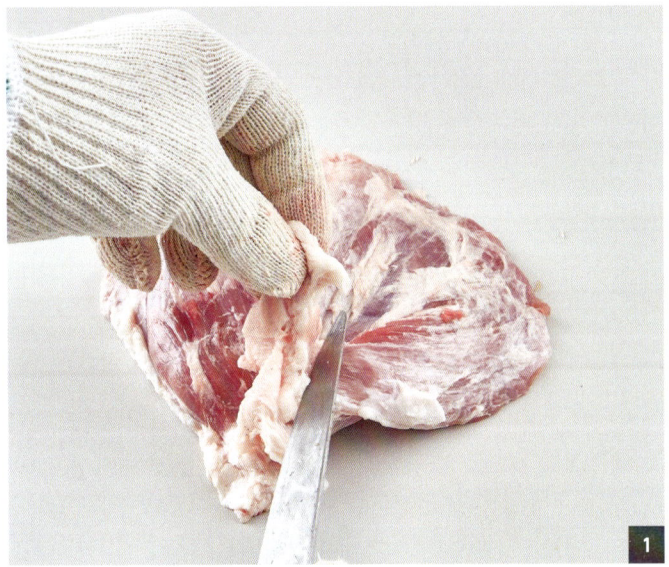

1~2 뭉치사태 뒤쪽에 붙어있는 껍데기는 근막을 타고 칼을 넣어 잘라낸다.

나. 뒷사태살 정형

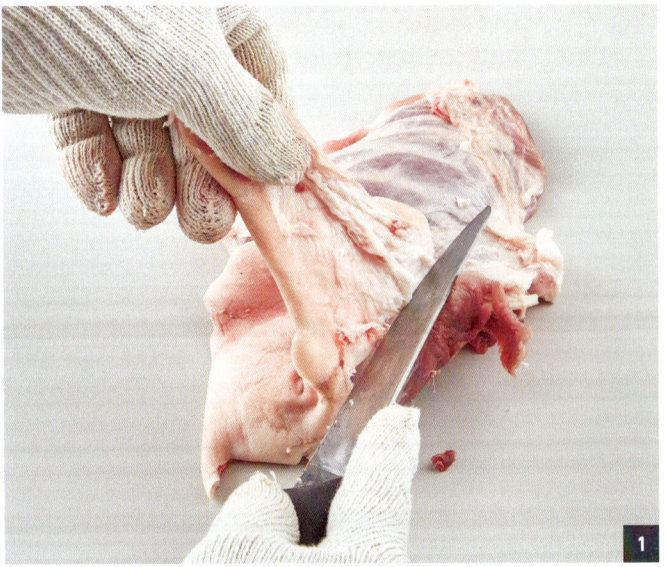

1~2 뒷사태살 뒤쪽에 붙어있는 껍데기는 근막을 타고 칼을 넣어 잘라낸다.

단족 제거 → 반골(엉덩이뼈) 제거 → 대퇴골, 슬개골, 하퇴골 제거 → 비골 제거 → 사태살 분리 → 아롱사태 분리 → 정형

다. 뒷다리살 정형

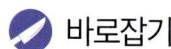 바로잡기

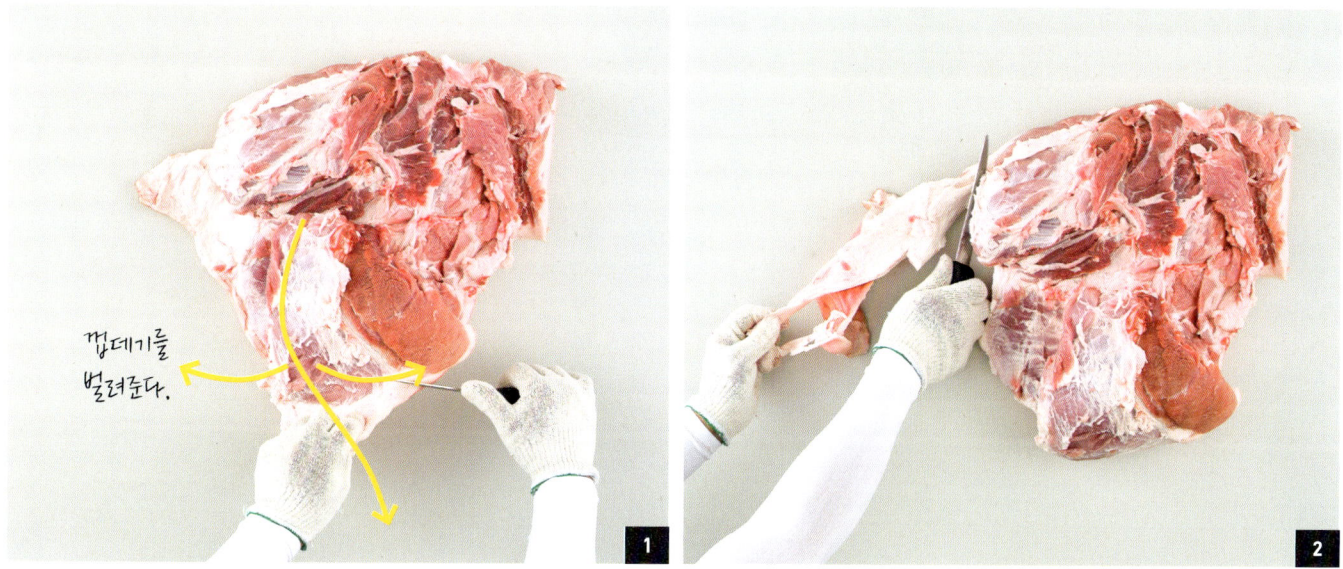

1~2 뒷다리 볼기살과 도가니살에 붙어 있는 껍데기는 근막을 타고 칼을 넣어 잘라낸다.

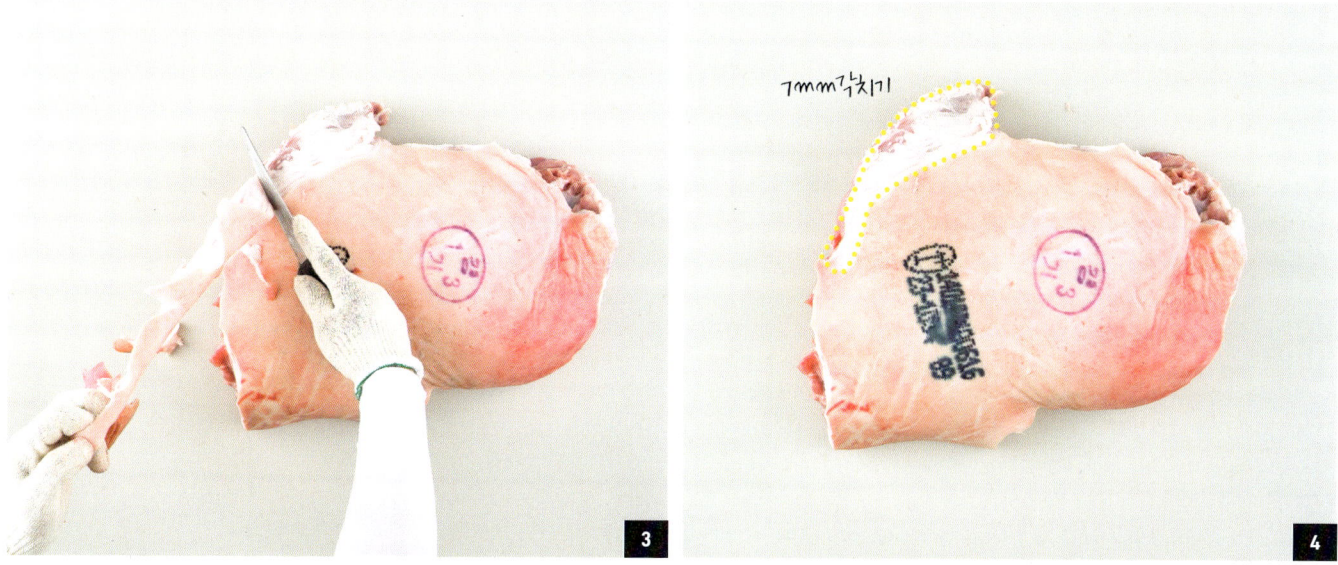

4 고기를 뒤집어 껍질이 보이도록 놓는다. 가장자리의 지방을 두께 5~7mm 정도가 되도록 균일하게 칼로 깎아 낸다.

라. 뒷사태살 정형

바로잡기

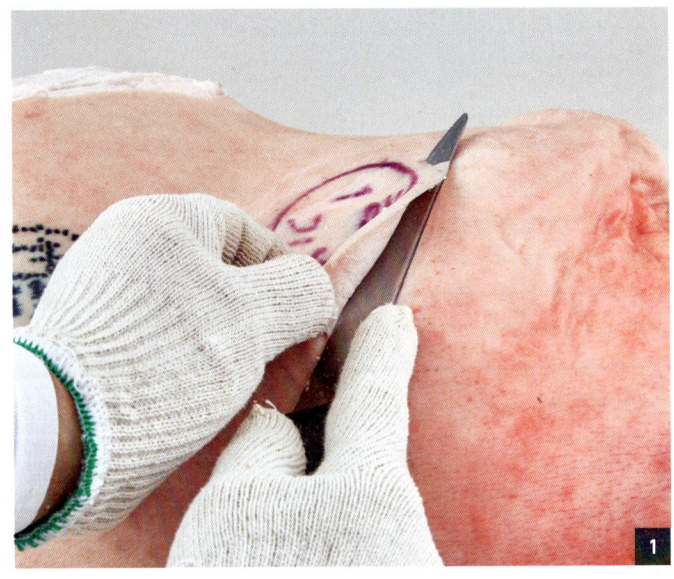
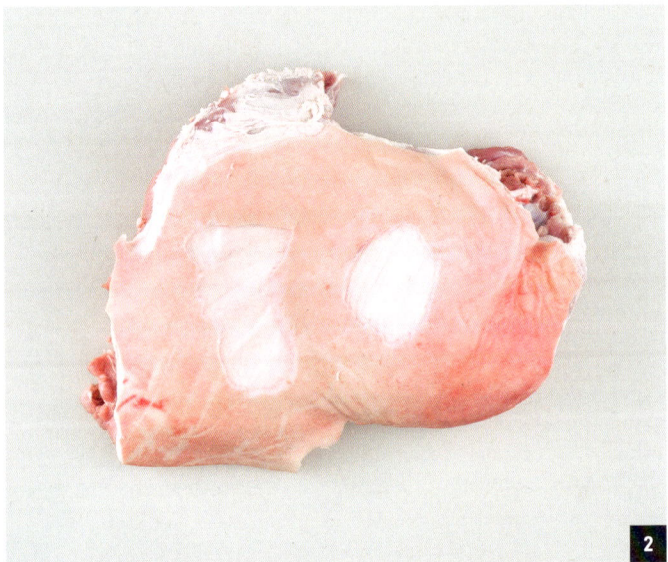

1~2 껍질 위쪽에 도장과 털 등을 살짝 도려내어 깔끔하게 제거한다.

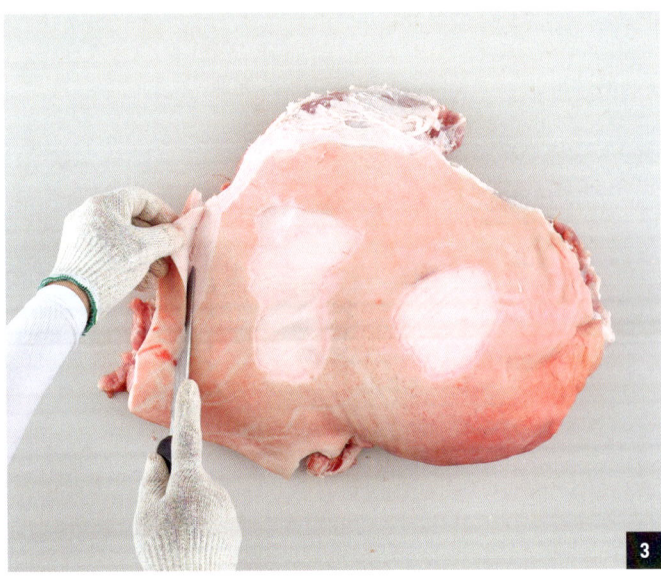

3 가장자리의 지방 부분을 다시 한 번 깎아 깔끔하게 손질한다.

단족 제거 → 반골(엉덩이뼈) 제거 → 대퇴골, 슬개골, 하퇴골 제거 → 비골 제거 → 사태살 분리 → 아롱사태 분리 → (정형)

08 완료

뒷다리살

뒷사태살　　　뭉치사태　　　아롱사태

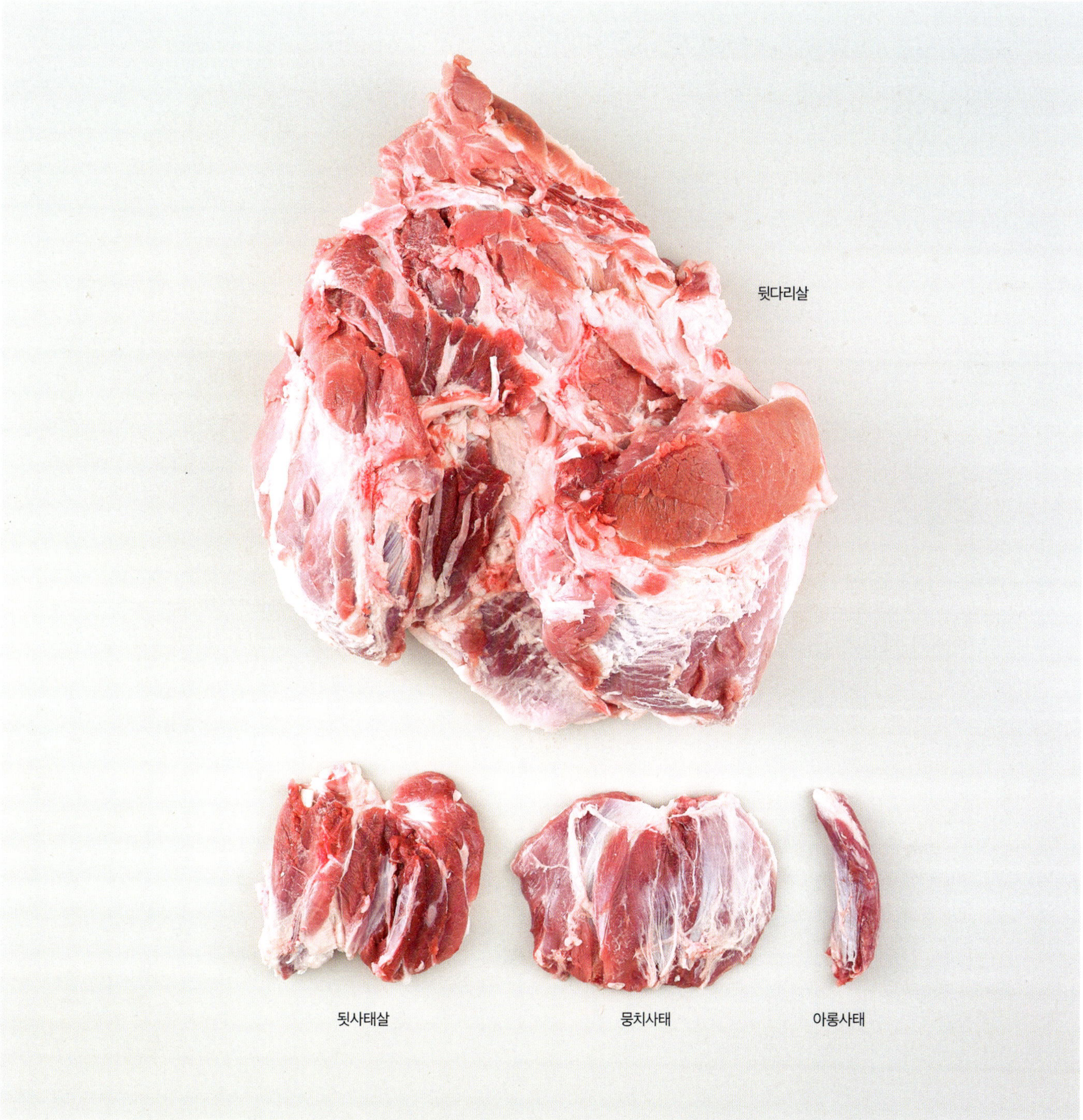

실기대 위에는 발골과 정형을 마친 뒷다리 고기를 사진처럼 가지런하게 놓아둔다.

돼지 뒷다리(왼쪽) 발골·정형

왼쪽 방향의 작업 과정은 오른쪽과 동일하나 뼈의 위치와 칼의 방향이 조금 달라서 약식으로 정리하였다.

돼지 뒷다리(왼쪽) 구조 알기

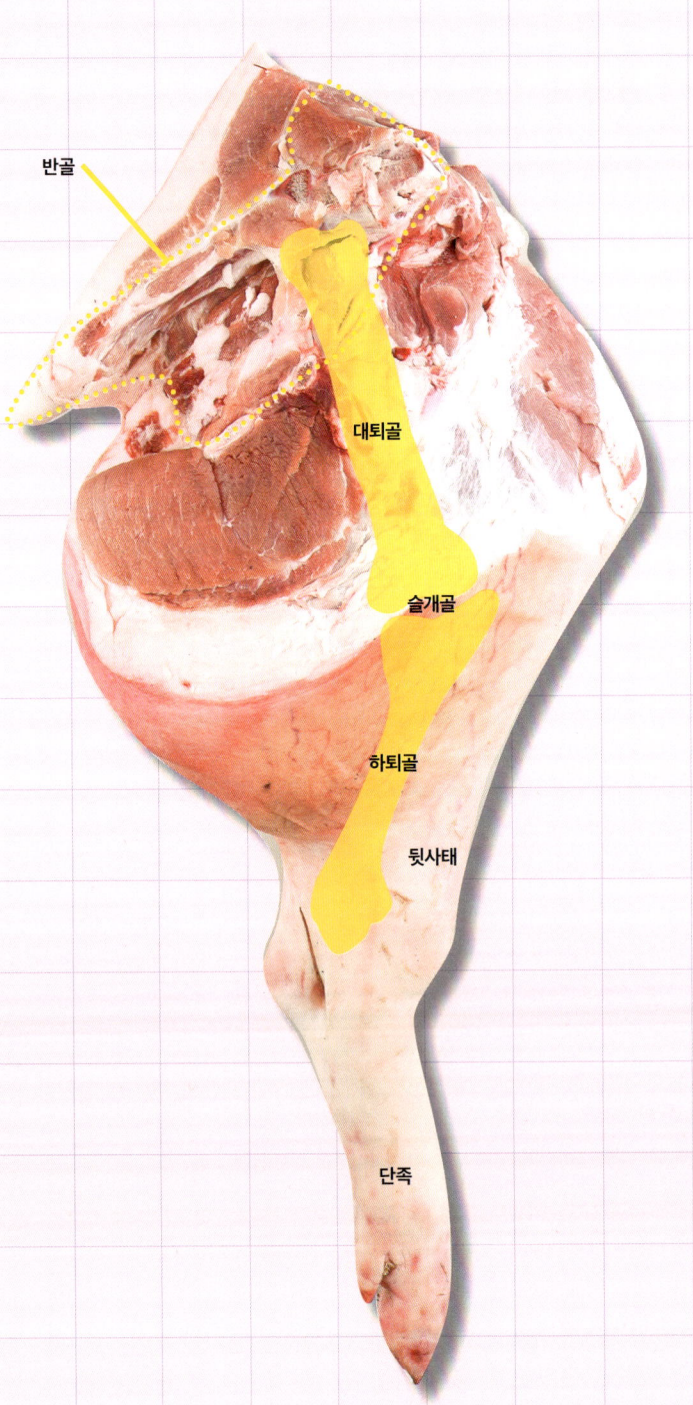

돼지 뒷다리(왼쪽) 발골 동영상 보기

미리 보는 작업 순서

단족 제거
↓
반골(엉덩이뼈) 제거
↓
대퇴골, 슬개골, 하퇴골 제거
↓
비골 제거
↓
사태살 분리
↓
아롱사태 분리
↓
정형

| 단족 제거 | → | 반골(엉덩이뼈) 제거 | → | 대퇴골, 슬개골, 하퇴골 제거 | → | 비골 제거 | → | 사태살 분리 | → | 아롱사태 분리 | → | 정형 |

01 단족 제거

안쪽잡기

1~2 칼집이 미리 나 있는 아킬레스건 쪽에 칼을 넣고 좌측 사선으로 끊어준다. 칼집이 난 방향에서 크게 벗어나지 않으니 과도하게 힘을 주지 않고 칼질한다. 이때 단족을 실기대 밖으로 빼서 손으로 잡고 작업하면 수월하다.

3~4 그림과 같은 방향으로 칼을 놓고 관절을 찾아 단족을 제거한다.

02 반골(엉덩이뼈) 제거

안쪽잡기

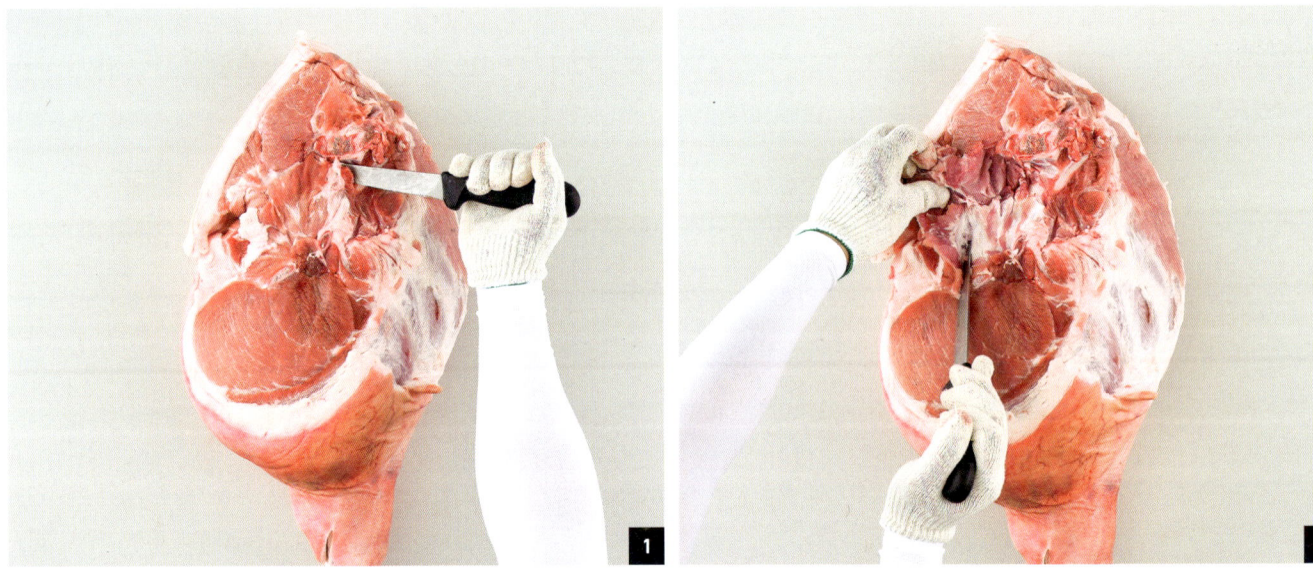

1~2 반골 윗면의 덮개살에 사진처럼 칼을 댄다. 칼로 뼈를 따라 살을 긁어내듯이 뼈 모양이 드러나도록 살을 걷어낸다. 이때 빠르게 작업하지 말고 뼈를 칼날로 긁듯이 천천히 작업한다.

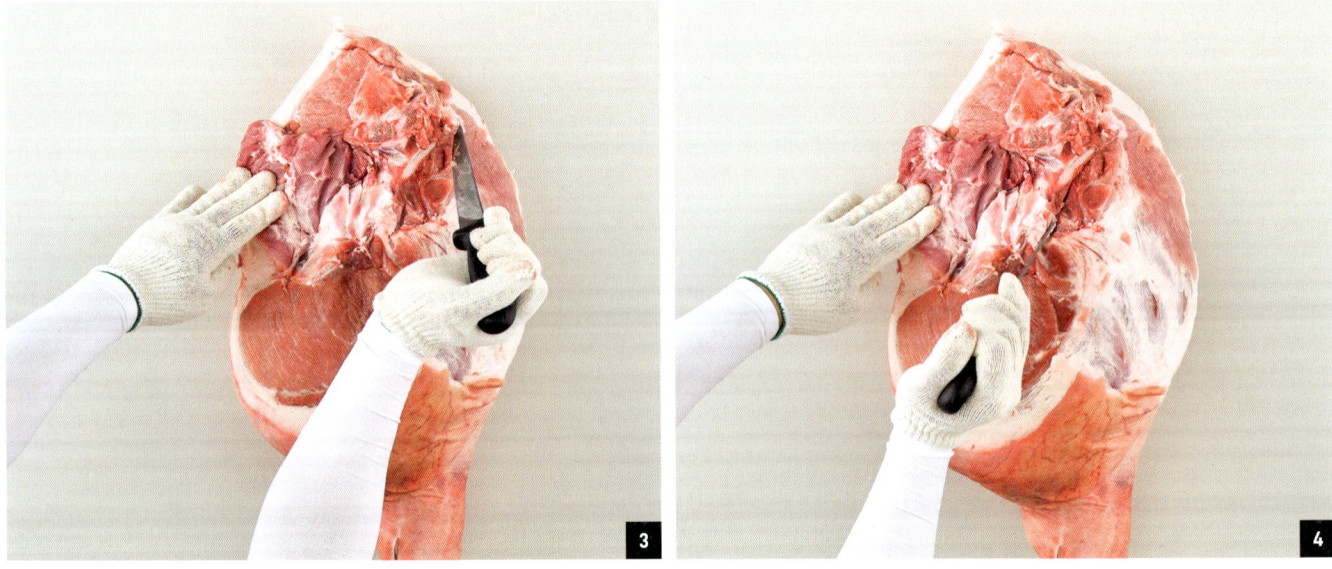

3~4 왼손으로 덮개살을 잡고 살집을 왼쪽으로 벌려주며 반골쪽 1시 방향에서 7시 방향으로 뼈를 따라 칼을 긋는다.

단족 제거 → 반골(엉덩이뼈) 제거 → 대퇴골, 슬개골, 하퇴골 제거 → 비골 제거 → 사태살 분리 → 아롱사태 분리 → 정형

안쪽잡기

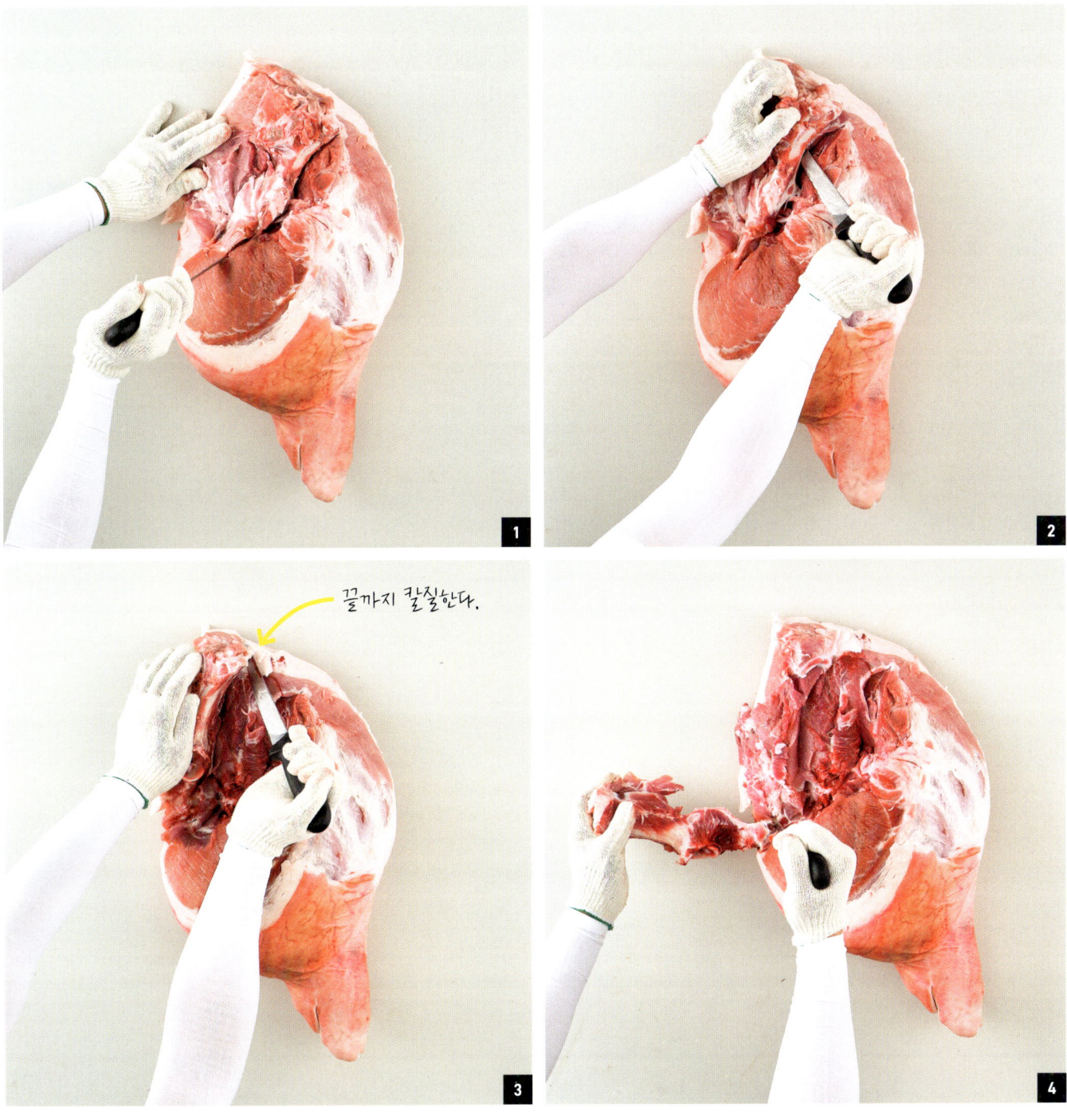

끝까지 칼질한다.

1~3 사진처럼 꼬리뼈 끝에 칼을 대고 뼈에 칼을 붙여 여러 번 반복적으로 칼질한다. 윗부분의 살이 끊어지도록 끝까지 칼질을 한다.
4 엉덩이뼈를 완전히 도려낸다. 떼어낸 뼈는 실기대 아래 뼈 통에 집어넣으면 된다.

03 대퇴골·하퇴골·슬개골 제거

🔪 바로잡기

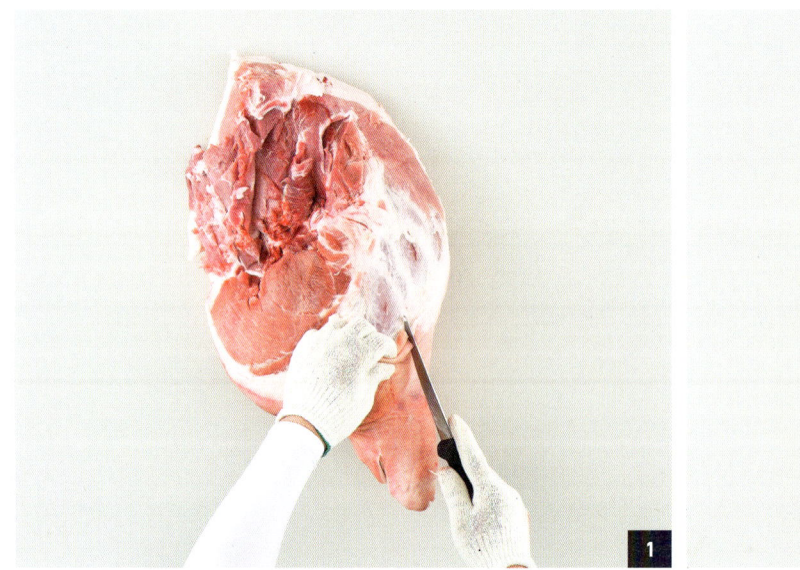
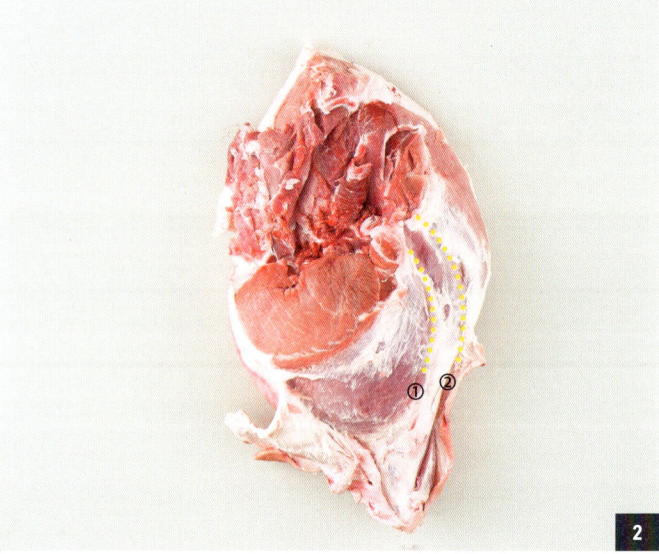

1 대퇴골과 하퇴골을 찾기 위하여 그림처럼 가상의 선을 눈으로 긋고 칼질을 시작한다. **2** 우측에서 ⅓ 지점에서 시작해 칼날로 선을 그으며 아래로 내려오며 외피를 연다. 이때 칼을 깊이 넣지 않는다. 발골을 위해 껍질 부분에 칼집을 내어 양쪽으로 펼쳐준다고 생각하며 천천히 살펴보며 작업한다.

🔪 안쪽잡기

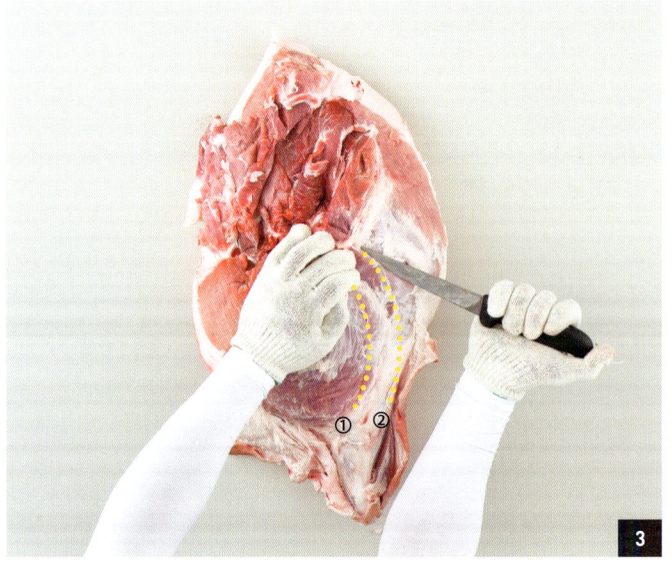
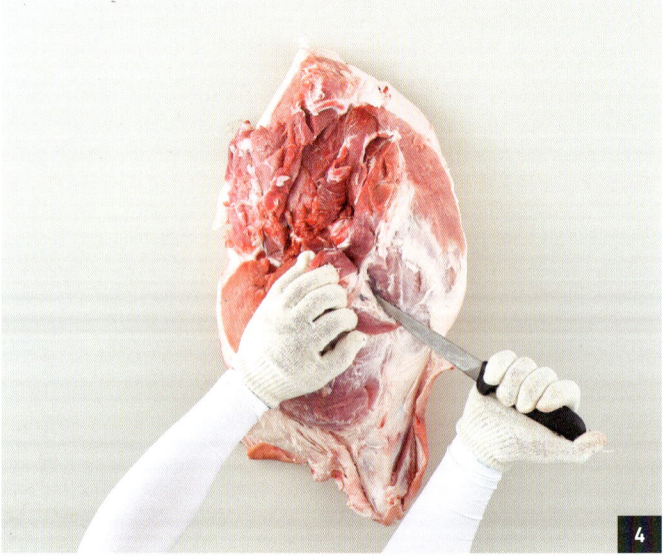

3~4 외피를 좌우로 열었으면 사진 위의 ①과 ②의 경계선이 보인다. 이때 ②의 경계선에 있는 근막을 따라 칼질을 한다. 실수로 ①의 경계선에 칼을 넣었어도 침착하게 아래로 내리며 근막을 찾으면 된다. 살을 분리하는 게 아니고 뼈를 빼내기 위한 과정이니 괜찮다.

단족 제거 → 반골(엉덩이뼈) 제거 → (대퇴골, 슬개골, 하퇴골 제거) → 비골 제거 → 사태살 분리 → 아롱사태 분리 → 정형

안쪽잡기

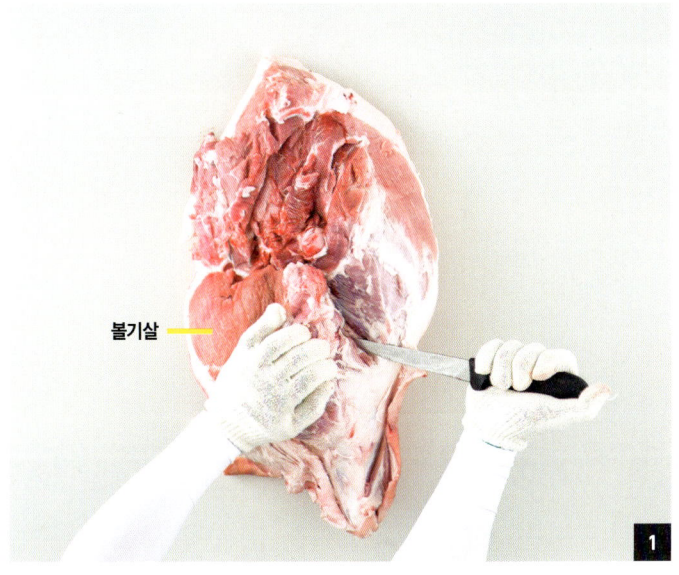

1 칼집을 내며 볼기살을 오른쪽으로 조금씩 열어주는 과정이다.

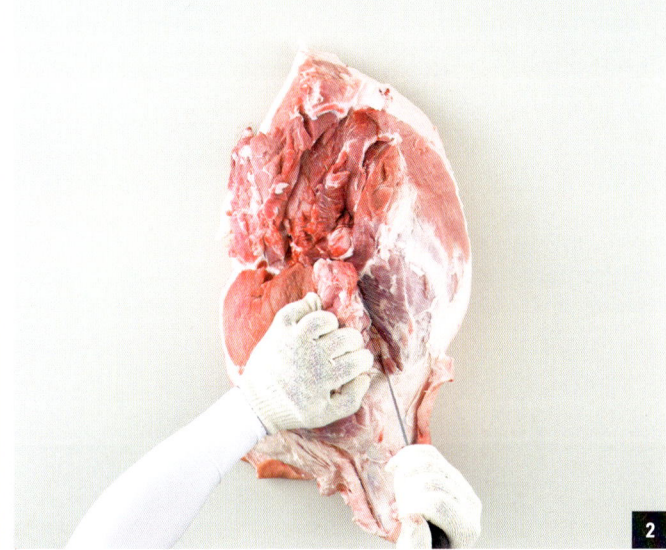

2 벌어진 볼기살 안쪽으로 칼을 집어넣어 대퇴골 옆면을 따라 칼을 그어준다.

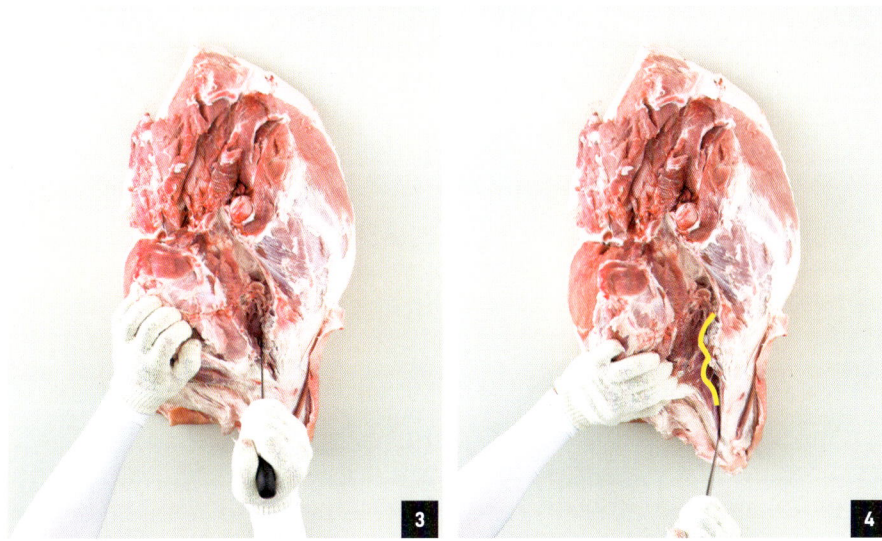

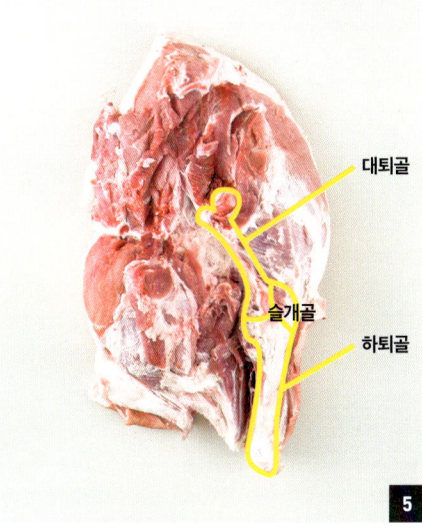

3~4 중간에 대퇴골 경계인 뒤집어진 3자 형태의 뼈가 나오니 천천히 뼈 모양을 살피며 칼질을 한다. 이때 왼손을 사진처럼 대고 지그시 눌러주면 뼈의 형태가 더 잘보여 칼질하기 수월하다. 뒤집어진 3자 모양의 연결 부위를 칼로 톱질하듯이 긁어준다. 힘줄이 있어 칼이 한 번에 내려가지 않으니 살살 천천히 칼질을 한다.

5 하퇴골 위쪽부터 아래까지의 옆면을 칼로 긁어 내려간다. 좌측의 사태살이 손상되지 않도록 주의하며 칼을 아래로 내리며 근막을 찾는다. 살을 분리하는 게 아니고 뼈를 빼내기 위한 과정이다.

03 대퇴골·하퇴골·슬개골 제거

바깥잡기

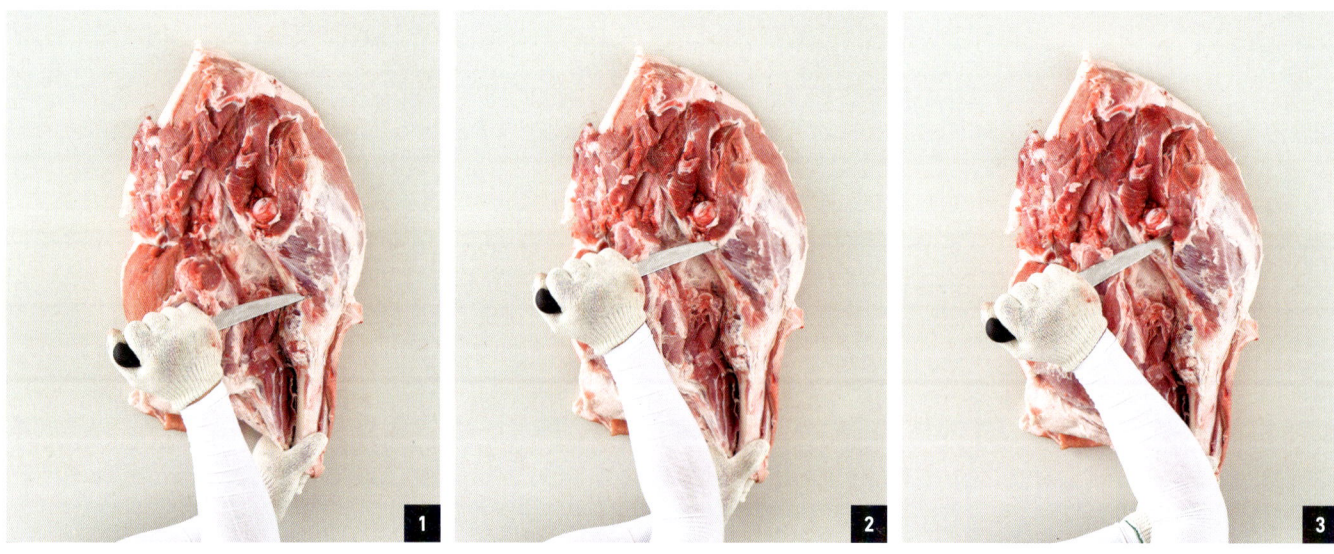

1~3 칼을 사진처럼 사선으로 눕혀 뼈에 댄다. 뼈를 타고 긁어 올라가듯이 칼질을 한다. 칼을 눕혀서 해야 작업이 수월하다.

4 둥근 감자뼈 주변을 칼로 살살 긁어 모양대로 칼질하여 뼈를 살에서 분리한다.

단족 제거 → 반골(엉덩이뼈) 제거 → 대퇴골, 슬개골, 하퇴골 제거 → 비골 제거 → 사태살 분리 → 아롱사태 분리 → 정형

안쪽잡기

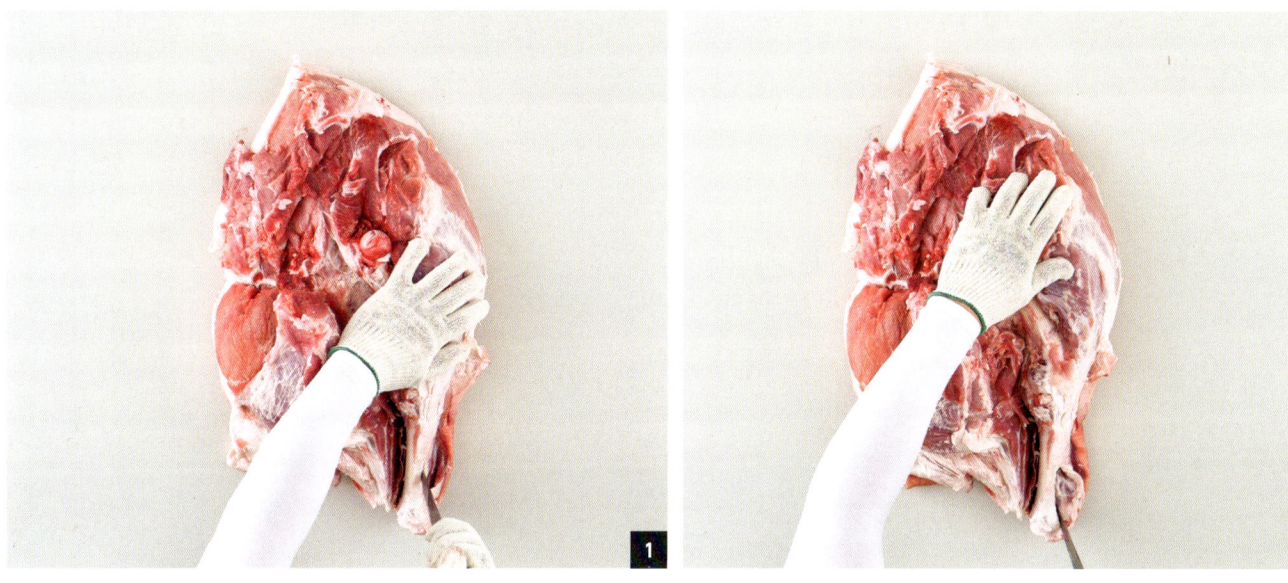

1 대퇴골 경계지점을 지나 아랫부분까지 칼질을 한다. 살이 뼈에 붙어 있지 않도록 살살 끝까지, 여러 번 칼질을 한다. 이때 도려내듯이 칼로 파는 느낌으로 하면 수월하다. 2 뼈가 잘 보일 때까지 반복적으로 칼질한다. 여기까지 하면 하퇴골 양쪽 모두에 칼집을 넣은 것이 된다.

바깥잡기

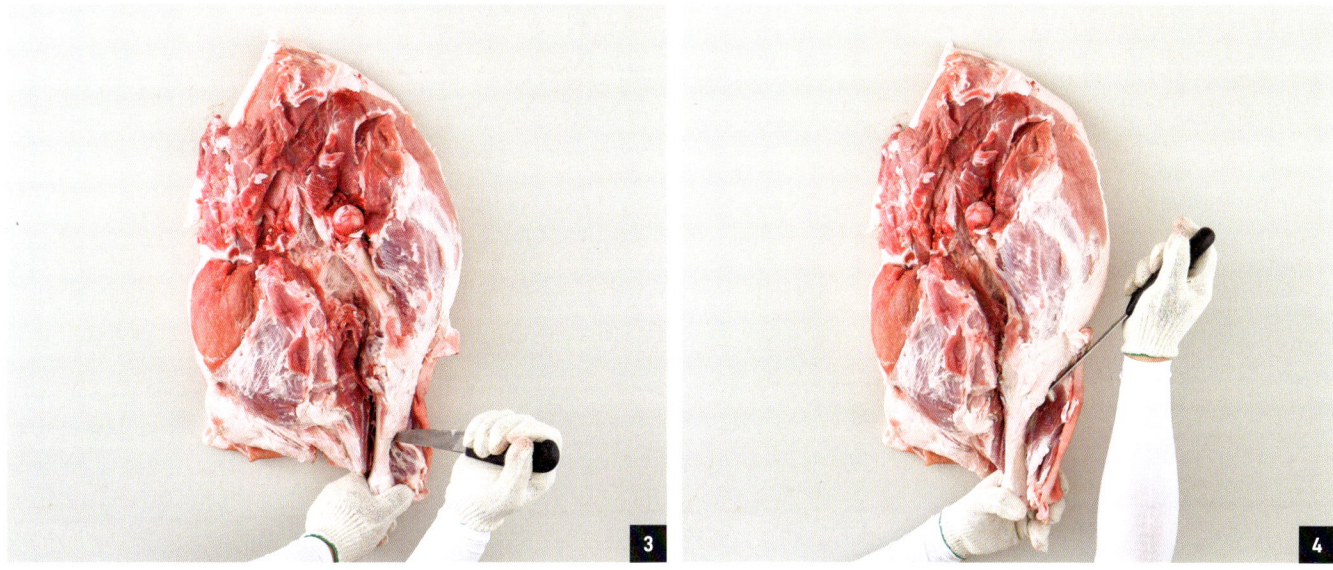

3 칼을 수직으로 세워 위로 올라가면서 뼈를 따라 긁어가며 1시 방향으로 칼질을 한다. 4 사태살에 붙어 있는 힘줄을 발견하면 끊어가면서 뼈를 타고 올라가며 칼질을 한다.

03 대퇴골·하퇴골·슬개골 제거

안쪽잡기

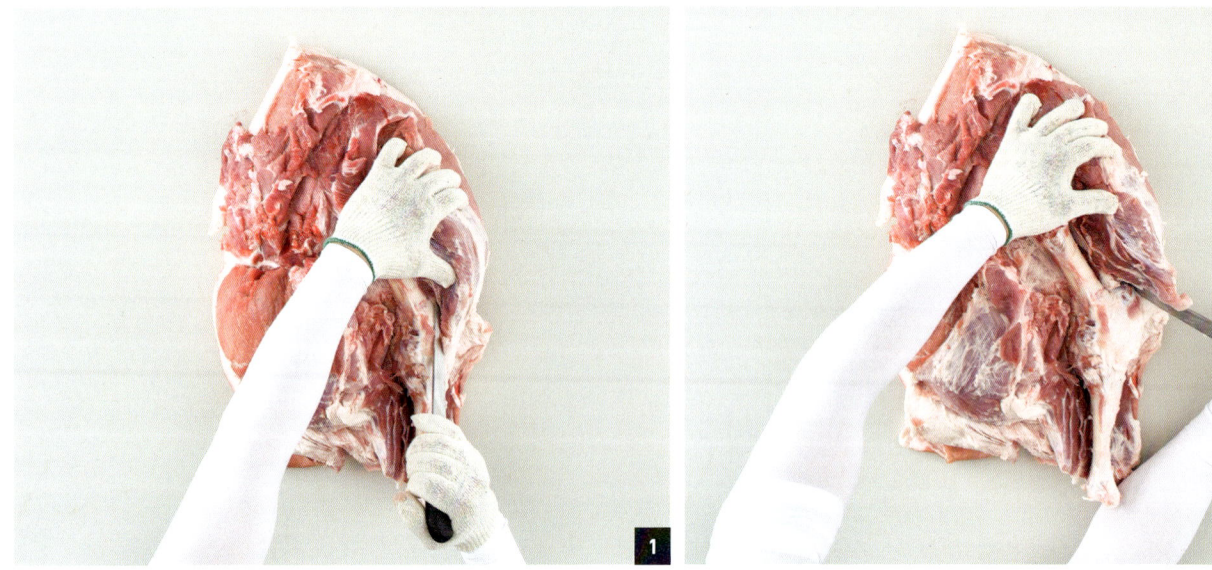

1~2 슬개골 위쪽부터 대퇴골 옆면에 붙어 있는 살을 걷어낸다. 오른쪽으로 툭 튀어나온 뼈의 모양을 염두에 둔다.

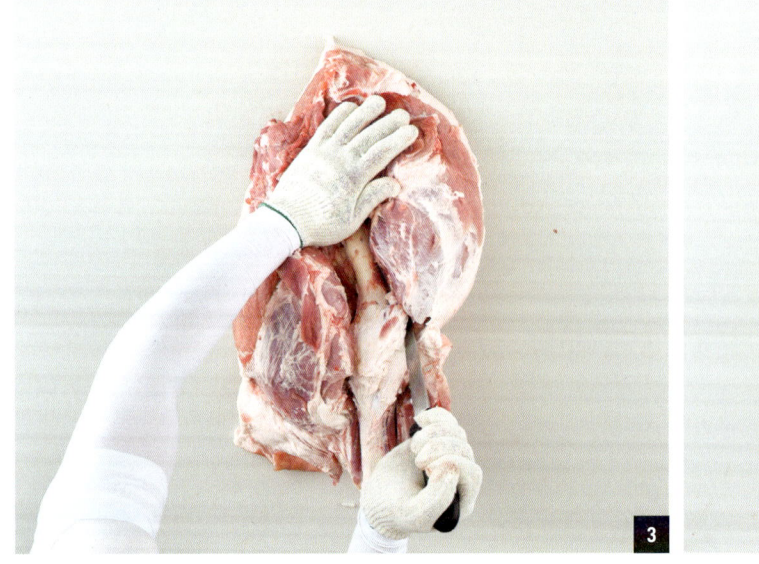

3~4 슬개골 아래쪽에 붙어 있는 살도 칼로 긁어가며 뼈에 붙어 있지 않도록 걷어낸다.

단족 제거 → 반골(엉덩이뼈) 제거 → 대퇴골, 슬개골, 하퇴골 제거 → 비골 제거 → 사태살 분리 → 아롱사태 분리 → 정형

안쪽잡기

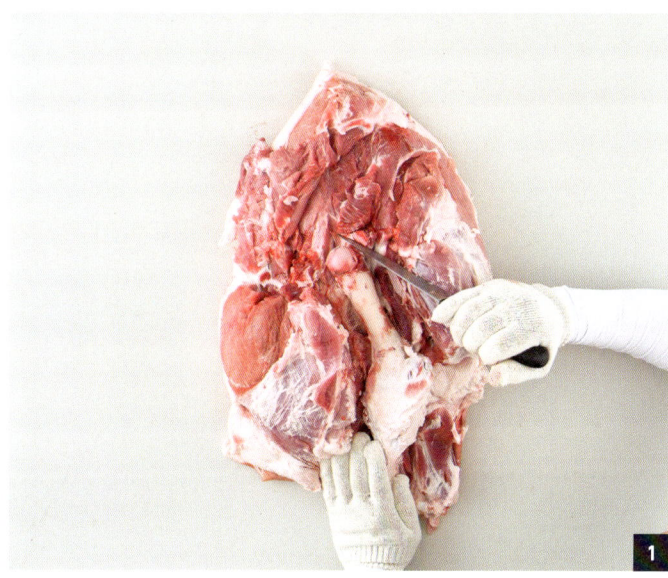 

1~2 하퇴골 아래를 왼손으로 잡아 누르면서 대퇴골 위쪽의 감자뼈를 칼로 완전히 도려 살에서 떨어지게 한다.

바로잡기

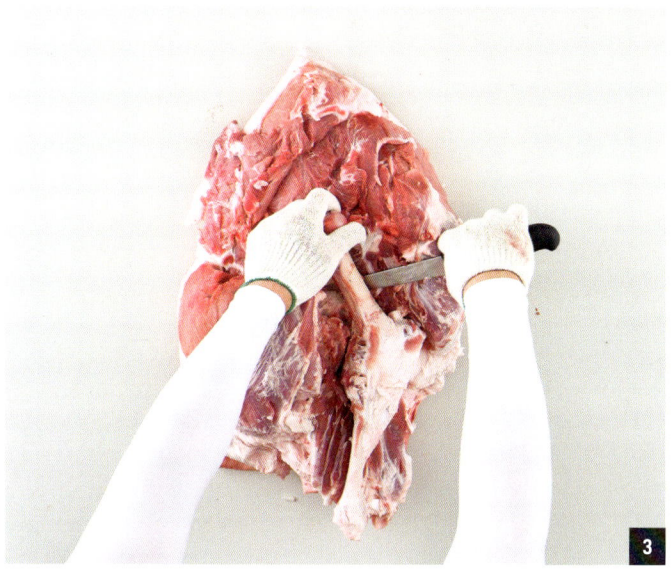 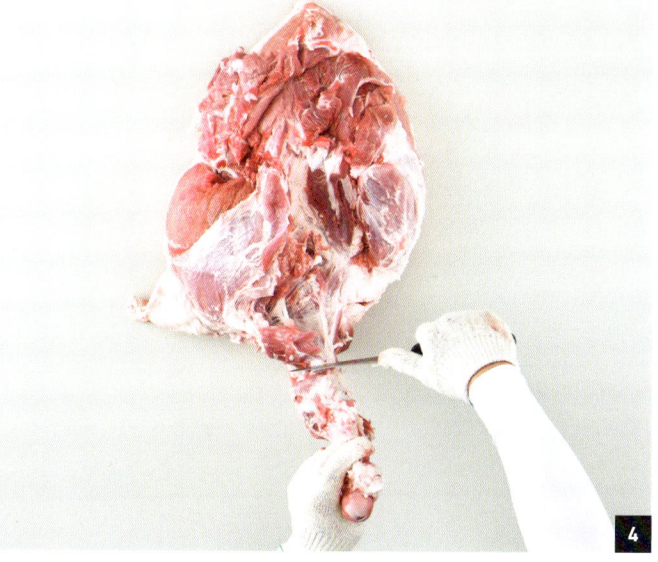

3 둥근 모양의 감자뼈를 잡아 당겨 들어 올리면서 칼을 뼈에 붙여 도려내듯이 칼질을 한다.
4 끊어진 연골 사이로 칼을 넣어 하퇴골 뼈를 따라 아래로 긁듯이 칼질한다. 감자뼈부터 하퇴골까지 뼈에 살이 붙지 않게 반복적으로 칼질하여 뼈를 완전히 떼어낸다.

03 대퇴골·하퇴골·슬개골 제거

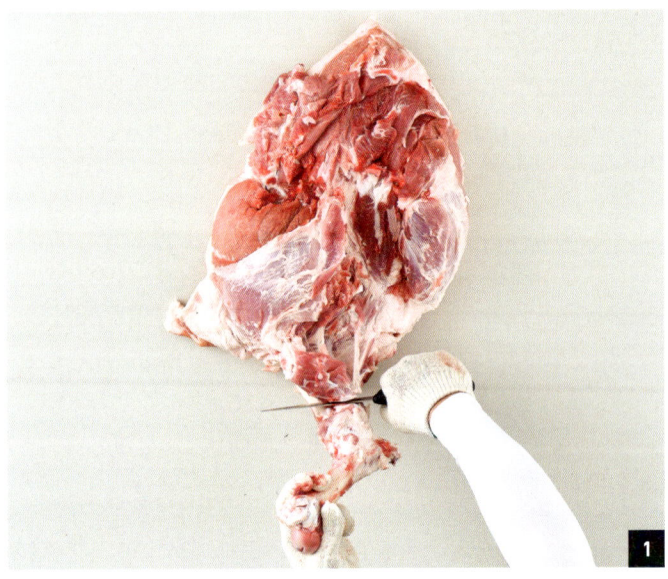

1 대퇴골과 비골 사이에 연골뼈가 나올 때까지 뼈를 들어올리며 칼질을 한다. 연골뼈가 보이면 그곳에 칼을 대고 톱질하듯이 썬다.

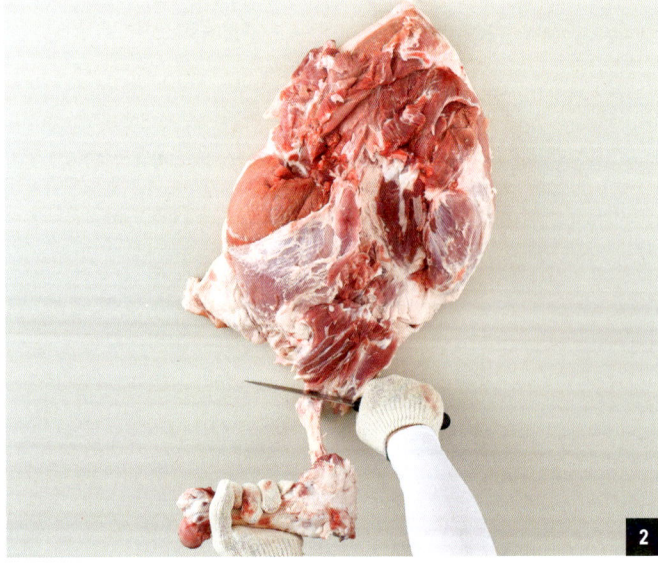 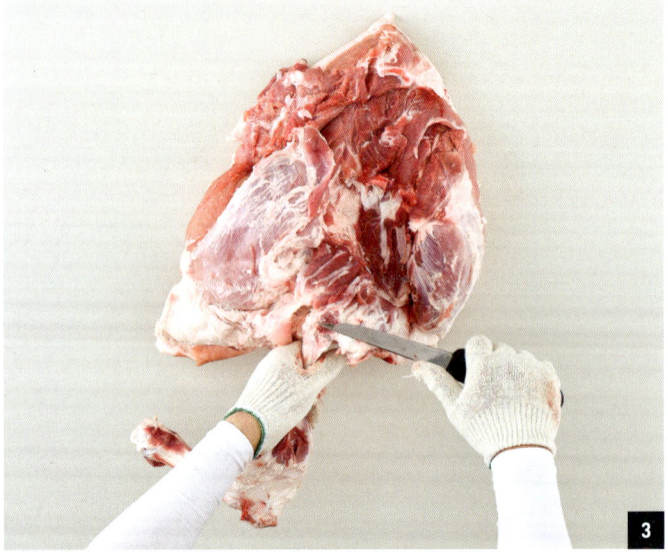

2~3 하퇴골 아래쪽과 비골 아래쪽에서 '쩍'하는 소리가 날 때까지 계속 칼을 위로 밀어준다. 쩍하고 벌어진 틈 사이에 비골이 보인다.

단족 제거 → 반골(엉덩이뼈) 제거 → 대퇴골, 슬개골, 하퇴골 제거 → 비골 제거 → 사태살 분리 → 아롱사태 분리 → 정형

04 비골 제거

바로잡기

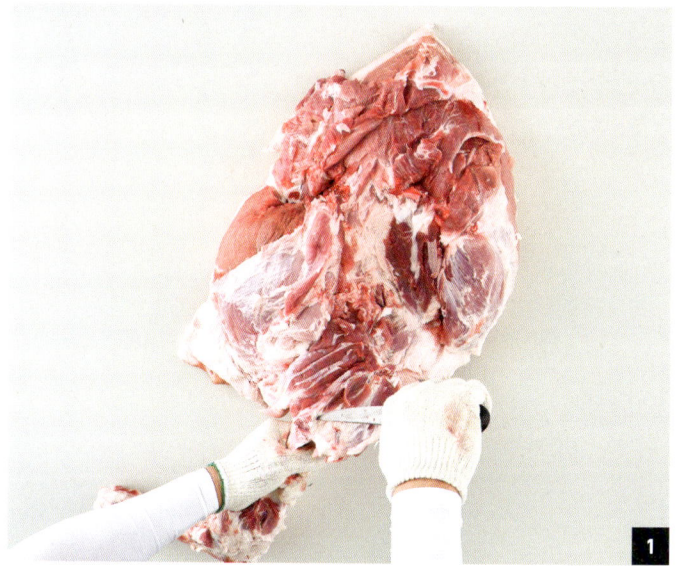

1 비골 오른쪽 옆면에 있는 골막을 칼끝으로 긁어준다.

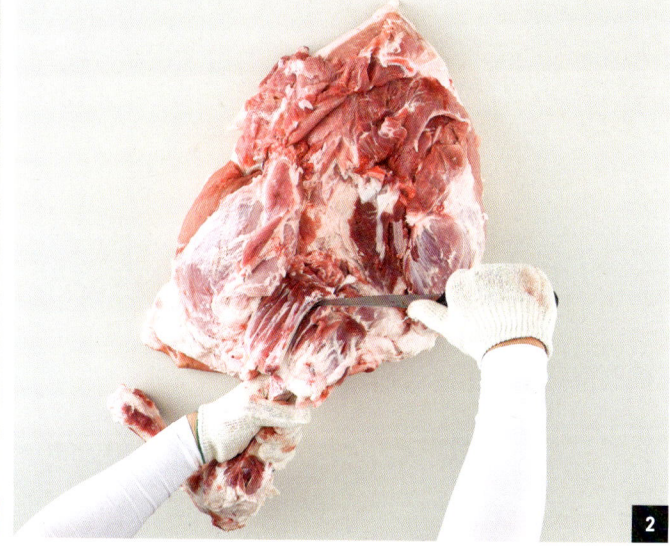

2 비골 윗면에 있는 골막을 칼끝으로 긁어준다.

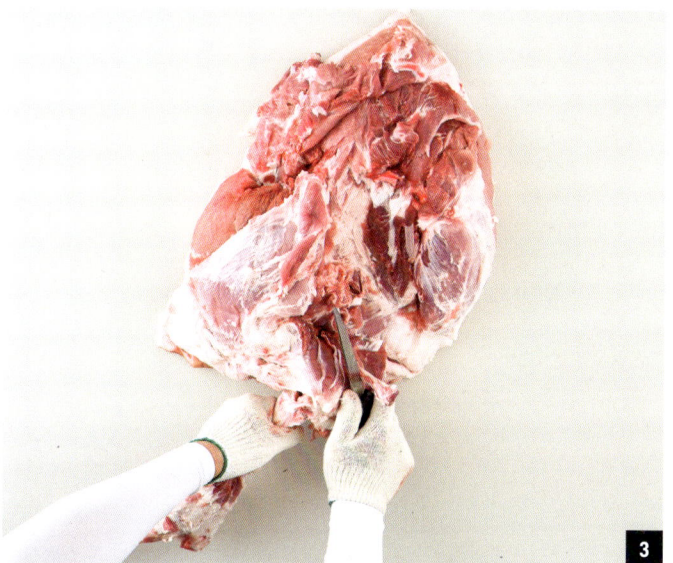

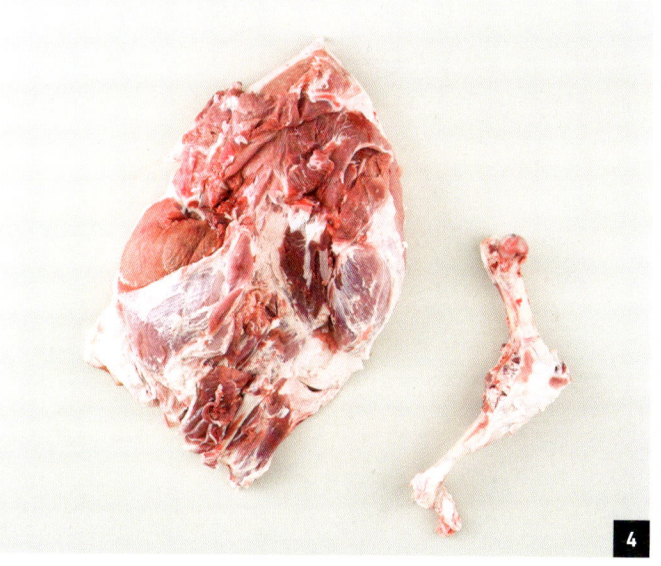

3~4 골막을 따라 사태살이 다치지 않게 엄지손가락으로 살을 밀면서 끝부분을 칼로 조심스럽게 도려낸다.

05 사태살 분리

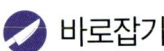 바로잡기

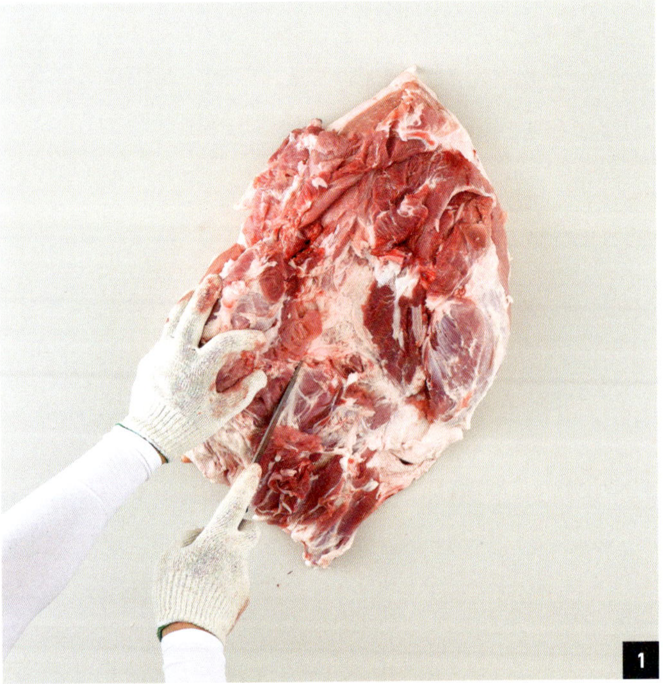

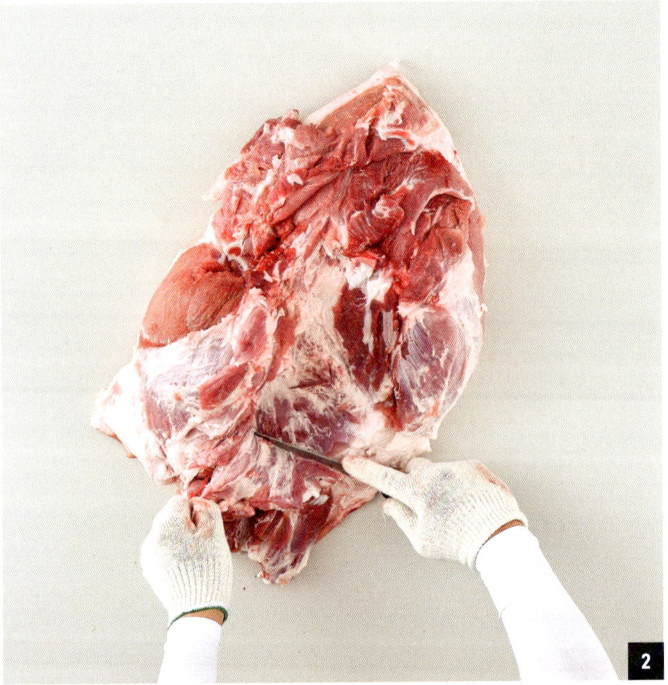

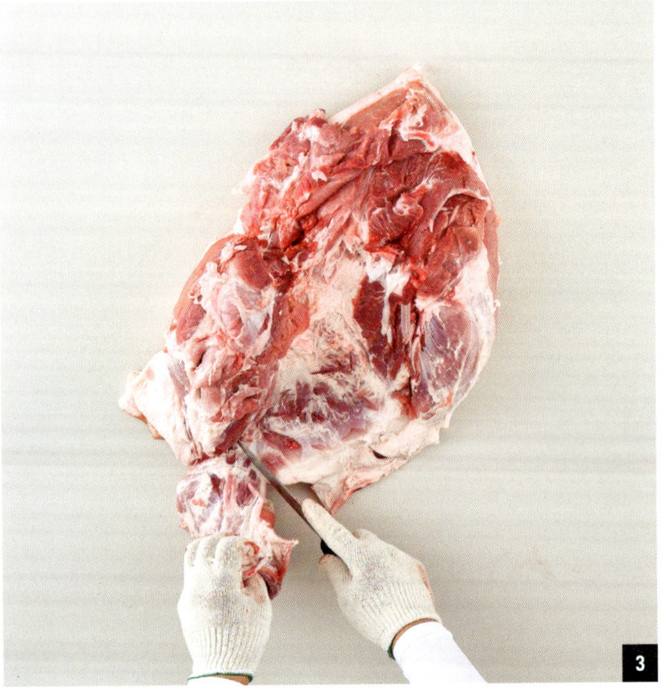

1~4 볼기살 아래쪽 근막을 따라 칼을 넣어 사태살을 분리한다. 이때 왼손으로 당기며 살을 열어주면 근막이 잘 보이기 때문에 작업하기 수월하다.

단족 제거 → 반골(엉덩이뼈) 제거 → 대퇴골, 슬개골, 하퇴골 제거 → 비골 제거 → (사태살 분리) → (아롱사태 분리) → (정형)

06 아롱사태 분리

🔪 바로잡기

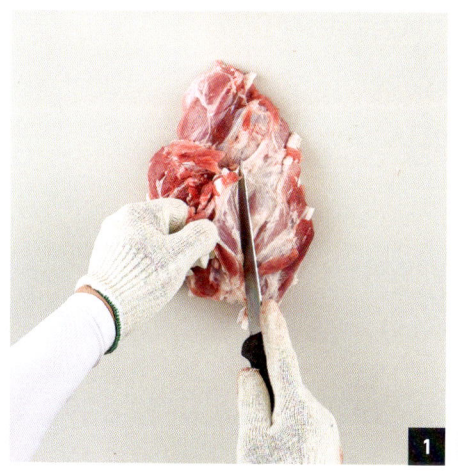
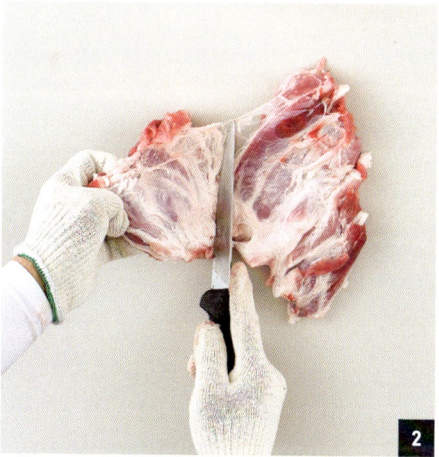
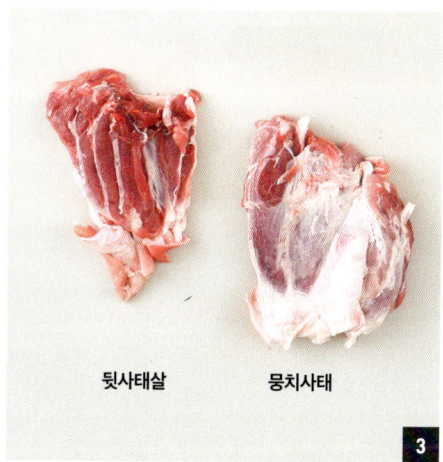

1~3 사진의 뒷사태살과 뭉치사태 사이의 근막을 따라 칼을 넣어 분리한다.

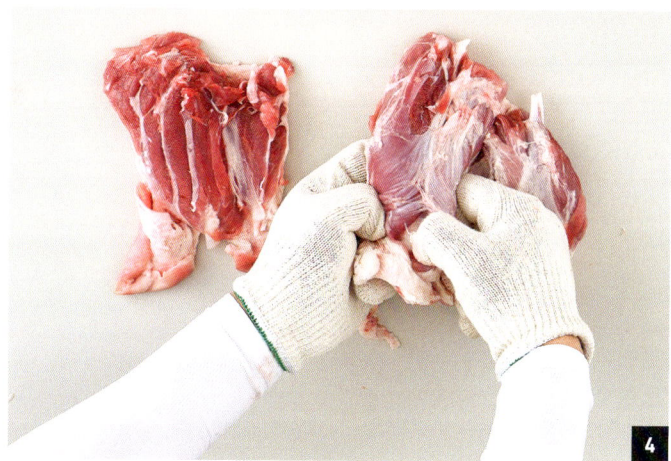
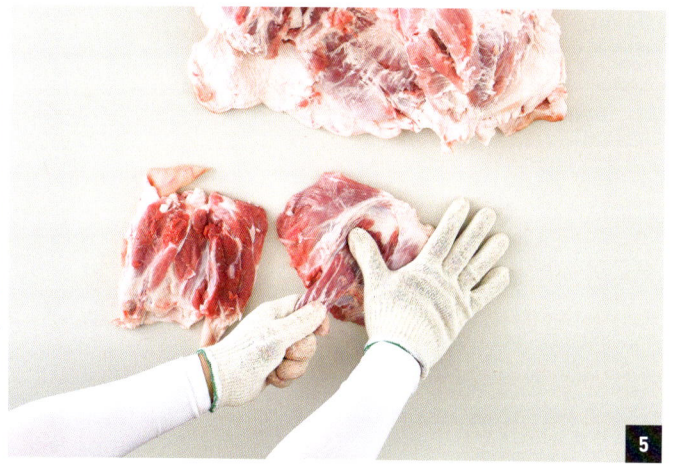

4 아롱사태와 뭉치사태 사이를 양손 엄지로 힘주어 벌린다.

5 고기의 방향을 위아래가 바뀌게 돌린 다음 뭉치사태를 지그시 누르며 아롱사태를 몸방향으로 끝까지 당겨 아롱사태를 분리한다. 잘 분리되지 않는다면 칼로 끝을 살짝 도려내 분리해도 된다.

07 정형 및 완료

뒷다리(오른쪽)의 정형 부분을 274~277쪽 참고하여 마무리한다.

● 참고문헌

1. 한국식육과학연구회 『식육과학』 선진문화사, 2018.

2. 강종옥 외 『식육·육제품의 과학과 기술(개정판)』 선진문화사, 2017.

3. 허선진 외 『기초 육제품 제조학』 한국학술정보, 2017.

4. 장영수 『식육학개론』 두레학술, 2010.

5. 식육처리연구회 『2022 식육처리기능사』 시대고시기획, 2022.

6. 네이버 블로그 '슬기로운 간호생활(https://blog.naver.com/lgdtv88/222644149213)' 환경보건 5-식품과 건강, 2022. 2. 10.

7. 허종화, 문준식, 「공기청정기술 제9권 제1호, 식품공업에 있어서의 세정기술」 한국공기청정협회, 1996.

● 참고사진

1. 비상교육, 『중학교 과학2』 中 동물의 구성단계, 비상교육, 2021.

감수자 김천제

- 건국대학교 축산식품공학과 명예교수
- 독일 기센대학교(Justus Liebig University Giessen) 육가공학 박사
- 한국과학기술한림원 종신회원
- 식육과학문화연구소 소장(전)
- 건국대학교 농축대학원장(전)
- 한국축산식품학회장(전)
- 제56차 세계식육과학 조직위원회 대회장(전)
- 국가기술자격 세부직무 분야별 전문위원(전)
- 국가과학기술 자문위원(전)

지은이 임치호

- 식육처리기능사
- 現 (주)임박사 총괄본부장 겸 부사장
- (사)한국미트마스터협회 협회장
- 미트마스터아카데미 원장
- 국가연구자정보시스템 평가위원(축산경영 및 유통)
- 평생교육사 2급
- 소상공인 훈련강사 1급
- 건국대학교 일반대학원 축산경영유통경제학과 졸업(경영학 박사)
- 건국대학교 농축대학원 식품유통경제학과 졸업(경영학 석사)
- 단국대학교 체육교육과 졸업(2급 정교사 자격증 취득)
- 중국 청화대학교 최고경영자과정 수료
- 건국대학교 CEO 브랜드과정 수료
- ROTC 40기(125학군단)
- 28사단 수색대 중위 전역

- 공주대학교, 한국외식고등학교, 경북생활과학고 외 50여곳 식육관련 특강사.
- 중화대반점(SBS PULS), 수요미식회(TvN), 식스센스 시즌1(TvN), 불의맛 삼겹(KBS1) 무엇이든물어보세요(KBS1) 등 식육관련 방송 출연.
- 유튜브 '고기TV를 통해 소, 돼지 원물 발골 및 정형 관련 재능 기부, 식육처리기능사 실기 시험 대비 영상 재능 기부.
- K-MEAT를 활용한 각 지역행사 다수 참여.
- 요리대회 심사위원 활동 중.
- K-MEAT 마스터패키지(소상공인 희망리턴패키지) 강사 활동.

이 책에 도움을 주신 분들

김천제 교수님 이 책의 감수를 맡아주셔서 고맙습니다.
김은영 대표님 초보자도 따라할 수 있도록 안전하게 칼 연마하는 법을 상세히 알려주셔서 고맙습니다.
백승진 님(사단법인 미트마스터협회 사무국장) 이 책에 필요한 방대한 자료를 함께 정리해주셔서 고맙습니다.
더불어 촬영에 여러모로 힘을 보태준 우리 직원들과 김순권, 김태경, 박덕환 미트마스터 님께 고맙습니다.
마지막으로 미트마스터라는 직업을 갖게 하시고 물심양면 지원해주신 아버지 임은태 님, 어머니 최순이 님에게 고맙습니다.

식육처리기능사
이론·실기 완전 정복

펴낸 날 초판 1쇄 2022년 9월 13일
　　　　　개정증보판 2025년 2월 10일

지은이 임치호 | **펴낸이** 김민경
디자인 임재경(another design) | **사진** 박상국(lonlon) | **사진 어시스트** 유나현 | **교열 교정** 최영인
종이 디앤케이페이퍼 | **인쇄** 도담프린팅 | **물류** 해피데이
펴낸곳 팬앤펜(PAN n PEN) | **출판등록** 제307-2017-17호 | **주소** 서울 성북구 삼양로 43 IS빌딩 201호
전화 031-939-0582 | **팩스** 02-6442-2449 | **이메일** panpenpub@gmail.com
블로그 blog.naver.com/pan-pen | **인스타그램** @pan_n_pen

저작권 ⓒ임치호2025 | **편집저작권** ⓒ팬앤펜, 2025
이 책은 저작권법에 따라 보호를 받는 저작물이므로 무단 전재와 복제를 금지합니다.
이 책의 내용의 전부 또는 일부를 이용하려면 반드시 저작권자와 팬앤펜의 서면 동의를 받아야 합니다.
제본 및 인쇄가 잘못되었거나 파손된 책은 구입하신 곳에서 교환해드립니다.

ISBN 979-1191739-22-0(13520) | **값** 45,000원